普通高等教育"十一五"国家级规划教材

塑料注射成型工艺及模具设计

第2版

主编　李德群　黄志高
参编　曾盛渠　崔树标　张　云
　　　李　庆　李健辉　赵　朋
主审　周华民　张宜生

机 械 工 业 出 版 社

本书为普通高等教育“十一五”国家级规划教材。全书共分 14 章，内容包括绪论、塑料成型理论、注射机与注射成型工艺、注射模设计概述、注射模浇注系统、注射模成型部分的设计、注射模导向与推出机构、注射模侧向分型与抽芯机构、注射模温度调节系统、无流道凝料注射模设计、热固性塑料注射成型工艺及模具、注射模设计实例、其他注射成型技术以及塑料制品的常见缺陷与解决办法。

为方便授课，本书配有电子课件，位于机械工业出版社教育服务网上（www. cmpedu. com），向使用本书的教师免费提供。

本书可作为普通高等院校材料成形及控制工程专业教材，亦可供从事塑料成型工艺及模具设计、制造和使用的工程技术人员参考。

图书在版编目（CIP）数据

塑料注射成型工艺及模具设计/李德群，黄志高主编. —2 版. —北京：机械工业出版社，2009. 5（2025. 1 重印）

普通高等教育“十一五”国家级规划教材

ISBN 978-7-111-26570-2

Ⅰ. 塑… Ⅱ. ①李…②黄… Ⅲ. ①塑料成型—高等学校—教材②塑料模具—设计—高等学校—教材 Ⅳ. TQ320. 66

中国版本图书馆 CIP 数据核字（2009）第 037039 号

机械工业出版社（北京市百万庄大街 22 号 邮政编码 100037）

责任编辑：冯春生 版式设计：霍永明 责任校对：陈延翔

封面设计：王伟光 责任印制：单爱军

北京虎彩文化传播有限公司印刷

2025 年 1 月第 2 版 · 第 8 次印刷

184mm×260mm · 14. 75 印张 · 359 千字

标准书号：ISBN 978-7-111-26570-2

定价：39. 80 元

电话服务　　网络服务

客服电话：010-88361066　机 工 官 网：www. cmpbook. com

010-88379833　机 工 官 博：weibo. com/cmp1952

010-68326294　金 书 网：www. golden-book. com

封底无防伪标均为盗版　机工教育服务网：www. cmpedu. com

前　言

本书为普通高等教育“十一五”国家级规划教材。它是在普通高等教育机电类规划教材《塑料成型工艺及模具设计》的基础上经过扩充和改进完成的，兼顾到塑料注射成型工艺和模具设计，力求理论联系实际，突出了计算机辅助设计和辅助分析在成型工艺和模具设计上的应用，增加了塑料制品成型的常见缺陷与解决办法部分，并对塑料注射成型的新工艺和新方法作了概括性的介绍。

本书由华中科技大学李德群教授和黄志高博士主编，黄志高博士负责编写第一、二、三、四章，曾盛渠博士负责编写第五、六、七、八章，崔树标博士负责编写第九章，张云博士负责编写第十、十一章，李庆博士负责编写第十二章，李健辉博士负责编写第十三章，赵朋博士负责编写第十四章。本书由周华民、张宜生教授主审。

本书可作为普通高等院校材料成形及控制工程专业教材，亦可供从事塑料成型工艺及模具设计、制造和使用的工程技术人员参考。

由于编者水平有限，错误和欠妥之处在所难免，恳请读者指正。

编　者

于华中科技大学

目 录

第一章　绪　论

第一节　塑料材料及其应用

一、塑料的概念

塑料是一种可塑成型的材料，它是以高分子聚合物为主要成分的混合物，在加热、加压等条件下具有可塑性，在常温下为柔韧的固体。所谓高分子聚合物，是指由许许多多结构相同的普通分子组成的大分子。它既存在于大自然中（称之为天然树脂），又能够用化学方法人工制取（称之为合成树脂）。合成树脂是塑料的主体。在合成树脂中加入某些添加剂，如填充剂、增塑剂、着色剂等，可以得到各种性能的塑料品种。由于添加剂所占比例较小，塑料的性能主要取决于合成树脂的性能。

塑料具有优良的成型和加工性能。在加热和加压下，利用不同的成型方法几乎可将塑料制成任何形状的制品。塑料的这种独特性能归根于高分子聚合物的巨大相对分子质量。一般的低分子物质的相对分子质量仅为几十至几百。例如一个水分子仅含一个氧原子和两个氢原子，水的相对分子质量为18，而一个高分子聚合物的分子含有成千上万个原子，相对分子质量可达到数万乃至几百万、几千万。原子之间具有很大的作用力，分子之间的长链会蜷曲缠绕。这些缠绕在一起的分子既可互相吸引又可互相排斥，使塑料产生了弹性。高分子聚合物在受热时不像一般低分子物质那样有明显的熔点，从长链的一端加热到另一端需要时间，即需要经历一段软化的过程，因此塑料便具有可塑性。高分子聚合物与低分子物质的重要区别还在于高分子聚合物没有精确、固定的相对分子质量。同一种高分子聚合物所含相对分子质量的大小并不一样，因此只能采用平均相对分子质量来描述。例如，低密度聚乙烯的平均相对分子质量为1.5万~3.5万，高密度聚乙烯的平均相对分子质量为8万~14万等。

高分子聚合物常用来制造合成树脂、合成橡胶和合成纤维，这三大合成材料成为了材料工业的一个重要支柱。其中，合成树脂的产量最大，应用也最广。

二、塑料的组成

塑料以合成树脂为主要成分，它由合成树脂和根据不同需要而增添的添加剂所组成。

1. 合成树脂

在自然界中存在着一些来自植物或动物分泌的有机物质，如松香、虫胶和琥珀等，称之为天然树脂。它们在受热后没有明显的熔点，能够逐渐变软，并具有可塑性。这些高分子有机物质产量低，性能也不理想。为了寻找天然树脂的代用品，人们模仿它们的成分，用化学方法人工地制取各种树脂。这种以人工方法制取的树脂称为合成树脂。最初制造合成树脂的原料为农副产品，以后改用煤，20世纪60年代以后则主要来自于石油。

2. 稳定剂

塑料在受热及紫外线、氧气的作用下会逐渐老化。因此，在大多数塑料中都要添加稳定剂，用以减缓或阻止塑料在加工和使用过程中的分解变质。根据稳定剂作用的不同，又分为热稳定剂、抗氧化剂及紫外线吸收剂等。各种塑料由于内部结构不同，老化机理不一样，所用的稳定剂也就不同。例如，有机锡化合物常用作聚氯乙烯的热稳定剂，酚类及胺类有机物常用作抗氧化剂，羟基类衍生物、苯甲酸酯类及炭黑等常用作紫外线吸收剂。稳定剂的用量一般为塑料的0.3%～0.5%（质量分数）。

3. 填充剂

为了降低塑料成本，有时在合成树脂中掺入一些廉价的填料。但是在更多情况下，添加填充剂是为了改进塑料的性能。塑料的硬度、刚度、冲击强度、电绝缘性、耐热性、成型收缩率等皆可通过添加相应的填充剂而得到改善。例如在酚醛树脂中加入木屑等填料，可以获得机械强度高的胶木，加入云母、石英和石棉可提高塑料的耐热性和绝缘性。常用填充剂的形态有粉状、纤维状和片状三种。粉状填充剂如木粉、石棉粉、滑石粉、陶土、云母粉、石墨粉等；纤维状填充剂有石棉、玻璃纤维等；片状填充剂有纸、棉布、玻璃布等。填充剂的用量通常占塑料组成的40%（质量分数）以下。

4. 增塑剂

增塑剂用来提高塑料的可塑性和柔软性。常用的增塑剂是一些高沸点的液态有机化合物或低熔点的固态有机化合物。理想的增塑剂必须在一定范围内能与合成树脂很好相溶，并具有良好的耐热、耐光、不燃及无毒等性能。增塑剂的加入会降低塑料的稳定性、介电性能和机械强度。塑料制品的老化现象就是由增塑剂中的某些挥发物质逐渐从制品中逸出而产生的。因此在塑料中应尽可能地减少增塑剂的含量。大多数塑料一般不添加增塑剂，唯有软质聚氯乙烯含有大量的增塑剂（邻苯二甲酸二丁酯等）。在生产聚氯乙烯塑料时，若加入较多的增塑剂便可得到软质聚氯乙烯塑料，若不加或少加增塑剂［用量＜10%（质量分数）］，则得到硬质聚氯乙烯塑料。

5. 润滑剂

润滑剂对塑料的表面起润滑作用，防止熔融的塑料在成型过程中粘附在成型设备或模具上。添加润滑剂还可改进塑料熔体的流动性能，同时也可以提高制品表面的光亮度。常用的润滑剂如硬脂酸及其盐类等。润滑剂的用量通常小于1%（质量分数）。

6. 着色剂

合成树脂的本色大都是白色半透明或无色透明的。在工业生产中常利用着色剂来增加塑料制品的色彩。一般要求着色剂的着色力强、色泽鲜艳、耐热、耐光。常用的着色剂有有机颜料和矿物颜料两类。有机颜料如颜色钠猩红、黄光硫靛红棕、颜料蓝、炭黑等；矿物颜料如铬黄、绛红镉、氧化铬、铝粉末等。

7. 固化剂

在热固性塑料成型时，有时要加入一种可以使合成树脂完成交联反应而固化的物质。如在酚醛树脂中加入六次甲基四胺、在环氧树脂中加入乙二胺或顺丁烯二酸酐等。这类添加剂称之为固化剂或交联剂。

根据不同的用途，在塑料中还可增添一些其他的添加剂。例如，阻燃剂可降低塑料的燃烧性；发泡剂可制成泡沫塑料等。

塑料还可以像金属那样制成“合金”，即把不同品种、不同性能的塑料用机械的方法均匀掺和在一起（共混改性），或者将不同单体的塑料经过化学处理得到新性能的塑料（聚合改性)。例如ABS塑料就是由丙烯腈、丁二烯、苯乙烯三种组分制成的三元共聚物。

三、塑料的分类

目前，塑料品种已达300多种，常见的约30多种。可以根据塑料的制造方法、成型工艺及其用途将它们进行分类。

1. 按制造方法分类

合成树脂的制造方法主要是根据有机化学中的两种反应：聚合反应和缩聚反应。

聚合反应是将许多低分子单体（如从煤和石油中得到的乙烯、苯乙烯、甲醛等的分子）化合成高分子聚合物的化学反应。在此反应过程中没有低分子物质析出。这种反应既可在同一种物质的分子间进行（其反应产物称为聚合体），也可以在不同物质的分子间进行（其反应产物称为共聚体）。

缩聚反应也是将相同的或不相同的低分子单体化合成高分子聚合物的化学反应，但是在此反应过程中有低分子物质（如水、氨、氯化氢等）析出。

因此，可将塑料划分为聚合树脂和缩聚树脂两类。

2. 按成型性能分类

根据成型工艺性能，塑料可分为热塑性塑料和热固性塑料两类。热塑性塑料主要由聚合树脂制成；热固性塑料大多数是以缩聚树脂为主，加入各种添加剂制成的。

热塑性塑料的特点是受热后软化或熔融，此时可成型加工，冷却后固化，再加热仍可软化。热固性塑料在开始受热时也可以软化或熔融，但是一旦固化成型后就不会再软化。此时，即使加热到接近分解的温度也无法软化，而且也不会溶解在溶剂中。

塑料的这种热塑或热固的特性，可以从分子的结构特征来解释。一般低分子物质的分子呈球状，而高分子物质的结构，有的像长链，有的像树枝，还有的呈网状。这些结构使得塑料具有热塑或热固的特性。图1-1所示为高分子物质的结构示意图。

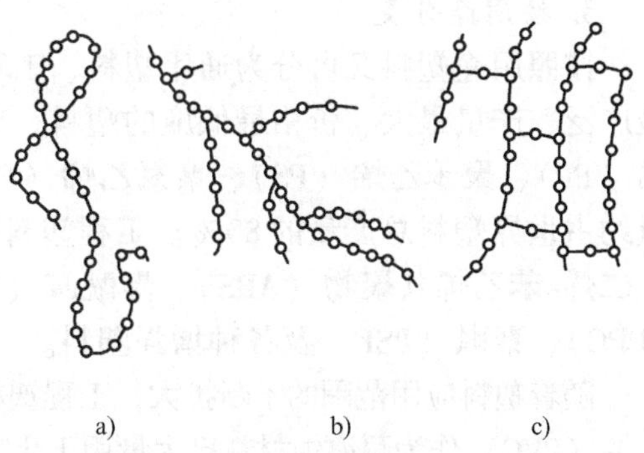

图1-1 高分子物质的结构示意图

a）链状结构 b）树枝状结构 c）网状结构

热塑性塑料的分子结构呈链状或树枝状，常称为线型聚合物。这些分子通常互相缠绕但并不连结在一起，受热后具有可塑性。热塑性塑料又可分为无定形塑料和结晶型塑料两类。属于结晶型的常用塑料如聚乙烯、聚酰胺（尼龙）等；属于无定形的常用塑料如聚苯乙烯、聚氯乙烯、ABS等。

热固性塑料在加热开始时也具有链状或树枝状结构，但在受热后这些链状或树枝状分子逐渐结合成网状结构（称之为交联反应），成为既不熔化又不溶解的物质。常见的热固性塑料有酚醛、脲醛、三聚氰胺甲醛、不饱和聚酯等。

热塑性塑料常采用注射、挤出或吹塑等方法成型。热固性塑料常采用压缩或压注方法成型，有的也可以采用注射成型。

由于塑料的名称大都冗长繁琐，说与写均不方便，所以常用国际通用的英文缩写字母来表示。表1-1为常用的塑料名称及英文代号。

表 1-1 常用的塑料名称及英文代号

塑料种类	塑料名称	代号
热塑性塑料	聚乙烯	PE
	高密度聚乙烯	HDPE
	低密度聚乙烯	LDPE
	聚丙烯	PP
	聚苯乙烯	PS
	丙烯腈-丁二烯-苯乙烯共聚物	ABS
	聚甲基丙烯酸甲酯（有机玻璃）	PMMA
	聚苯醚	PPO
	聚酰胺（尼龙）	PA（N）
	聚砜	PSF
	聚氯乙烯	PVC
	聚甲醛	POM
	聚碳酸酯	PC
热固性塑料	酚醛	PF
	脲醛	UF
	三聚氰胺甲醛	MF
	环氧	EP
	不饱和聚酯	UP

3. 按用途分类

按照用途塑料又可分为通用塑料、工程塑料以及特殊用途的塑料等。通用塑料是指用途最广泛、产量最大、价格最低廉的塑料。现在世界上公认的通用塑料有聚乙烯（PE）、聚丙烯（PP）、聚苯乙烯（PS）、聚氯乙烯（PVC）、酚醛（PF）和氨基塑料六大类，它们的产量约占世界塑料总产量的80%。工程塑料是指那些可用作工程材料的塑料，主要有丙烯腈-丁二烯-苯乙烯共聚物（ABS）、聚酰胺（PA）、聚甲醛（POM）、聚碳酸酯（PC）、聚苯醚（PPO）、聚砜（PSF）及各种增强塑料。

随着塑料应用范围的不断扩大，工程塑料和通用塑料之间的界线越来越难划分。例如，聚氯乙烯（PVC）作为耐腐蚀材料已大量用于化工机械中，按用途分类，它又属于工程塑料。

四、塑料的性能和用途

不同品种的塑料具有不同的性能和用途。综合起来，塑料具有如下性能及用途：

（1）重量轻　一般塑料的密度与水相近，大约是钢密度的1/6。虽然塑料的密度小，但它的机械强度比木材、玻璃、陶瓷等要高得多。有些塑料在强度上甚至可与钢铁媲美。这对于需要减轻自重的车辆、船舶和飞机有着特别重要的意义。由于重量轻，塑料特别适合制造轻巧的日用品和家用电器零件。

（2）比强度高　如果按单位重量来计算材料的抗拉强度（称之为比强度），则塑料并不逊于金属，有些塑料，如工程塑料、碳纤维增强塑料等，还远远超过金属。所以一般塑料除制造日常用品外，还可用于工程机械中。纤维增强塑料可用作负载较大的结构零件。随着科技的进步，塑料零件在运输工具中所占的比例越来越大。

（3）耐化学腐蚀能力强　塑料对酸、碱、盐等化学物质均有耐腐蚀能力。其中，聚四氟乙烯是化学性能最稳定的塑料，它的化学稳定性超过了所有的已知材料（包括金与铂）。最常用的耐腐蚀材料为硬聚氯乙烯。它可以耐浓度达90%的浓硫酸、各种浓度的盐酸及碱液，被广泛用来制造化工管道及容器。

（4）绝缘性能好 塑料对电、热、声都有良好的绝缘性能，被广泛地用来制造电绝缘材料、绝热保温材料以及隔声吸声材料。塑料优越的电气绝缘性能和极低的介电损耗性能，可以与陶瓷和橡胶媲美。除用作绝缘外，现又制造出半导体塑料、导电导磁塑料等，它们对电子工业的发展具有独特的意义。

（5）光学性能好 塑料的折光率较高，并且具有很好的光泽。不加填充剂的塑料大都可以制成透光性良好的制品，如有机玻璃、聚苯乙烯、聚碳酸酯等都可制成晶莹透明的制品。目前这些塑料已广泛地被用来制造玻璃窗、罩壳、透明薄膜以及光导纤维。

（6）多种防护性能 上述塑料的耐蚀性、绝缘性等，皆体现出塑料对其他物质的防护性，塑料还具有防水、防潮、防辐射、防振等多种防护性能，被广泛地用来制造食品、化工、航天、原子能工业的包装材料和防护材料。

应该指出的是，塑料也存在着一些缺点，在应用中受到一定的限制。一般塑料的刚性差，如尼龙的弹性模量约为钢铁的1/100。塑料的耐热性差，在长时间工作的条件下塑料的一般使用温度在100℃以下，在低温中易开裂。塑料的热导率只有金属的1/200～1/600，这对散热而言是一个缺点。若长期受载荷作用，即使温度不高，塑料也会渐渐产生塑性流动，即产生“蠕变”现象。塑料易燃烧，在光和热的作用下性能容易变坏，发生老化现象。所以，在选择塑料时要注意扬长避短。

第二节 塑料的可加工性

一、塑料的加工适应性

温度对塑料的加工有着重要的影响。随着加工温度的逐渐升高，塑料将经历玻璃态、高弹态、粘流态直至分解。处于不同状态下的塑料表现出不同的性能，这些性能在很大程度上决定了塑料对加工的适应性。下面以热塑性塑料为例说明在各种状态下塑料与加工方法的关系。

图1-2为热塑性塑料的弹性模量E、形变率γ与温度Θ的曲线关系。从图中可见，处于玻璃化温度Θ_g以下的塑料为坚硬的固体。由于弹性模量高、形变率小，故在玻璃态塑料不宜进行大变形的加工，但可进行车、铣、刨、钻等机械切削加工。在Θ_g以下的某一温度，塑料受力易发生断裂破坏，这一温度称为脆化温度。它是材料使用的下限温度。

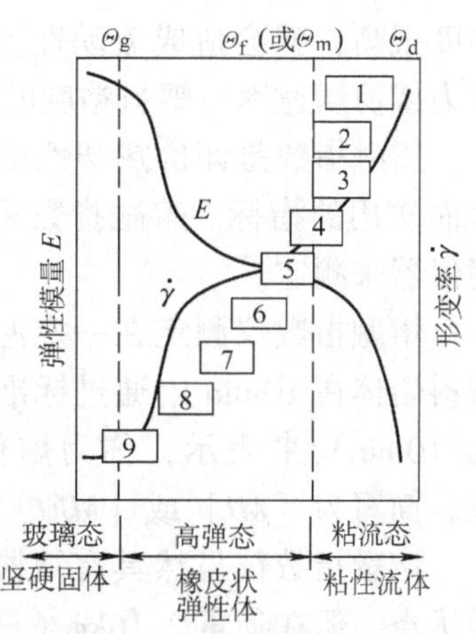

图1-2 热塑性塑料的状态与加工的关系

1—熔融纺丝 2—注射 3—薄膜吹塑 4—挤出成型 5—压延成型 6—中空成型 7—真空和压力成型 8—薄膜和纤维热拉伸 9—薄膜和纤维冷拉伸

在Θ_g以上的高弹态，塑料的弹性模量显著减小，形变能力大大增强。对于无定形塑料，在高弹态靠近聚合物流动或软化温度Θ_f一侧的区域内，材料的粘性很大，某些塑料可进行真空成型、压力成型、压延和弯曲成型等。由于此时的变形是可逆的，为了得到符合形状尺寸要求的制品，在加工中把制品温度迅速冷却到Θ_g以下的温度是这类加工过程的关键。对于结晶型塑料，当外力大于材料的屈服强度时，可在Θ_g至熔点温度Θ_m的区域内进行薄膜或纤维的拉伸。此时Θ_g是大多数塑料加工的最低温度。

高弹态的上限温度是Θ_f。由Θ_f（或者Θ_m）开始，塑料呈粘流态。通常将呈粘流态的塑料称为熔体。在Θ_f以上不高的温度范围内常进行压延、挤出和吹塑成型等。在比Θ_f更高的温度下，塑料的弹性模量降低到最低值，较小的外力就能引起熔体宏观流动。此时在形变中主要是不可逆的粘性形变。塑料在冷却后能够将形变永久保持下去。因此在这个温度范围内常进行熔融纺丝、注射、挤出和吹塑等加工。但是过高的温度容易引起制品产生溢料、翘曲等弊病，当温度高到分解温度Θ_d时还会导致塑料分解，以致降低制品的物理、力学性能或者引起制品外观不良。因此，Θ_f与Θ_g一样都是塑料进行加工的重要参考温度。

从以上讨论可知，在一定的加工温度下塑料具有可挤压性、可模塑性、可延性、可纺性、可机加工性等。限于本课程的教学内容，下面仅讨论塑料的可挤压性和可模塑性。

二、塑料的可挤压性

塑料在加工过程中常受到挤压作用，例如塑料在挤出机和注射机料筒中以及在模具中都受到挤压作用。塑料的可挤压性是指塑料在受到挤压作用时获得形状和保持这种形状的能力。

在通常条件下塑料在固体状态不能采用挤压成型，只有当塑料处于粘流态时才能借助于挤压获得宏观的形变。在挤压过程中，塑料熔体主要受到剪切作用，故塑料的可挤压性主要取决于熔体的剪切粘度。大多数塑料熔体的粘度随剪切力或剪切速率的增大而降低。

如果在挤压过程中塑料的粘度很低，虽然流动性很好，但保持形状的能力较差；反之，若塑料的粘度很高，就会造成流动性差、成型困难。有关切应力或剪切速率对塑料粘度的影响将在第二章讨论。

熔融指数是评价热塑性塑料可挤压性的一种简单而实用的指标。熔融指数采用如图 1-3 所示的专用仪器来测定。

熔融指数仪测定在一定温度和压力下，热塑性塑料熔体在 10min 内通过标准毛细管的重量值，以(g/10min) 来表示，称为熔体流动指数或熔融指数，简写为［*MI*］或［*MFI*］。

熔融指数仪虽然具有结构简单、使用方法简便等优点，但在荷重 2.16kg（重锤与柱塞的重量）和出料孔直径为 2.095mm 的条件下，熔体中的剪切速率γ仅约为$10^{-2} \sim 10s^{-1}$范围，属于低剪切速率下的流动，远比注射或挤出成型加工中通常的剪切速率($10^2 \sim 10^4 s^{-1}$）要低。因此，通常测定的［*MI*］并不能说明注射或挤出成型时塑料熔体的实际流动性

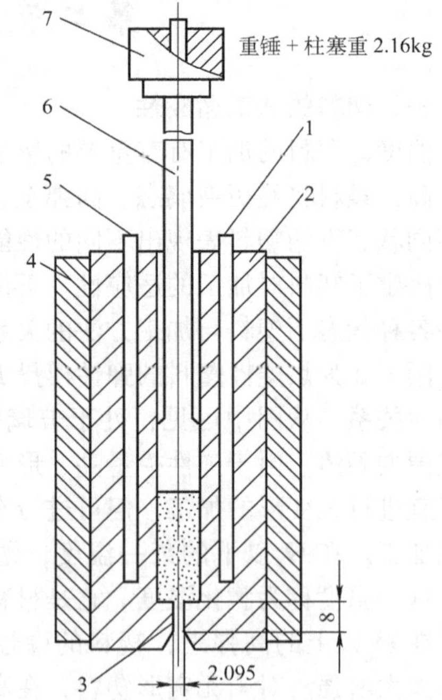

图 1-3　熔融指数仪结构示意图

1—热电偶　2—料筒　3—出料孔　4—保温层　5—加热棒　6—柱塞　7—重锤

能。但用［MI］能方便地表示塑料流动性的高低。表1-2为常用的成型方法与熔融指数的关系。

表1-2 常用的成型方法与熔融指数的关系

成型方法	产品	所需材料的［MI］值 /(g/10min)	成型方法	产品	所需材料的［MI］值 /(g/10min)
挤出成型	管材	<0.1	注射成型	一般制品	1~2
	片材	0.1~0.5		薄壁制品	3~6
	电线、电缆	0.1~1	真空成型	制品	0.2~0.5
	瓶类	1~2			

三、塑料的可模塑性

可模塑性是指在一定的温度和压力作用下塑料在模具中模塑成型的能力。具有可模塑性的材料可通过注射、压缩和挤出等成型方法制得各种形状的模塑制品。

可模塑性主要取决于塑料的流变性、热性质和其他物理力学性质等，热固性塑料的可模塑性还与聚合物的化学反应性有关。

模塑条件对塑料可模塑性的影响可以用图1-4所示的模塑窗口来说明。

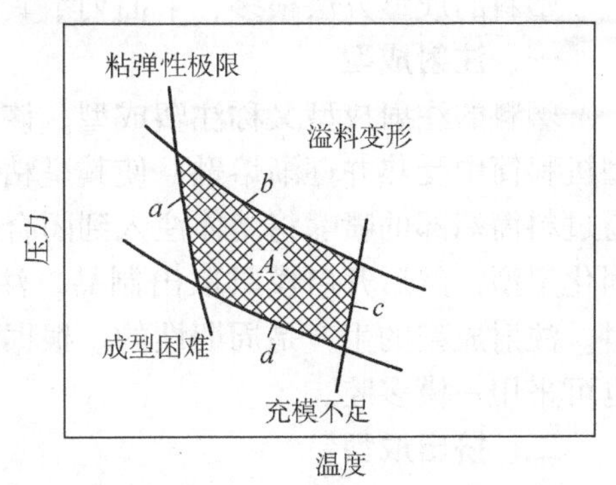

图1-4 模塑窗口

A—成型区域 a—表面不良线 b—溢料线 c—塑料分解线 d—缺料线

从模塑窗口图可见，成型温度过高虽然有利于成型，但会引起塑料分解，制品的收缩率也会增大。成型温度过低则熔体粘度大，流动困难，且因弹性发展，明显地使制品形状稳定性变差。适当地增大压力，能改善熔体的流动性。但过高的压力会引起模具溢料并增加制品的内应力。压力过低又会造成充模不足。图1-4中a、b、c、d四条线组成的模塑窗口A才是模塑的最佳区域。除了模塑条件外，模具的结构尺寸也会影响塑料的可模塑性。模具结构尺寸不当甚至会导致成型失败。

除了测定熔体的流变数据外，在生产中广泛用来判断塑料可模塑性的方法是螺旋流动试验。该试验是通过一个加工有阿基米德螺旋槽的模具来实现的。模具结构如图1-5所示。

试验时，熔体在注射压力的推动下由螺旋中央注入到模具中。熔体在流动过程中逐渐冷却并硬化为螺旋线状固体。螺旋线的长度（如图1-5所示，单位为cm）反映出各类塑料熔体流动性的差异。

模具的热传导对螺旋线长度的影响可用图1-6说明。当熔体注入模具并与螺旋线槽壁接触时，由于模壁温度（Θ_0）低于熔体温度（Θ），槽壁的热传导作用会使熔体很快冷却和硬化，$\Theta-\Theta_0$值越大，冷却和硬化越快。当槽壁周围硬化的熔体厚度增加到槽的中心部位时，熔体的流动被阻止并硬化形成表征流动难易的螺旋线状固体。螺旋线越长，表明该塑料熔体的流动性越好。螺旋线长度除与熔体与模壁的温差有关外，还与熔体流动压力、保压时间以及螺旋槽的几何尺寸有关。

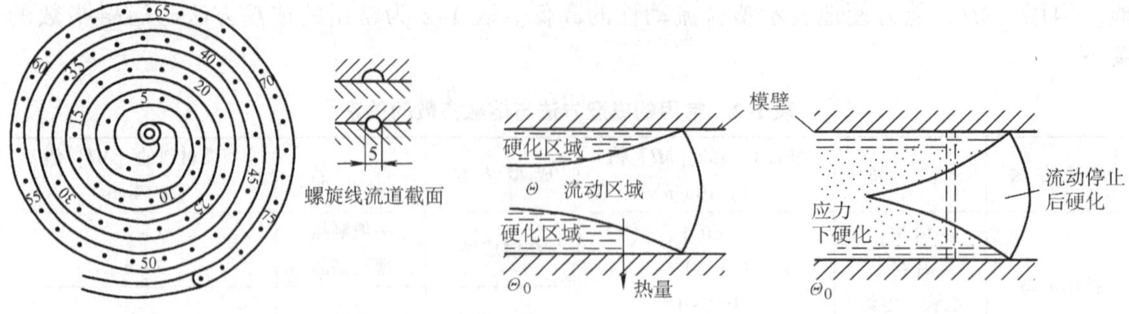

图 1-5　螺旋流动试验模具示意图　　图 1-6　模具的热传导对螺旋线长度的影响

通过螺旋流动试验可以了解到，在一定切应力和温度范围内的塑料流变性质、温度、压力、成型周期、塑料配方、模具浇口及型腔尺寸对流动性和模塑条件的影响。

第三节　塑料的主要成型方法

塑料的成型方法很多，下面列举其中六种主要的成型方法。

一、注射成型

塑料的注射成型又称注塑成型。该方法采用注射成型机将粒状的塑料连续输入到注射成型机料筒中受热并逐渐熔融，使其呈粘性流动状态，由料筒中的螺杆或柱塞推至料筒端部。通过料筒端部的喷嘴将熔体注入到闭合的模具型腔中，熔体充满后经过保压和冷却，使制品固化定型，然后开启模具取出制品。注射成型主要用于热塑性塑料，现在也用于热固性塑料。注射成型的生产是周期性的。根据产品的批量、结构、尺寸与精度，可采用一模一腔，也可采用一模多腔。

二、挤出成型

挤出成型又称挤塑成型。该方法与注射成型的原理类似。将粒状塑料在挤出机的料筒中完成加热和加压过程，熔体经过装在挤出机机头上的成型口模挤出，然后冷却定型，借助牵引装置拉出，成为具有一定横截面形状的连续制品，如管、槽、板及异型材制品等。挤出成型是热塑性塑料的主要成型方法之一。除了成型加工外，该法还用于塑料的混炼加工，如着色、填充、共混等皆可通过挤出造粒工序来完成。

三、中空成型

中空成型又称吹塑成型。它是制造中空制品和管筒形薄膜的方法。该法先用挤出机或注射机挤出或注出管筒状的熔融坯料，然后将此坯料放入吹塑模具内，向坯料内吹入压缩空气，使中空的坯料均匀膨胀直至紧贴模具内壁，冷却定型后开启模具取出中空制品。在工业生产中如瓶、桶、球、壶、箱一类的热塑性塑料制品均可用此法制造。若将从挤出机中连续不断挤出的熔融塑料管筒内趁热通入压缩空气，把管筒胀大撑薄，然后冷却定型，可以得到管筒形薄膜，将其截断可热封制袋，也可将其纵向剖开展为塑料薄膜。

四、压缩成型

压缩成型又称为压制成型。该法把由上、下模（或凸、凹模）组成的模具安装在压力机的上、下模板之间，塑料粒料（或粉料、预制坯料）在受热和受压的作用下充满闭合的模具型腔，固化定型后得到塑料制品。此法主要用于热固性塑料成型。

五、压注成型

压注成型又称传递成型。与压缩成型一样，压注成型也是热固性塑料的主要成型方法之一。该法将塑料粒料或坯料装入模具的加料室内，在受热与受压的作用下熔融的塑料通过模具加料室底部的浇注系统（流道与浇口）充满闭合的模具型腔，然后固化成型。该法适合于成型形状复杂或带有较多嵌件的热固性塑料制品。

六、固相成型

固相成型的特点是使塑料在熔融温度以下成型，在成型过程中塑料没有明显的流动状态。该法多用于塑料板材的二次成型加工，例如真空成型、压缩空气成型和压力成型等。固相成型原来多用于薄壁制品的成型加工，现已能用于制造厚壁制品。

塑料的成型方法除了以上列举的六种外，还有压延成型、浇铸成型、滚塑成型、泡沫成型等。其中，在汽车、家电、电子等行业中应用最为广泛的是注射成型。本书专门讲述塑料注射成型工艺及其模具设计的基本知识。

第二章 塑料成型理论

第一节 塑料的粘弹性

一、塑料的基本力学模型

如前所述，塑料在加工过程中一般要经历玻璃态、高弹态和粘流态。在玻璃态下塑料与其他刚性材料类似，力与应变的关系符合胡克定律；在高弹态下则比较复杂，此时塑料既表现出固体的性质（弹性），又表现出流体的性质（粘性），这种弹性与粘性的综合被称之为塑料的粘弹性。

用于描述塑料在高弹态下粘弹性的最基本的力学模型如图 2-1 所示。

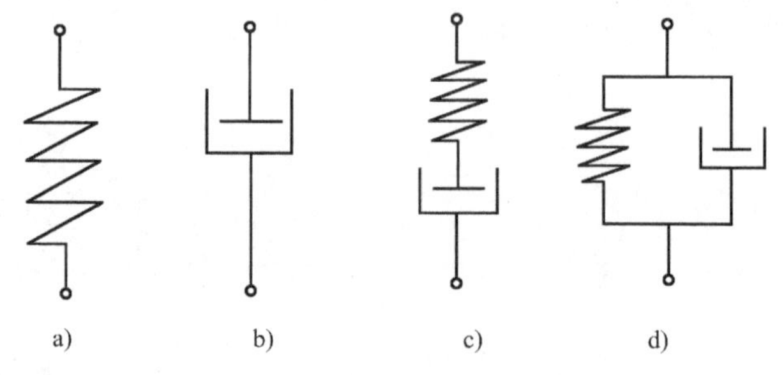

图 2-1 四种基本力学模型

a）弹性模型 b）粘性模型 c）麦克斯威尔模型 d）沃伊特-开尔文模型

1. 弹性模型

符合胡克定律的弹性固体可用一个理想弹簧表示。

2. 粘性模型

符合牛顿定律的牛顿型流体（详见下节）可用盛有粘性牛顿流体的粘壶来表示。粘壶可视为一个圆柱缸体，活塞受力后在缸内推动流体而移动。

3. 麦克斯威尔（Maxwell）模型

该模型由一个理想弹簧和一个粘壶串联而成。弹簧受力后产生瞬时弹性变形，并以等量应力传递给粘壶。粘壶中活塞将按均匀速度移动，此时表现为牛顿型流体的粘性流动。若将这种稳定流动或变形骤然制止，由于粘壶的粘性作用，弹簧受到拉力不能立即消除，而是逐渐减小，这就是类似粘弹体的应力松弛过程，故该模型又称为松弛模型。在该模型中粘壶产生了不可恢复的粘性流动。

4. 沃伊特-开尔文（Voigt-Kelvin）模型

该模型由弹簧和粘壶并联而成。由于弹簧与粘壶并在一起，受力后弹簧不会立即被拉开。此时该模型就像一块坚硬的物体，只能在应力作用下徐徐发生剩余形变。当解除应力后弹簧与粘壶又慢慢回复原状，不会产生剩余变形。

沃伊特-开尔文模型所描述的变形接近弹性体，当应力解除后形变能够复原，但是并不像弹性体那样马上复原，而是需要一段时间。麦克斯威尔模型则接近于流体，其粘滞流动是不可逆转的。如果将这两个力学模型结合起来，便能较好地描述线型聚合物在高弹态下的粘弹性质。

二、粘弹性模型

粘弹性模型是将麦克斯威尔模型与沃伊特-开尔文模型串联起来分析的模型。图 2-2 所示为粘弹性模型的受力图以及应变-时间曲线。图中，G 表示线型聚合物的弹性切变模量，μ 表示粘度，τ 表示切应力，t 表示时间，γ 表示切应变。

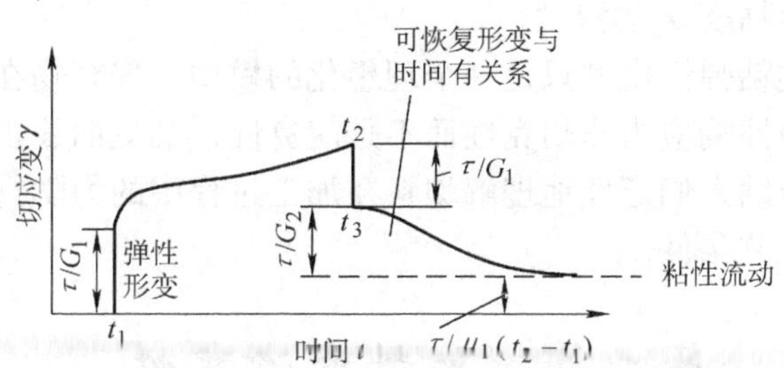

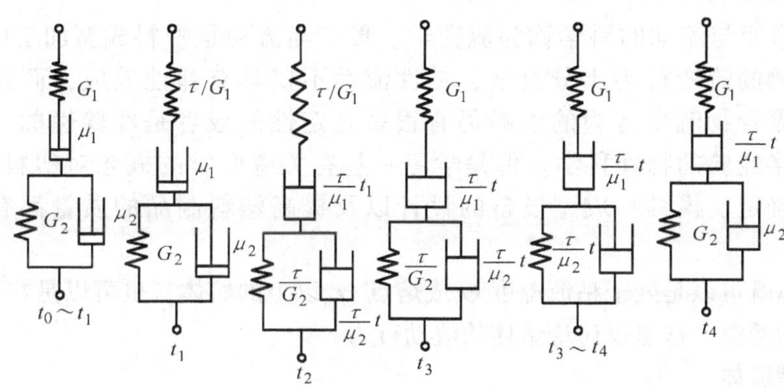

图 2-2 粘弹性模型

在时间 t_1 以前，G_1、μ_1、G_2、μ_2 均处于原始状态。到时间 t_1 时聚合物的分子链犹如弹簧一样，产生瞬时弹性形变（τ/G_1）。若受力时间很短，聚合物仅产生瞬时弹性形变，并不影响塑料制品的应用性。但若继续施加应力 τ，将使粘壶 μ_1 移动，即聚合物的分子链产生粘性流动位移[（τ/μ_1）t]。应力作用时间越长，粘性形变越大，并且粘壶 μ_2 也随之移动。然而粘壶 μ_2 是与弹簧 G_2 并联的，当应力解除后，在弹簧 G_2 的弹性作用下，粘壶 μ_2 最终将回复到其原始位置。t_2 时刻为应力即将解除前材料的最大形变。在应力解除后的 t_3 时刻，弹簧 G_1 的弹性形变立即恢复，而粘壶 μ_1 和弹簧 G_2、粘壶 μ_2 仍保持形变和位移。在 $t_3 \sim t_4$ 时刻，弹簧 G_2 回缩，但其运动被粘壶 μ_2 所延迟，G_2 的应变（τ/G_2）将在 t_4 时刻恢复。材料的最终总应变将仅是粘壶 μ_1 的粘滞流动。

描述上述粘弹性模型的数学表达式为

$$r = \frac{\tau}{G_1} + \frac{\tau}{\mu_1}t + \frac{\tau}{G_2}\left[1 - e^{-\left(\frac{G_2}{\mu_2}\right)t}\right] \tag{2-1}$$

式中，等号右边的第一项为材料的弹性形变；第二项是基于麦克斯威尔模型的粘性流动；第三项是基于沃伊特-开尔文模型的延迟弹性。该式不仅反映了粘弹性材料对时间的依赖性，同时可以定性地分析温度对聚合物力学性能的影响。

低温时，由于粘度 μ_1、μ_2 很高，式中等号右边第二、第三项均很小，材料表现为切变模量为 G_1 的理想弹性体。但是，低温时若在低于弹性极限连续、长期地施加应力，材料会产生蠕变。这主要是式中第二项粘流效应所表现出的对时间的依赖性。式中第三项所表示的流动是可恢复的，这种可恢复的延迟流动与总形变相比是很小的一部分。

高温时，μ_1、μ_2都很低，式中等号右边第一、三项与第二项相比显得很小，材料处于粘流态，总形变主要表现为粘度μ_1的流动。

应该指出的是，上述粘弹性模型只是一个理想化的模型。聚合物在粘流态时一般具有非牛顿性而不是牛顿性，弹性响应为非胡克性而不是胡克性，蠕变曲线也不只依赖时间这一个因素。但是，该模型能帮助人们定性地理解塑料在加工过程中的力学行为，指导人们合理地制订和控制塑料的成型工艺条件。

第二节 塑料的流变性

研究物质形变与流动的科学称为流变学。形变与流动是塑料成型加工中最基本的工艺特征。聚合物的流变行为十分复杂，粘性流动不仅具有弹性效应，而且伴随有热效应。目前关于聚合物流变行为的解释仍有很多是定性的或者是经验性的，聚合物流变学依然是一门半经验的物理科学。但是学习一些有关流变学的概念对塑料材料的选择、成型工艺条件确定、模具和成型设备的设计以及提高塑料制品的质量都有着很重要的指导作用。

聚合物流体既可以是处于粘流温度Θ_f或熔点Θ_m以上的熔体，也可以是在不高温度下仍保持流动状态的溶液。这里仅讨论熔体的流动行为。

一、牛顿型流体

塑料熔体在加工过程中的流动基本上属于层流。可以将层流流动看成是一层层彼此相邻且平行的薄层流体沿外力作用方向进行的相对滑移。图2-3为流体在圆管中的层流滑移示意图。

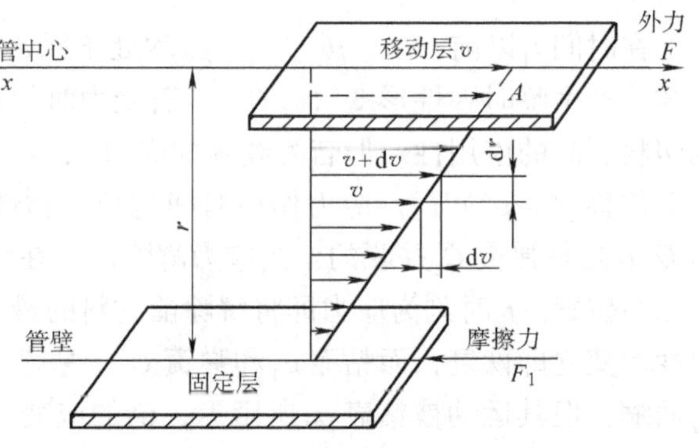

图2-3 流体在圆管中的层流滑移示意图

图中，F为外部作用于整个流体上的恒定剪切力、A为流体液层面积。假定液层面积足够大，以致可以忽略四周边界的影响，液层上的切应力为

$$\tau = F/A \tag{2-2}$$

在恒定应力的作用下流体的应变表现为液层以匀速v沿着切应力作用方向移动。但液层间的粘性阻力和管壁的摩擦力使相邻液层在移动方向上存在着速度差，圆管中心阻力最小，液层移动速度最大，管壁附近液层移动速度最小，假定在管壁上液层不产生滑移，则管壁上液层的移动速度为零。如果液层间的径向距离为dr，相邻两液层的移动速度分别为v和$(v+\mathrm{d}v)$，则液层间单位距离内的速度差（称之为速度梯度）为$\mathrm{d}v/\mathrm{d}r$，记液层移动速度为$\mathrm{d}x/\mathrm{d}t$，则

$$\frac{\mathrm{d}v}{\mathrm{d}r}=\frac{\mathrm{d}\ (\mathrm{d}x/\mathrm{d}t)}{\mathrm{d}r}=\frac{\mathrm{d}\ (\mathrm{d}x/\mathrm{d}r)}{\mathrm{d}t} \tag{2-3}$$

$\mathrm{d}x/\mathrm{d}t$是一个液层相对另一个相邻液层移动的距离，即为该流体在切应力的作用下产生的切应变，记为$\gamma=\mathrm{d}x/\mathrm{d}r$。式（2-3）可改写为

$$\frac{dv}{dr}=\frac{d\gamma}{dt}=\dot{\gamma} \tag{2-4}$$

式中，γ表示单位时间内的切应变，称为剪切速率。从式中可以看到，剪切速率与速度梯度在数值上相等。

牛顿在研究低分子流体时发现切应力与剪切速率之间存在着如下关系

$$\tau=\mu\left(\frac{dv}{dr}\right)=\mu\frac{d\gamma}{dt}=\mu\dot{\gamma} \tag{2-5}$$

式（2-5）说明，液层单位表面上所施加的切应力τ与液层间的速度梯度dv/dr成正比，此即著名的牛顿粘性定律。μ为比例常数，称为牛顿粘度，它是流体本身所固有的性质，其数值表征了流体抵抗外力引起流动形变的能力。不同流体的μ值不同，它与流体的分子结构及流体温度等密切相关。μ的单位为Pa·s或者（N·s）/m^2。

凡符合式（2-5）的流体称为牛顿型流体。以切应力τ对剪切速率γ或者以粘度μ对剪切速率γ作图所得到的曲线称为流体的流动（或流变）曲线，它是确定塑料成型加工工艺条件的重要依据。

牛顿型流体的流动曲线具有如下特点：

1）τ-γ曲线是一条通过坐标原点的直线。直线的斜率即为牛顿粘度μ。

2）μ-γ曲线是一条平行于坐标轴γ的直线，它表明牛顿粘度μ为常数，不随剪切速率γ的变化而变化。

3）牛顿型流体的应变具有不可逆性，应力解除后形变将永远保持下去，这是纯粘性流动的特点。

实践表明，真正属于牛顿型流体的是气体、低分子化合物的液体。在塑料熔体中，除聚碳酸酯（PC）等少数几种和牛顿型流体相近外，绝大多数只是在切应力很小或很大时才表现为牛顿型流体，如图2-4所示。塑料熔体在通过模具的浇注系统和注入型腔时，其所受到的切应力并非很大或很小，故它们表现出的流动行为与牛顿型流体不符。凡与式（2-5）不符的流体皆称为非牛顿型流体。

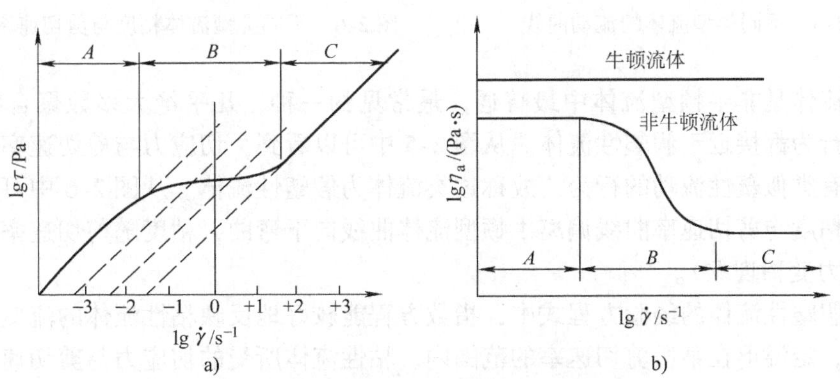

图2-4 宽剪切速率范围的塑料熔体流动曲线

a）$\lg\tau$-$\lg\gamma$曲线 b）$\lg\eta_a$-$\lg\gamma$曲线

A、C—牛顿流动区 B—非牛顿流动区

二、非牛顿型流体

非牛顿型流体包括粘性流体、粘弹性流体和时间依赖性流体。在常用塑料中，只有少数聚合物的溶液呈时间依赖性，本书不作讨论。目前对粘性流动中的弹性行为的认识尚未十分清楚，所以通常将非牛顿型流体都简化为粘性流体处理，必要时才进行某种修正。粘性流体的特点是在受力流动时，其剪切速率只依赖于切应力的大小，而与切应力的作用时间无关。

粘性流体又分为宾哈流体、膨胀性流体和假塑性流体。这几种流体的流动曲线如图 2-5 所示。

从图 2-5 中可以看到，宾哈流体只有当切应力增加到某一临界值时才开始流动，流动特征类似于牛顿型流体，切应力与剪切速率呈线性关系，属于这种类型的如具有凝胶结构的聚合物溶液。

膨胀性流体的特点是高速作用下，流体体积产生膨胀。切应力随着剪切速率的提高有非线性增大的趋势。如图 2-6 所示，膨胀性流体的粘度随剪切速率的增加而升高（称为切力增稠现象）。膨胀性流体一般较少，属于膨胀性流体的如含有增塑剂的塑料糊、少数有填料的聚合物熔体等。

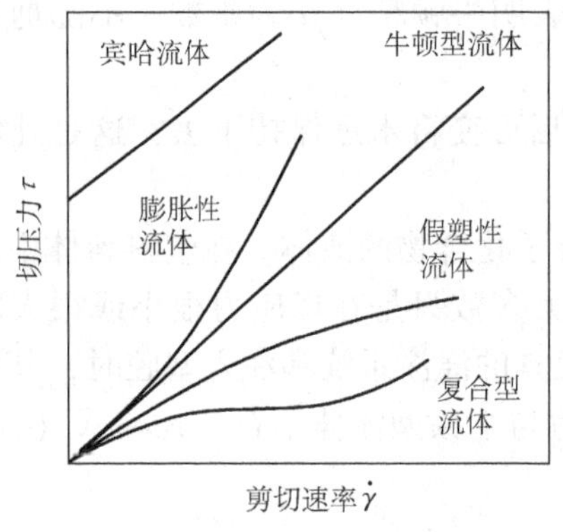

图 2-5 不同类型流体的流动曲线

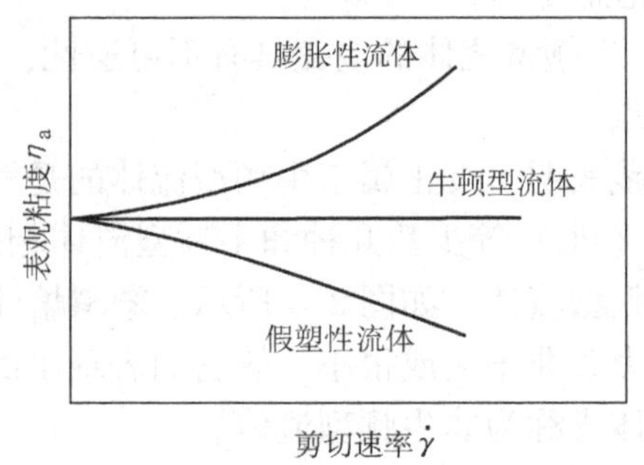

图 2-6 不同类型流体粘度与剪切速率的关系

假塑性流体是非牛顿型流体中最普通、最常见的一种，几乎绝大多数聚合物熔体与溶液，其流动行为都接近于假塑性流体。从图 2-5 中可以看到，切应力与剪切速率曲线在弯曲的起始阶段有类似塑性流动的行为，故称这类流体为假塑性流体。从图 2-6 中可以看到，假塑性流体的粘度与剪切速率曲线偏离牛顿型流体曲线向下弯曲，粘度随剪切速率的增大而降低（称为切力变稀现象）。

在描述假塑性流体的经验方程式中，指数方程能较好地反映粘性流体的流变性质。该经验公式认为，定温下在某段剪切速率的范围内，粘性流体所受的切应力与剪切速率具有指数函数的关系。其数学表达式为

$$\tau = K\left(\frac{\mathrm{d}v}{\mathrm{d}r}\right)^n = K\left(\frac{\mathrm{d}\gamma}{\mathrm{d}t}\right)^n = K\dot{\gamma}^n \quad (n<1) \tag{2-6}$$

式中，K 与 n 对于某一种粘性流体而言均为常数。K 称为稠度，K 值越高，流体粘度越大；n 为非牛顿指数，对于假塑性流体，$n<1$，n 值离整数 1 越远，流体的非牛顿性

越强。

为了与牛顿型流体公式［式（2-5）］相比较，可将式（2-6）改写为

$$\tau = (K\gamma^{n-1})\gamma \tag{2-7}$$

取

$$\eta_a = K\gamma^{n-1} \tag{2-8}$$

则

$$\tau = \eta_a \gamma \tag{2-9}$$

式中，η_a称为非牛顿型流体的表观粘度。对于假塑性流体，η_a随着γ的提高按指数规律降低。

三、影响粘度的因素

粘度是描述塑料熔体流变行为最重要的量度。由前面的讨论可知，对于牛顿型流体，其牛顿粘度μ为一个不变的常量；对于非牛顿型流体来说，其表观粘度η_a与流体的稠度K、非牛顿指数n以及剪切速率γ密切相关，而稠度K和非牛顿指数n又受温度的影响。此外，压力、聚合物的结构等也对粘度有着不可忽视的影响。下面分别讨论温度、压力、剪切速率及聚合物结构因素对粘度的影响。

1. 温度的影响

研究结果已经证实，在粘流态，热塑性塑料熔体的粘度随温度升高而呈指数规律降低。但不同熔体的粘度对温度的敏感程度并不相同。对于那些表观粘度对温度不太敏感的塑料熔体，仅凭增加加工温度来提高这些熔体的流动性是不恰当的。因为即使温度增加的幅度很大，其表观粘度却降低有限，而且温度过高会引起熔体降解，导致塑料制品的质量下降。

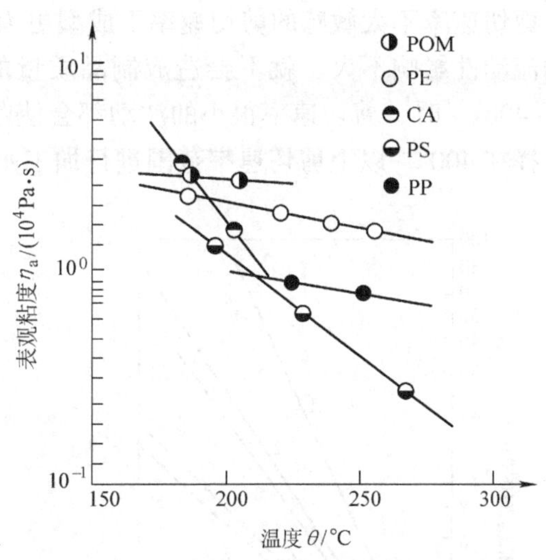

图 2-7 表观粘度对温度的依赖关系

图 2-7 所示为五种常用塑料熔体的表观粘度随温度升高降低的趋势。由图中可知，醋酸纤维（CA）、聚苯乙烯（PS）比聚甲醛（POM）、聚丙烯（PP）和聚乙烯（PE）对温度更敏感。

对于那些对温度敏感的塑料熔体，只要不超过分解温度，提高加工温度都能增大熔体的流动性。

2. 压力的影响

在外部压力作用下（挤压和注射压力一般为 10～150MPa），塑料熔体因受到压缩而减小体积。分子间作用力的增加致使粘度也随之增大。由于塑料熔体的压缩率不同，故不同熔体的粘度对压力的敏感性也不相同。例如当压力从 13.8MPa 升高到 17.3MPa 时，高密度聚乙烯和聚丙烯的粘度要增加 4～7 倍，而聚苯乙烯的粘度甚至可增加 100 倍。某些塑料的粘度对压力的依赖关系如图 2-8 所示。

增压引起粘度增加这一事实说明，单纯通过增大压力来提高塑料熔体的流量是不恰当的。过大的压力还造成设备功率消耗过大以及设备的过度磨损。在塑料正常的加工温度范围内，增加压力对粘度的影响和降低温度对粘度的影响有着相似性。例如，对

于很多塑料，当压力增加到100MPa时，其粘度的变化相当于降低温度30～50℃的作用。这种在生产过程中通过改变压力或温度都能获得相同的粘度变化效应被称为压力-温度的等效性。

3. 剪切速率的影响

塑料熔体的一个显著特征是具有非牛顿性，其表观粘度 η_a 随剪切速率或切应力的增大而减小。不同种类的塑料对剪切速率的敏感性有差别。在常用塑料中，聚苯乙烯（PS）、聚乙烯（PE）、聚丙烯（PP）和聚氯乙烯（PVC）等都属于对剪切速率敏感的聚合物；而聚甲醛（POM）、聚碳酸酯（PC）和聚酰胺（PA）等属于对剪切速率不敏感的聚合物。在塑料加工中，可以通过调整剪切速率（或切应力）来改变熔体的粘度，但只有粘度对剪切速率敏感的一类塑料才会有较好的效果。对于粘度对剪切速率不敏感的另一类塑料，可调整对其粘度影响更大的其他工艺参数（如温度）来改变熔体的粘度。

在塑料成型加工中，若熔体的粘度可以在较宽的剪切速率范围内选择时，则应选择在粘度对剪切速率不太敏感的剪切速率下成型更为合适。因为在这种情况下剪切速率的波动对熔体的流动性影响不大，就不会造成制品质量的显著差别。例如在图2-9中，当剪切速率为100～400s^{-1}时，剪切速率很小的波动都会使塑料的粘度大幅度变化，使制品质量无法稳定，而选择在400s^{-1}以上剪切速率范围进行加工则较适当。

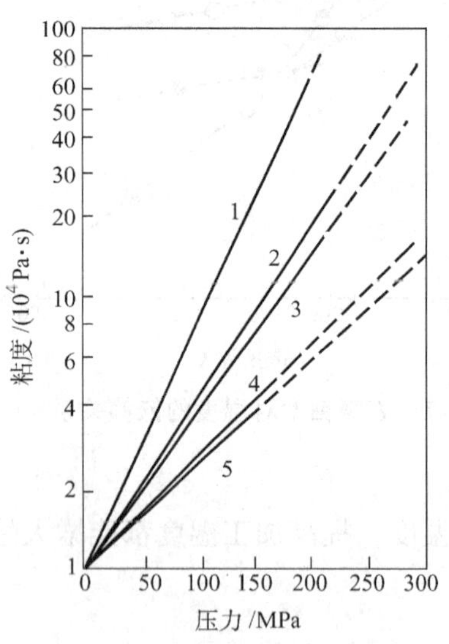

图2-8 某些塑料粘度对压力的依赖关系（应力与温度恒定时）

1—有机玻璃（PMMA） 2—聚丙烯（PP）
3—低密度聚乙烯（LDPE） 4—尼龙（PA66）
5—聚甲醛（POM）

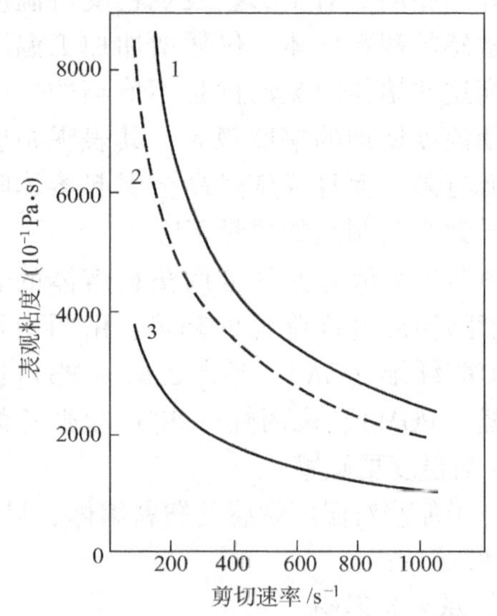

图2-9 粘度与剪切速率关系曲线

1—聚乙烯（PE，220℃） 2—聚乙烯（PE，287℃）
3—醋酸纤维素（CA，220℃）

4. 聚合物结构因素的影响

实验证明，塑料熔体的粘度随聚合物相对分子质量的增加而增加，相对分子质量越大，则熔体的非牛顿性越强。实验还证明，相对分子质量分布较宽的聚合物，其粘度对剪切速率的敏感性较大，非牛顿性也较强。所谓相对分子质量分布宽，是指聚合物相对分子质量的变化区域大；反之则称相对分子质量分布窄。相对分子质量分布窄的聚合物，其粘度对剪切速率敏感性小，而对温度敏感性大，在较宽的剪切速率范围内表现出更多的牛顿型流体的特征。

在聚合物中加入有限的溶剂或增塑剂等液体添加剂时，削弱了聚合物分子间的作用力，熔体的粘度降低，流动性增大。而在聚合物中加入固体填料时，一般会使熔体的粘度增大，流动性降低。

以上关于温度、压力、剪切速率、相对分子质量以及各种添加剂等因素对塑料熔体粘度的综合影响，可以简单地用图2-10来说明。该图以假塑性流体为例，示意地说明温度、压力、相对分子质量、填充剂和增塑剂（或溶剂）增加时粘度变化的趋势(用箭头所示的方向来表示)。

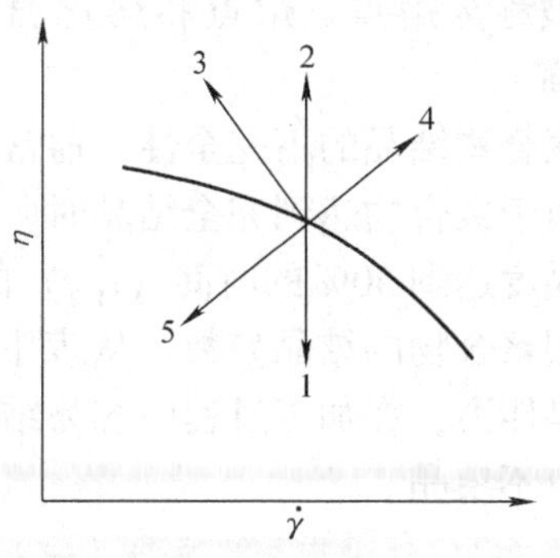

图2-10　各种因素对塑料熔体粘度的影响
1—温度　2—压力　3—相对分子质量
4—填充剂　5—增塑剂或溶剂

第三节　塑料加工过程的物理和化学变化

在塑料加工过程中，聚合物会发生一些物理和化学变化，如某些聚合物在一定条件下结晶或改变结晶度，在外力作用下产生分子取向，有时还会发生降解或交联反应。这些物理和化学变化，不仅会引起聚合物性质发生改变，而且对加工过程也有影响。因此了解聚合物在加工过程产生结晶、取向、降解和交联的特点以及加工条件对它们的影响，设法控制这些物理和化学变化，对塑料加工和应用有着很大的实际意义。

一、聚合物的结晶

1. 结晶的概念

如前所述，聚合物按其分子结构可以分为结晶型和无定形两类。聚合物能否结晶的重要因素是其分子空间排列的规整性。但这种规整性只是聚合物结晶的必要条件，而不是充分条件。例如，很多缩聚树脂也具有规整的分子结构，但结晶却比较困难。并且聚合物的结晶是在一定的外界条件下发生的，具有结晶能力的聚合物既可以结晶，也可以不结晶。

能够结晶的常用塑料有聚乙烯（PE)、聚丙烯（PP)、聚四氟乙烯（PTFE)、尼龙(PA)、聚甲醛（POM）等；不易或不能结晶的常用塑料有聚苯乙烯（PS)、ABS、有机玻璃（PMMA)、聚砜（PSF)、聚碳酸酯（PC）等。

对聚合物的结晶至今仍有不同的看法。普遍的看法是，熔体冷却结晶时，通常生成球晶。实验证实，球晶的外形为具有直线边界的多面体，它是由无数微小晶片按结晶生长规律向四面八方生长形成的一个多晶聚集体，其直径可达几十至几百微米。球晶中的晶片相互重叠并具有扭曲的形状。

聚合物的结晶与低分子物质的结晶有很大区别。聚合物结晶速度慢、结晶不完全、晶体不整齐。由于结晶不完全，结晶型聚合物就不像低分子结晶化合物那样具有明确的熔点。结晶型聚合物的熔化是在比较宽的温度范围内完成的，聚合物完全熔化时的温度被称为熔点。熔点和熔化温度范围随着聚合物的结晶程度变化，结晶程度高的熔点较高。

聚合物结晶的不完全性，通常用结晶度来表示，一般聚合物的结晶度在10% ~60%左右。由于聚合物达到完全结晶时所需时间太长，有的需要几年甚至几十年的时间。因此通常将结晶度达到50%的时间（$t_{1/2}$）的倒数作为评定各种聚合物结晶速度的标准。表2-1为几种常用聚合物的结晶参数。从表中可见，低压聚乙烯、聚酰胺（尼龙）和聚甲醛有着很大的结晶能力，在加工过程中容易结晶，并有很高的结晶度。而橡胶结晶能力最低，即使长期加热也不结晶。

表2-1 几种常用聚合物的结晶参数

聚合物	密度/(g/cm³)		玻璃化转变温度 Θ_g/℃	熔点 Θ_m/℃	最大速度时的结晶温度 Θ_{vmax}/℃	半结晶时间 $t_{1/2}$/s	结晶速度常数 K/s^{-1}	Θ_{vmax}时的球晶生长速度 v_{max}/(μm/s)
	晶态	非晶态						
低压聚乙烯	1.014	0.854	-80	136	—	0.044	49.5	2000
聚酰胺-66	1.220	1.069	45	264	150	0.416	1.66	1200
聚甲醛	1.056	1.215	-85	183	85	—	—	400
聚酰胺-6	1.230	1.084	45	228	145.6	5	0.14	200
等规聚丙烯	0.936	0.854	-20	180	65	1.25	0.55	20
等规聚苯乙烯	1.120	1.052	100	240	175	185	0.0037	0.25
天然橡胶	1.00	0.91	-75	30	-25	—	0.00014	—

2. 结晶度对塑料制品的影响

下面从密度、抗拉强度、冲击韧度、刚度、热性能、翘曲、光泽度等七个方面简述结晶度对塑料制品的影响。

（1）密度　结晶度高表明聚合物的多数分子链已排列成紧密而有序的结构，分子间的作用力强，故密度随着结晶度的提高而增大。例如，70%结晶度的聚丙烯，其密度为0.896g/cm³；当结晶度增至95%时密度则增至0.903g/cm³。

（2）抗拉强度　结晶度高，抗拉强度高。如70%结晶度的聚丙烯的抗拉强度为27.5MPa；当结晶度增至95%时，其抗拉强度可提高到42MPa。

（3）冲击韧度　结晶度高，冲击韧度下降。如70%结晶度的聚丙烯，其冲击韧度为14.9kJ/m²；当结晶度增至95%时，冲击韧度减小到4.77kJ/m²。

（4）刚度　结晶度高，刚度增加。如60%结晶度的聚乙烯的弹性模量为225MPa；当结晶度增至80%时，其弹性模量增加到687MPa。

（5）热性能　结晶度增加有助于提高热变形温度。如70%结晶度的聚丙烯，载荷下的热变形温度为124.9℃；而95%结晶度的热变形温度为151.1℃。但结晶度的提高会使塑料变脆。如结晶度分别为55%、85%、95%的等规聚丙烯，其脆化温度分别为0℃、10℃、20℃。

（6）翘曲　结晶度增加会使体积减小、收缩增大。结晶型塑料比无定形塑料更易翘曲，原因是制品在模具内冷却时，由于冷却温度不均匀，造成制品各个部分的结晶度不等，致使密度不均匀、收缩不一致，在制品内产生较高的内应力而引起翘曲。

(7) 光泽度　结晶度提高会增加制品的致密性，使制品表面光泽度提高。但由于结晶时所形成的球晶会引起光波散射，致使制品的透明度降低。

3. 影响结晶度的因素

结晶度对塑料制品的物理、力学性能影响很大，而在塑料加工中影响结晶度的主要因素也很多，下面分别予以讨论。

(1) 温度及冷却速度对结晶度的影响　研究表明，聚合物结晶的温度范围在玻璃化温度 Θ_g 和熔融温度（熔点）Θ_m 之间。在高温区（接近 Θ_m）晶核不稳定，单位时间成核数量少。而在低温区（接近 Θ_g）能量低，结晶时间长，结晶速度慢，不能为成核创造有利条件。这样，在 Θ_m 和 Θ_g 之间就存在着一个最高的结晶速度 v_{max} 和相应的结晶温度 Θ_{vmax}。图 2-11 所示为结晶速度与温度的关系。几种常用塑料的 Θ_{vmax} 和 v_{max} 见表 2-1。

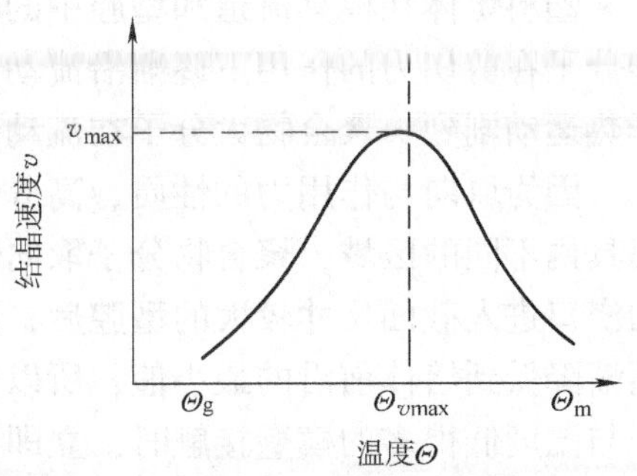

图 2-11　结晶速度与温度的关系

温度是聚合物结晶过程中最敏感的因素，温度相差1℃，结晶速度可以相差很多倍。熔体从熔融温度 Θ_m 以上冷却到玻璃化温度 Θ_g 以下这一过程的速度称为冷却速度。冷却速度决定了晶核存在和生长的条件。冷却速度的大小取决于熔体温度和模具温度的温度差 $\Delta\Theta$。若熔体温度一定，当模具温度接近于最大结晶速度的温度 Θ_{vmax} 时，这时冷却温度差 $\Delta\Theta$ 较小，制品的冷却速度慢，在制品中容易形成大的球晶，导致制品变脆，并使生产周期过长。但是冷却速度又不宜过快，若模具温度低于玻璃化温度 T_g 很多，聚合物分子链在骤冷中来不及结晶，制品表层形成过冷体，制品中心可能产生微晶结构。过冷结构和微晶均具有不稳定性，特别像聚乙烯、聚丙烯和聚甲醛等这些结晶能力强、玻璃化温度又很低的塑料，成型后仍然会继续结晶（后结晶现象），这会使制品的力学性能和尺寸形状发生改变，影响制品的正常使用。

在塑料加工过程中最好采用中等冷却速度，即将模具温度控制在玻璃化温度 Θ_g 与最大结晶速度的温度 Θ_{vmax} 之间。这样的冷却速度能保证晶体生长好、结晶较完整、结构较稳定、生产周期较短。

(2) 熔融温度和熔融时间对结晶度的影响　结晶型塑料在成型加工前都具有或多或少的结晶结构，当其被加热到 Θ_m 以上的温度时，熔化温度与在该温度的停留时间会影响聚合物中残存晶核的数量。这些晶核的存在与否及晶核的大小对结晶速度有很大影响，残存的晶核有利于结晶，故熔融温度高和熔融时间长，将导致残存的晶核少，结晶速度慢，晶体尺寸大。反之，熔融温度低和熔融时间短，会导致残存的晶核多，结晶速度快，晶体尺寸小而均匀，有利于提高制品的力学性能和热变形温度。

(3) 应力对结晶度的影响　实验表明，熔体压力的提高、剪切作用的加强，都会加速聚合物的结晶过程。应力对晶体的结构和形态也有影响。例如在切应力或拉应力作用下，熔体中往往生成一长串纤维状晶体，随着切应力或剪切速率的增大，晶体熔点升高。压力也能影响球晶的大小和形状，低压下能生成大而完整的球晶，高压下则生成小而形状不很规则的球晶。在加工过程中熔体受力的形式也影响球晶的形状和大小。例如用螺杆式注射机加工时，由于熔体受到很大的剪切作用，大球晶被粉碎成微细的晶核，从而形成均匀微晶；而柱塞式注射机却得不到这种均匀的微晶结构。

二、聚合物的取向

塑料在加工过程中会发生不同程度的取向：一种是流动取向，即聚合物分子和纤维状填料在剪切流动时沿流动方向作平行的排列；另一种是拉伸取向，即聚合物分子在受到外力拉伸时沿受力方向平行排列。取向的结构单元若只朝着一个方向，称为单轴取向；若同时朝两个方向取向便称为双轴取向或平面取向。

1. 流动取向

塑料熔体在模具流道和型腔中的流动属于剪切流动。在剪切流动中，聚合物蜷曲状的长链分子在剪切力的作用下逐渐沿流动方向舒展伸直和取向。同时，由于熔体的温度较高，分子热运动剧烈，聚合物大分子在流动取向的过程中也必然存在着解除取向的效应。

因为取向与作用力的性质、高分子结构形态、温度、流变性质及填料均有关系，所以在模具内不同的区域，聚合物分子取向性质会存在很大的差别。例如无定形塑料熔体，从模具的浇口进入截面尺寸较大的型腔后，压力逐渐降低。熔体中的速度梯度也由浇口处的最大值逐渐降低到熔体前沿的最小值，所以熔体前沿区域的分子取向程度低。当前沿区域的熔体首先与温度低得多的模壁接触时，立即被迅速冷却而形成取向少或无取向凝固层。但靠近凝固层的熔体仍然在移动，其流动阻力最大，流速最小，而中心处熔体的流动阻力最小，流速最大。这样在垂直于流动方向上形成速度梯度：凝固层处的速度梯度最大，中心层处的速度梯度最小。因此，靠近凝固层的熔体受到的剪切作用最强，取向程度最大，而在靠近中心层的熔体受到的剪切作用最小，取向也最小。图 2-12 所示为无定形塑料熔体在模具型腔中的流动情况。

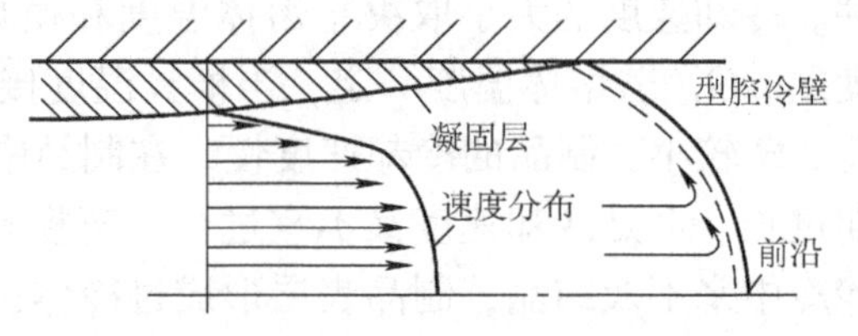

图 2-12 无定形塑料熔体在模具型腔中的流动情况

从图中可见，熔体在前沿呈圆弧形铺展流动。这是由于模壁处的前沿熔体的速度为零，而后面的熔体还要推动前沿的熔体向前移动，于是熔体从前沿中心到模壁产生了径向流动。熔体前沿的这种径向流动又称为“喷泉效应”。

图 2-13 所示为注射成型矩形长条试样时在横截面和轴向纵截面上聚合物分子取向的分布情况。从轴向纵截面分子取向分布图中可见，取向程度最大的区域不在浇口处，而在距浇口不远的位置上。这是因为熔体进入型腔后最先充满此处，故有较长的冷却时间，冻结层厚，分子在这里受到的剪切作用也最大，取向程度也最高。

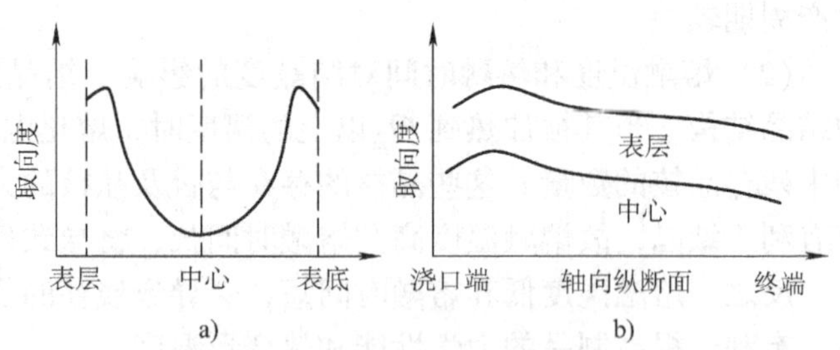

图 2-13 注射成型矩形长条试样时分子的取向分布
a）横截面 b）轴向纵截面

为了改变塑料制品的性能，在聚合物中有时要加入一些填料，如短纤维状或粉末状不溶物（玻璃纤维、木粉等）。聚合物中的填料在模具型腔中流动时取向的情况很复杂。对于薄壁制品，填料的取向与熔体流动方向是一致的。图 2-14 所示为注射成型扇形薄片时纤维状填料在制品中的流动取向过程。

如图 2-14 所示，熔体的流线自浇口处沿半径方向散开，在扇形型腔的中心部分熔体的流速最大。当熔体前沿到达模壁被迫改变流向时，流线转向两侧形成垂直于半径方向，熔体中纤维状填料也随着熔体流线改变方向，最后填料形成同心环似的排列。

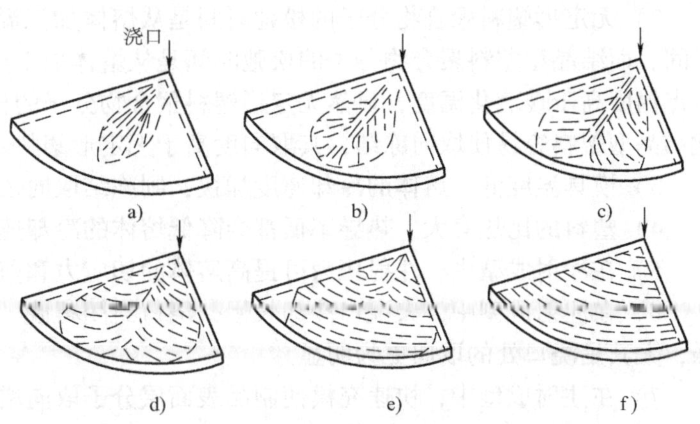

图 2-14　纤维状填料在扇形制品中流动取向过程

2. 拉伸取向

在塑料的拉伸过程中，高弹拉伸无法获得高取向度和稳定的取向结构，而塑性拉伸能够获得高取向度和稳定的取向结构。在粘流拉伸时（如纺丝和薄膜吹塑），因为塑料处于粘流态，温度很高，在应力作用下聚合物分子的取向效应和高温下解除取向效应都很明显，除非迅速冷却塑料熔体，否则不能获得很有效的取向结构。

粘流拉伸引起的取向和剪切流动中的取向有着相似之处，所不同的是在粘流拉伸时，引起取向的为拉应力，速度梯度在拉伸方向上，而在剪切流动时引起取向的为切应力，速度梯度在垂直于熔体流动方向上。

3. 取向对制品性能的影响

由于无定形塑料的取向是聚合物的大分子链在应力作用方向上的取向，所以沿取向方向制品的力学性能明显提高，而垂直于取向方向的力学性能明显降低。例如在通常注射条件下，注射制品在流动方向上的抗拉强度是垂直方向的 1 ~3 倍，冲击韧度为 1 ~10 倍。

结晶型塑料随着取向度的提高，其制品的密度和强度都相应提高，而伸长率则相应降低。

随着取向度的提高，制品的玻璃化温度上升，线收缩率增加，因此收缩程度是取向程度的反映。

线膨胀系数也随着取向度而发生变化，一般在垂直于流动方向上的线膨胀系数约比取向方向上的大 3 倍。

由于取向会使制品产生明显的各向异性，这就增加了制品翘曲的可能性。对于结构复杂的制品，一般应尽可能使制品中聚合物分子的取向现象减至最少。另一方面，也可以充分利用分子取向这一特点来改善制品质量。例如，在设计模具时应使制品在使用时的受力方向与制品取向方向一致。结晶型塑料的分子取向有利于提前结晶，因此在必要时可以通过调整工艺参数提高分子的取向度，为结晶创造条件。取向还可以使某些脆性的塑料如聚苯乙烯等增加韧性。此外，双轴取向薄膜或薄片在平面的任何方向上与未取向的材料相比，均有较高的抗拉强度、断后伸长率和抗冲击能力。

4. 影响取向的因素

影响聚合物分子取向的因素很多，现分述如下：

1）影响聚合物分子取向的主要因素是塑料熔体的加工温度。提高熔体加工温度会使它与凝固温度之间的温度域增宽，聚合物分子松弛的时间加长，有助于产生解除取向效应。

2）无定形塑料聚合物分子的松弛时间是从熔体加工温度降至熔体玻璃化温度所经历的时间，而结晶型塑料聚合物分子的松弛时间是从熔体加工温度降至熔点所经历的时间。由于熔点温度高于玻璃化温度，显然无定形塑料聚合物分子的松弛时间比结晶型塑料的要长，因此结晶型塑料容易使取向冻结，其取向度高于无定形塑料。

3）模具温度低，熔体的冷却速度加快，则冻结取向效应提高，而解除取向效应减弱。

4）塑料的比热容大、热导率低都会降低熔体的冷却速度，有利于取向的解除。

5）在注射成型中，注射压力可提高熔体的切应力和剪切速率，有助于分子的取向。

6）在注射成型中，大浇口冷却较慢，浇口封闭得晚，熔体流动时间延长，取向作用加强，尤其是浇口处的取向更为明显。

7）在注射成型中，快速充模使制品表面层分子取向增高，而使中心部位取向减弱。

三、聚合物的降解

塑料的加工通常是在高温和压力作用下进行的。因此，聚合物分子可能受到热和应力的作用或者微量水分、酸、碱等杂质及空气中氧的作用而导致相对分子质量降低，大分子结构改变等化学变化。通常将聚合物相对分子质量降低的作用称为聚合物的降解。在成型加工中聚合物的降解一般难于完全避免。

聚合物的降解大多是有害的：轻度降解使聚合物变色；进一步的降解会使聚合物分解出低分子物质，相对分子质量降低，制品出现气泡和流纹等弊病，削弱塑料制品的各项物理力学性能；严重的降解会使聚合物焦化变黑，产生大量的分解物质。

对塑料的成型加工而言，在正常操作下，热降解是主要的；由应力、氧气、水分与杂质引起的降解是次要的，但它们也都能通过温度对聚合物的降解起重要影响作用。所谓热降解，是指聚合物在高温下受热时间过长而发生变色和分解等现象。

在工业生产中，为了尽量减少和避免聚合物降解，经常采取如下措施：

1）严格控制原材料质量，若原材料不合格，聚合物的稳定性和加工性变坏，所含杂质可起降解的催化作用。

2）使用前对塑料进行严格干燥，特别是ABS、有机玻璃、尼龙、聚碳酸酯、聚酯、聚砜等吸湿性强的塑料，使用前通常应使水分含量降低到0.01%～0.05%（质量分数）。

3）合理控制加工温度，特别是对于那些热稳定性较差、加工温度和分解温度比较接近的塑料，如聚氯乙烯、聚甲醛、尼龙66等，若加工温度控制不好则容易产生热降解。在注射成型中，一般加热的下限温度要超过熔融温度60～80℃，上限温度应低于热分解温度10～30℃。

4）采用结构良好的成型加工设备和模具。

5）当加工温度较高时，在配方中考虑使用抗氧化剂、热稳定剂等，以加强聚合物对降解的抵抗能力。

四、聚合物的交联

聚合物在加工过程中形成网状结构的反应称为交联。通过交联反应可生成体型聚合物。和线型聚合物相比，体型聚合物的机械强度、耐热性、耐溶剂性、化学稳定性和制品的形状稳定性均有所提高。所以在一些对强度、工作温度、蠕变等要求较高的场合，体型聚合物有着广泛的应用。例如，采用压缩和压注等成型方法来生产热固性塑料制品，就是典型的交联反应。在加工热塑性塑料时，由于加工条件不当或者原料不纯等，也可能在聚合物中引起交联反应，但这种交联是非正常的，在加工过程中应力求避免。

聚合物的交联度越高，说明交联反应进行的程度越深。在交联度提高的同时，聚合物逐渐失去了可溶性和可熔性。交联度不宜过高或过低。过高的交联度会引起聚合物发脆、变色和起泡；交联度过低，聚合物的机械强度、耐热性、电绝缘性等较差，制品表面灰暗，容易产生细微裂纹，吸水量也大。在工业界，常将交联一词用“硬化”来代替。交联度过低称为“硬化不足”；反之称为“硬化过度”。测定硬化程度常采用物理方法，如硬度测定仪、超声波法等，而很少使用化学方法。因为已经硬化的制品，即使它的硬化程度不足，它的溶解度却很小。

一般来说，加工温度高则交联速度快，硬化时间长则交联度高。加工过程中的流动、搅拌等都有利于交联反应速度的加快，例如酚醛塑料采用注射成型的生产周期就比采用压缩成型的生产周期短。

第三章　注射机与注射成型工艺

第一节　注射机基本结构与技术参数

一、注射机简介

注射机为塑料注射成型所用的主要设备。图3-1所示为最常用的卧式螺杆式注射机结构图。

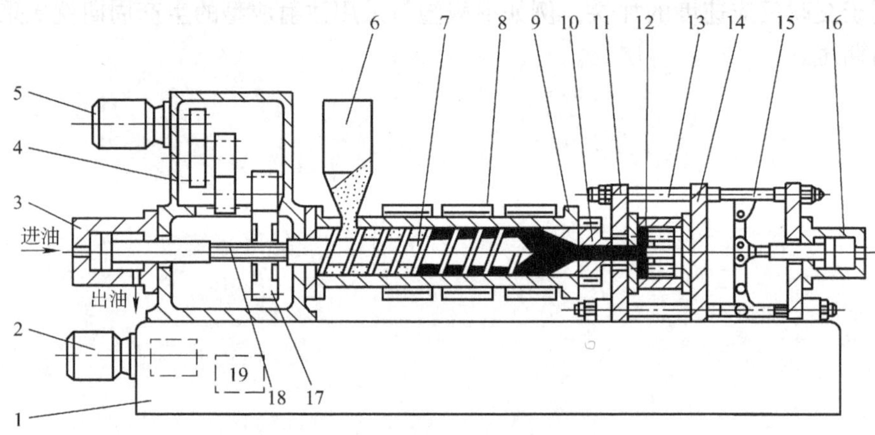

图3-1　卧式螺杆式注射机结构

1—机身　2—电动机及液压泵　3—注射液压缸　4—齿轮箱　5—电动机及减速箱　6—料斗　7—螺杆　8—加热器　9—机筒　10—喷嘴　11—定模安装板　12—注射模　13—拉杆　14—动模安装板　15—合模机构　16—合模液压缸　17—螺杆传动齿轮　18—螺杆花键　19—油箱

注射成型时注射模安装在注射机的动模板和定模板上，由锁模装置合模并锁紧，塑料在料筒内加热呈熔融状态，由注射装置将塑料熔体注入型腔内，塑料制品固化冷却后由锁模装置开模，并由推出装置将制品推出。

根据注射成型过程，一般可将注射机分为以下几个部分：

1. 注射装置

注射装置的主要作用是使固态的塑料颗粒均匀地塑化呈熔融状态，并以足够的压力和速度将塑料熔体注入到闭合的模具型腔中。注射装置包括料斗、料筒、加热器、计量装置、螺杆（柱塞式注射机为柱塞和分流锥）及其驱动装置、喷嘴等部件。

2. 合模装置

合模装置的作用有三点：第一是实现模具的开闭动作；第二是在成型时提供足够的夹紧力使模具锁紧；第三是开模时推出模内制品。合模装置可以是机械式，也可以是液压式或者液压机械联合作用方式。推出机构也有机械式推出和液压式推出两种。液压式推出既有单点推出，又有多点推出。

3. 液压传动和电气控制

注射成型由塑料熔融、模具闭合、熔体充模、压实、保压、冷却定型、开模推出制品等多道工序组成。液压传动和电气控制系统是保证注射成型按照预定的工艺要求（压力、速度、时间、温度）和动作程序准确进行而设置的。液压传动系统是注射机的动力系统，而电气控制系统则是各个动力液压缸完成开启、闭合和注射、推出等动作的控制系统。

二、注射机的分类

1. 按外形特征分类

（1）立式注射机　立式注射机的注射装置和定模板设置在设备的上部，而锁模装置、动模板、推出机构均设置在设备的下部。立式注射机的优点是设备占地面积小，模具装拆方便；安装嵌件和活动型芯简便可靠。缺点是不易自动操作，只适用于小注射量的场合，一般注射量为 10～60g。

（2）卧式注射机　卧式注射机的注射装置和定模板在设备的一侧，而锁模装置、动模板、推出机构均设置在另一侧。这是注射机最普通、最主要的形式。卧式注射机的主要优点是机体较矮，容易操作，制品推出后能自动落下，便于实现自动化操作，大、中型注射机多采用这种形式。缺点是设备占地面积大，模具安装比较麻烦。一般将额定注射容量低于 350cm^3 的称为小型注射机，将低于 4000cm^3 的称为中型注射机，特大型注射机的额定注射容量在 30000cm^3 以上。

（3）直角式注射机　这种注射机的注射装置为直立布置，锁模、顶出机构以及动、定模板按卧式排列，两者互成直角。直角式注射机适用于中心部分不允许留有浇口痕迹的塑料制品，缺点是加料比较困难，嵌件或活动型芯安放不便，只适用于小注射量的场合，注射量一般为 20～45g。

2. 按塑料在料筒中的塑化方式分类

（1）柱塞式注射机　柱塞式注射机示意图如图 3-2 所示。柱塞为直径为 20～100mm 的金属圆杆，在料筒内仅作往复运动，将熔融塑料注入模具。分流锥是装在料筒靠前端的中心部分，形如鱼雷的金属部件，其作用是将料筒内流经该处的塑料分成薄层，使塑料分流，以加快热传递。同时塑料熔体分流后，在分流锥表面流速增加，剪切速率加大，剪切发热使料温升高、粘度下降，塑料得到进一步混合和塑化。

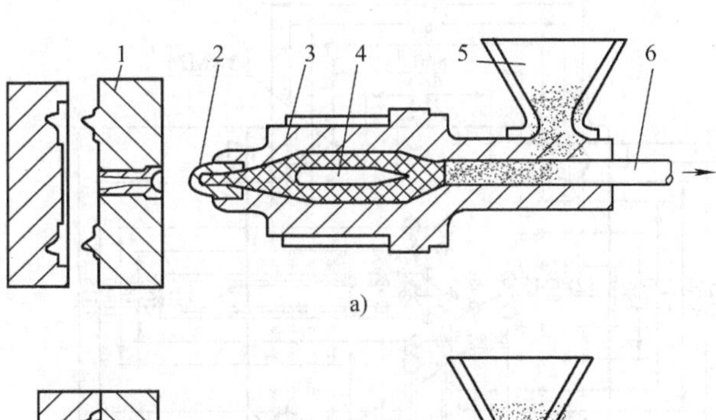

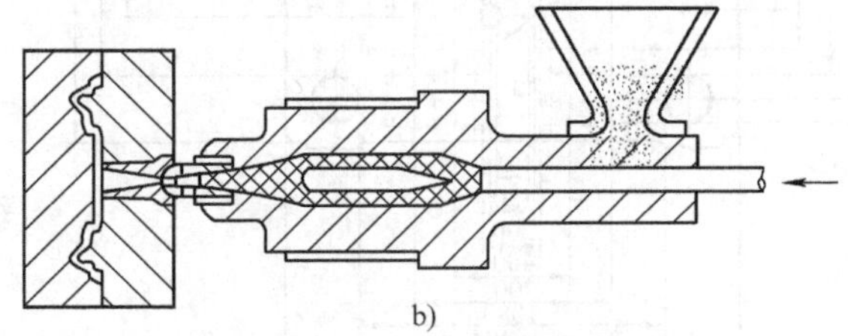

图 3-2　柱塞式注射机示意图
1—注射模　2—喷嘴　3—料筒
4—分流锥　5—料斗　6—注射柱塞

由于塑料的导热性差，若料筒内塑料层过厚，塑料外层熔融塑化时，它的内层尚未塑化，若要等到内层熔融塑化，则外层就会因受热时间过长而分解，因此柱塞式注射机的注射量不宜过大，一般为 30～60g，而且不宜用来成型流动性差、热敏性强的塑料制品。

（2）螺杆式注射机　螺杆式注射机示意图如图 3-3 所示。螺杆的作用是送料、压实、塑化与传压。当螺杆在料筒内旋转时，将料斗中的塑料卷入，逐步将其压实、排气、塑化，并不断地将塑料熔体推向料筒前端，积存在料筒顶部与喷嘴之间，螺杆本身受到熔体的压力而缓慢后退。当积存的熔体达到预定的注射量时，螺杆停止转动，并在液压缸的驱动下向前推动，将熔体注入模具。螺杆式注射机的螺杆既可旋转又可前后移动，因而能够胜任塑料塑化、混合和注射工作。

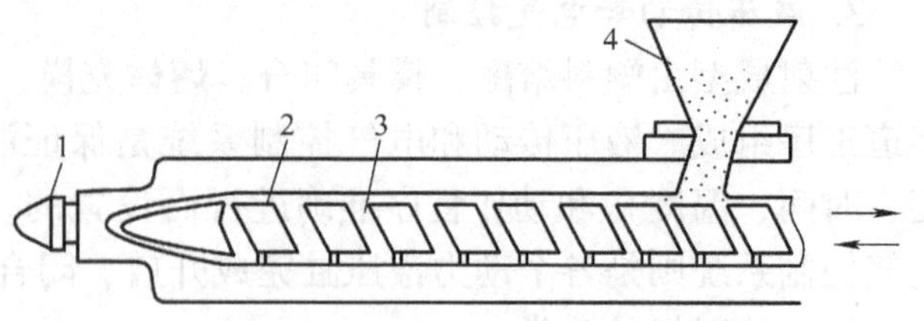

图 3-3 螺杆式注射机示意图

1—喷嘴 2—料筒 3—螺杆 4—料斗

立式注射机和直角式注射机的结构为柱塞式，而卧式注射机的结构多为螺杆式。

三、注射机规格及主要技术参数

按照国际惯例，现代注射机以下面标示分类。

制造商名称 T/P 型

其中，T 代表合模力的公称吨位，P 由下式定义

$$P=\frac{V_{\max}p_{\max}}{1000} \tag{3-1}$$

式中，$V_{\max}$为最大注射量（cm^3）；$p_{\max}$为最大注射压力（bar，$1bar=10^5Pa$）。

国内大部分注射机生产厂商习惯于以合模力来表示注射机的型号，如 HTL1000，表示其锁模力为 10000kN。

注射机应注有较完整的技术参数，供用户选择和使用。注射机的主要技术参数应包括注射、合模、综合性能等三个方面，例如公称注射量、螺杆直径及长径比、注射行程、注射压力、注射速度、合模力、开模行程、模板尺寸、推出行程、推出力、机器的功率、体积和重量等。

表 3-1 列出了 HTL1000 系列注射机的部分主要技术参数，图 3-4 是其模板尺寸图，图 3-5 是其喷嘴尺寸图。

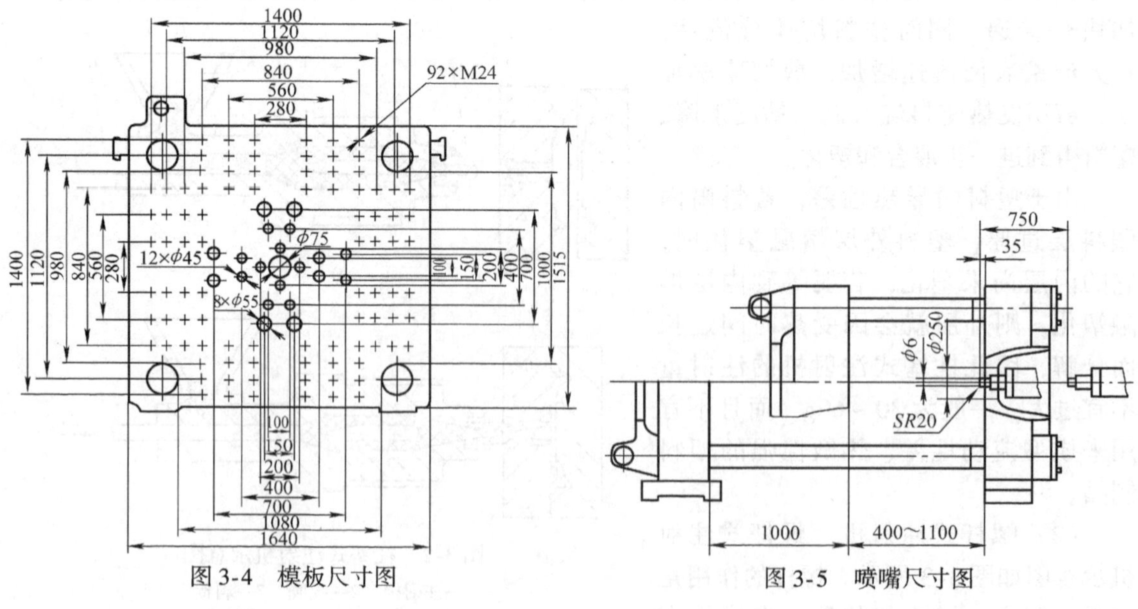

图 3-4 模板尺寸图

图 3-5 喷嘴尺寸图

表3-1　HTL1000系列注射机的部分主要技术参数

规　格	SPECIFICATION		A	B	C	D
注射装置	INJECTION UNIT					
螺杆直径	Screw Diameter	mm	90	100	110	115
螺杆长径比	Screw L/D Ratio	L/D	25.5	23	20.9	20
理论注射容量	Shot Volume（Theoretical）	cm^3	2920	3610	4369	4778
注射重量	Injection Weight（PS）	g	2670	3300	3980	4352
注射速率	Injection Rate	g/s	580	717	867	948
注射压力	Injection Pressure	MPa	216	176	146	133
螺杆转速	Screw Speed	r/min	100			
合模装置	CLAMPING UNIT					
合模力	Clamp Tonnage	kN	10000			
移模行程	Open Stroke	mm	1000			
拉杆内距（宽×高）	Space Between Tie Bars（$W*H$）	mm	1080×1000			
最大模厚	Max. Mold Height	mm	1100			
最小模厚	Min. Mold Height	mm	400			
顶出行程	Ejector Stroke	mm	325			
顶出力	Ejector Tonnage	kN	245			
其他	OTHERS					
最大液压泵压力	Max. Pump Pressure	MPa	16			
液压泵马达功率	Pump Motor Power	kW	37+45			
电热功率	Heater Power	kW	59			
外形尺寸（长×宽×高）	Machine Dimension（$L\times W\times H$）	m×m×m	12.10×2.64×3.00			
油箱容积	Oil Tank Capacity	L	1700			
重量	Machine Weight	t	53			

第二节　热塑性塑料的工艺性能

一、塑料的成型收缩

塑料制品从模具中取出发生尺寸收缩的特性称为塑料的收缩性。因为塑料制品的收缩不仅与塑料本身的热胀冷缩性质有关，而且还与模具结构及成型工艺条件等因素有关，故将塑料制品的收缩统称为成型收缩。

塑料成型收缩的大小可用塑料制品的实际收缩率$S_{实}$表征，即

$$S_{实}=\frac{a-b}{b}\times100\% \tag{3-2}$$

式中，a为成型温度时的制品尺寸；b为常温时的制品尺寸。

由于成型温度时的制品尺寸无法测量，因此采用常温时的型腔尺寸取代，故有

$$S_{计}=\frac{c-b}{b}\times 100\% \tag{3-3}$$

式中，c 为常温时的型腔尺寸；$S_{计}$ 为塑料制品的计算收缩率。当 $S_{计}$ 已知时，可用 $S_{计}$ 来计算型腔的尺寸，即

$$c=b\ (1+S_{计}) \tag{3-4}$$

塑料的收缩数据是以标准试样实测得到的。常用塑料的计算收缩率见表 3-2 和表 3-3。

表 3-2　收缩率范围较小的塑料收缩率

塑料名称	收缩率（%）	塑料名称	收缩率（%）
聚苯乙烯	0.5～0.8	聚碳酸酯	0.5～0.8
硬聚氯乙烯	0.6～1.5	聚砜	0.4～0.8
聚甲基丙烯酸甲酯	0.5～0.7	ABS	0.3～0.8
有机玻璃（372#）	0.5～0.9	氯化聚醚	0.4～0.6
半硬聚氯乙烯	1.5～2.0	注射酚醛	1.0～1.2
聚苯醚	0.5～1.0	醋酸纤维素	0.5～0.7

表 3-3　收缩率范围较大的塑料收缩率　（%）

<table>
<tr><th rowspan="2">塑料名称</th><th colspan="9">塑料制品壁厚/mm</th><th rowspan="2">制品高度方向的收缩率为水平方向的收缩率的百分比（%）</th></tr>
<tr><th>1</th><th>2</th><th>3</th><th>4</th><th>5</th><th>6</th><th>7</th><th>8</th><th>>8</th></tr>
<tr><td rowspan="3">尼龙 1010</td><td colspan="2">0.5～1</td><td></td><td></td><td colspan="2">1.8～2</td><td colspan="2" rowspan="3">2～2.5</td><td rowspan="3">2.5～4</td><td rowspan="3">70</td></tr>
<tr><td></td><td colspan="2">1.1～1.3</td><td></td><td></td><td></td></tr>
<tr><td></td><td></td><td colspan="2">1.4～1.6</td><td></td><td></td></tr>
<tr><td>聚丙烯</td><td colspan="3">1～2</td><td colspan="2">2～2.5</td><td colspan="2">2.5～3</td><td colspan="2">—</td><td>120～140</td></tr>
<tr><td rowspan="2">低压聚乙烯</td><td colspan="3">1.5～2</td><td colspan="4"></td><td colspan="2" rowspan="2">2.5～3.5</td><td rowspan="2">110～150</td></tr>
<tr><td colspan="2">—</td><td colspan="5">2 ～2.5</td></tr>
<tr><td>聚甲醛</td><td colspan="3">1～1.5</td><td colspan="3">1.5～2</td><td colspan="3">2～2.6</td><td>105～120</td></tr>
</table>

在实际成型时不仅不同品种的塑料其收缩率不同，而且不同批次的同一品种塑料或者同一制品的不同部位的收缩率也经常不同，收缩率的变化受塑料品种、制品特征、成型条件以及模具结构，特别是浇口尺寸和位置等诸多因素的影响，因此制品的实际收缩率与设计模具时所选用的计算收缩率之间便存在着误差。在选取塑料的收缩率时应按制品的具体情况作具体分析，其一般的选择原则如下：

1）对于收缩率范围较小的塑料品种，可按收缩率的范围取中间值，此值称为平均收缩率。

2）对于收缩率范围较大的塑料品种，应根据制品的形状，特别是根据制品的壁厚来确定收缩率，对于壁厚者取上限（大值），对于壁薄者取下限（下值）。

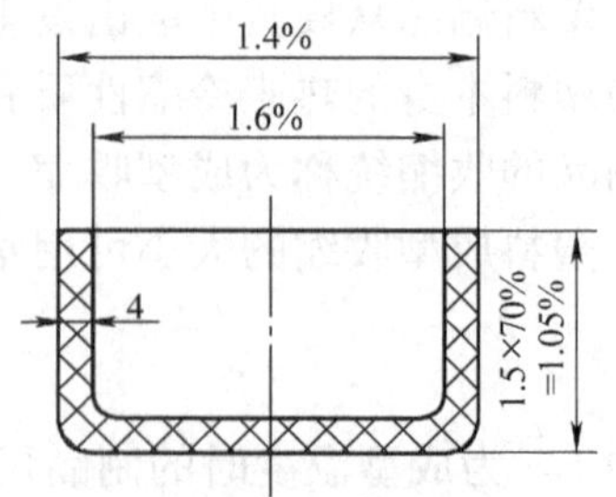

图 3-6　尼龙制品各部分尺寸的收缩率

3）制品各部分尺寸的收缩率不尽相同，应根据实际情况加以选择。如图 3-6 所示的制品的材料为尼龙 1010，壁厚为 4mm，查表 3-3 得知，其高度方向的收缩小于水平方向的收缩，其百分比为 70%，收缩率范围为 1.4%～

1.6%，高度方向取平均收缩率1.5%乘以比值0.7，内径取大值1.6%，外径取小值1.4%，以留有试模后修正的余地。当设计人员对高精度塑料制品或者对某种塑料的收缩率缺乏精确的数据时，常常采用这种留有修模余量的设计方法。

4）对于收缩量很大的塑料，可利用现有的或者材料供应部门提供的计算收缩率的图表来确定收缩率。在这种图表中一般考虑了影响收缩率的主要因素，因此可提供较为可靠的收缩率数据。也可以收集一些包括该塑料实际收缩率及相对应的成型工艺条件数据，然后用比较法进行估算。必要时应设计、制造一个试验模具，实测出在类似的成型条件下塑料的收缩率。

二、塑料的流动性

塑料的流动性是比较塑料成型加工难易的一项指标。与粘度一样，塑料的流动性不仅依赖于成型条件，而且还依赖于聚合物的性质。塑料的流动性一般可根据聚合物的相对分子质量、熔融指数、螺旋线长度、表观粘度以及流动比（流程长度/制品壁厚）等一系列指标进行衡量。相对分子质量小、熔融指数高、螺旋线长度长、表观粘度小、流动比大则流动性好。

一般可将常用热塑性塑料的流动性分为三类：

1）流动性好的有尼龙、聚乙烯、聚苯乙烯、聚丙烯、醋酸纤维素。

2）流动性一般的有ABS、有机玻璃、聚甲醛、聚氯醚。

3）流动性差的有聚碳酸酯、硬聚氯乙烯、聚苯醚、聚砜、氟塑料。

塑料的流动性也随成型工艺条件的改变而变化。例如，熔体成型温度高则流动性好(塑料品种不同对温度的敏感程度也不同)，注射压力大流动性好。模具结构也会影响流动性的大小。

模具设计时应根据所用塑料的流动性，选用合理的结构。成型时还可通过控制料温、模温、注射压力及注射速率等因素来调节注射成型过程以满足对制品质量的要求。

三、塑料的结晶性

在注射成型时结晶型塑料有如下特点：

1）结晶型塑料必须要加热至熔点温度以上才能达到软化状态。由于结晶熔解需要热量，因此结晶型塑料达到成型温度要比无定形塑料达到成型温度需要更多的热量。图3-7所示为结晶型塑料聚乙烯和无定形塑料聚苯乙烯的热容量随温度的变化图。从图中可以看到，聚乙烯熔融时要比聚苯乙烯熔融时消耗更多的热量。

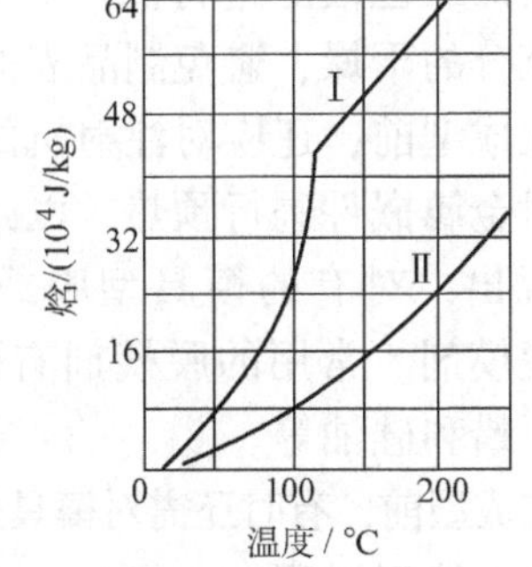

图3-7 聚乙烯（Ⅰ）与聚苯乙烯（Ⅱ）热容量随温度的变化图

2）制品在模具内冷却时，结晶型塑料要比无定形塑料放出更多的热量，因此结晶型塑料在冷却时需要较长的冷却时间。

3）由于结晶型塑料固态的密度与熔融时的密度相差较大，因此结晶型塑料的成型收缩率大，达到0.5%～3.0%，而无定形塑料的成型收缩率一般为0.4%～0.6%。

4）结晶型塑料的结晶度与冷却速度密切相关，所以在结晶型塑料成型时应按要求控制好模具的温度。

5）结晶型塑料各向异性显著，内应力大。脱模后制品内未结晶的分子有继续结晶的倾向，易使制品变形和翘曲。

四、塑料的其他工艺性能

塑料的其他工艺性能包括塑料的热敏性、水敏性、应力敏感性、吸湿性、粒度以及塑料的各种热性能指标。

热敏性系指某些塑料（如硬聚氯乙烯、聚甲醛等）对热较为敏感，在高温下受热时间较长或浇口截面过小，剪切作用大时，料温增高易发生变色、降解的倾向。对于这类热敏性塑料必须严格控制成型温度、模具温度、加热时间及其他成型工艺参数。

水敏性系指有的塑料（如聚碳酸酯等）即使含有少量水分，在高温和高压下也容易分解。对于这类水敏性塑料，在成型前必须加热干燥。

应力敏感性系指有的塑料对应力敏感，成型时质脆易开裂。对于这类应力敏感性塑料，除了在原材料内加入添加剂提高抗裂性外，还应合理地设计制品和模具，并选择有利的成型条件，以减少内应力。

粒度系指塑料粒料的细度和均匀度。根据技术要求，各种塑料应有一定的技术指标。

塑料的热性能指标常指塑料的比热容、热导率、热变形温度等。这些热性能指标对塑料成型都有一定的影响。例如，比热容高的塑料熔融时需要更多的热量；热变形温度高的塑料冷却时间可缩短；热导率低的塑料必须注意充分冷却等。

常用塑料的成型特性和成型条件及热性能等数据参见附录 A、附录 C、附录 F 及本书中有关表格。

第三节　注射工艺过程

注射工艺过程包括成型前的准备、注射过程和制品的后处理。

一、成型前的准备

一般在成型前应对塑料原料进行外观检验，如原料的色泽、细度及均匀度等，必要时应对塑料的工艺性能进行测试。对容易吸湿的塑料，如尼龙、聚碳酸酯、ABS 等，成型前应进行充分的干燥，避免制品表面出现银丝、斑纹和气泡等缺陷。

在成型前，还应对注射机的料筒进行清洗或拆换。当在塑料制品内设置金属嵌件时，有时需对金属嵌件进行预热，以减小塑料熔体与金属嵌件之间的温度差。为了使制品容易从模具内脱出，对有的模具型腔或型芯还需涂上脱模剂。常用的脱模剂有硬脂酸锌、液体石蜡和硅油等。

在成型前，有时还需对模具进行预热。

二、注射过程

塑料在注射机料筒内经过加热、塑化达到流动状态后，由模具的浇注系统进入模具型腔，其过程可以分为充模、压实、保压、倒流和冷却五个阶段。

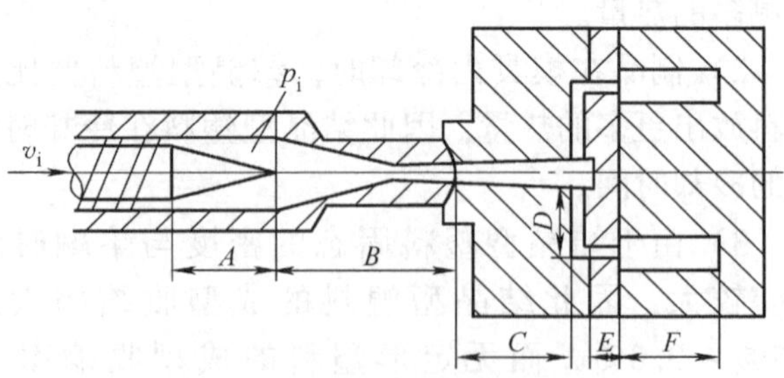

图 3-8　熔体经由流道充模

v_i—螺杆速度　p_i—型腔压力　A—计量室流道　B—喷嘴流道　C—主流道　D—分流道　E—浇口　F—型腔

如图 3-8 所示，对于螺杆式注射机，

充模是注射机的螺杆从预塑后的位置向前运动开始的。在液压缸的推力作用下，螺杆头部产生注射压力，迫使料筒计量室中已塑化好的熔体流经注射机喷嘴、模具主流道、分流道，最后从浇口处注入并充满模具型腔。

在注射过程中压力随时间呈非线性变化。图3-9所示为在一个注射周期内压力随时间变化的曲线图（用压力传感器测得）。

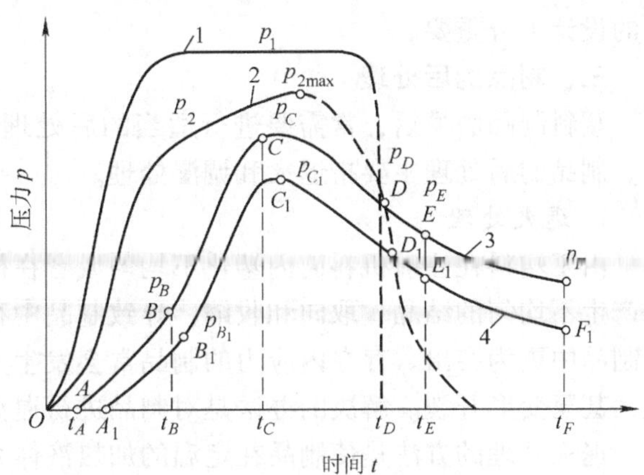

图3-9 注射周期中压力-时间曲线

图中，曲线1是料筒计量室中注射压力随时间变化的曲线；曲线2是喷嘴末端的压力曲线；曲线3是型腔始端（或者是浇口末端）的压力曲线；曲线4是型腔末端的压力曲线。

图中*OA*段是塑料熔体在注射压力p_1作用下从料筒计量室流入型腔始端的时间。在*AB*时间段熔体充满型腔。此时注射压力p_1迅速达到最大值，喷嘴压力也达到一定的动态压力p_2。充模时间（$t_B - t_A$）是注射过程中最重要的参数，因为熔体在型腔内流动时的剪切速率和造成聚合物分子取向的程度都取决于这一时间。

型腔始端压力与末端压力之差（$p_B - p_{B_1}$）取决于熔体在型腔内的流动阻力。

型腔充满后，型腔压力迅速增加达到最大值。如图3-9所示，型腔始端的最大压力为p_C，型腔末端的最大压力为p_{C_1}。喷嘴压力也迅速增加并接近注射压力p_1。

*BC*时间段是熔体的压实阶段。在压实阶段约占制品重量15%的熔体被压入到型腔内。此时熔体进入型腔的速度已经很慢。

*CD*时间段是保压阶段。在这一阶段中熔体仍处于螺杆所提供的注射压力之下，因此熔体会继续流入型腔内以弥补因冷却收缩而产生的空隙，此时熔体流动速度更慢，螺杆只有微小的补缩位移。在保压阶段，熔体随着模具冷却密度增大而逐渐成型。

保压结束后，螺杆回程（预塑开始），此时喷嘴压力迅速下降至零。若塑料熔体在此刻还具有一定的流动性，在模内压力的作用下，熔体可能从型腔向浇注系统倒流，致使型腔压力从p_D降至p_E。在*E*时刻熔体在浇口处凝固，使流动封断，浇口尺寸越小封断越快。p_E称为封断压力。p_E和与此相对应的熔体温度对制品性能有很大影响。

*EF*时间段为冷却定型阶段。制品逐渐冷却到具有一定的刚性和强度时脱模。脱模时制品的剩余压力为p_F，剩余压力过大可能会造成制品开裂、损伤和卡模。

图3-10为一个注射周期中塑料熔体和模具型腔温度随时间的变化曲线。

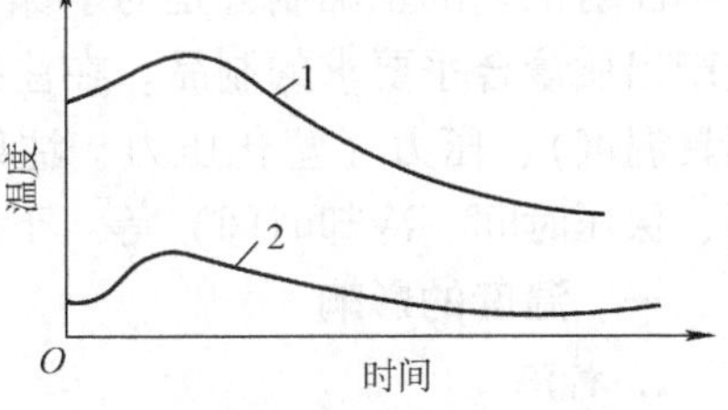

图3-10 注射周期中温度-时间曲线

1—塑料熔体 2—模具型腔

从图3-10中可见，当塑料熔体流入型腔时熔体温度稍有升高。当型腔压力迅速上升时熔体温度也上升到最高值，随着保压阶段的开始，熔体逐渐冷却，温度下降。

当熔体注入型腔时，型腔的表面温度升高，以后因受到冷却而逐渐降低。因此型腔表面温度在两个极限值之间变化，最低值出现在制品脱模后，最高值出现在熔体充满后。

熔体与模具之间的温差对于制品的冷却时间和表面质量有很大的影响，因此模具冷却系统的设计十分重要。

三、制品的后处理

塑料制品脱模后，常需要进行适当的后处理来改善制品的性能和提高制品的尺寸稳定性。制品的后处理主要指退火和调湿处理。

1. 退火处理

由于塑料在注射机料筒内塑化不均匀或者在模具型腔内冷却速度不等，塑料制品内常常会产生不均匀的结晶、取向和收缩，导致制品中存在内应力，这在厚壁制品和带有金属嵌件的制品中更为突出。存在内应力的制品常会发生力学性能下降、光学性能变坏、表面出现银纹，甚至变形开裂。解决的办法是对制品进行退火处理。

退火处理的方法是使制品在定温的加热液体介质或热空气循环烘箱中静置一段时间。一般退火温度应控制在高于制品使用温度 10～20℃或者低于塑料热变形温度 10～20℃为宜。退火时间视制品厚度而定。退火后应使制品缓冷至室温。

图 3-11 所示为结晶型塑料制品的结晶度和尺寸随退火时间的变化关系曲线。

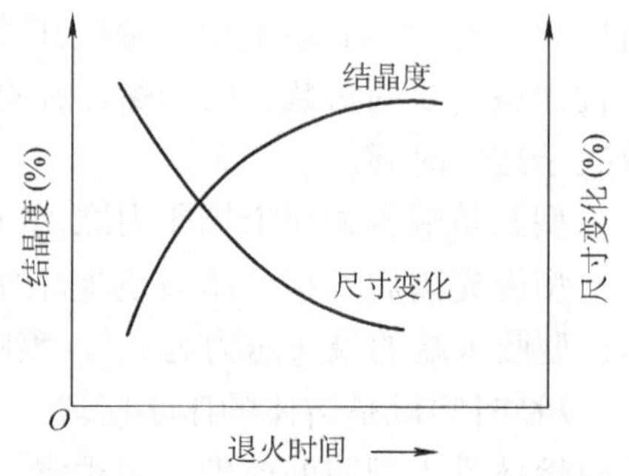

图 3-11 结晶度和尺寸随退火时间的变化关系曲线

若制品的使用要求不高，则不必进行退火处理。

退火处理的实质是松弛聚合物中冻结的分子链，消除内应力以及提高结晶度，稳定结晶结构。

2. 调湿处理

有些塑料制品（如尼龙等）在高温下与空气接触会氧化变色或容易吸收水分而膨胀。调湿处理就是使制品在一定的湿度环境中预先吸收一定的水分，使制品尺寸稳定下来，以避免制品在使用过程中再发生更大的变化。例如，将刚脱模的制品放在热水或热油中处理，这样既可隔绝空气，进行无氧化退火，又可使制品快速达到吸湿平衡状态，使制品尺寸稳定。

第四节 注射工艺的影响因素

注射工艺的正确制订是为了保证塑料熔体良好塑化，并顺利地充模、冷却与定型，以便生产出质量合乎要求的制品。在注射工艺中，最重要的工艺参数有温度（料温、喷嘴温度、模具温度）、压力（塑化压力、注射压力、型腔压力）和相对应的各个作用时间（注射时间、保压时间、冷却时间）等。下面分别讨论这些主要的工艺参数及相互影响。

一、温度的影响

1. 料温

塑料的加工温度是由注射机料筒来控制的。料筒温度的正确选择关系到塑料的塑化质量，其原则是能保证顺利地注射成型而又不引起塑料局部降解。通常料筒末端最高温度应高于塑料的流动温度（或熔融温度），但应低于塑料的分解温度。

在生产中除了要严格控制注射机料筒的最高温度外，还应控制塑料熔体在料筒中的停留时间。

在确定料筒温度时，还应考虑制品和模具的结构特点。成型薄壁或形状复杂的制品时，流动阻力大，提高料筒温度有助于改善熔体的流动性。

通常控制喷嘴的最高温度应稍低于料筒的最高温度，以防止熔体在喷嘴口发生流涎现象。

料温对成型条件及制品的物理力学性能的影响如图 3-12 所示。

2. 模具温度

在注射成型中模具温度是由冷却介质（一般为水）控制的，它决定了塑料熔体的冷却速度。模具温度越低，冷却速度越快，熔体温度降低得越迅速，造成熔体粘度增大、注射压力损失增加，严重时甚至引起充模不足。随着模具温度的增加，熔体流动性增加，所需充模压力减小，制品表面质量提高。但由于冷却时间增长，制品的生产率下降，制品的成型收缩率增大。

对于结晶型塑料，由于较高温度有利于结晶，所以升高模具温度能提高制品的密度或结晶度。在较高的模具温度下制品中聚合物大分子松弛过程较快，分子取向作用和内应力都会降低。图 3-13 所示为模具温度对塑料成型性能的影响。

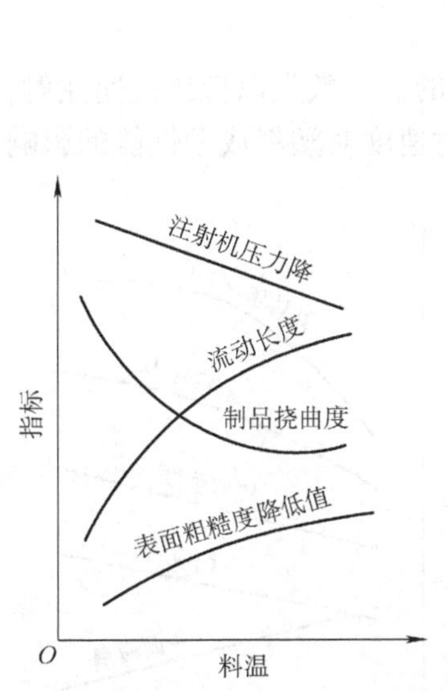

图 3-12 料温对成型条件及制品的物理力学性能的影响

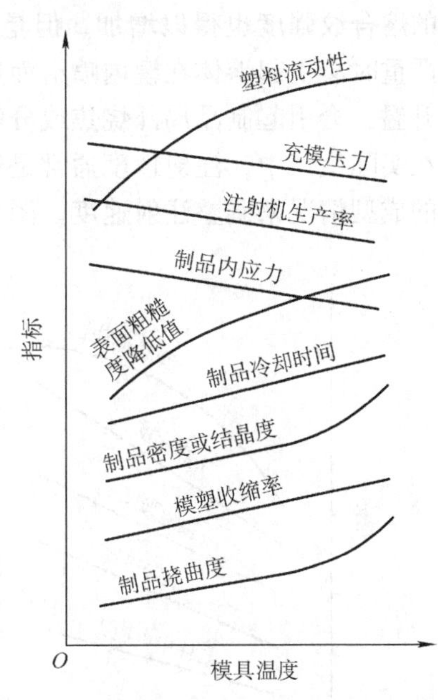

图 3-13 模具温度对塑料成型性能的影响

二、压力的影响

注射成型过程中的压力包括塑化压力、注射压力和型腔压力。

塑化压力又称背压，是指注射机螺杆顶部的熔体在螺杆转动后退时所受到的压力。背压是通过调节注射液压缸的回油阻力来控制的。背压增加了熔体的内压力，加强了剪切效果，由于塑料的剪切发热，因此提高了熔体的温度。背压的增加使螺杆退回速度减慢，延长了塑料在螺杆中的受热时间，塑化质量可以得到改善。但过大的背压会增加料筒计量室内熔体的反流和漏流，降低了熔体的输送能力，减少了塑化量，增加了功率消耗，并且过高背压会使剪切发热或切应力过大，熔体易发生降解。

注射压力是指注射时在螺杆头部产生的熔体压强，而型腔压力是指注射压力经过喷嘴、流道和浇口的压力损失后在模具型腔内产生的熔体压强。

在选择注射压力时，首先应考虑注射机所允许的注射压力，只有在注射机的额定范围内才能调整出制品所需要的注射压力。注射压力过低会导致型腔压力不足，熔体不能顺利充满型腔；反之，注射压力过大，不仅会造成制品溢料，还会造成制品变形，甚至于系统过载。图 3-14 所示为注射压力对塑料成型性能的影响。

在注射过程中注射压力与熔体温度是相互制约的。料温高所需注射压力低，料温低则所需注射压力高。因此，只有在适当的注射压力和温度的组合下才会获得满意的结果。

三、注射成型周期和注射速度

完成一次注射成型所需的时间称为注射成型周期，它包括加料、预塑、充模、保压、冷却以及开模、脱模、闭模及辅助作业等时间。在整个成型周期中，注射速度和冷却时间对制品的性能有着决定性的影响。

注射速度主要影响熔体在型腔内的流动行为。通常随着注射速度的增大，熔体流速增加，剪切作用加强，粘度降低，熔体温度因剪切发热而升高，所以有利于充模。并且制品各部分的熔合纹强度也得以增加。但是，由于注射速度增大，可能使熔体从层流状态变为湍流，严重时会引起熔体在模内喷射而造成模内空气无法排出，这部分空气在高压下被压缩而迅速升温，会引起制品局部烧焦或分解。

在实际生产中，注射速度通常是经过试验来确定的。一般先以低压慢速注射，然后根据制品的成型情况来调整注射速度。图 3-15 所示为注射速度对塑料成型性能的影响。

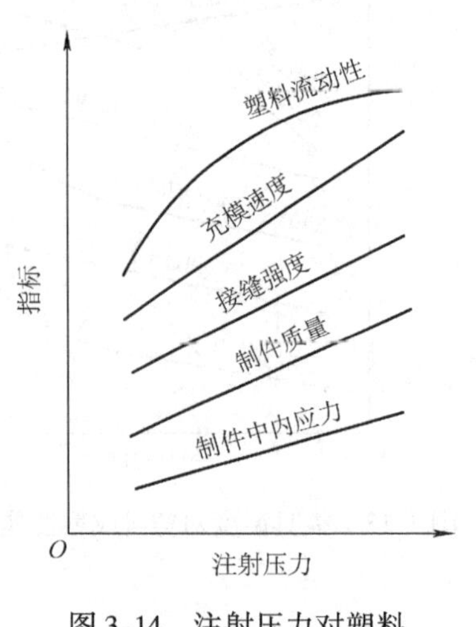

图 3-14　注射压力对塑料成型性能的影响

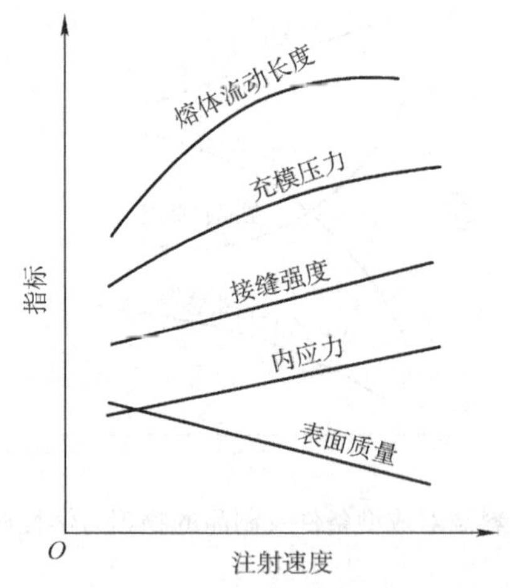

图 3-15　注射速度对塑料成型性能的影响

现代的注射机已实现了多级注射技术，即在一个注射过程中，当注射机螺杆推动熔体注入模具时，可以根据不同的需要实现在不同位置上有不同注射速度和不同的注射压力等工艺参数的控制。多级注射工艺应根据不同品种的塑料和不同的制品进行拟定和选择。图 3-16

所示为重量为136g、材料为PMMA的塑料水管的多级注射速度和压力图。

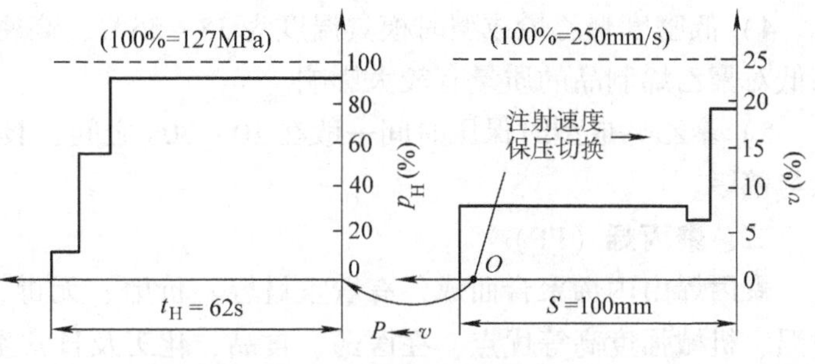

图3-16　多级注射速度和压力图
v　相对注射速度　p_H　相对压力　t_H　保压时间　S　行程

从图3-16可见，当注射行程达到95%左右时，注射机由多级速度控制自动切换为多级保压控制。

一般制品的充模时间都很短，约2～10s，大型和厚壁制品充模时间可达10s以上。一般制品的保压时间为10～100s，大型和厚壁制品可达1～5min甚至更长。冷却时间以控制制品脱模时不变形，而时间又较短为原则，一般为30～120s，大型和厚壁制品可适当地延长。

第五节　常用塑料及其注射工艺

在注射成型中可供使用的热塑性塑料很多，下面仅介绍一部分最常用的热塑性塑料及其注射工艺。

一、聚乙烯（PE）

聚乙烯由乙烯聚合而成。乙烯是炼制石油时的主要副产品。由于原料来源充沛，制造过程简单，目前它的产量已居世界塑料工业的首位。

由于乙烯聚合时的压力不同，聚乙烯又分高压聚乙烯（HDPE）、中压聚乙烯（MDPE）和低压聚乙烯（LDPE）。高压聚乙烯密度低，质地软，熔点也较低，外观为半透明乳白色，常用来制造薄膜、日常用品。低压聚乙烯和中压聚乙烯密度高，机械强度高，刚性大，熔点也较高，外观为不透明乳白色，常用来制造容器及工业配件。聚乙烯化学性质稳定、无毒、无味，应用十分广泛。

1. 工艺特性

1）聚乙烯熔体属非牛顿型流体、结晶型聚合物，有较为明显的熔点，熔点随密度的增大而升高，结晶度随温度的上升而下降。

2）热氧化性能较差，在与氧接触的情况下，温度超过50℃便有氧化的倾向，氧化后色泽变黄，力学性能下降。聚乙烯粒料中通常都添加有适量的抗氧化剂。

3）吸水性较低（<0.01%），成型前可以不进行干燥处理。

4）收缩率大且方向性明显，制品易翘曲变形。

5）注射压力对聚乙烯熔体流动性的影响比料筒温度对流动性的影响明显。

2. 成型工艺

1）一般情况下低密度聚乙烯成型时料筒温度在160～220℃之间，高密度聚乙烯在108～240℃之间。

2）聚乙烯熔体的流动性较好，一般注射压力可在60～80MPa之间选择。

3）由于聚乙烯熔体在高剪切速率下存在熔体破裂的倾向，所以成型时宜选用中等注射速度。

4）低密度聚乙烯成型时模具温度为35～55℃，高密度聚乙烯为60～70℃，模具温度的高低对聚乙烯制品的质量有较大影响。

5）聚乙烯成型时保压时间一般在10～30s之间，具体时间的选择取决于浇口、制品形状与壁厚。

二、聚丙烯（PP）

聚丙烯由丙烯聚合而成，有着重量轻、价廉、无毒、无味等特点，而且还具有耐腐蚀、耐温、机械强度高等优点，在医药、食品、化工及日常生活中都有着广泛的用途。但聚丙烯成型收缩率高，耐老化性及抗低温性差。但是，通过改性技术（如共聚、共混、加入添加剂等）可克服其缺点，扩大使用范围。

1. 工艺特性

1）聚丙烯为结晶型聚合物，其结晶度可达50%～70%，有明显的熔点（164～170℃）。

2）热稳定性较好，与氧接触的情况下聚丙烯在260℃左右开始变黄，分解温度可达300℃以上。

3）流动性比聚乙烯好。

4）成型收缩率较大，并具有各向异性。

5）聚丙烯的折叠性能十分突出，常用来制作各种铰链制品。

2. 成型工艺

1）一般情况下聚丙烯的料筒温度在200～270℃之间。

2）在聚丙烯成型时常选用较高的注射压力，以便使其成型收缩有较大的改善。

3）模具温度的变化对聚丙烯制品的性能有较大影响，一般模具温度约为30～60℃。

三、聚苯乙烯（PS）

聚苯乙烯由苯乙烯聚合而成，而苯乙烯则由苯和乙烯制成。聚苯乙烯是发现最早、研究较完善的一类塑料。聚苯乙烯具有多种应用性能：价廉、容易着色、透明、吸湿性低、电绝缘性能好、加工性能优良，被广泛应用于电子、化学、冷冻工业以及日常用品等各个方面。聚苯乙烯的主要缺点是脆性和耐热性差。为了改进这些缺点，发展了聚苯乙烯的改性品种，如高抗冲聚苯乙烯（HIPS）、ABS等。

1. 工艺特性

1）聚苯乙烯属于无定形聚合物，无明显熔点，熔融温度范围较宽且热稳定性较好。加热后约在95℃左右开始软化，120～180℃之间成为流体，300℃以上分解。

2）熔体粘度适中，流动性较好，易于成型。

3）在成型过程中既可以通过提高料筒温度，又可以通过提高注射压力来改善流动性。

4）制品中内应力大。

2. 成型工艺

1）料筒温度范围较宽，约为180～215℃。采用较高的成型温度有利于提高制品的透明度。

2）注射压力可在60～150MPa较宽的范围内选取。

3）为了提高制品的透明度，减小制品的内应力，应尽可能采用较低的注射速度。

4）模具温度约在50～60℃左右。

四、丙烯腈-丁二烯-苯乙烯共聚物（ABS）

ABS是由丙烯腈、丁二烯和苯乙烯组成的三元共聚物。ABS的综合性能好，如冲击强度高、尺寸稳定、易于成型、耐热、耐腐蚀等，并有良好的耐寒性，在-40℃低温时仍有一定的机械强度。在ABS中，丁二烯可以提高塑料的弹性和冲击韧度，所以丁二烯含量越高，塑料的冲击韧度越大；苯乙烯可以保持塑料的优良电绝缘性能和成型加工性能；丙烯腈可以提高塑料的耐热和耐蚀性。在ABS中这三种单体的含量可以根据不同的要求任意改变。

ABS良好的综合性能决定了它应用的广泛性，目前ABS已广泛地用于制造汽车、飞机、家电等的零件。

1. 工艺特性

1）ABS属于无定形聚合物，无明显熔点。成型过程中热稳定性较好，成型温度可选择的范围也较大。

2）ABS粘度适中，流动性比聚苯乙烯、尼龙等要差，但是比硬聚氯乙烯、聚碳酸酯等要好。

3）流动性对注射压力的变化比对温度的变化稍敏感。

4）ABS在成型加工之前，大都要作干燥处理。

2. 成型工艺

1）注射温度在160~220℃之间。

2）对于薄壁、长流程、小浇口制品，注射压力可达130~150MPa，而厚壁、大浇口制品只需70~100MPa即可。

3）为了获得内应力较小的制品，保压压力不宜过高，以60~70MPa为宜。

4）注射速度以中、低速为宜。

5）模具温度在60℃左右。

五、聚酰胺（尼龙，PA）

聚酰胺又称尼龙，是目前工业中应用十分广泛的塑料。尼龙的种类很多，如尼龙6、尼龙66、尼龙610、尼龙1010等。

由于尼龙不仅具有优良的韧性、自润滑性、耐磨性和良好的耐化学性、耐油性，还具有无毒、着色容易的优点，因此在工业上广泛用作各种机械、仪器、仪表、化工、交通运输的零部件，以及医疗卫生和各种日用品的材料。

1. 工艺特性

1）尼龙有着从空气中吸收水分的倾向，吸水的程度因品种不同而有差异。

2）除透明尼龙外，尼龙类塑料大都为结晶型聚合物，结晶度一般在20%~30%之间。

3）尼龙的流动性好，温度与压力对尼龙熔体的流动性都有明显的影响，在成型过程中应严格控制成型工艺参数，以防溢料或物料阻塞。

4）熔融状态下的尼龙的热稳定性比聚苯乙烯、聚丙烯要差得多，在成型时应避免熔体加热时间过长。

5）尼龙的成型收缩率较大。

2. 成型工艺

1）注射温度必须高于熔点，如尼龙6的最低注射温度为225℃，尼龙66为260℃。由于尼龙的热稳定性较差，注射温度也不宜过高。

2）大多数尼龙品种的注射压力均不超过120MPa，一般注射压力为60~100MPa。

3）对尼龙而言，注射速度以较快为宜，以防止制品出现波纹、充模不足等弊病。

4）模具温度的选择应根据制品的性能要求以及制品壁厚情况来确定。表3-4、表3-5分别为制品壁厚与模具温度的关系以及模具温度与成型收缩率的关系。

表3-4 制品壁厚与模具温度的关系

制品壁厚/mm	模具温度/℃	制品壁厚/mm	模具温度/℃
<3	20~40	6~10	60~90
3~6	40~60	>10	>100

表3-5 模具温度与成型收缩率的关系

模具温度/℃	PA6（%）	PA66（%）	PA610（%）
30	1.9	2.7	2.5
60	1.9	3.2	2.7
90	2.2	3.2	2.7

第四章　注射模设计概述

第一节　注射模设计内容及步骤

一、设计前应明确的事项

模具设计者应以模具设计任务书为依据设计模具。模具设计任务书通常由塑料制品生产部门提出，在任务书中至少应有如下内容：

1）经过审签的正规制品图样，并注明所采用的塑料牌号、透明度等。若制品图样是根据样品测绘的，最好能附上样品，因为样品除了比图样更为形象和直观外，还能给模具设计者许多有价值的信息，如样品所采用的浇口位置、顶出位置、分型面等。

2）塑料制品说明书及技术要求。

3）塑料制品的生产数量及所用注射机。

4）注射模基本结构、交货期限及价格等。

在设计前，模具设计者应明确如下事项：

1. 熟悉制品几何形状、明确使用要求

对于形状复杂的制品，除了看懂图样，特别要充分了解制品的用途，制品的各部分在该用途下各起什么作用，进而明确制品的成型收缩率、透明度、尺寸公差、表面粗糙度、允许的变形范围等问题。

2. 检查制品的成型工艺性

对制品进行成型工艺性的检查，以确认制品的各个细节是否符合注射成型工艺性条件。一副优质的模具不仅仅取决于模具结构的正确性，还取决于制品的结构能否满足成型工艺的要求。

3. 明确注射机的型号和规格

在设计前要确定采用什么型号和规格的注射机，这样在模具设计中才能有的放矢，正确处理好注射模与注射机的关系。

在此基础上应制订注射成型工艺卡，特别是对于批量大、形状复杂的大型模具，更有必要制订详细的注射成型工艺卡，以指导模具设计工作和实际的注射成型加工。工艺卡应该由专门负责注射工艺的工艺设计人员完成。在一些小型工厂，模具设计者往往既是模具结构设计师，又是成型工艺师。注射成型工艺卡一般应包括如下内容：

1）制品的概况，包括简图、重量、壁厚、投影面积、外形尺寸、有无侧凹和嵌件等。

2）制品所用塑料概况，如品名、生产厂家、颜色、干燥情况等。

3）必要的注射机数据，如动定模压板尺寸、模具最大空间、螺杆类型、额定功率等。

4）压力与行程简图。

5）注射成型条件，包括加料筒各段温度、注射温度、模具温度、冷却介质温度、锁模力、螺杆背压、注射压力、注射速度、循环周期（注射、固化、冷却、开模时间）等。

二、模具结构设计的一般步骤

注射模具的结构设计，一般按如下步骤进行：

1. 确定型腔的数目

确定型腔数目的方法有根据锁模力、最大注射量、制品的精度要求及经济性等方法，在设计时应根据实际情况决定采用哪一种方法最合适。

2. 选定分型面

虽然在制品设计阶段分型面已经考虑或者选定，在模具设计阶段仍应再次校核，从模具结构及成型工艺的角度判断分型面的选择是否最为合理。

3. 确定型腔的配置

模具型腔的配置实质上是模具结构总体方案的规划和确定。因为一旦型腔布置完毕，浇注系统的走向和类型便已确定。冷却系统和推出机构在配置型腔时也必须给予充分的注意，若冷却管道布置与推杆孔、螺栓孔发生冲突时要在型腔布置中进行协调。当型腔、浇注系统、冷却系统、推出机构的初步位置决定后，模板的外形尺寸基本上就已确定，据此可以选择合适的标准模架。

4. 确定浇注系统

浇注系统中的主流道、分流道、浇口和冷料穴的设计计算详见有关章节。浇注系统的平衡及浇口位置和尺寸是浇注系统的设计重点。浇注系统在很大程度上决定了模具的类型，如采用侧浇口，一般选用单分型面的两板模即可；如采用点浇口，往往就得选用双分型面的三板式模具，以便在两个分型面上分别脱出流道凝料和塑料制品。

5. 确定脱模方式

在确定脱模方式时首先要确定制品和流道凝料滞留在模具的哪一侧，必要时要设计强迫滞留的结构（如拉料杆等），然后再决定是采用推杆结构还是推件板结构。一般情况下应尽量采用推杆结构，因为推件板结构十分复杂。特别要注意确定侧凹制品的脱模方式。因为当决定采用侧抽芯结构时，模板的尺寸就得加大，在型腔配置时要留出侧抽芯机构的位置。

6. 冷却系统和推出机构的细化

冷却系统和推出机构的设计计算详见有关章节。冷却系统和推出机构的设计同步进行有助于两者的很好协调。

7. 确定凹模和型芯的结构和固定方式

当采用镶件式凹模或型芯时，应合理地划分镶件并同时考虑到这些镶件的强度、可加工性及安装固定方式。

8. 确定排气方式

由于在一般的注射模中注射成型时的气体可以通过分型面和推杆处的空隙排出，因此注射模的排气问题往往被忽视。对于大型和高速成型的注射模，排气问题必须引起足够的重视。

9. 绘制模具的结构草图

在以上工作的基础上绘制注射模完整的结构草图，在总体结构设计时切忌将模具结构搞得过于复杂，应优先考虑采用简单的模具结构形式，因为在注射成型的实际生产中所出现的故障，大多是由于模具结构复杂化所引起的。结构草图完成后，若有可能应与工艺、产品设计及模具制造和使用人员共同研讨直至相互认可。

10. 校核模具与注射机有关的尺寸

因为每副模具只能安装在与其相适应的注射机上使用，因此必须对模具上与注射机有关的尺寸进行校核，以保证模具在注射机上正常工作。

11. 校核模具有关零件的强度及刚度

对成型零件及主要受力的零部件都应进行强度及刚度的校核。一般而言，注射模的刚度问题比强度问题显得更重要一些。

12. 绘制模具的装配图

装配图应尽量按照国家制图标准绘制。装配图中要清楚地表明各个零件的装配关系，以便于工人装配。当凹模与型芯镶件很多时，为了便于测绘各个镶件零件，还有必要先绘制动模和定模部件装配图，在部件装配图的基础上再绘制总装图。装配图上应包括必要的尺寸，如外形尺寸、定位圈直径、安装尺寸、极限尺寸（如活动零件移动的起止点）。在装配图上应将全部零部件按顺序编号，并填写明细表和标题栏。一般，装配图上还应标注技术要求。技术要求的内容是：

1）对模具某些结构的性能要求，如对推出机构、抽芯结构的装配要求。

2）对模具装配工艺的要求，如分型面的贴合间隙、模具上下面的平行度要求。

3）模具的使用说明。

4）防氧化处理、模具编号、刻字、油封及保管等要求。

5）有关试模及检验方面的要求。

13. 绘制模具的零件图

由模具装配图或部件装配图拆绘零件图的顺序为：先内后外，先复杂后简单，先成型零件后结构零件。

14. 复核设计图样

应按制品、模具结构、成型设备、图样质量、配合尺寸、零件的可加工性等项目进行自我校对和他人审核。对于初学模具设计者，最好能参加模具制造的全过程，包括组装试模、修模及投产过程。

第二节　制品成型工艺性

塑料制品应根据使用要求进行设计。在满足使用要求的前提下，塑料制品的几何形状应尽可能地做到简化模具结构，符合成型工艺特点，同时，还应尽可能美观大方。

塑料制品几何形状的设计包括脱模斜度、制品壁厚、加强肋、圆角、孔、支承面、标志及花纹等的设计。在设计模具之前有必要对制品的这些结构进行检查，在必要的情况下需同产品设计工程师沟通进行相关结构的调整，以适合成型工艺。

1. 脱模斜度

由于制品冷却后产生收缩，会紧紧地包住模具型芯或型腔中凸出的部分，为了使制品易于从模具内脱出，在设计时必须保证制品的内外壁具有足够的脱模斜度。

脱模斜度还没有比较精确的计算公式，目前仍依靠经验数据。脱模斜度与塑料的品种、制品的形状及模具的结构等有关，一般情况下脱模斜度取0.5°，最小为15′～20′。脱模斜度的经验数据见表4-1。

表4-1 各种塑料的脱模斜度

塑料名称	脱模斜度
聚乙烯、聚丙烯、软聚氯乙烯	30′~1°
ABS、尼龙、聚甲醛、氯化聚醚、聚苯醚	40′~1°30′
硬聚氯乙烯、聚碳酸酯、聚砜、聚苯乙烯、有机玻璃	50′~2°
热固性塑料	20′~1°

由表4-1可见，对性质较脆、较硬的塑料，脱模斜度要求大一些。在选择具体的脱模斜度时，应注意如下原则：

1）在满足制品尺寸公差要求的前提下，脱模斜度可取得大一些，这样有利于脱模。

2）在塑料收缩率大的情况下应选用较大的脱模斜度。热塑性的收缩率一般较热固性大，故脱模斜度也相应大些。

3）当制品壁厚较厚时，因成型时制品的收缩量大，故也应选用较大的脱模斜度。

4）对于较高、较大的制品，应选用较小的脱模斜度。

5）对于高精度的制品，应选用较小的脱模斜度。

6）只是在制品高度很小时才允许不设计脱模斜度。

7）如果要求脱模后制品保持在型芯一边，可有意将制品内表面的脱模斜度设计得比外表面的小。

8）如图4-1所示，取斜度的方向一般内孔以小端为基准，斜度由扩大方向取得；外形以大端为基准，斜度由缩小方向取得。

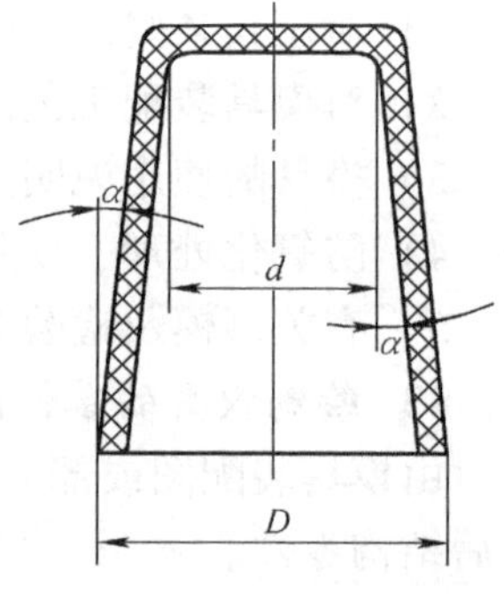

图4-1 脱模斜度的基准

2. 制品壁厚

制品应有一定的壁厚，这不仅是为了制品在使用中有足够的强度和刚度，而且也为了塑料在成型时有良好的流动状态。有时制品在使用中需要的强度虽然很小，但是为了使制品便于从模具中顶出以及部件的装配，仍需有适当的厚度。

根据成型工艺的要求，应尽量使制品各部分壁厚均匀，避免有的部位太厚或太薄，否则成型后因收缩不均匀会使制品变形或产生缩孔、凹陷、烧伤以及填充不足等缺陷。为了使壁厚均匀，在可能的情况下常常是将厚的部分挖空，使壁厚尽量一致。如果在结构上要求具有不同的壁厚时，不同的壁厚的比例不应超过1:3，且不同壁厚应采用适当的修饰半径使厚薄部分缓慢过渡。

热塑性塑料制品的壁厚一般在1~4mm。壁厚过大，易产生气泡和凹陷，同时也不易冷却。若制品的强度不够时，可设置加强肋。表4-2为热塑性塑料制品的最小壁厚及常用壁厚的推荐值。

热固性塑料制品的厚度一般在1~6mm之间，壁过厚既要增加塑压时间，制品内部又不易压实；壁过薄则刚度差，易变形。表4-3为热固性塑料制品最小壁厚的推荐值。

表 4-2 热塑性塑料制品的最小壁厚及常用壁厚的推荐值 (单位：mm)

塑料名称	最小壁厚	常用壁厚		
		小型制品	中型制品	大型制品
尼龙	0.45	0.76	1.50	2.4~3.2
聚乙烯	0.60	1.25	1.60	2.4~3.2
聚苯乙烯	0.75	1.25	1.60	3.2~5.4
改性聚苯乙烯	0.75	1.25	1.60	3.2~5.4
有机玻璃	0.80	1.50	2.20	4.0~6.5
硬聚氯乙烯	1.20	1.60	1.80	3.2~5.8
聚丙烯	0.85	1.45	1.75	2.4~3.2
聚碳酸酯	0.95	1.80	2.30	3.0~4.5
醋酸纤维素	0.70	1.25	1.90	3.2~4.8
聚甲醛	0.80	1.40	1.60	3.2~5.4

表 4-3 热固性塑料制品最小壁厚的推荐值 (单位：mm)

制品高度	最小壁厚		
	酚醛塑料	氨基塑料	纤维素塑料
40 以下	0.7~1.5	0.9~1.0	1.5~1.7
>40~60	2.0~2.5	1.3~1.5	2.5~3.5
>60	5.0~6.5	3.0~3.5	6.0~8.0

3. 加强肋

加强肋的作用是在不增加制品壁厚的条件下增加制品的刚度和强度。在制品中适当设置加强肋，还可以防止制品翘曲变形。

加强肋的形状和尺寸如图 4-2 所示。原则上，肋的厚度不应大于壁厚，否则壁面会因肋根部的内切圆处的缩孔而产生凹陷。加强肋的高度也不宜过高，以免肋部受力破损。为了得到较好的增强效果，可用数个高度较矮的肋来代替孤立的高肋。若能够将若干个小肋连成栅格，则强度能显著提高。加强肋的设置方向除应与受力方向一致外，还应尽可能与熔体流动方向一致，以免料流受到搅乱，使制品的韧性降低。

若制品中需设置许多加强肋，其分布排列应相互错开，以避免收缩不均引起破裂。图 4-3b 的设计就比图4-3a的合理。

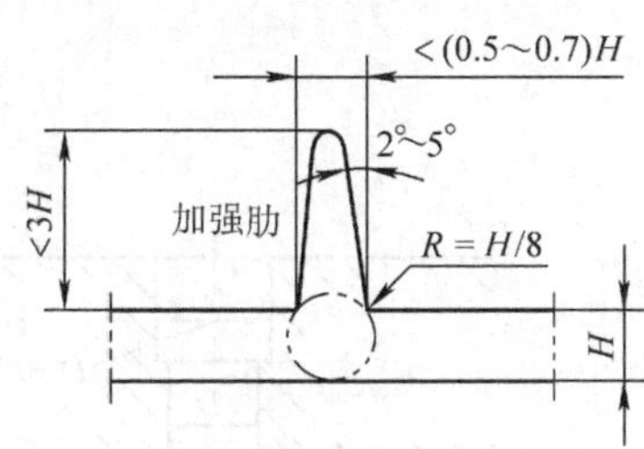

图 4-2 加强肋的形状和尺寸

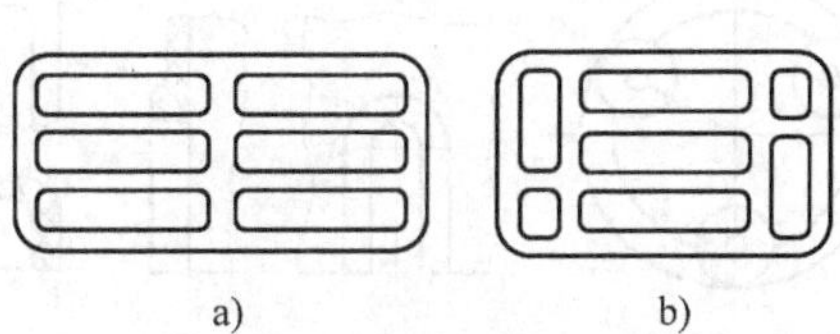

图 4-3 加强肋的交错分布
a) 不合理 b) 合理

加强肋不应设置在大面积制品的中央部位。当中央部位必须设置加强肋时，应在其所对应的外表面上加设棱沟，以便遮掩可能产生的流纹和凹坑，如图4-4所示。

4. 圆角

为了避免应力集中，提高塑料制品的强度，改善熔体的流动情况和便于脱模，在制品各内外表面的连接处，均应采用过渡圆弧。制品上的圆角对于模具制造、提高模具的强度也是必要的。在无特殊要求时，制品的各连接处均应有半径不小于0.5～1mm的圆角。如图4-5所示，一般外圆弧半径应是壁厚的1.5倍，内圆角半径应是壁厚的0.5倍。

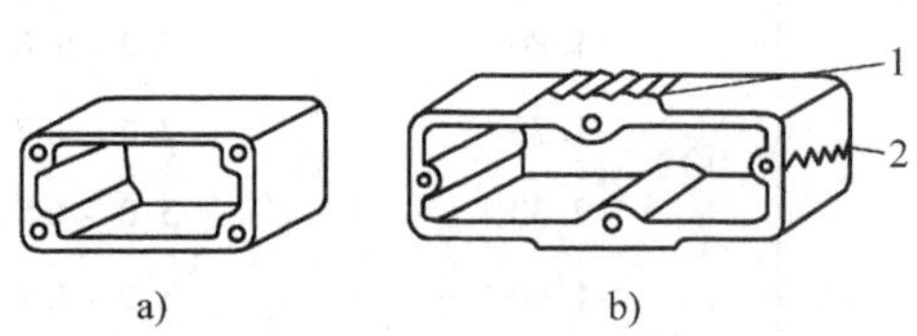

图4-4 大面积制品上的加强肋

a）普通制品 b）带棱沟的制品

1—棱沟 2—流纹

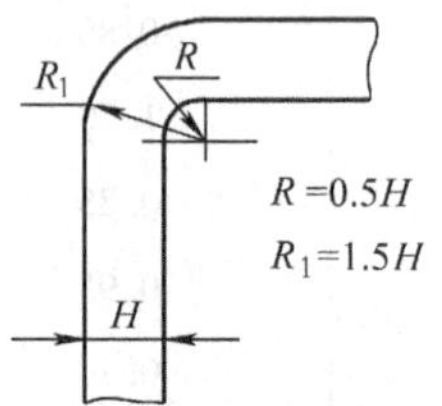

图4-5 圆角半径的大小

5. 孔

制品上各种孔的位置应尽可能开设在不减弱制品的机械强度的部位，孔的形状也应力求不增加模具制造工艺的复杂性。孔间距、孔边距不应太小（参见图4-6和表4-4），否则在装配时孔的周围易破裂。若两孔径不一致时，应以小孔直径为查表依据。查表时，选取上限还是下限可参考制品的材料特性而定。

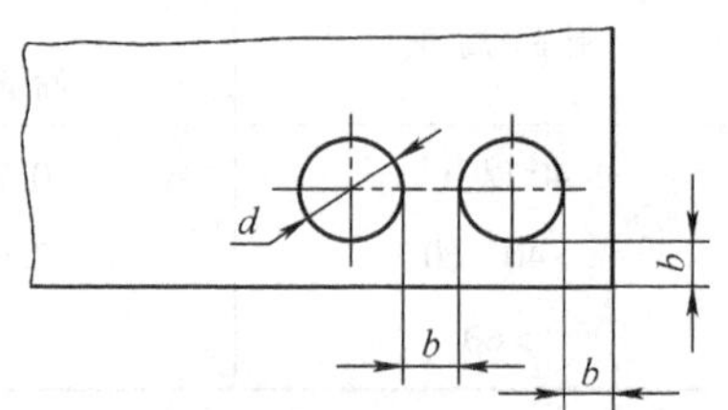

图4-6 孔间距与孔边距

表4-4 不同孔径所对应的孔间（边）距值 （单位：mm）

孔径 d	<1.5	1.5～3	3～6	6～10	10～18	18～30
孔间距、孔边距 b	1～1.5	1.5～2	2～3	3～4	4～5	5～7

制品上的固定用孔和其他受力孔的周围可采用凸边加强肋，如图4-7所示。

制品上的通孔可用一端固定的型芯成型，也可用两端分别固定的对接型芯成型。为了防止上、下孔偏心，可将任一侧孔稍微放大，如图4-8所示。不通孔只能用一端固定的型芯成型。对于与熔体流动方向垂直的孔，当孔径在1.5mm以下时，为了防止型芯弯曲，孔深以不超过孔径的2倍为好。

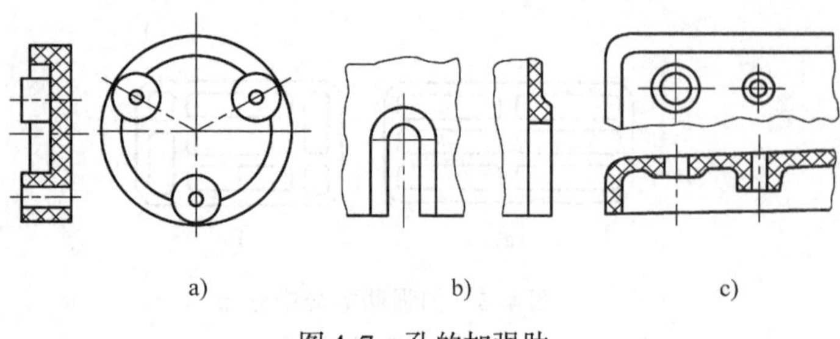

图4-7 孔的加强肋

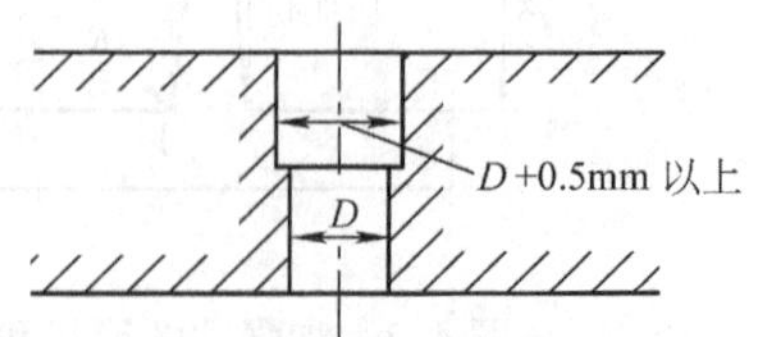

图4-8 用对接型芯成型的孔

有些斜孔或形状复杂的孔可采用拼合的型芯成型，以避免侧向抽芯。图4-9所示为某些复杂孔的成型方法。

当制品有侧面孔或侧面凸凹时，往往会使模具的设计和制造复杂化。因此，在设计有侧面孔及侧面凸凹的制品时，应考虑尽可能使模具结构简化，以适合于模具的自动化生产。图4-10a所示为具有侧孔和侧凹的两类制品，当改用图4-10b所示的结构后，便能避免侧向抽芯。

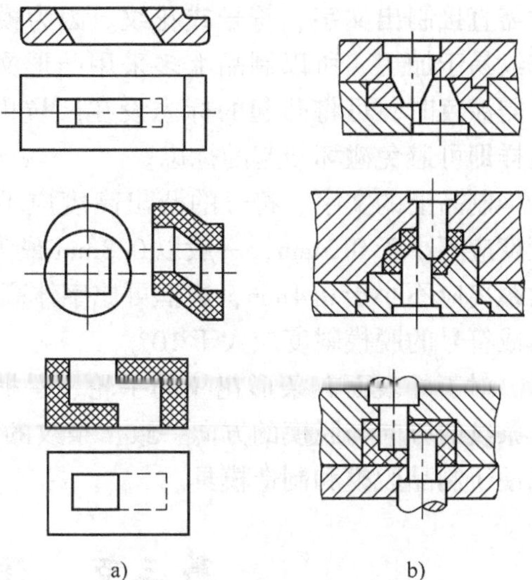

图4-9　复杂孔的成型方法

a）塑件形状　b）成型方法

对于较浅的内侧凹槽并带有圆角的制品，若制品在脱模温度下具有足够的弹性，则可采用强制脱模的方法将制品脱出，而不必采用组合型芯的方法。聚甲醛、聚乙烯、聚丙烯等的塑料制品均可以带有如图4-11所示的可强制脱模的浅侧凹槽。图中，A与B的关系应满足

$$\frac{A-B}{B}\times 100\% \leqslant 5\% \tag{4-1}$$

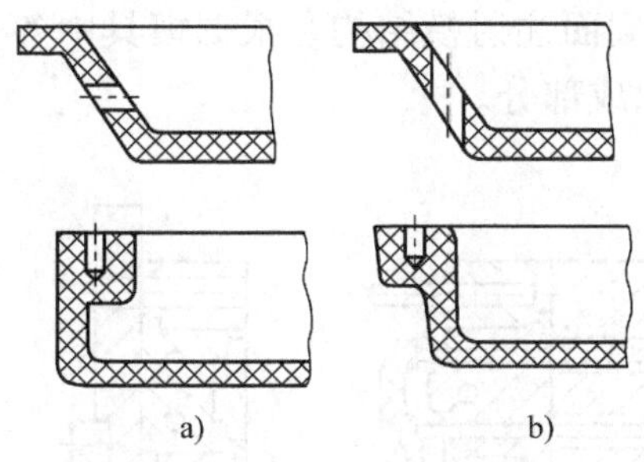

图4-10　侧孔和侧凹的改进

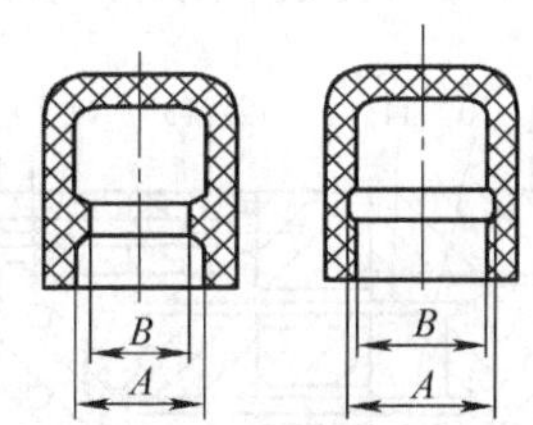

图4-11　可强制脱模的浅侧凹槽

在有些情况下，当模具型芯的脱模斜度较大而担心制品在开模后滞留在型腔内时，常常有意地在型芯上开设可强制脱模的浅侧凹槽，以使制品在开模后滞留在型芯上，此时这样的浅侧凹槽被称为拉引槽。

6. 支承面

以制品的整个底面作为支承面是不合理的，因为制品稍许翘曲或变形就会使底面不平。通常采用凸起的边框或底脚（三点或四点）来作支承，如图4-12所示。

当制品底部有加强肋时，肋的端部应低于支承面约0.5mm左右。

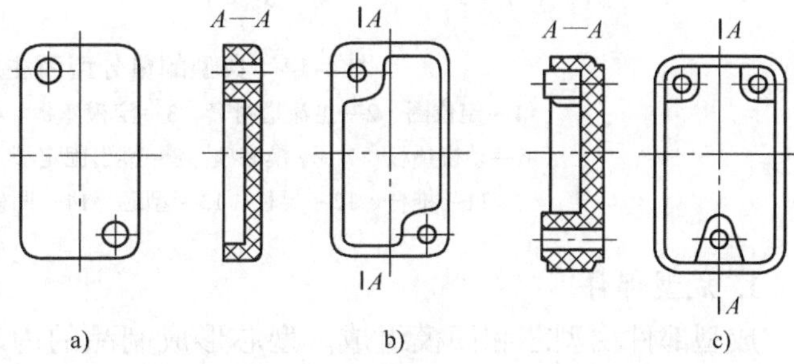

图4-12　塑料制品的支承面

a）整个底面（不合理）　b）边框凸起（合理）　c）地脚（合理）

7. 标志及花纹

根据装潢或某种要求，制品上

常需直接制出文字、符号或花纹。因为模具上的凹形标志及花纹易于加工，所以制品上多采用凸形文字，或在文字符号上需涂色时，可将凸起的标志设在凹坑内，如图 4-13 所示，这样即可避免碰坏凸起的标志。

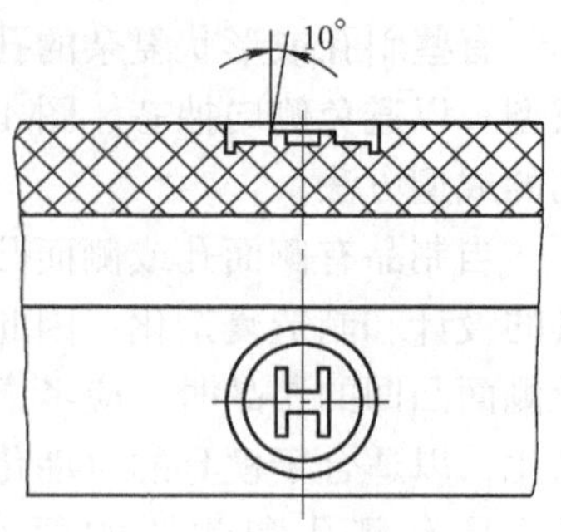

图 4-13 凸起的标志设在凹坑内

制品上的文字、符号的凸出高度应不小于 0.2mm，线条宽度应不小于 0.3mm，一般以 0.8mm 最为适宜，两线条之间的距离应不小于 0.4mm，边框可比字体高出 0.3mm 以上，字体或符号的脱模斜度应大于 10°。

对于外表面有条形花纹的手轮、手柄、按钮等，必须使其条纹的方向与脱模的方向一致，条纹的间距应尽可能大些，以便于制品脱模和制造模具。

第三节 注射模的基本结构

一、典型的注射模结构

注射模由动模和定模两部分组成，动模安装在注射机的移动模板上，定模安装在注射机的固定模板上。在注射成型时，动模与定模闭合构成浇注系统和型腔，开模时动模与定模分离以便取出塑料制品。图 4-14 所示为典型的单分型面注射模结构。根据模具中各个部件所起的作用，一般可将注射模细分为以下几个基本组成部分。

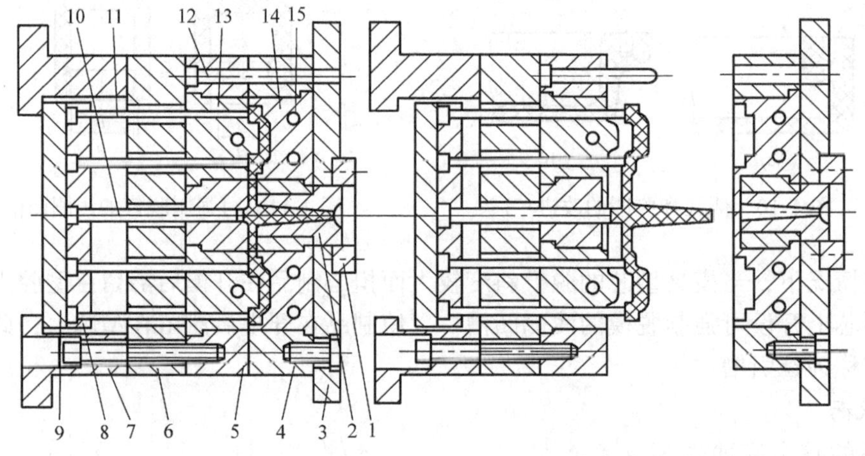

图 4-14 典型的单分型面注射模结构

1—定位圈 2—主流道衬套 3—定模座板 4—定模板 5—动模板 6—动模垫板 7—动模底座 8—推出固定板 9—推板 10—拉料杆 11—推杆 12—导柱 13—型芯 14—凹模 15—冷却水通道

1. 成型部件

成型部件由型芯和凹模组成。型芯形成制品的内表面形状，凹模形成制品的外表面形状。合模后型芯和凹模便构成了模具的型腔。如图 4-14 所示，该模具的型腔由型芯 13 和凹模 14 组成。按工艺和制造的要求，有的型芯或凹模由若干拼块组合而成，有时做成整体，仅在易损坏、难加工的部件采用镶件。选作型芯或凹模的钢材，要求有足够的强度、表面耐磨性，有时还需要有耐蚀性，并且淬火后的变形量要小，故常采用合金结构钢或合金工具钢。当要求较低或批量较小时，也可选用中碳钢或碳素工具钢来制造简单的型芯和凹模。常用的模具用钢及热处理参见附录B。

2. 浇注系统

浇注系统又称为流道系统，它是将塑料熔体由注射机喷嘴引向型腔的一组进料通道，通常由主流道、分流道、浇口和冷料穴组成。浇注系统的设计十分重要，它直接关系到塑料制品的成型质量和生产效率。

3. 导向部件

为了确保动模与定模在合模时能准确对中，在模具中必须设置导向部件。在注射模中通常采用四组导柱与导套来组成导向部件，有时还需在动模和定模上分别设置互相吻合的内、外锥面来辅助定位。为了避免在制品推出过程中推板发生歪斜现象，一般在模具的推出机构中还设有使推板保持水平运动的导向部件，如推板导柱与导套等。

4. 推出机构

在开模过程中，需要有推出机构将塑料制品及其在流道内的凝料推出或拉出。例如在图4-14中，推出机构由推杆11和推出固定板8、推板9及主流道的拉料杆10组成。推出固定板和推板用以夹持推杆。在推板中一般还固定有复位弹簧与复位杆，复位弹簧在注射机推杆退回时使推板回位，而复位杆在动、定模合模时确保推板的完全复位。

5. 调温系统

为了满足注射工艺对模具温度的要求，需要有调温系统对模具的温度进行调节。对于热塑性塑料用注射模，主要是设计冷却系统使模具冷却。模具常用的冷却办法是在模具内开设冷却水通道，利用循环流动的冷却水带走模具的热量；模具的加热除可利用冷却水通道通热水、热油或蒸汽外，还可在模具内部和周围安装电加热元件。

6. 排气槽

排气槽用以将成型过程中型腔的气体充分排除。常用的办法是在分型面处开设排气沟槽。由于分型面之间存在有微小的间隙，对于较小的塑料制品，因其排气量不大，可直接利用分型面排气，不必另外开设排气沟槽，一些模具的推杆或型芯与模具的配合间隙均可起到排气作用。而对于成型薄壁产品的模具，由于生产时需要很高的充模速度，则需要开设大量的排气槽。

7. 侧抽芯机构

有些带有侧凹或侧孔的塑料制品，在被推出以前必须先进行侧向分型，抽出侧向型芯后方能顺利脱模，此时需要在模具中设置侧抽芯机构。

8. 标准模架

为了减少繁重的模具设计与制造工作量，注射模大多采用了标准模架结构，如图4-14中的定模座板3、定模板4、动模板5、动模垫板6、动模底座7、推出固定板8、推板9、导柱12等都属于标准模架中的零部件，它们都可以从有关厂家订购。

二、注射模按结构特征的分类

注射模的分类方法很多，例如，可按安装方式、型腔数目的结构特征等进行分类。但是从模具设计的角度上看，按注射模的总体结构特征分类最为方便，一般可将注射模分为以下几类：

1. **单分型面注射模**

单分型面注射模又称为两板式模具，它是注射模中最简单而又最常用的一类。据统计，两板式模具约占全部注射模的70%。如图4-14所示的单分型面注射模，型腔的一部分（型芯）在动模板上，另一部分（凹模）在定模板上。主流道设在定模一侧，分流道设在分型面上。开模后由于动模上拉料杆的拉料作用以及制品因收缩包紧在型芯上，制品连同流道内的凝料一起留在动模一侧，动模上设置有推出机构，用以推出制品和流道内的凝料。

单分型面注射模结构简单、操作方便，但是除采用直接浇口之外，型腔的浇口位置只能选择在制品的侧面以便从分型面脱模。

2. **双分型面注射模**

双分型面注射模以两个不同的分型面分别取出流道内的凝料和塑料制品。与两板式的单分型面注射模具相比，双分型面注射模的定模板可以移动，形成两个分型面，故又称为三板式模具。图4-15所示为典型的双分型面注射模简图。从图中可见，在开模时由于定距拉板1的限制，定模板13与定模座板14作定距离的分开，以便取出这两块板之间流道内的凝料。在定模板13与推件板5分开后，利用推件板5将包紧在型芯上的制品脱出。

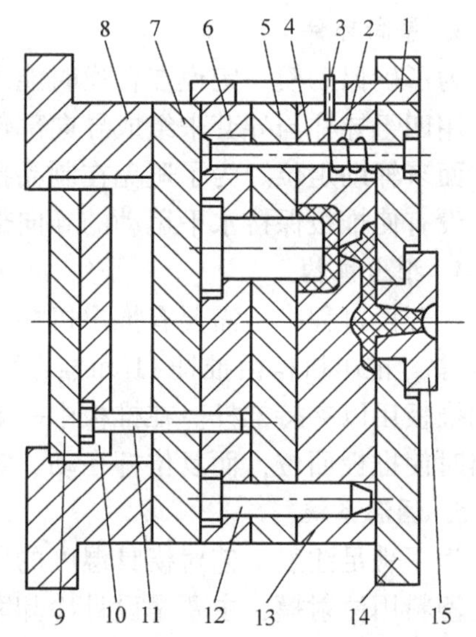

图4-15 双分型面注射模

1—定距拉板 2—弹簧 3—限位销 4—导柱 5—推件板 6—型芯固定板 7—动模垫板 8—动模座板 9—推板 10—推出固定板 11—推杆 12—导柱 13—定模板 14—定模座板 15—主流道衬套

双分型面注射模能在制品的中心部位设置点浇口，但制造成本较高、结构复杂，需要较大的开模行程，故较少用于大型塑料制品的注射成型。

3. **带有活动镶件的注射模**

由于塑料制品的复杂结构，无法通过简单的分型从模具内取出制品，这时可在模具中设置活动镶件和活动的侧向型芯或半块（哈夫块）。图4-16所示为这样的注射模。开模时这些活动部件不能简单地沿开模方向与制品分离，而是在脱模时必须将它们连同制品一起移出模外，然后用手工或简单工具将它们与制品分开。当将这些活动镶件装入模具时还应可靠地定位，因此这类模具的生产效率不高，常用于小批量的试生产。

4. **带侧向分型抽芯的注射模**

当塑料制品上有侧孔或侧凹时，在模具内可设置由斜导柱或斜滑块等组成的侧向分型抽芯机构，它能使侧型芯作横向移动。图4-17所示为一斜导柱带动抽芯的注射模。在开模时，斜导柱利用开模所产生的侧向分型力带动侧型芯横向移动，使侧型芯与制品分离，然后推杆就能顺利地将制品从型芯上推出。除斜导柱、斜滑块等机构利用开模力作侧向抽芯外，还可以在模具中装设液压缸或气压缸带动侧型芯作侧向分型抽芯动作。这类模具广泛地运用在有侧孔或侧凹的塑料制品的大批量生产中。

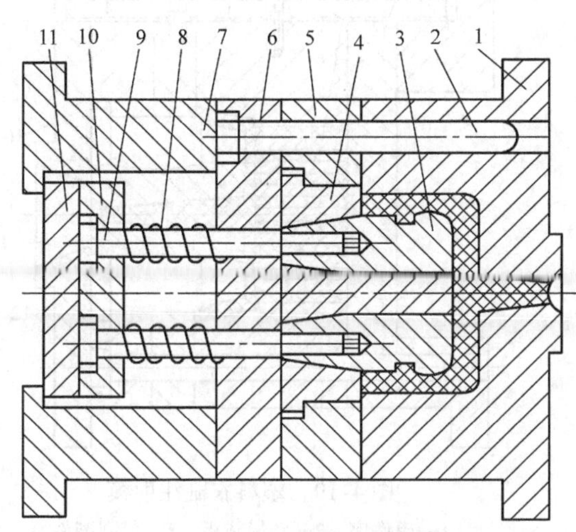

图 4-16　带有活动镶件的注射模

1—定模板　2—导柱　3—活动镶件　4—型芯　5—动模板　6—动模垫板　7—模底座　8—弹簧　9—推杆　10—推出固定板　11—推板

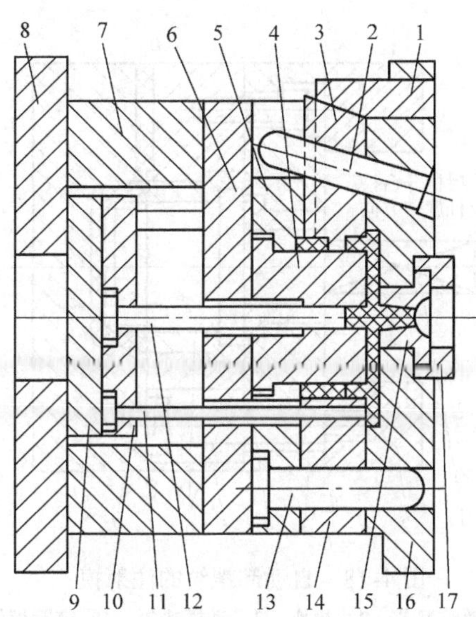

图 4-17　斜导柱带动抽芯的注射模

1—楔紧块　2—斜导柱　3—斜滑块　4—型芯　5—固定板　6—动模垫板　7—垫块　8—动模座板　9—推板　10—推出固定板　11—推杆　12—拉料杆　13—导柱　14—动模板　15—主流道衬套　16—定模板　17—定位圈

5. 自动卸螺纹的注射模

当要求能自动脱卸带有内螺纹或外螺纹的塑料制品时，可在模具中设置转动螺纹型芯或型环，这样便可利用机械的旋转运动或往复运动，将螺纹制品脱出，或者用专门的驱动和传动机构，带动螺纹型芯或型环转动，将螺纹制品脱出。自动卸螺纹的注射模如图 4-18 所示。该模具用于直角式注射机，螺纹型芯由注射机开合模的丝杠带动旋转，以便与制品相脱离。

6. 推出机构设在定模的注射模

一般当注射模开模后，塑料制品均留在动模一侧，故推出机构也设在动模一侧。这种形式是最常用、最方便的，因为注射机的推出液压缸就在动模一侧。但有时由于制品的特殊要求和形状的限制，制品必须要留在定模内，这时就应在定模一侧设置推出机构，以便将制品从定模内脱出。定模一侧的推出机构一般由动模通过拉板或链条来驱动。图 4-19 所示的塑料衣刷注射模，由于制品的特殊形状，为了便于成型采用了直接浇口，开模后制品滞留在定模上，故在定模一侧设有推件板 7，开模时由设在动模一侧的拉板 8 带动推件板 7，将制品从定模中的型芯 11 上强制脱出。

7. 无流道凝料注射模

无流道凝料注射模常被简称为无流道注射模。这类模具包括热流道和绝热流道模，它们通过采用对流道加热或绝热的办法使从注射机喷嘴到浇口之间的塑料保持熔融状态。这样，在每次注射成型后流道内均没有塑料凝料，这不仅提高了生产率，节约了塑料，而且还保证

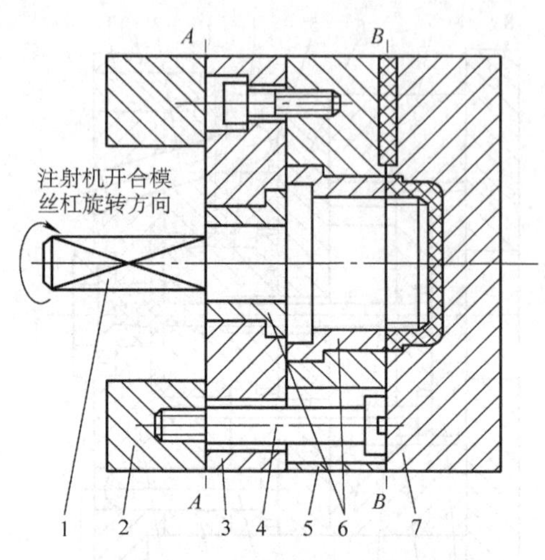

图4-18 自动卸螺纹的注射模

1—螺纹型芯 2—模座 3—动模垫板 4—定距螺钉 5—动模板 6—衬套 7—定模板

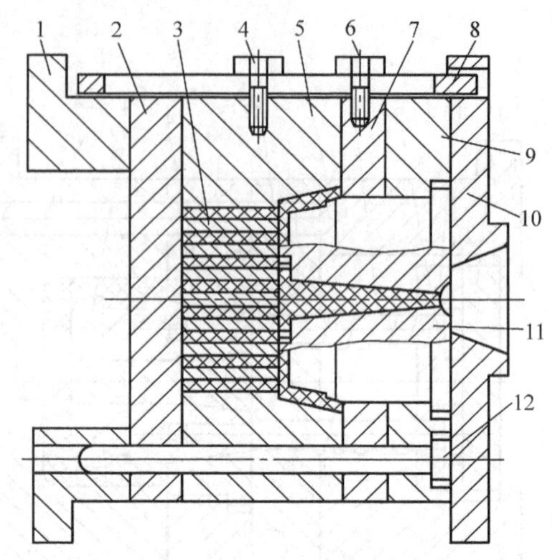

图4-19 塑料衣刷注射模

1—模底座 2—动模垫板 3—成型镶件 4、6—螺钉 5—动模 7—推件板 8—拉板 9—定模板 10—定模座板 11—型芯 12—导柱

了注射压力在流道中的传递，有利于改善制品的质量。此外，无流道凝料注射模还易于实现全自动操作。这类模具的缺点是模具成本高，浇注系统和控温系统要求高，对制品形状和塑料有一定的限制。

图4-20所示为一模两腔的热流道注射模。

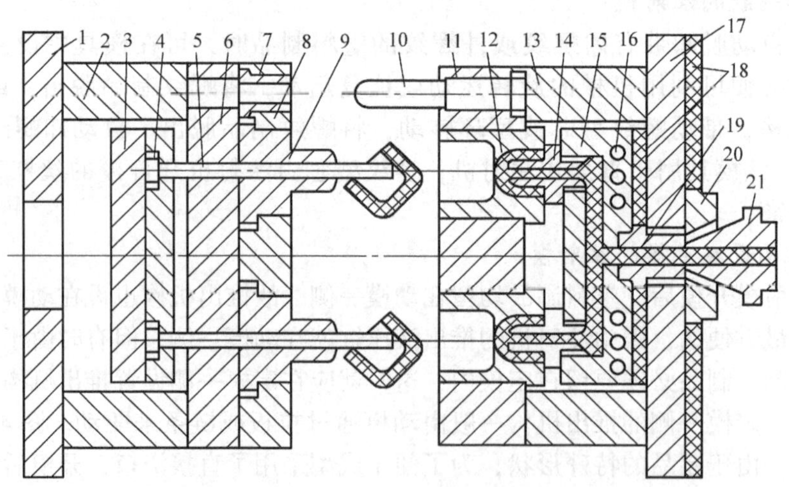

图4-20 一模两腔的热流道注射模

1—动模座板 2—垫板 3—推板 4—推出固定板 5—推杆 6—动模垫板 7—导套 8—动模板 9—型芯 10—导柱 11—定模板 12—凹模 13—支架 14—喷嘴 15—热流道板 16—加热器孔道 17—定模座板 18—绝热层 19—主流道衬套 20—定位圈 21—注射机喷嘴

第四节　注射模与注射机的关系

注射模是安装在注射机上使用的。在设计模具时，除了应掌握注射成型工艺过程外，还应对所选用注射机的有关技术参数有全面的了解，才能生产出合格的塑料制品。下面讨论注射模与注射机的相互关系。

一、最大注射量的校核

为了保证正常的注射成型，塑料制品连同流道内的凝料及毛边在内的重量一般不应超过注射机额定最大注射量的80%。注射机额定最大注射量通常是用聚苯乙烯来标定的（其在常温下的密度为1.06g/cm³）。由于各种塑料的密度不同，在使用其他塑料时，应按下式对注射机的最大注射量 G_{max}（g）进行换算

$$G_{max} = G\frac{\rho_1}{\rho_2} \tag{4-2}$$

式中，G 为注射机额定最大注射量（g）；ρ_1 为所用塑料在常温下的密度（g/cm³）；ρ_2 为聚苯乙烯在常温下的密度（1.06g/cm³）。

由于刚加到螺杆中或柱塞前方的塑料是疏松的，式（4-2）认为塑化时两种塑料的体积压缩比近似相等。当考虑到塑料的体积压缩比不等时，式（4-2）可改写为

$$G_{max} = G\frac{\rho_1}{\rho_2}\frac{f_2}{f_1} \tag{4-3}$$

式中，f_1 为所用塑料的体积压缩比；f_2 为聚苯乙烯的体积压缩比（可取 $f_2=2$）。塑料的体积压缩比与其粒度及粒子的规整性等因素有关，可通过实测决定。常用塑料的体积压缩比可查阅有关资料，本书附录C列出了几种常用塑料的压缩比范围，供参考。

目前，我国已统一规定用一次能注出的公称容量（cm³）来表示注射机的最大注射量。螺杆式注射机的最大注射量为其理论注射容量（螺杆头部截面积与最大注射行程的乘积）的80%；柱塞式注射机为一次对空注出的最大注射容量。当注射机采用公称容量时，可用下式来计算最大注射量 G_{max}（g）

$$G_{max} = c\rho G_1 \tag{4-4}$$

式中，G_1 为注射机额定最大注射量（cm³）；ρ 为所用塑料在常温下的密度（g/cm³）；c 为在料筒温度下塑料体积膨胀率的校正系数，对于结晶型塑料，$c\approx0.85$，对于无定形塑料，$c\approx0.93$。

一般情况下，仅对最大注射量进行校核即可，但有时还应注意注射机能处理的最小注射量。例如对于热敏性塑料，最小注射量应不小于注射机额定最大注射量的20%。因为当每次注射量太小时，塑料在料筒内停留的时间将过长，这样会使塑料高温分解，影响制品的质量和性能。

二、注射压力的校核

注射压力的校核是校验注射机的最大注射压力能否满足制品成型的需要。只有在注射机额定的注射压力范围内才能调整出某一制品所需要的注射压力，因此注射机的最大注射压力要大于成型该制品所要求的注射压力。

制品成型时所需的注射压力一般很难确定，它与塑料品种、注射机类型、喷嘴形式、制

品形状的复杂程度以及浇注系统等因素有关。在确定制品成型所需的注射压力时可利用类比法或参考各种塑料的注射成型工艺等数据，一般制品的成型注射压力在 70～150MPa 的范围内。

目前，注射模流动模拟计算机软件（如美国的 Moldflow、华中科技大学的 HsCAE）的应用已逐渐广泛，可以借助于这些软件对注射成型过程进行计算机模拟，以获得注射压力的预测值。

三、锁模力的校核

当高压的塑料熔体充满型腔时，会产生一个很大的沿注射机轴向的推力，其大小等于制品与浇注系统在分型面上的垂直投影面积之和（图 4-21）乘以型腔内塑料熔体的平均压力。该推力应小于注射机额定的锁模力 $F_{合}$，否则在注射成型时会因锁模不紧而发生溢边跑料现象。锁模力计算如图 4-22 所示。

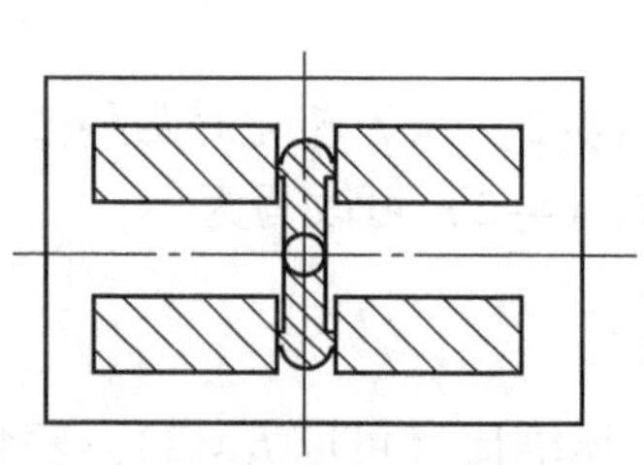

图 4-21 制品与浇注系统在分型面上的投影面积

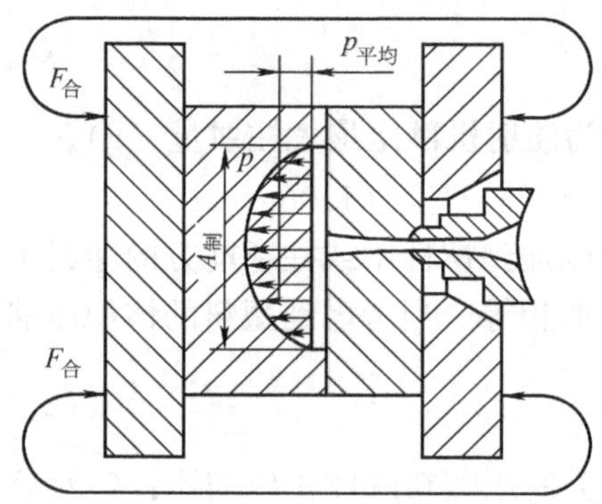

图 4-22 锁模力计算图

型腔内塑料熔体的压力 p（MPa）可按下式计算

$$p = kp_0 \tag{4-5}$$

式中，p_0为注射压力，即注射机料筒内柱塞或螺杆施于塑料熔体上的压力（MPa）；k 为压力损耗系数，它随塑料品种、注射机形式、喷嘴阻力、流道阻力等因素变化，可在 0.2～0.4 范围内选取。

根据经验，成型中、小塑料制品时型腔压力 p 可取 20～40MPa。对于流动性差、形状复杂、精度要求高的制品，成型时需要较高的型腔压力。常用塑料推荐使用的型腔压力见表 4-5，因制品形状和精度不同时常选用的型腔压力见表 4-6。

表 4-5 常用塑料推荐使用的型腔压力

塑料品种	型腔平均压力/MPa	塑料品种	型腔平均压力/MPa
高压聚乙烯	10～15	AS	30
低压聚乙烯	20	ABS	30
中压聚乙烯	35	有机玻璃	30
聚丙烯	15	醋酸纤维素酯	30
聚苯乙烯	14～20		

表 4-6 制品形状和精度不同时常选用的型腔压力

条件	型腔平均压力/MPa	举例
易于成型的制品	25	聚乙烯、聚苯乙烯等壁厚均匀的日用品、容器类
普通制品	30	薄壁容器类
高粘度塑料、精度高	35	ABS、聚甲醛等机械零件、精度高的制品
粘度特别高、精度高	40	高精度的机械零件

同样，可利用注射流动和保压模拟软件来预测成型时所需的锁模力，由于模拟过程中综合考虑了许多因素的影响，故其可靠性比以上的估算方法要好得多。

四、安装部分的尺寸校核

为了使注射模能顺利地安装在注射机上并生产出合格的制品，在设计模具时必须校核注射机上与模具安装有关的尺寸。因为不同型号和规格的注射机，其安装模具部位的形状和尺寸各不相同。一般情况下设计模具时应校核的部分包括喷嘴尺寸、定位圈尺寸、最大模厚、最小模厚、模板上的螺孔尺寸等。

1. 喷嘴尺寸

如图 4-23 所示，注射机喷嘴头部的球面半径 R_1 应与模具主流道始端的球面半径 R_2 吻合，以避免高压塑料熔体从缝隙处溢出。一般 R_2 应比 R_1 大 1 ~ 2mm，否则主流道头部的塑料凝料将无法脱出。在图 4-23 中因 $R_1 > R_2$，故属不正确的配合。

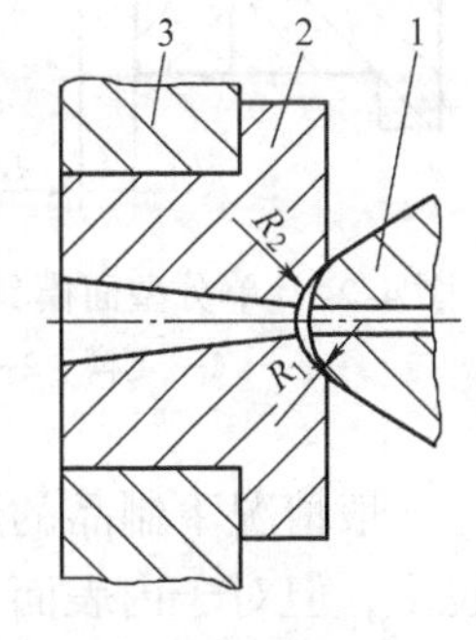

图 4-23 主流道始端与喷嘴的不正确配合

1—喷嘴 2—主流道衬套 3—定模板

2. 定位圈尺寸

为了使模具主流道的中心线与注射机喷嘴的中心线相重合，模具定模板上凸出的定位圈应与注射机固定模板上的定位孔呈较松动的间隙配合。

3. 最大、最小模厚

在模具设计时应使模具的总厚度位于注射机可安装模具的最大模厚与最小模厚之间。同时应校核模具的外形尺寸，使得模具能从注射机的拉杆之间装入。

4. 螺孔尺寸

注射模具的动模和定模固定板上的螺孔尺寸应分别与注射机动模板和定模板上的螺孔尺寸相适应。模具在注射机上的安装方法有用螺栓直接固定和用压板固定两种。当用螺栓直接固定时，模具固定板与注射机模板上的螺孔应完全吻合；而用压板固定时，只要在模具固定板需安放压板的外侧附近有螺孔就能固紧，因此压板方式具有较大的灵活性。对于重量较大的大型模具，采用螺栓直接固定则较为安全。

五、开模行程和顶出机构的校核

注射机的开模行程是有限制的，制品从模具中取出时所需的开模距离必须小于注射机的最大开模距离，否则制品无法从模具中取出。开模距离的校核一般可分为如下两种情况。

1. 注射机最大开模行程与模具厚度无关

当注射机采用液压机械联合作用的锁模机构时，最大开模行程由连杆机构的最大行程所决定，并不受模具厚度的影响。对于图 4-24 所示的单分型面注射模具，其开模行程可按下

式校核

$$s \geqslant H_1 + H_2 + (5 \sim 10)\ \text{mm} \tag{4-6}$$

式中，H_1 为制品脱模距离（mm）；H_2 为包括流道凝料在内的制品高度（mm）；s 为注射机最大开模行程（mm）。

对于三板式双分型面注射模，如图 4-25 所示，为了保证开模后既能取出制品又能取出流道内的凝料，需要在开模距离中增加定模板与中间板之间的分开距离 a，a 的大小应该保证可以方便地取出流道内的凝料，此时

$$s \geqslant H_1 + H_2 + a + (5 \sim 10)\ \text{mm} \tag{4-7}$$

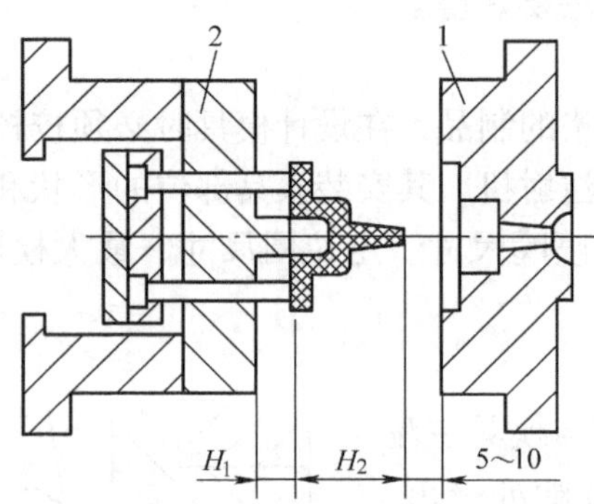

图 4-24 单分型面模具开模行程的校核
1—定模 2—动模

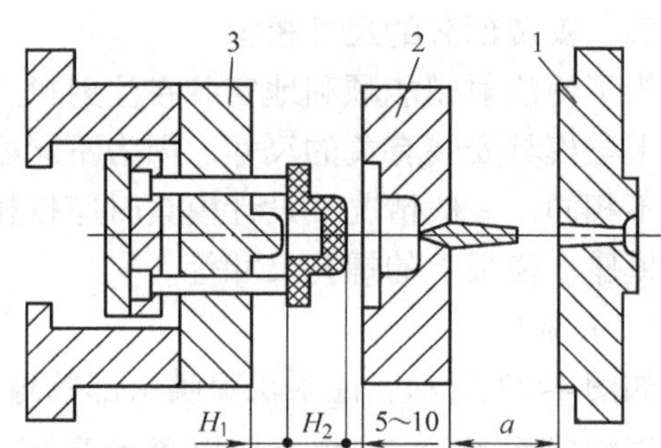

图 4-25 双分型面模具开模行程的校核
1—定模 2—中间板 3—动模

一般情况下制品的脱模距离 H_1 等于或略大于模具型芯的高度，以便使制品完全从型芯上脱出，但对于内表面为阶梯状的制品，有时不必推出到型芯的全部高度就可取出制品，故 H_1 应根据具体情况确定，以能顺利取出制品为原则。

2. 注射机最大开模行程与模具厚度有关

对于全液压式锁模机构的注射机，其最大开模行程受模具厚度的影响。此时最大开模行程等于注射机动模板与定模板之间的最大距离 s 减去模具厚度 H_m。对于单分型面注射模，校核公式为

$$s \geqslant H_m + H_1 + H_2 + (5 \sim 10)\ \text{mm} \tag{4-8}$$

对于双分型面注射模，校核公式为

$$s \geqslant H_m + H_1 + H_2 + a + (5 \sim 10)\ \text{mm} \tag{4-9}$$

有的模具侧向分型或抽芯的动作是通过斜导柱等分型抽芯机构来完成的，这时还需根据侧向分型或抽芯的抽拔距离来决定开模行程。对于图 4-26 所示的斜导柱侧向抽芯机构，为了保证侧向抽芯有足够距离，设所需的开模行程为 H_c，当 $H_c > H_1 + H_2$ 时，开模行程应按下式校核

$$s \geqslant H_c + (5 \sim 10)\ \text{mm} \tag{4-10}$$

当 $H_c \leqslant H_1 + H_2$ 时，仍按式（4-6）校核。

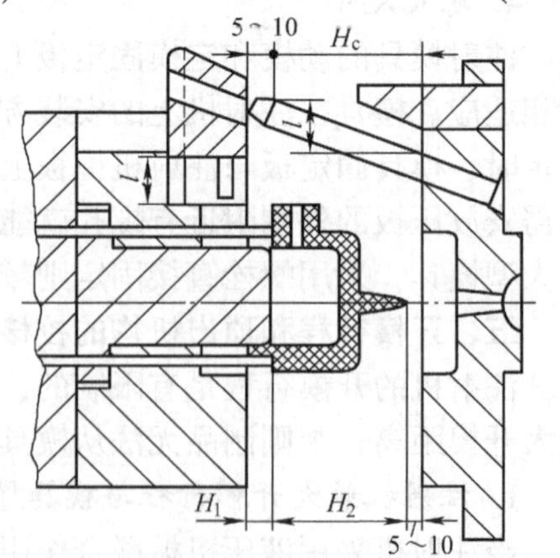

图 4-26 有侧向抽芯的开模行程的校核

在设计模具推出机构时，需校核注射机推杆的推

出形式，弄清所使用的注射机是中心推杆推出还是两侧双推杆推出，以及最大的推出距离、推杆的直径、双推杆中心距离等，并要注意在两侧推出时模具推板的面积应能覆盖注射机的双推杆，注射机的最大推出距离要保证能将制品从模具中脱出等。

第五节　注射模标准件

一、选用标准件的优点及局限性

注射模在结构上存在相似性。图4-27所示为典型的单分型面（两板式）注射模装配总成。从图中可以看到，除了型芯和凹模取决于塑料制品以外，其余的模具零件极其相似，连各个模具零件的装配关系都有着一致性。即使是较为复杂的双分型面（三板式）注射模、三分型面（四板式）注射模，也是在两板式注射模的基础上增加了一块或两块模板，结构的相似性并未改变。正是由于注射模结构的相似性，才使模具零件和模架的标准化推广普及成为可能。

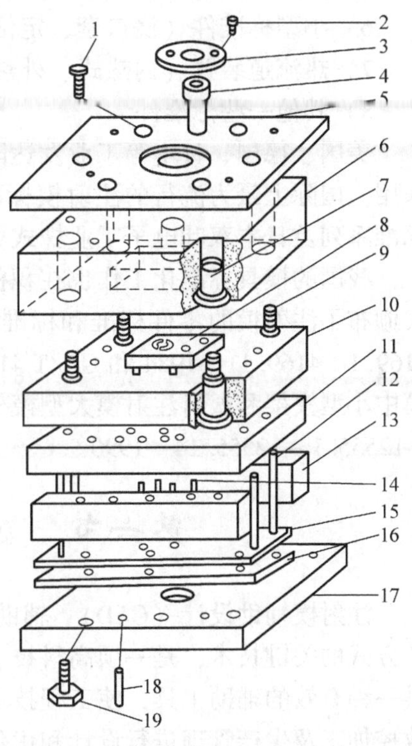

图4-27　两板式注射模装配总成
1、19—紧固螺钉　2—圆柱头螺钉　3—定模圈　4—主流道衬套　5—定模座板　6—定模板　7—导套　8—型芯　9—导柱　10—动模板　11—垫板　12—复位杆　13—垫块　14—推杆　15—推出固定板　16—推板　17—动模座板　18—定位销

目前，国内外已有许多标准件（标准零件、标准模架）供用户订购。选用标准件有如下优点：

1）简单方便，买来即用，不必库存。

2）能使模具价格下降。

3）简化了模具的设计和制造。

4）缩短了模具生产周期，促进了塑料制品的更新换代。

5）模架的精度和动作可靠性得到保证。

6）提高了模具中易损零件的互换性，便于模具的维修。

但采用标准件时，也会带来某些不便，例如：

1）模板尺寸的局限性。在标准模架中模板的长、宽、高都只是在一定的范围内，对于一些特殊的塑料制品，可能无标准模架可选。

2）由于在标准模架中导柱、紧固螺钉及复位杆的位置已确定，有时可能会妨碍冷却水管道的开设。

3）由于动模两垫块之间的跨距无法调整，在模具设计中往往需要增加支承柱来减小模板的变形。

综上所述，采用标准件的优越性是十分明显的，在模具设计中要尽可能选用标准件。不仅如此，而且能在标准件的基础上实现模具制图的标准化、模具结构的标准化以及工艺规范的标准化。

二、国内外标准件简介

常见的注射模标准件如下：

1）模架。

2）导向件（导柱、导套、钢球保持架，以及导板、斜导柱、推板导柱、固体润滑耐磨板、含油导板、含油滑块导轨等）。

3）定位零件（销钉、圆锥定位销、楔形定位块）。

4）推杆、推管（圆形、异形、直推、阶梯推）。

5）弹性元件（圆线压缩弹簧、扁线压缩弹簧、橡胶弹簧以及氮气弹簧等）。

6）小型标准件（浇口套、定位圈、螺钉、限位柱等）。

7）热流道装置（内热式、外热式、针阀式、管式、温控式）。

8）其他一些标准件。

美国、德国、日本等工业发达国家都很重视模具标准化工作，标准件已被模具行业普遍采用。国际上最为流行的注射模标准件来自美国的 DME 公司标准系列、德国 HASCO 公司标准系列及日本双叶电子工业株式会社提供的 FUTABA 标准系列等。

我国的模具标准化工作也在积极进行中，在厂级、局级、部级标准件的基础上国家也正式颁布了注射模的零件标准和标准模架。注射模通用零件及技术条件标准号分别为 GB/T 4169. 1 ~4169. 11—1984 和 GB/T 4170—1984。塑料注射模标准模架共有两种，即塑料注射模中小型模架和塑料注射模大型模架，标准号分别为 GB/T 12556. 1 ~12556. 2—1990 和 GB/T 12555. 1 ~12555. 14—1990。

第六节　注射模 CAD/CAM/CAE

注射模辅助设计（CAD）、辅助制造（CAM）及辅助工程（CAE）是改造传统注射模生产方式的关键技术，是一项高科技、高效益的系统工程。它以计算机软件的形式，为企业提供一种有效的辅助工具，使工程技术人员借助于计算机对产品性能、模具结构、成型工艺、数控加工及生产管理进行设计和优化。注射模 CAD/CAM /CAE 技术能显著缩短注射模设计与制造周期、降低生产成本和提高产品质量已成为模具界的共识。

一、注射模 CAD/CAM

塑料注射模 CAD/CAM 是伴随着通用机械 CAD/CAM 技术发展而不断深化的。从 20 世纪 60 年代基于线框模型的 CAD 系统开始，到 70 年代以曲面造型为核心的 CAD/CAM 系统，80 年代实体造型技术的成功应用，90 年代基于特征的参数化实体/曲面造型技术的完善，为塑料注射模采用 CAD/CAM 技术提供了可靠的保证。目前在国内外市场已涌现出一批成功应用于塑料注射模的 CAD/CAM 系统。

现在一些著名的商品化三维造型软件都带有独立的注射模设计模块，如美国 PTC 公司的 Pro/E、UGS 公司的 UG NX、SDRC 公司的 I-DEAS 系统。这三个 CAD/CAM 系统目前在塑料模具工业中的应用最为广泛。此外还有美国 CV 公司的 CADDS 系统、法国 MATRA 公司的 EUCLID 系统、法国 DASSAULT 公司的 CATIA 系统、英国 DELCAM 公司的 DUCT 系统、日本造船信息系统株式会社的 Space-E 系统和日本 UNISYS 株式会社的 CADCEUS 系统等都各具特色。

二、注射模 CAE

CAE 所包含的内容十分广泛。CAE 将工程设计、试验、分析乃至制造贯穿于产品研制过程的每一个环节之中，以计算机为辅助工具来指导和预测产品在构思、设计与制造阶段的行为。目前，注射模 CAE 仅限于注射过程的计算机分析，即模拟注射成型中熔体充模、保压与冷却过程，以及预测塑料制品在脱模后的翘曲变形。

塑料注射模 CAE 技术的发展十分迅速，从 20 世纪 60 年代的一维流动和冷却分析到 70 年代的二维流动和冷却分析，再到 90 年代的准三维流动和冷却分析，其应用范围已扩展到保压分析、纤维分子取向和翘曲预测等领域并且成效卓著。

注射模 CAE 技术借助于有限元法、有限差分法和边界元法等数值计算方法，分析型腔中塑料的流动、保压和冷却过程，计算制品和模具的应力分布，预测制品的翘曲变形，并由此分析工艺条件、材料参数及模具结构对制品质量的影响，达到优化制品和模具结构、优选成型工艺参数的目的。注射模 CAE 软件主要包括流动保压模拟、流道平衡设计、冷却模拟、翘曲预测等功能。目前，国际上应用最为广泛的注射模 CAE 软件为美国 Moldflow 公司的 MPI，国内华中科技大学材料成形与模具技术国家重点实验室的 HsCAE 在国内也有一定的应用。

另外，通过对注射模 CAE 软件与机构分析 CAE 软件（ANSYS、ABQUS 等）的综合应用，能够对模具结构进行力学分析，帮助用户对型腔壁厚和模板厚度进行刚度和强度校核。

三、注射模 CAD/CAM/CAE 工作流程

由于注射模 CAD/CAM/CAE 技术的推广和应用,新概念、新方法和新工具的广泛应用，使模具设计过程有了重大变革，图 4-28 所示为注射模 CAD/CAM/CAE 系统的工作流程图。

1. 制品的几何模型及注射成型工艺性检验

注射模设计工作的第一步是建立制品的几何模型或者读入用户所提供的制品几何模型的数据文件。若用户最初只提供样品，可利用三坐标测量仪将样品的几何形状数字化，再利用曲面拟合等技术在计算机上建立该样品的几何模型。

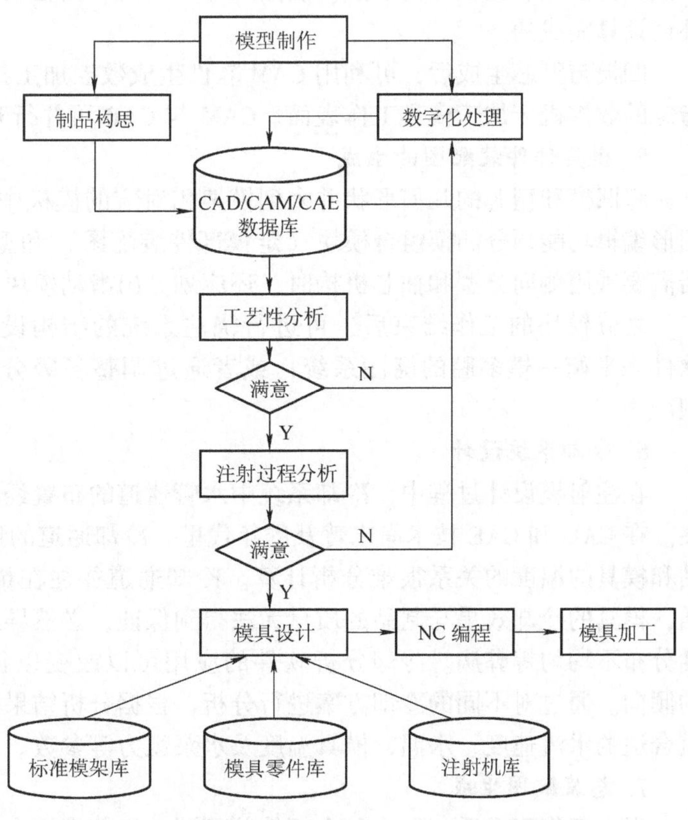

图 4-28　注射模 CAD/CAM/CAE 系统工作流程图

制品的三维几何模型建立后，可以采用工艺性分析软件对该模型进行注射成型工艺性能考核。例如：检测制品壁厚是否在注射成型的允许范围内，制品的流动长度是否超过了所使用塑料的极限值，制品所需的塑料注射量是否超过了所用注射机的额定值等。还可以对该制品所需的模具设计与制造费用进行估算。如

果对制品的某项成型工艺性能不满意，在制品设计允许的情况下便可对制品几何模型进行反复修改，直到满意为止。

2. 浇注系统方案的确定

当制品的注射成型工艺通过检验后，下一步工作是确定该制品的浇口形式、数量、尺寸和位置。注射成型流动模拟分析软件能够对初步拟定的浇注系统方案进行多方面的检查和测试。它能帮助模具设计者在确定浇注系统时得到理想的塑料熔体流动形式、控制熔接痕的形成位置、减小制品可能发生的翘曲变形。此外，流动分析软件还能用来选择优化的注射成型工艺参数，如充模时间、熔体的塑化温度和模具型腔平均温度等。

3. 型腔布置及标准模架的选择

制品的浇注系统方案完成后，模具结构的 CAD 工作即可开始。

模具尺寸首先取决于在一副模具内安排多少型腔。型腔数目的选择与许多因素有关。模具设计者可以借助于专业软件来选择合适的型腔数目。

基于型腔数目、排列方式、浇注系统布置及有无侧向分型与抽芯机构，注射模 CAD 软件能用来选择最合适的标准模架。其判断准则为所选用的模架中的推板应完全包容所有的型腔，且又是所有可选模架中尺寸最小者。当标准模架的序列号确定后，便能方便地从标准模架库中调出该模架的所有零件以及它们的装配关系。

4. 凹模与型芯的生成

当制品的分型面确定后，便可利用 CAD 软件提供的分型功能将制品的几何模型分解为凹模几何模型和型腔几何模型。制品尺寸与凹模、型腔尺寸之间的转换是借助于塑料收缩率补偿计算完成的。

凹模与型芯生成后，可利用 CAM 软件生成数控加工指令，并可直接将这些指令传输到指定的数控机床加工模具工作表面。CAM 与 CAD 可并行开展工作。

5. 模具部件装配图的生成

将凹模和型芯的几何形状并入到模架相对应的模板中，便可利用模具 CAD 系统提供的图形编辑功能划分凹模组合模块（定模部件装配图）和型芯组合模块（动模部件装配图）。当需要采用侧向分型和抽芯机构时，还应划分出滑动模块。

划分模块的工作结束后，可进行浇注系统的结构设计。此时，可再次利用流动分析软件来平衡一模多腔的浇注系统，或者通过调整各级分流道和浇口尺寸来优化制品的成型压力。

6. 冷却系统设计

在注射模设计过程中，冷却系统中水管通道的布置经常与脱模机构中推杆的布置发生冲突。在 CAD 和 CAE 技术尚未普及的年代里，冷却通道的形式、布置、尺寸、工艺参数与制品和模具的温度的关系很难分析计算。冷却通道往往在推杆布置后所剩余的模板空间里安插，模具的冷却效果与制品的质量无法得到保证，必然导致模具冷却时间长、制品脱模时温度分布不均匀等弊病。冷却分析软件的应用可以改变以往模具设计者“重脱模、轻冷却”的倾向。通过对不同的冷却方案进行分析，根据分析结果选择最佳的设计方案，并确定该通道合适的水流速度、水温、模具温度及水泵压力等参数。

7. 总装配图生成

以上工作完成后，可将各个部件装配图与标准模架合并，再加入脱模机构，完成模具总装配图。设计脱模机构时，由于推杆、拉料杆等常用零件已存放在模具零件库中，操作起来十分方便。

注射模 CAD/CAM/CAE 技术的应用改变了传统的注射模生产方式，显著地缩短了注射模设计与制造时间，一定程度上减少了对注射模工作者技术上的要求，提高了注射模和塑料制品的质量。

第五章　注射模浇注系统

所谓浇注系统，是指注射模中从主流道的始端到型腔之间的熔体进料通道。浇注系统可分为普通流道浇注系统和无流道凝料浇注系统两类。正确设计浇注系统对获得优质的塑料制品极为重要。

第一节　浇注系统的流变学概论

一、浇注系统的流变学方程

在注射模中，浇注系统大都是由圆形通道或矩形通道组成的。作为一种近似，可以用如下公式来描述圆形和矩形通道在管壁处的剪切速率

$$\dot{\gamma}_{w_1} = \frac{4q_V}{\pi R^3} \tag{5-1}$$

$$\dot{\gamma}_{w_2} = \frac{6q_V}{Wh^2} \tag{5-2}$$

式中，$\dot{\gamma}_{w_1}$、$\dot{\gamma}_{w_2}$分别是圆形和矩形通道在管壁处的剪切速率（s^{-1}）；R 为圆形管半径（cm）；h 为矩形管高度（cm）；W 为宽度（cm）；q_V为熔体的体积流量（cm^3/s）。

根据切应力的定义，对于圆形和矩形通道，分别有

$$\tau_{w_1} = \frac{R\Delta p}{2L} \tag{5-3}$$

$$\tau_{w_2} = \frac{h\Delta p}{2L} \tag{5-4}$$

式中，τ_{w_1}、τ_{w_2}分别是圆形和矩形管在管壁处的切应力（10^4Pa）；L 为管长（cm）；Δp 为熔体流经管长为 L 的通道时产生的压力降（10^4Pa）。

根据流变方程 $\tau = \eta_a \dot{\gamma}$［式（2-9）］，有

$$\frac{R\Delta p}{2L} = \eta_a \left(\frac{4q_V}{\pi R^3}\right)$$

$$\frac{h\Delta p}{2L} = \eta_a \left(\frac{6q_V}{Wh^2}\right)$$

即

$$q_V = \left(\frac{\pi R^4}{8L}\right)\left(\frac{1}{\eta_a}\right)(\Delta p) \tag{5-5}$$

$$q_V = \left(\frac{Wh^3}{12L}\right)\left(\frac{1}{\eta_a}\right)(\Delta p) \tag{5-6}$$

由以上两式可知，熔体的体积流量 q_V不仅与流道长度 L、流道截面尺寸 R^4或者 Wh^3有关，还与粘度 η_a和压力降 Δp 有关。这些参量彼此关联，当改变其中一个参量时，其他参量也随之变化。

二、流变参量的变化与选择

注射成型的基本要求是在合适的温度和压力下使足量的塑料熔体尽快充满型腔。影响顺利充模的关键之一是浇注系统的设计。而在浇注系统中，又以浇口的设计最为重要。了解流变参量与浇口尺寸的相互影响，对正确设计浇注系统有很大帮助。

1. 浇口截面尺寸

从式（5-5）、式（5-6）可知，在熔体流量 q_V 一定的情况下，浇口截面尺寸增大，有利于压力降 Δp 的减少，Δp 值随着 R^4 或 Wh^3 成比例减少。但是，随着浇口截面积的增大，熔体在浇口处的流速减慢，其表观粘度 η_a 相应提高，反使压力降 Δp 增大。因此，浇口截面尺寸的增大有个极限值，这就是大浇口尺寸的上限。"浇口尺寸越大越容易充模"的观点是错误的。

相反，小浇口（通常是指点浇口）之所以成功，是因为绝大多数塑料熔体的表观粘度是剪切速率的函数，即 $\eta_a = K\gamma^{n-1}$（$n<1$），熔体的流速越快，表观粘度 η_a 越低，越有利于充模，流量 q_V 也越大。而且，由于熔体高速流过小浇口，部分动能因高速摩擦而转变为热能，浇口处的局部温度升高，使熔体的表观粘度进一步下降，流量 q_V 再次得到增加。但这并不意味着"浇口越小越好"，当剪切速率 γ 达到极限值（一般为 $\gamma = 10^5 s^{-1}$）时，表观粘度不再随着剪切速率的增高而下降，此时浇口的截面尺寸就是小浇口尺寸的下限。

2. 浇口长度

浇口长度缩短，则熔体流经浇口的阻力减小，熔体在浇口中的流速增大，流量 q_V 值也随之增加。同时由于流速增大，剪切速率亦增加，导致熔体的表观粘度 η_a 降低，有利于成型。此外，短浇口有利于保压阶段的补缩，因此在确定浇口长度时，总是以在保证模具强度的情况下选取最小值为宜。

3. 剪切速率的选择

表观粘度 η_a 与剪切速率 γ 呈指数函数，而不是线性关系。观察热塑性塑料熔体的 η_a-$\dot{\gamma}$ 曲线图可以看出，在较低的剪切速率范围内，γ 的微小波动会引起 η_a 的很大变化，这将使注射过程难于控制，制品质量的稳定性得不到保证。一般而言，剪切速率的数值越大，对粘度的影响越小，故注射过程的剪切速率通常较大，在 $10^3 \sim 10^5 s^{-1}$ 的范围内。基于这种观点，采用小浇口要比采用大浇口有利。

4. 表观粘度的控制

在注射成型时，除了增大熔体体积流量或提高注射速度有利于充模外，降低塑料熔体的表观粘度也是行之有效的方法。降低粘度的措施之一是提高熔体的成型温度。但有些塑料对温度不甚敏感，仅靠提高温度来降低粘度作用十分有限，且成型温度又不能高于塑料的分解温度，温度升高后还会增加热量的消耗并增加制品在模具内的冷却时间，故这种方法通常并不提倡采用。降低熔体表观粘度的另一种方法是提高剪切速率 γ，这种方法比提高成型温度更为有效而适用。如前所述，γ 值不能超过临界值（$10^5 s^{-1}$），否则会引起聚合物降解，甚至发生熔体破裂等弊病。提高剪切速率的途径既可借助于增大注射压力，又可借助于缩小浇口尺寸，或者两法兼施。

第二节 普通流道浇注系统

如图 5-1 所示为卧式注射机用注射模的普通流道浇注系统，另一类无流道凝料浇注系统将在第十章介绍。由图中可知，普通流道浇注系统由主流道、分流道、浇口、冷料穴四部分组成。浇注系统的作用是使来自注射机喷嘴的塑料熔体平稳而顺利地充模、压实和保压。

一、主流道和冷料穴的设计

由于主流道要与高温塑料熔体及注射机喷嘴反复接触，所以在注射模中主流道部分常设计成可拆卸更换的主流道衬套。主流道衬套如图 5-2 所示。

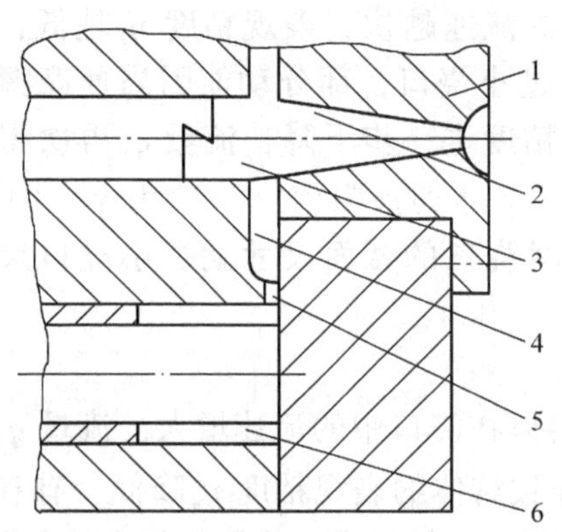

图 5-1 普通流道浇注系统

1—主流道衬套 2—主流道 3—冷料穴 4—分流道 5—浇口 6—型腔

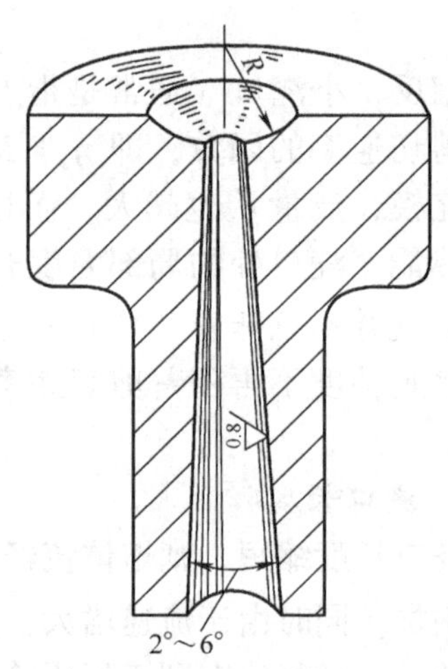

图 5-2 主流道衬套

在卧式或立式注射机上使用的注射模中，主流道垂直于模具分型面。为了使塑料凝料能从主流道中顺利拔出，需将主流道设计成圆锥形，具有 2°～6°的锥角，内壁表面粗糙度 R_a <0.8μm，小端直径常为 4～8mm。注意：小端直径应大于注射机喷嘴直径约 1mm，否则主流道中的凝料将无法拔出；图中凹坑半径 R 也应比注射机喷嘴头半径大 1～2mm，以便凝料顺利拔出。由于尖锐的拐角不利于熔体的流动，因此在主流道的根部拐角处需增加 1～2mm 的圆角。

在直角式注射机上使用的模具中，因主流道开设在分型面上，故不需要沿着轴线方向拔出主流道内的凝料，所以主流道可以设计成等粗的圆柱形。

为了拆卸更换方便，模具的定位圈常与主流道衬套分开设计，如图 5-3 所示。

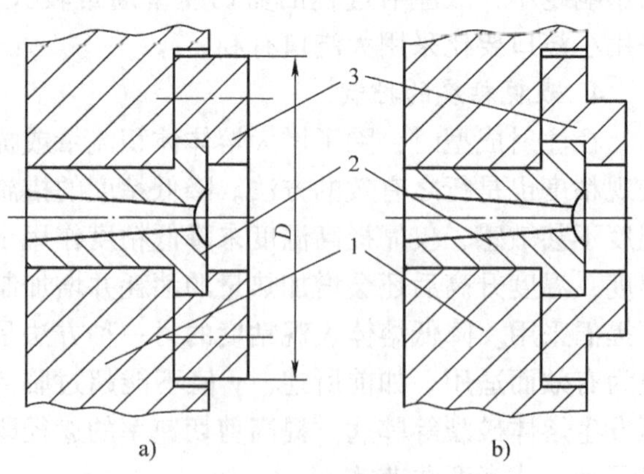

图 5-3 定位圈与主流道衬套分开设计

1—定模 2—主流道衬套 3—定位圈

由于主流道衬套会在产品上留下痕迹，

所以主流道衬套的直径应当尽量小。较小的直径还可以减小塑料熔体在其底部产生的压力。

当主流道下方是圆形的分流道时，需要在主流道衬套上加工出分流道的半圆，这时不允许主流道衬套发生转位，可用螺钉或销定位。

冷料穴的作用是贮存因两次注射间隔而产生的冷料头以及熔体流动的前锋冷料，以防止熔体冷料进入型腔。冷料穴一般设在主流道的末端，当分流道较长时，在分流道的末端有时也开设冷料穴。主流道冷料穴底部常做成曲折的钩形或下陷的凹槽，使冷料穴兼有分模时将主流道凝料从主流道衬套中拉出并滞留在动模一侧的作用。直角式注射机上使用的模具的冷料穴即为主流道的延长部分；而卧式或立式注射机上使用的模具冷料穴，设在主流道正对面的动模上，直径稍大于主流道大端直径，以利冷料流入。常见的冷料穴有以下两种结构：

（1）带Z形头拉料杆的冷料穴　在冷料穴底部有一根Z形头的拉料杆，这是最常用的冷料穴形式。如图5-4a所示，拉料杆头部的侧凹能将主流道凝料钩住，开模时滞留在动模一侧。拉料杆是固定在推板上的，故凝料与拉料杆一道被推出机构从模具中推出。开模后将制品稍许作侧向移动，即可将制品连凝料一道从拉料杆上取下。

同类型的还有带顶杆的倒锥形冷料穴（图5-4b）和圆环槽形冷料穴（图5-4c）。在开模时靠冷料穴的倒锥或侧凹起拉料作用，使凝料脱出主流道衬套并滞留在动模一侧，然后通过推出机构强制推出凝料。这两种形式宜用于弹性较好的塑料制品。由于在取出主流道凝料时无需作侧向移动，故采用倒锥形和圆环槽形这两种冷料穴形式易实现自动化操作。

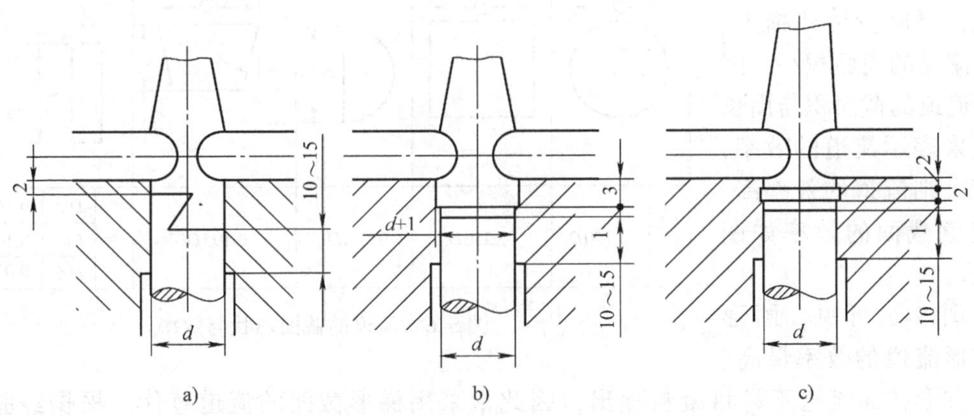

图5-4　底部带顶杆的冷料穴
a）Z形　b）倒锥形　c）圆环槽形

（2）带球形头拉料杆的冷料穴　这种拉料杆专用于借助推件板将制品脱模的模具中。前锋冷料进入冷料穴后，紧包在拉料杆的球形头上，开模时便可将主流道凝料从主流道中拉出。球头拉料杆固定在动模一侧的型芯固定板上，并不随推出机构移动，所以当推件板从型芯上推出制品时，也就将主流道凝料从球头拉料杆上硬刮下来，如图5-5a所示。蘑菇形拉料杆（图5-5b）和锥形拉料杆（图5-5c）均是球形头拉料杆的变异形式。其中锥形拉料杆无储存冷料的作用，它依靠塑料收缩的包紧力将主流道凝料拉出，故可靠性较差。但尖锥的分流作用好，常用在成型带中心孔的制品上，如塑料齿轮等。

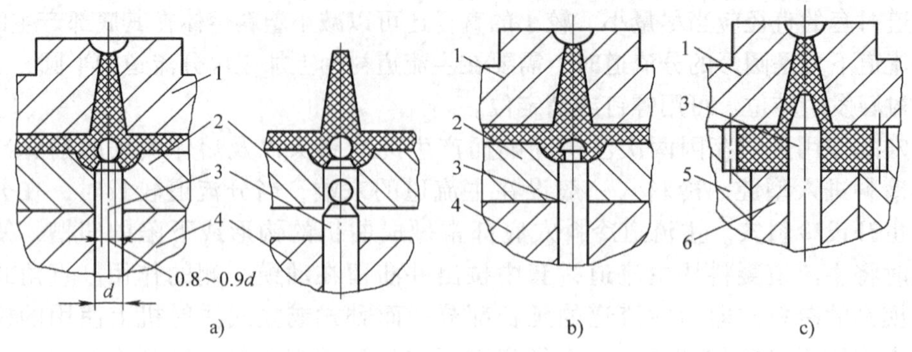

图 5-5 用于推件板脱模的拉料杆

a）球形 b）蘑菇形 c）锥形

1—定模 2—推件板 3—拉料杆 4—型芯固定板 5—动模 6—推块

二、分流道的设计

分流道是主流道与浇口之间的通道，在多型腔的模具中分流道必不可少，而在单型腔的模具中，有时则可省去分流道。在分流道的设计时，应考虑尽量减小在流道内的压力损失和尽可能避免熔体温度的降低，同时还要考虑减小流道的容积。

1. 分流道的截面形式

常用的流道截面形状有圆形、梯形、U 形和六角形等。在流道设计中要减少在流道内的压力损失，则希望流道的截面积大，要减少传热损失，又希望流道的表面积小，因此可用流道的截面积与周长的比值来表示流道的效率，该比值大则流道的效率高。各种流道截面的效率如图 5-6所示。

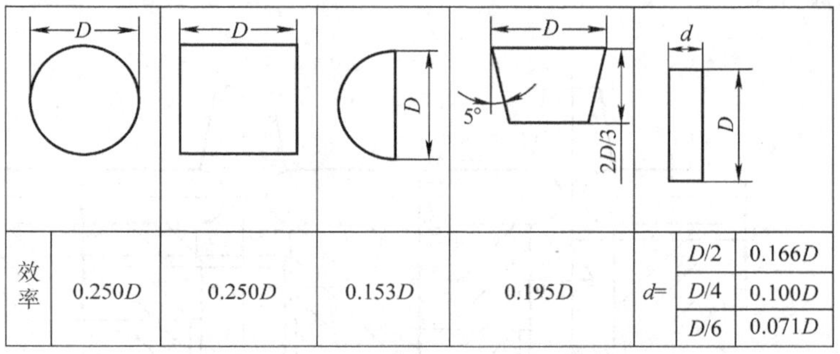

图 5-6 流道的截面形状与效率

从图 5-6 可见，圆形和正方形流道的效率最高。由于正方形截面流道不易将凝料顶出，因此常采用梯形截面的流道替代。根据经验，一般取梯形流道的深度为梯形截面上端宽度的 2/3 ~ 3/4，脱模斜度取 5° ~ 10°。U 形和六角形截面的流道均是梯形截面流道的变异形式，六角形截面的流道实质上是一种双梯形截面的流道。一般当分型面为平面时，常采用圆形截面的流道；当分型面不为平面时，考虑到加工的困难，常采用梯形或 U 形截面的流道。

当塑料熔体在流道中流动时，因冷却而在流道壁形成凝固层，熔体只能在流道中心部畅通。从这一点考虑，分流道的中心最好能与浇口的中心位于同一直线上。图 5-7a 所示的圆形流道能与浇口位于同一直线，而图 5-7b 所示的梯形流道则达不到这一要求。

2. 分流道的尺寸

因为各种塑料的流动性有差异，所以可以根据塑料的品种来粗略地估计分流道的直径。常用塑料的分流道直径见表 5-1。

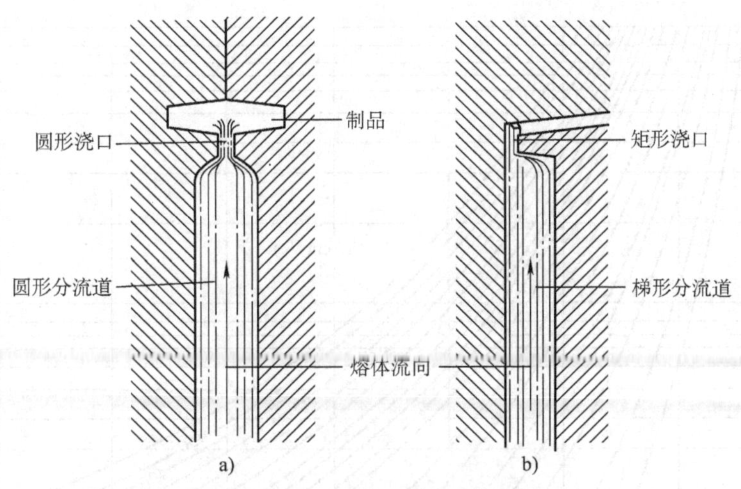

图 5-7 浇口与分流道的相对位置

表 5-1 常用塑料的分流道直径

塑料品种	分流道直径/mm	塑料品种	分流道直径/mm
ABS、AS	4.8~9.5	聚丙烯	4.8~9.5
聚甲醛	3.2~9.5	聚乙烯	1.6~9.5
丙烯酸酯	8.0~9.5	聚苯醚	6.4~9.5
耐冲击丙烯酸酯	8.0~12.7	聚苯乙烯	3.2~9.5
尼龙6	1.6~9.5	聚氯乙烯	3.2~9.5
聚碳酸酯	4.8~9.5		

从表中可见，对于流动性很好的聚乙烯和尼龙，当分流道很短时，分流道可小到2mm左右；对于流动性差的塑料，如丙烯酸类，分流道直径接近10mm。多数塑料的分流道直径在4.8~8mm变动。

对于壁厚小于3mm、重200g以下的塑料制品，还可采用如下经验公式确定分流道的直径（该式所计算的分流道直径仅限于在3.2~9.5mm以内）

$$D = 0.2654\sqrt{m}\sqrt[4]{L} \tag{5-7}$$

式中，D为分流道直径（mm）；m为制品重量（g）；L为分流道的长度（mm）。

实践表明，当注射模主流道和分流道的剪切速率$\gamma = 5\times10^2 \sim 5\times10^3\text{s}^{-1}$、浇口的剪切速率$\gamma = 10^4 \sim 10^5\text{s}^{-1}$时，所成型的塑料制品质量较好。由此，对于一般热塑性塑料，上面所推荐的剪切速率可作为计算模具流道尺寸的依据。在计算中可使用如下经验公式

$$\dot{\gamma} = 3.3q_V/\pi R_n^3 \tag{5-8}$$

式中，q_V为体积流量（cm^3/s）；R_n为表征流道截面尺寸的当量半径（cm）。该式既可用来计算主流道和分流道尺寸，也可用来计算浇口尺寸。

根据现有注射机的生产能力，可将式（5-8）绘制成图5-8所示的曲线图，以便进行流道尺寸的简易计算。

由图5-8可见，计算流道当量半径R_n的步骤如下：

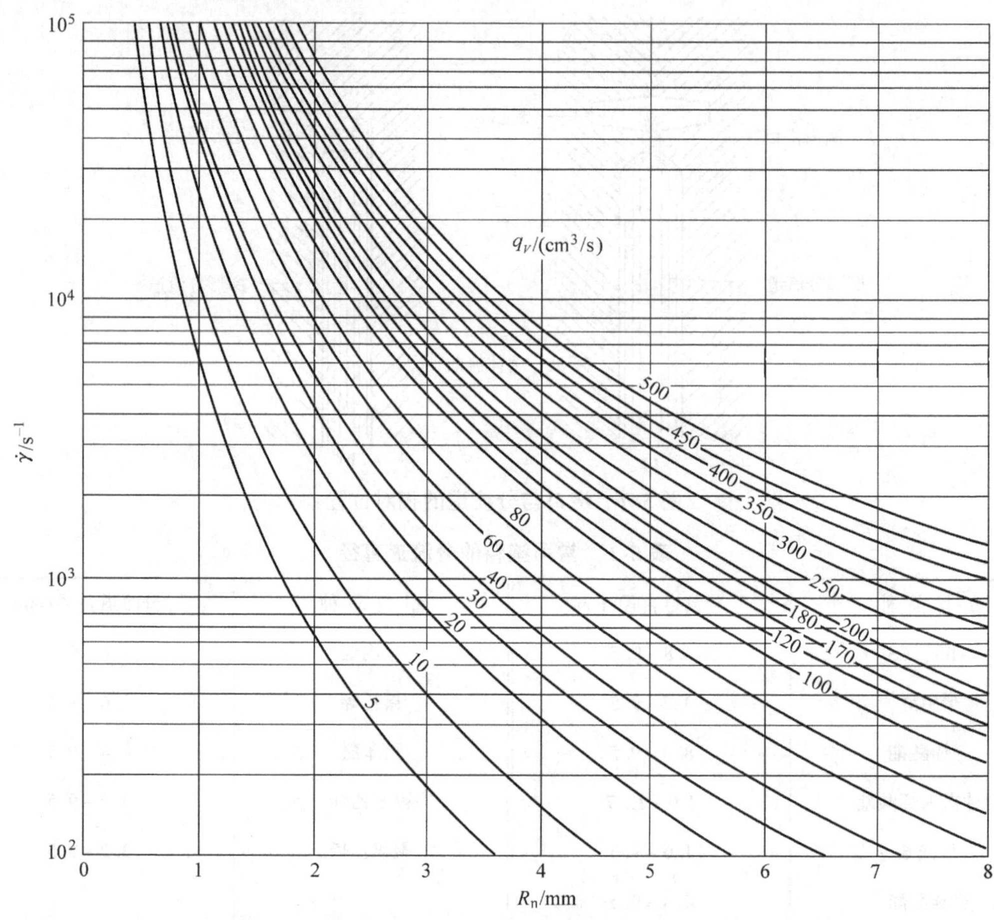

图 5-8 $\dot{\gamma}$-q_V-R_n 关系曲线图

1）根据注射机的规格及制品体积，按下式计算熔体的体积流量

$$q_V = V/t \tag{5-9}$$

式中，q_V为熔体体积流量（cm^3/s）；V为制品体积（cm^3），通常可取 $V=(0.5\sim0.8)\ Q_n$，Q_n 为注射机公称注射量（cm^3）；t 为注射时间（s），可由表 5-2 查出。

表 5-2 注射机公称注射量 Q_n 与注射时间 t 的关系

公称注射量 Q_n/cm^3	注射时间 t/s	公称注射量 Q_n/cm^3	注射时间 t/s
60	1.0	4000	5.0
125	1.6	6000	5.7
250	2.0	8000	6.4
350	2.2	12000	8.0
500	2.5	16000	9.0
1000	3.2	24000	10.0
2000	4.0	32000	10.6
3000	4.6	64000	12.8

2）确定恰当的剪切速率 γ。如大型模具，对于主流道，取 $\gamma=5\times10^3 s^{-1}$；对于分流道，取 $\gamma=5\times10^2 s^{-1}$；对于点浇口，取 $\gamma=1\times10^5 s^{-1}$；对于其他浇口，取 $\gamma=5\times10^3\sim5\times$

$10^4 s^{-1}$。

3）求当量半径 R_n。由所选定的剪切速率 γ 与体积流量 q_V 值曲线的交点向下作垂线，垂足与原点之间的距离即为 R_n（mm）。

三、浇口的设计

浇口是连接流道与型腔之间的一段细短通道，它是浇注系统的关键部分。浇口的形状、位置和尺寸对制品的质量影响很大。浇口的主要作用有以下几点：

1）熔体充模后，首先在浇口处凝固，当注射机螺杆抽回时可防止熔体向流道回流。

2）熔体在流经狭窄的浇口时产生摩擦热，使熔体升温，有助于充模。

3）易于切除浇口尾料，二次加工方便。

4）对于多型腔模具，浇口能用来平衡进料；对于多浇口单型腔模具，浇口既能用来平衡进料，又能用以控制熔合纹在制品中的位置。

浇口的理想尺寸很难用手工的方法计算出来，除了可用式（5-8）作初步计算外，一般可根据经验，浇口截面积约为分流道截面积的3%～9%，截面形状常为矩形或圆形，浇口的长度约为1～1.5mm。在设计浇口时，往往先取较小的尺寸值，以便在试模时逐步加以修正。

前述曾提及小浇口相对于大浇口的许多优越性，但在设计时还应具体情况具体分析。小浇口最适合于填充薄壁和壁厚均匀的型腔，它能有效地防止制品发生变形、翘曲和裂纹等弊病；而大浇口对补缩有利，能提高制品的尺寸精度，因此当制品壁厚不均匀时，应适当增大浇口的尺寸。

1. 浇口的类型

在注射模设计中常用的浇口形式有如下几种：

（1）直接浇口　如图5-9所示，这种浇口由主流道直接进料，故熔体的压力损失小，成型容易，适用于任何塑料，常用于成型大而深的塑料制品。在采用直接浇口时，为了防止前锋冷料流入型腔，常在浇口内侧开设深度为半个制品厚度的冷料穴。直接浇口的缺点是，由于浇口处固化慢，故容易造成成型周期延长，导致产生残余应力、过度填充，浇口处易产生裂纹，浇口凝料切除后制品上的疤痕较大。

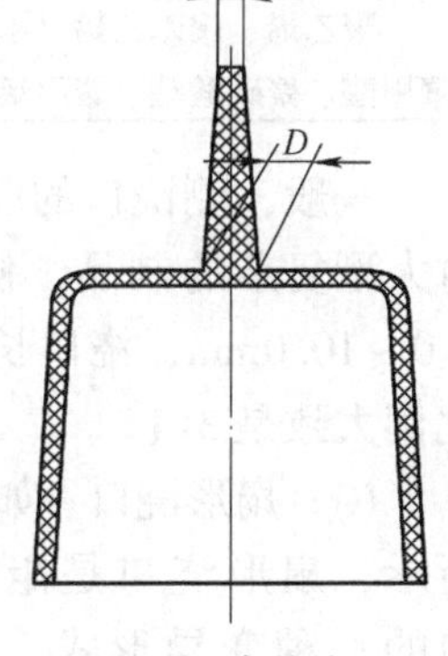

图5-9　直接浇口

直接浇口有时被称为非限制性浇口，而其他类型的浇口则通称为限制性浇口。

直接浇口的尺寸受塑料种类和制品重量的影响。常用塑料的经验数据见表5-3。

表5-3　常用塑料的直接浇口尺寸

制品重量/g 主流道直径/mm 塑料品种	$m<85$		$85 \leq m<340$		$m \geq 340$	
	d	*D*	*d*	*D*	*d*	*D*
聚苯乙烯	2.5	4.0	3.0	6.0	3.0	8.0
聚乙烯	2.5	4.0	3.0	6.0	3.0	7.0
ABS	2.5	5.0	3.0	7.0	4.0	8.0
聚碳酸酯	3.0	5.0	3.0	8.0	5.0	10.0

注：*d* 为小端直径；*D* 为大端直径。

（2）矩形侧浇口　如图5-10所示，矩形侧浇口一般开在模具的分型面上，从制品的边缘进料。侧浇口的厚度h决定着浇口的固化时间。在实践中，通常是在允许的范围内首先将侧浇口的厚度加工得薄一些，在试模时再进行修正，以调节浇口的固化时间。

矩形侧浇口广泛使用于中小型制品的多型腔注射模，其优点是截面形状简单、易于加工、便于试模后修正，缺点是在制品的外表面留有浇口痕迹。

矩形侧浇口的大小由其厚度、宽度和长度决定。确定侧浇口厚度h（mm）和宽度W（mm）的经验公式如下

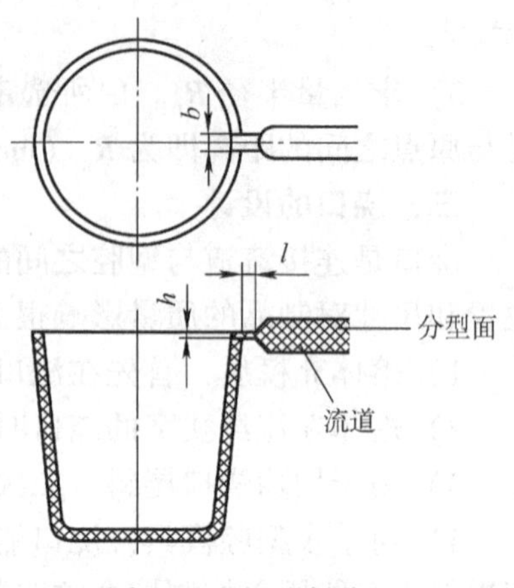

图5-10　矩形侧浇口

$$h = nt \tag{5-10}$$

$$W = \frac{n\sqrt{A}}{30} \tag{5-11}$$

式中，t为制品壁厚（mm）；n为与塑料品种有关的系数，见表5-4；A为制品外表面积（mm^2）。

根据式（5-11）计算所得的W若大于分流道的直径时，可采用扇形浇口。

表5-4　与塑料品种有关的系数n的选取

塑料品种	n	塑料品种	n
聚乙烯、聚苯乙烯	0.6	尼龙、有机玻璃	0.8
聚甲醛、聚碳酸酯、聚丙烯	0.7	聚氯乙烯	0.9

一般，侧浇口的厚度为0.5～1.5mm，宽度为1.5～5.0mm，浇口长度为1.5～2.5mm。对大型复杂的制品，侧浇口的厚度为2.0～2.5mm（约为制品厚度的0.7～0.8），宽度为7.0～10.0mm，浇口长度为2.0～3.0mm。从这组经验数据可以看到，侧浇口宽度与厚度的比例大致是3:1。

（3）扇形浇口　如图5-11所示，扇形浇口是矩形侧浇口的一种变异形式。在成型大平面板状及薄壁制品时，宜采用扇形浇口。在扇形浇口的整个长度上，为保持截面积处处相等，浇口的厚度应逐渐减小。

扇形浇口的宽度W按式（5-11）计算。为了能够充分发挥扇形浇口在横向均匀分配料流的优点，可以采用比计算结果更大的浇口宽度。如图5-11所示，浇口出口厚度h_1的计算与矩形侧浇口厚度的计算公式相同，即

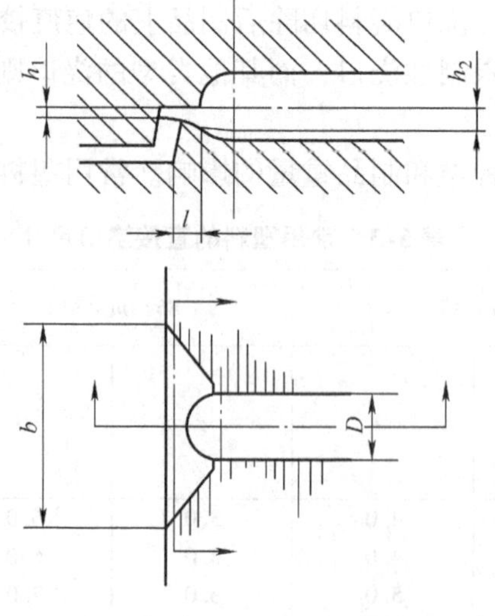

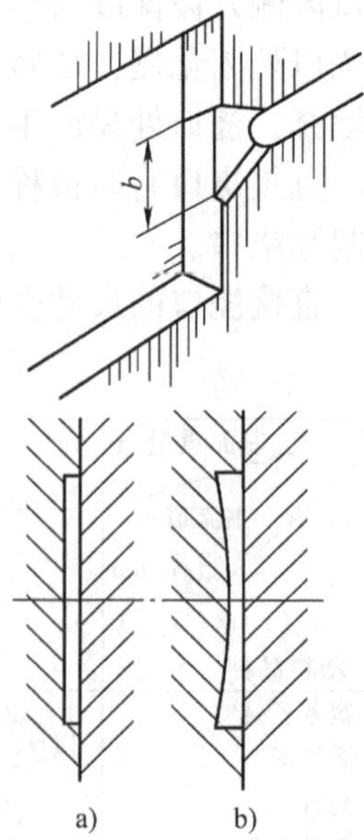

图5-11　扇形浇口

$$h_1 = nt \tag{5-12}$$

式中，n、t 与式（5-10）中相同。浇口入口厚度 h_2 按下式计算

$$h_2 = \frac{Wh_1}{D} \tag{5-13}$$

式中，h_1 为浇口出口厚度（mm）；W 为浇口宽度（mm）；D 为分流道直径（mm）。

应注意，浇口的截面积不能大于分流道的截面积，即

$$Wh_1 < \pi D^2/4 \tag{5-14}$$

因为扇形浇口的中心部位与边缘部位的流道长度不同，所以塑料熔体在中心部位和两侧的压力降与流速也不相同。为了达到一致，在图 5-11b 中增加了扇形浇口两侧的厚度。这种做法使浇口的加工困难一些，但有助于熔体均匀地流过扇形浇口。

扇形浇口的长度可比矩形侧浇口的长度长一些，常为 1.3 ~6.0mm。

（4）膜状浇口　如图 5-12 所示，这种浇口用于成型管状制品及平板状制品，其特点是将浇口的厚度减薄，而把浇口的宽度同制品的宽度做成一致，故这种浇口又称为平面浇口或缝隙浇口。若按图 5-12a 那样设置浇口，则成型后在制品内径处会留有浇口残留痕迹；当制品内径精度要求较高时，可按图 5-12b 那样，将膜状浇口设置在制品的端面处，其浇口重叠长度 l_1 应不小于浇口厚度 h。

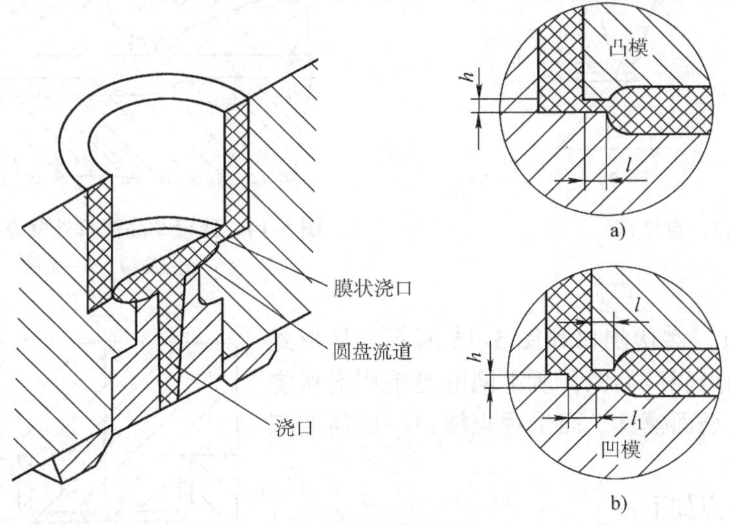

图 5-12　膜状浇口

膜状浇口的长度 l 取 0.75 ~1mm，厚度 h 取 0.7nt [n 和 t 见式（5-10）]，其厚度值略低于矩形侧浇口厚度的经验值，是因为膜状浇口的宽度较大。

（5）点浇口　点浇口又称为针状浇口，是一种在制品中央开设浇口时使用的圆形限制性浇口，常用于成型各种壳类、盒类制品。点浇口的优点是浇口位置能灵活地确定，浇口附近变形小，多型腔时采用点浇口容易平衡浇注系统，对于投影面积大的制品或易变形的制品，采用多个点浇口能够取得理想的效果；缺点是由于浇口的截面积小，流动阻力大，需提高注射压力。点浇口宜用于成型流动性好的热塑性塑料。采用点浇口时，为了能取出流道凝料，必须使用三板式双分型面模具或两板式热流道模具，费用较高。

一般，点浇口的截面积取矩形侧浇口截面积的 0.5 ~0.7 倍。这里取 0.5，设点浇口直

径为 d（mm），则

$$\pi d^2/4 = nt\frac{n\sqrt{A}}{30}0.5$$

即
$$d = 0.146n\sqrt[4]{t^2A} \tag{5-15}$$

式中，n 为与塑料品种有关的系数，见表 5-4；t 为制品壁厚（mm）；A 为制品外表面积（mm^2）。

如图 5-13a 所示，点浇口直径 d 常为 0.5～1.8mm，浇口长度 l 常为 0.5～2mm。为了防止在切除浇口凝料时损坏制品表面，可采用如图 5-13b 所示的结构，其中 R_1 是为了有利于熔体流动而设置的圆弧半径，R_1 为 1.5～3mm，H 为 0.7～3.0mm。

在成型薄壁制品时（$t<1.5$mm），若采用点浇口，则制品易在点浇口附近产生变形甚至开裂。为了改善这一情况，在不影响使用的前提下，可将浇口对面的壁厚加厚并以圆弧 R 过渡，如图 5-14 所示。

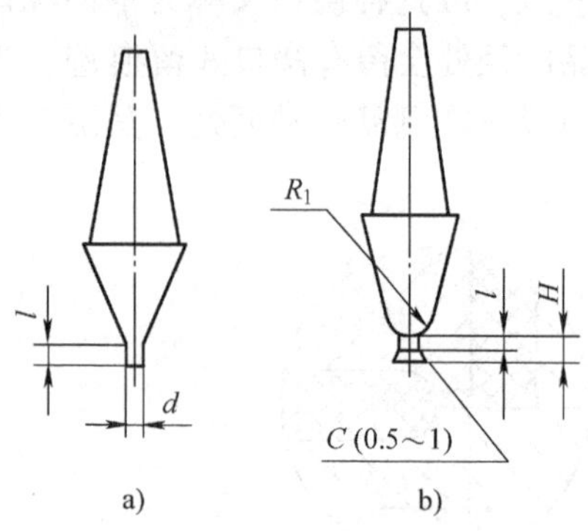

图 5-13　点浇口

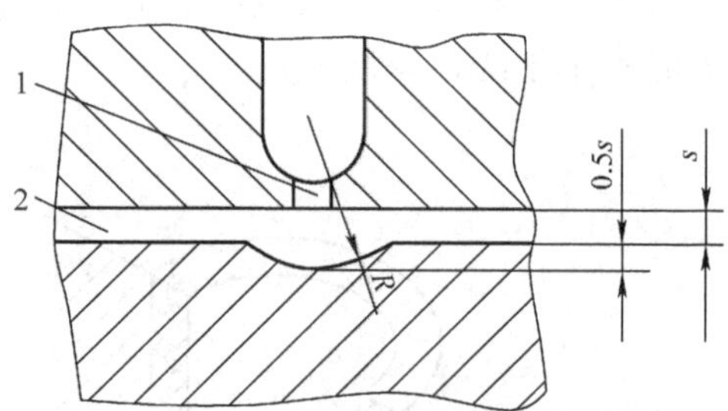

图 5-14　薄壁制品浇口处壁厚局部增厚

1—浇口　2—型腔

（6）潜伏浇口　潜伏浇口如图 5-15 所示。从形式上看，潜伏浇口与点浇口类似，所不同的是采用潜伏浇口只需两板式单分型面模具，而采用点浇口一般需要三板式双分型面模具。

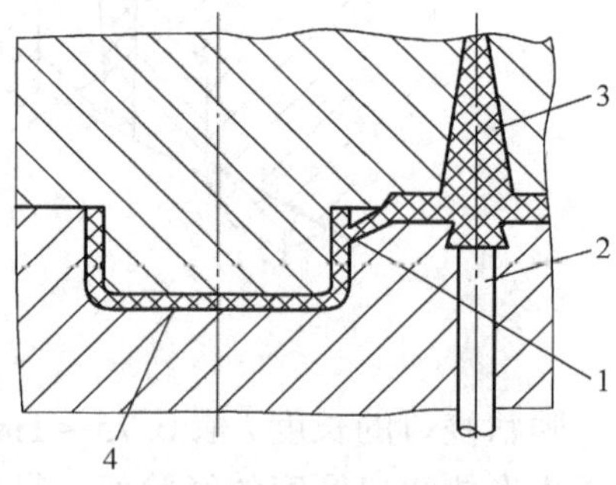

图 5-15　潜伏浇口

1—浇口　2—推杆　3—主流道　4—制品

潜伏浇口的特点如下：

1）浇口位置一般选在制品侧面较隐蔽处，可以不影响制品的美观。

2）分流道设置在分型面上，而浇口像隧道一样潜入到分型面下面的定模板上或动模板上，使熔体沿斜向注入型腔。

3）浇口在模具开模时自动切断，不需要进行浇口处理，但在制品侧面留有浇口痕迹。

4）若要避免浇口痕迹，可在推杆上开设二次浇口，使二次浇口的末端与制品内壁相通，产品顶出后再人工切除二次浇口。具有二次浇口的潜伏浇口如图 5-16 所示，这种浇口的压力损失大，须提高注射压力。

潜伏浇口与分流道中心线的夹角一般在 30°～55°，常常采用圆形截面，浇口尺寸可根据点浇口或矩形侧浇口的经验公式计算。

另外还有一种圆弧形弯曲的潜伏浇口，可从扁平制品的内表面进浇，如图5-17所示。这种浇口，根据其形状特点，称为香蕉形浇口或牛角浇口，国外也称腰果形浇口。香蕉形浇口因采用了曲线型隧道的结构形式，在应用上要比直线型潜伏浇口具有更大的灵活性。如图5-17所示，它可以直接延伸到塑件的内表面（图5-17a）、内侧面（图5-17b）和端面（图5-17c）。图5-17a形式应用最广，而图5-17b形式因浇口切断困难而应用很少。冷却定型后，其曲线型的浇口在顶杆的作用下与塑件自动切断分离，然后沿其曲线方向产生一定弹性和塑性变形，最后被顶杆顶出模外。香蕉形浇口的应用限于韧性塑料。香蕉形浇口的加工困难，需要设计镶件结构。设计香蕉形浇口时应注意图5-17a中标示的 x 应是流道直径的2倍以上，以提供浇口变形的空间。

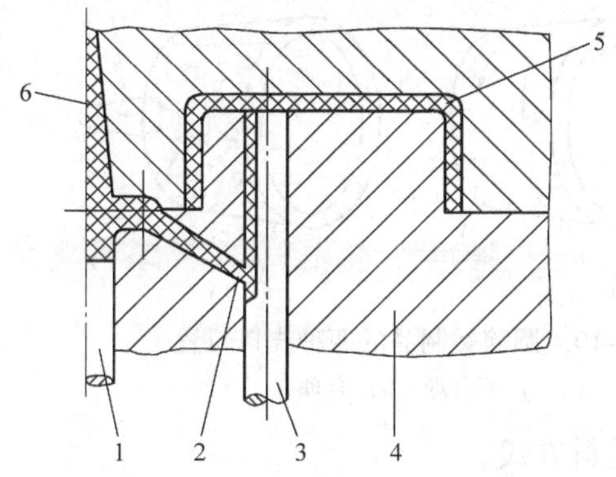

图5-16　具有二次浇口的潜伏浇口

1、3—推杆　2—浇口　4—动模　5—制品　6—主流道

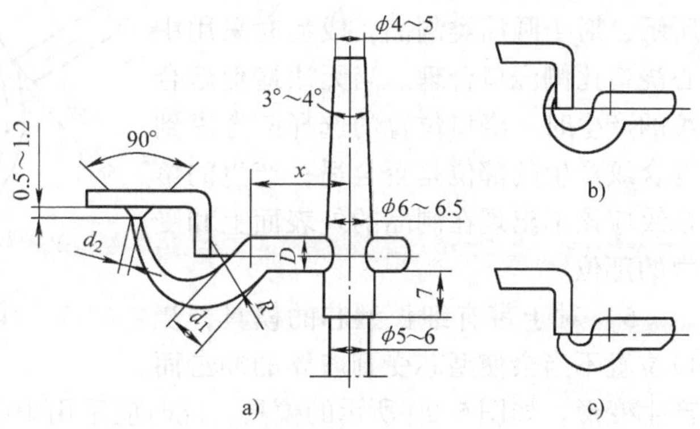

图5-17　香蕉形浇口

（7）护耳浇口　如图5-18所示，护耳浇口由矩形浇口和耳槽组成，耳槽的截面积和水平面积均比较大。在耳槽前部的矩形小浇口能使熔体因摩擦发热而使温度升高，熔体在冲击耳槽壁后，能调整流动方向，平稳地注入型腔，因而制品成型后残余应力小。另外，依靠耳槽能允许浇口周边产生收缩，所以能减小因注射压力造成的过量填充以及因冷却收缩所产生的变形。这种浇口适用于如聚氯乙烯、聚碳酸酯等热稳定性差、粘度高的塑料的注射成型。

护耳浇口需要较高的注射压力，其值约为其他浇口所需注射压力的2倍。另外，制品成型后增加了去除耳部余料的工序。

如图5-18所示，护耳浇口与分流道呈直角分布，耳部应设置在制品壁厚较厚的部分。在护耳浇口中，其矩形小浇口可按矩形侧浇口公式［式(5-10)和式(5-11)］计算。耳槽的长度可取分流道直径的1.5倍，耳槽的宽度约等于分流道的直径，

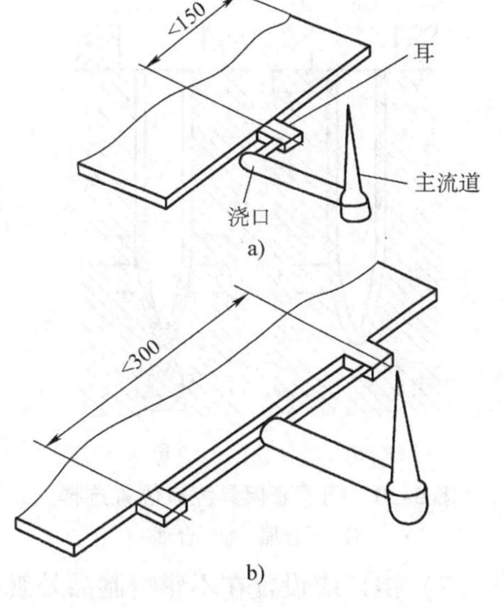

图5-18　护耳浇口

a）单耳　b）双耳

耳槽的厚度可取制品壁厚的 0.9 倍，耳槽的位置以距离制品边缘 150mm 以内为宜。当制品较宽时，需要使用多个护耳浇口，此时耳槽之间的最大距离约为 300mm。

2. 浇口的位置

浇口开设的位置对制品的质量影响甚大。在确定浇口位置时，应注意如下几点：

1）浇口应设置在能使型腔各个角落同时充满的位置。

2）浇口应设置在制品壁厚较厚的部位，使熔体从厚截面流入薄截面，以利于补料。

3）浇口的位置应选择在有利于排除型腔中气体的部位。当制品的壁厚不均匀时，由于熔体在型腔内较厚位置的流速比较薄的位置快，更应仔细分析困气的可能性。

4）浇口的位置应选择在能避免制品表面产生熔合纹的部位。如图 5-19 所示，对于圆筒类制品，成型时采用中心浇口比侧浇口合理。当无法避免熔合纹的产生时，浇口位置的选择应考虑到熔合纹产生的部位是否合适，产生的熔合纹应该不出现在制品的外表面上和受力的部位。

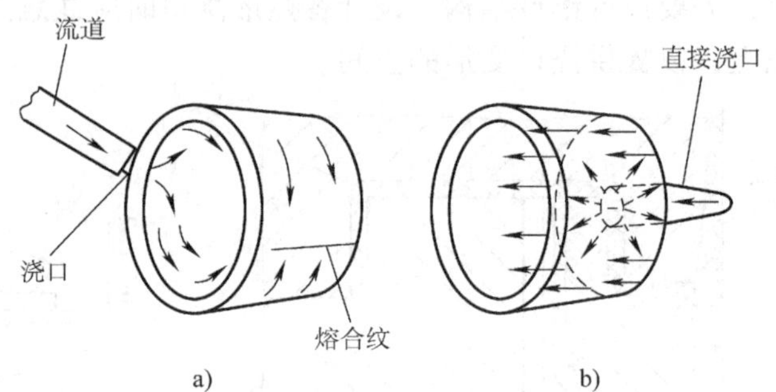

图 5-19 圆筒类制品的两种浇口位置
a）不合理 b）合理

5）对于带有细长型芯的模具，浇口位置不当会使型芯受到熔体的冲击而产生变形。如图 5-20 所示的模具，此时应采用中心进料方式。

6）浇口的设置应避免产生喷射的现象。如图 5-21a 所示，当小浇口正对着宽度和厚度很大的型腔时，会产生喷射，这样高速料流通过浇口时会受到很大的切应力，而出现蛇形流等熔体断裂现象。为了避免喷射，可采用护耳浇口或者图 5-21b 所示的搭接浇口。采用搭接浇口后，浇口开设在正对着型腔壁或型芯的位置，使高速料流冲击在型腔壁或型芯上，从而降低熔体流速、改变流向，使熔体均匀地填充型腔。

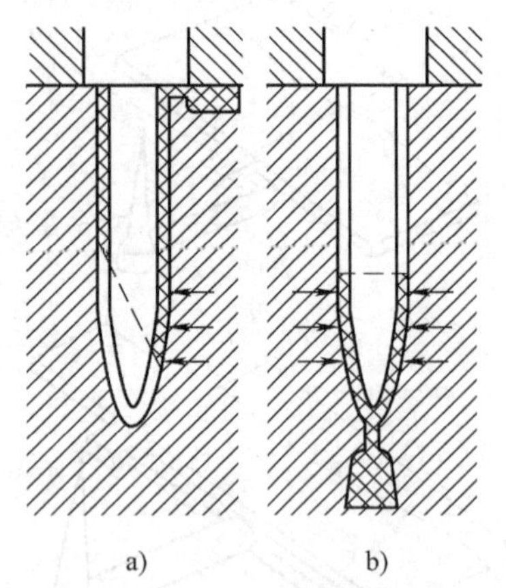

图 5-20 钢笔套模具浇口位置选择
a）不合理 b）合理

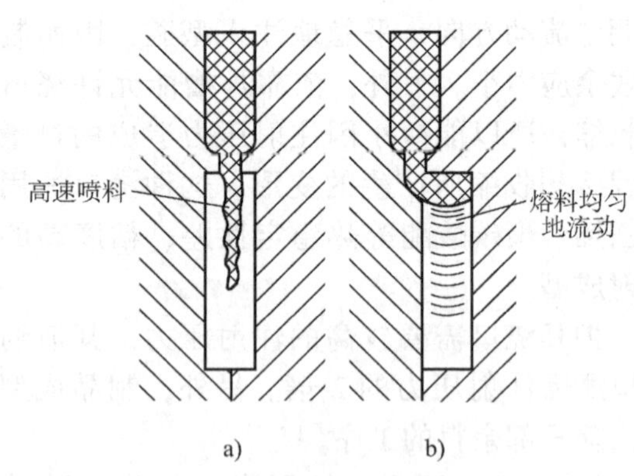

图 5-21 熔体的喷射和避免方法
a）不合理 b）合理

7）浇口应设置在不影响制品外观的部位。

8）不要在制品中承受弯曲载荷或冲击载荷的部位设置浇口，一般，制品浇口附近的残余应力较大而强度较差。

3. 流动比的校核

在确定大型塑料制品的浇口位置时，还应考虑塑料所允许的最大流动距离比（简称流动比）。最大流动距离比是指熔体在型腔内流动的最大长度与相应的型腔厚度之比。这就是说，当型腔厚度增大时，熔体所能够达到的最大流动距离也会长一些。

最大流动距离比随熔体的性质、温度和注射压力而变化。表5-5列出了常用塑料的允许流动比范围，供设计浇注系统时参考。若计算得到的流动比大于允许值，这时就需要改变浇口位置，或者增加制品壁厚，或者采用多浇口等方式来减小流动比。

表5-5　常用塑料的允许流动比范围

塑料名称	注射压力/MPa	流动比的允许值	塑料名称	注射压力/MPa	流动比的允许值
聚乙烯	150	250~280	硬聚氯乙烯	130	130~170
聚乙烯	60	100~140	硬聚氯乙烯	90	100~140
聚丙烯	120	280	硬聚氯乙烯	70	70~110
聚丙烯	70	200~240	软聚氯乙烯	90	200~280
聚苯乙烯	90	280~300	软聚氯乙烯	70	100~240
聚酰胺	90	200~360	聚碳酸酯	130	120~180
聚甲醛	100	110~210	聚碳酸酯	90	90~130

当浇注系统和型腔截面尺寸各处不等时，流动比计算公式为

$$K=\sum_{i=1}^{n}\frac{L_i}{t_i} \tag{5-16}$$

式中，K为流动比；L_i为流动路径各段长度（mm）；t_i为流动路径各段的型腔厚度（mm）；n为流动路径的总段数。

如图5-22所示的塑料制品，当浇口形式和开设位置不同时，计算出的流动比也不相同。对于图5-22a所示的直接浇口，流动比为

$$K_1=\frac{L_1}{t_1}+\frac{L_2+L_3}{t_2}$$

对于图5-22b所示的侧浇口，流动比为

$$K_2=\frac{L_1}{t_1}+\frac{L_2}{t_2}+\frac{L_3}{t_3}+2\frac{L_4}{t_4}+\frac{L_5}{t_5}$$

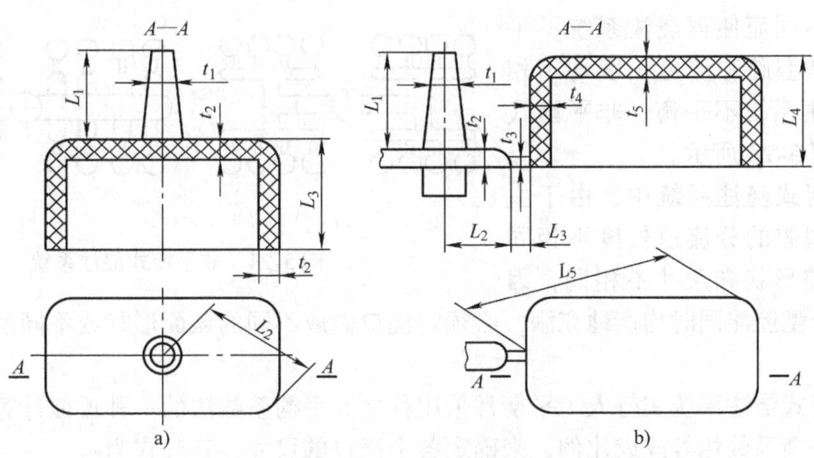

图5-22　流动比计算示例

第三节 浇注系统的平衡进料

一、一模多腔浇注系统的平衡

当采用一模多腔的模具成型时，如果各个型腔不是同时被充满，那么最先充满的型腔内的熔体就会停止流动，浇口处的熔体便开始冷凝，此时型腔内的注射压力并不高。在一模多腔的模具成型时，只有当所有的型腔全都充满后，注射压力才会急剧升高。但若此时最先充满的型腔浇口已经封闭，该型腔内的制品就无法进行压实和保压，因而也就得不到尺寸正确和物理性能良好的制品，所以必须对浇注系统进行平衡，即在相同的温度和压力下使所有的型腔在同一时刻被充满。

1. 平衡式浇注系统

平衡式浇注系统的特点是，从分流道到浇口及型腔，其形状、长度、尺寸、圆角、模壁的冷却条件都完全相同，因此熔体能以相同的成型压力和温度同时充满所有的型腔，从而可以获得尺寸相同、物理性能良好的制品。

在平衡式浇注系统中，型腔采用圆周式布置（图5-23a）比横列式布置（图5-23b）好，因为圆周式布置不仅缩短了流程，而且还减少了流动时的转折和压力损失。但这种布置除圆形制品外，加工比较困难，所以除了精密的制品外，对于一般的矩形制品，大多还是采用横列式布置。

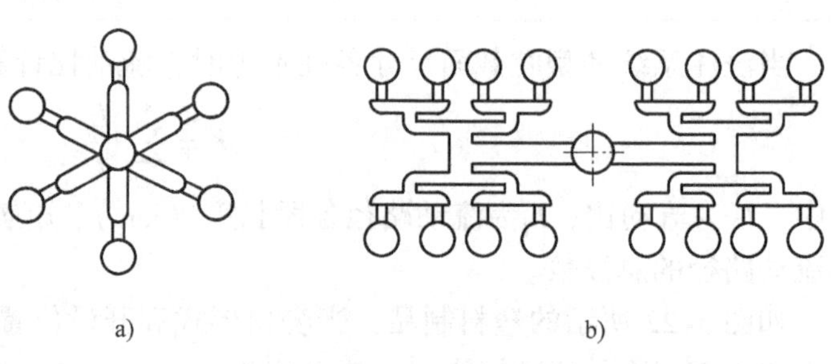

图5-23 平衡式浇注系统
a）圆周式布置 b）横列式布置

与非平衡式浇注系统相比，平衡式浇注系统的流道总长度要大一些，模板尺寸也要大一些，因此增加了塑料在流道中的消耗量和模具的成本。

2. 非平衡式浇注系统

非平衡式浇注系统分两种情况：一种是各个型腔的尺寸和形状相同，只是各个型腔距主流道的距离不同而使得浇注系统不平衡；另一种是型腔和流道长度均不相同而使得浇注系统不平衡。非平衡式浇注系统如图5-24所示。

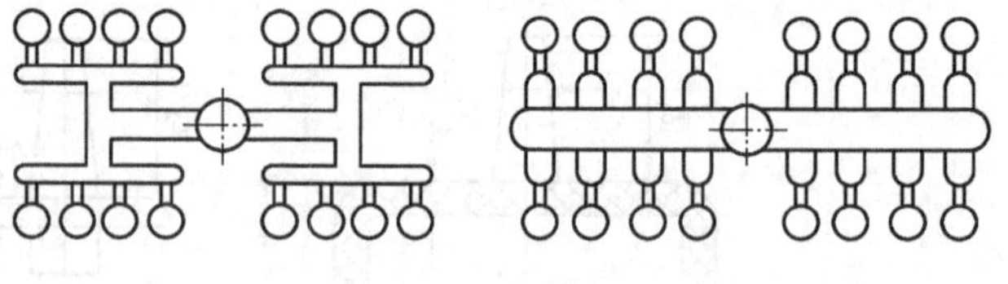

图5-24 非平衡式浇注系统

在非平衡式浇注系统中，由于主流道到各个型腔的分流道长度不相同或者各个型腔形状和尺寸不相同，因此为了使各个型腔能同时均衡地充满，必须将浇口做成不同的截面形状或不同的长度，实行人工平衡。

对非平衡式浇注系统实行人工平衡常采用称之为平衡系数法的一种近似计算。该法基于各个型腔的平衡系数相等或成比例，来确定各个浇口的尺寸，其公式为

$$k=\frac{S}{L\sqrt{a}} \tag{5-17}$$

式中，k 为浇口平衡系数，它与通过浇口的熔体重量成正比；S 为浇口截面积（mm^2）；L 为浇口长度（mm）；a 为由主流道到型腔浇口的距离（mm）。

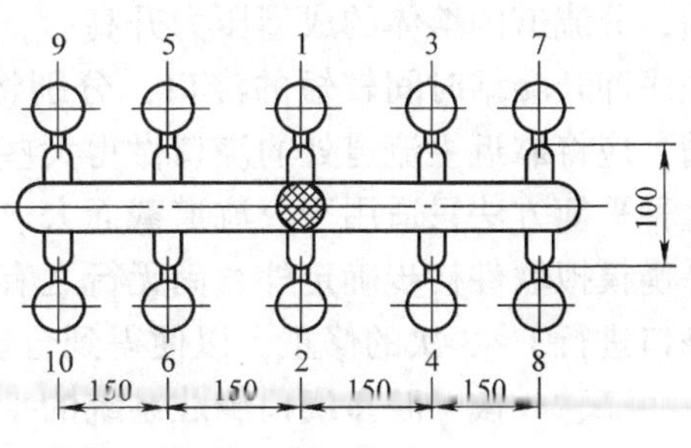

图 5-25 一模十腔非平衡式流道

例 对于如图 5-25 所示的一模十腔注射模，若分流道直径为 6mm，浇口长度相同，为 0.5mm，为了人工平衡浇注系统，试决定各型腔的浇口截面尺寸。

解 设 W_i为浇口 i 的宽度，h_i为浇口 i 的厚度。由对称性得知，$S_1=S_2$、$S_3=S_4=S_5=S_6$、$S_7=S_8=S_9=S_{10}$。

1）见本章前述，取浇口 1 的截面积为分流道截面积的 7%，则

$$S_1=0.07\times\pi\,(6/2)^2\text{mm}^2=1.98\text{mm}^2$$

取浇口的宽度是浇口厚度的 3 倍，则

$$h_1=\sqrt{S_1/3}=\sqrt{1.98/3}\text{mm}=0.81\text{mm}$$

$$W_1=3h_1=3\times0.81\text{mm}=2.43\text{mm}$$

2）浇口平衡系数 $k=\dfrac{S_1}{L_1\sqrt{a_1}}=1.98/(0.5\sqrt{50})=0.56$

3）由图 5-25 可得

$$a_3=(150+50)\text{ mm}=200\text{mm}$$

$$S_3=kL\sqrt{a_3}=0.56\times0.5\sqrt{200}\text{mm}^2=3.96\text{mm}^2$$

由此可得

$$3h_3^2=3.96\text{mm}^2 \quad h_3=1.15\text{mm}$$

$$W_3=3h_3=3.45\text{mm}$$

4）由图 5-25 可得

$$a_7=(150+150+50)\text{ mm}=350\text{mm}$$

用同样方法可得

$$S_7=5.24\text{mm}^2,\quad h_7=1.32\text{mm},\quad W_7=3.96\text{mm}$$

从此例可知，$S_7>S_3>S_1$，即为了使各型腔能同时充满，应将靠近主流道处的浇口做得小些，而将较远的浇口做得大些。

当各型腔的大小不相同时，应采用如下近似公式来平衡浇口

$$\frac{k_1}{k_2}=\frac{M_1}{M_2}=\frac{S_1L_2\sqrt{a_2}}{S_2L_1\sqrt{a_1}} \tag{5-18}$$

式中，M_1、M_2分别为型腔 1 与型腔 2 的塑料熔体填充量（g）；其他符号同式（5-17）。

应该指出的是，式（5-17）没有考虑浇口处熔体凝结的因素，并不总是浇口离主流道越远尺寸越大。当分流道截面尺寸较大、流程又不太长时，分流道内熔体的温度和压力都无较大的变化，此时分流道内熔体的流动阻力很小。充模时熔体首先到达离主流道最近的浇口

处，开始进入型腔。但由于这时分流道尚未充满，分流道内熔体的流动阻力比浇口处熔体所遇到的流动阻力小得多，故熔体在浇口处凝结而不再继续进入型腔。当整个分流道全被充满，分流道内熔体的成型压力升高后，熔体首先充满离主流道最远的型腔，然后再返回来，顺序冲开凝结时间较短的浇口，分别将各型腔充满。此时，为了使各型腔能基本上同时充满，应将靠近主流道处的浇口做得大些，而将较远处的浇口做得小些，以达到平衡的效果。这种平衡方法只适用于分流道截面大、流程短的中小型模具。各浇口的尺寸除可借助于流道平衡模拟软件初步确定外，尚无行之有效的简易定量计算办法，一般是根据试模的情况，对浇口进行1~3次的修正，以便得到合理的浇口尺寸。

二、一模一腔多浇口浇注系统的平衡

单型腔时多浇口浇注系统的平衡主要应用在如下几个方面：

1. 平衡浇口以减小制品的变形

对于薄壁的矩形制品或其他形状的平板制品，当采用中心浇口时，由于聚合物大分子的取向效应，沿熔体流动方向的收缩量大于垂直于熔体流动方向的收缩量，故制品产生各向不均匀的收缩，导致制品冷却后翘曲变形。改进的方法是采用多个点浇口。

多个点浇口有利于消除或减小制品的变形。如图5-26所示，若在平板制品上有三个点浇口，仅考虑A点浇口，$A \to B$、$A \to C$沿着熔体的方向，故收缩较大，$B \to C$垂直于流动方向，故收缩较小，但对于B点或C点浇口，$A \to B$、$A \to C$的收缩较小，而$B \to C$的收缩较大，平均的结果，使得各个方向的总体收缩趋于一致。

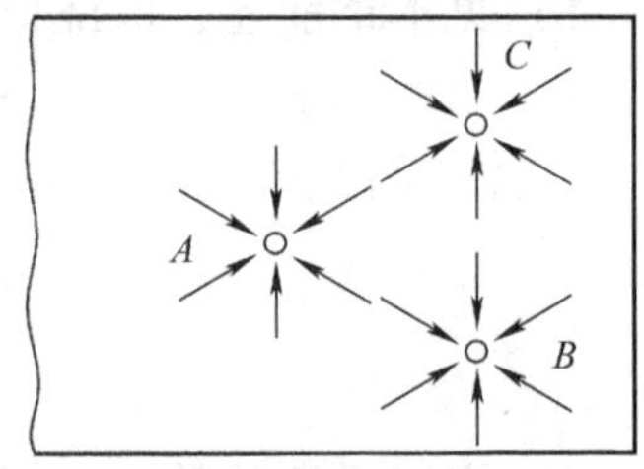

图5-26 平板制品的多点浇口

2. 平衡浇口有利于均匀进料

如图5-27所示，在深腔筒形或深腔矩形制品成型时，若A、B两个点浇口尺寸及位置设计不当，就不能平衡熔体的流动，易使型芯因各个侧壁受力不均匀而产生偏斜；若在A、B两浇口处均匀进料，则熔体流动的不平衡性可得到很大的改善。

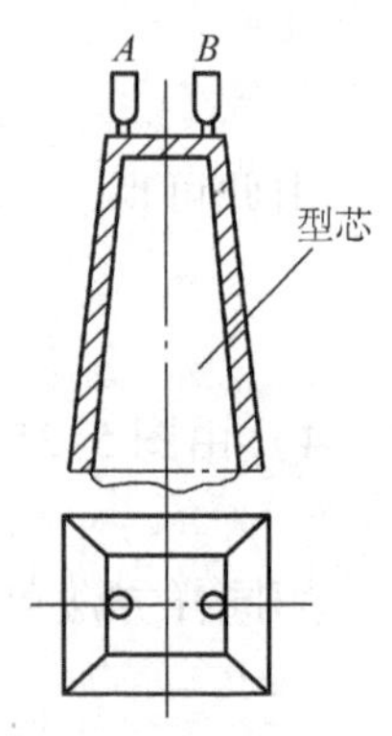

图5-27 深腔制品的多个点浇口

3. 平衡浇口以控制熔合纹的位置

当采用多浇口时，在型腔内熔体的汇合处将产生熔合纹。熔合纹不仅降低了制品的强度，而且有碍美观，因此可以通过调整各个浇口的进料量来控制熔合纹形成的位置，以避免在制品的外观部位或者受力部位产生熔合纹。

对于多浇口单型腔浇注系统的平衡，由于影响的因素太多，情况又十分复杂，故目前尚无定量的计算公式，常依靠模具设计人员的实践经验。例如某一重量为4.95kg的箱形制品，外形尺寸为680mm×530mm×340mm，壁厚为4mm，四周设有许多加强肋，材料是30%玻璃纤维增强尼龙（PA6），为了研究浇口数量和位置对变形的影响，设计了如图5-28所示的六种浇口设置方案。试验结果表明，按图5-28f方案（4个点浇口）设置的浇口效果最好，变形量约7%，而按图5-28c方案（8个点浇口）设置的浇口效果最差，变形量达24%，其效果甚至比单个直接浇口的还差。这就说明了并非浇口数目越多越好，关键在于一定的浇口数量和合适的浇口位置所造成的平衡效果。

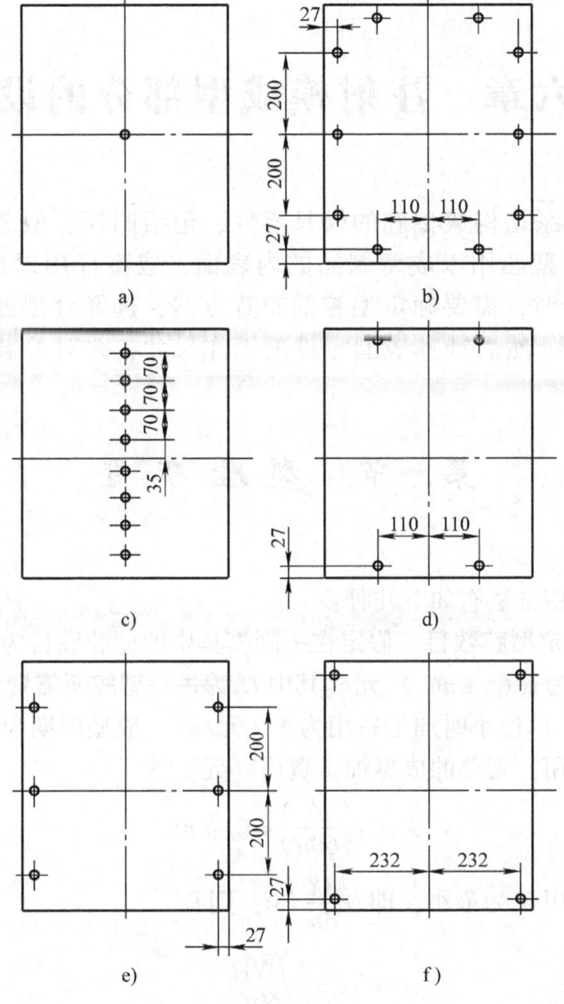

图 5-28 六种浇口设计方案
a) 直接浇口 b) 10 个点浇口 c) 8 个点浇口
d) 4 个点浇口 e) 6 个点浇口 f) 4 个点浇口

通过模流分析软件（如 Moldflow 和 HsCAE）的流道平衡功能，可以找出最佳的流道尺寸，提供良好的流道系统，以合理的压力降平衡地充填模具的流道和型腔。

第六章　注射模成型部分的设计

注射模的成型部分系指构成型腔的模具零件，包括凹模、型芯、成型杆等。凹模用以成型制品的外表面，型芯用以成型制品的内表面，成型杆用以成型制品的局部细节。在设计模具的成型部分时，需要确定型腔的布置方案，选择分型面和浇口位置，开设排气槽，确定脱模方式等，然后计算成型零件的工作尺寸，并对关键的成型零件进行强度和刚度的校核。

第一节　型腔布置

一、型腔的数目

确定型腔数目的常用方法有如下几种：

（1）根据经济性确定型腔数目　假定在一副模具中的型腔数目为 n，计划生产的制品总量为 N，该模具的费用为（C_0+nC_1）元（其中 C_1 为每一型腔所需费用，C_0 为模具费用中与型腔数目无关的部分），单位小时加工费用为 Y（元/h），成型周期为 t（min），若忽略准备时间和试模时的原料费用，则总的成型加工费用（元）为

$$X=N\left(\frac{Yt}{60n}\right)+C_0+nC_1$$

若使总成型加工费用 X 为最小，即令 $\frac{\mathrm{d}X}{\mathrm{d}n}=0$，则有

$$n=\sqrt{\frac{NYt}{60C_1}} \tag{6-1}$$

（2）根据锁模力确定型腔数目　若注射机的锁模力为 Q（N），型腔内熔体的平均压力为 p（MPa），每一个制品在分型面上的投影面积为 A_1（mm^2），浇注系统在分型面上的投影面积为 A_2（mm^2），则有

$$n=\left(\frac{Q}{p}-A_2\right)\Big/A_1 \tag{6-2}$$

（3）根据制品精度确定型腔数目　根据经验，在模具中每增加一个型腔，制品尺寸精度就要降低4%。设制品的典型尺寸（或者称为基本尺寸）为 L（mm），制品的尺寸公差为 $\pm x$，一模一腔时制品可能达到的尺寸公差为 $\pm\delta$（聚甲醛为 ±0.2%，尼龙 66 为 ±0.3%，聚碳酸酯、聚氯乙烯、ABS 等非结晶型塑料为 ±0.05%），则有

$$n=\left[\left(x-\frac{\delta L}{100}\right)\Big/\left(\frac{\delta L}{100}\,\frac{4}{100}\right)\right]+1$$

整理得

$$n=\frac{2500x}{\delta L}-24 \tag{6-3}$$

对于高精度制品，通常最多只能采用一模四腔的模具。

(4) 根据最大注射量确定型腔数目 设注射机的最大注射量为 G (g), 单个制品的重量为 m_1 (g), 浇注系统的重量为 m_2 (g), 则有

$$n=(0.8G-m_2)/m_1 \tag{6-4}$$

在实际工作中应根据实际需要酌情选择 1~2 个公式进行计算, 以供确定型腔数目时参考。

二、多型腔的排列

多型腔在模板上通常采用圆形排列、H 形排列、直线形排列以及复合排列等, 在设计时应注意如下几点:

1) 尽可能采用平衡式排列, 以便构成平衡式浇注系统, 确保制品质量的均一和稳定。

2) 型腔布置和浇口开设部位应相对模具中心对称, 以便防止模具承受偏载而产生溢料现象, 如图 6-1b 的布局就比图 6-1a 的布局合理。

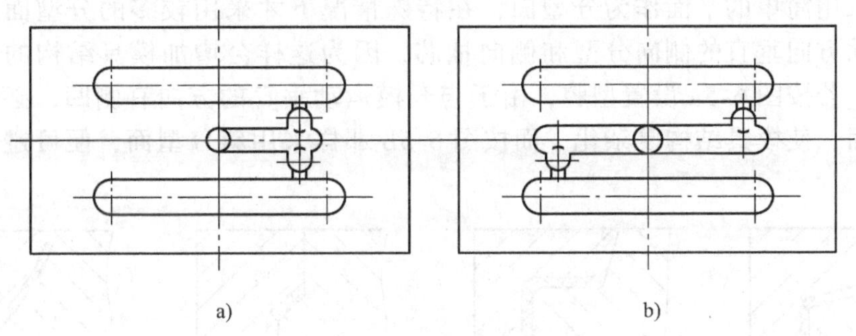

图 6-1 型腔的布置力求对称
a) 不合理 b) 合理

3) 尽量使型腔排列得紧凑, 以便减小模具的外形尺寸。图 6-2b 的布局优于图 6-2a 的布局, 因为图 6-2b 的模板总面积小, 可节省钢材, 减轻模具重量。

4) 型腔的圆形排列所占的模板尺寸大, 虽有利于浇注系统的平衡但加工较麻烦, 除圆形制品和一些高精度制品外, 在一般情况下常用直线形排列和 H 形排列, 从平衡的角度来看应尽量选择 H 形排列, 如图 6-3b、c 的布局比图 6-3a 要好。

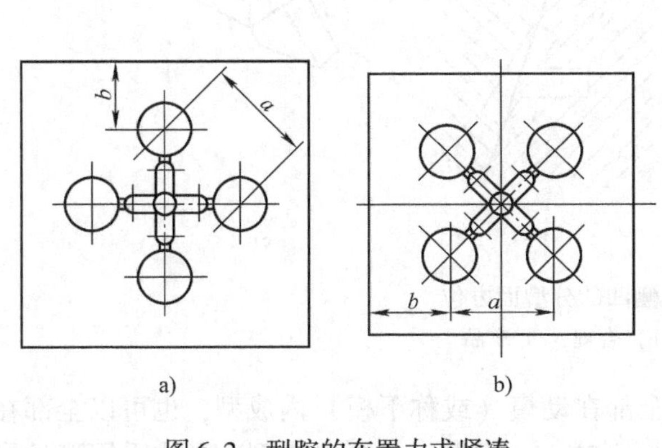

图 6-2 型腔的布置力求紧凑
a) 不合理 b) 合理

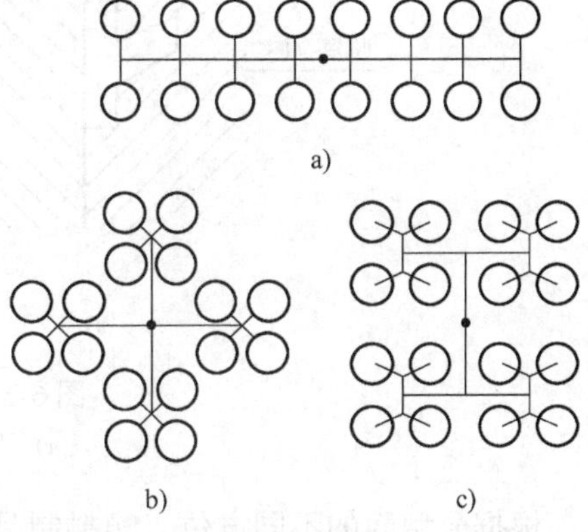

图 6-3 一模十六腔的几种排列方案
a) 直线形 b) 圆复合形 c) H 复合形

第二节 分型面的确定

模具上用以取出制品及浇注系统凝料的可分离的接触表面称为分型面。在制品设计时，必须要考虑成型时分型面的形状和位置，否则无法用模具成型。在设计模具时首先需要确定分型面的位置，然后才能选择模具的结构。分型面的设计是否合理，对制品质量、工艺操作的难易程度和模具的设计制造都有很大的影响。因此，分型面的正确设计需要塑料产品设计人员和模具设计人员的共同努力和配合。

1. 分型面的形状和方位

分型面的形状应尽可能简单，以便于制品脱模和模具的制造。分型面可以是平面、阶梯面或者曲面，如图 6-4 所示。一般只采用一个与注射机开模方向相垂直的分型面，而且尽可能采用简单的平面作为分型面，在特殊情况下才采用较多的分型面。应尽量避免与开模运动方向垂直的侧向分型和侧向抽芯，因为这样会增加模具结构的复杂性。如图 6-5 所示，若按图 6-5a 设置型腔，由于与开模运动垂直的方向有侧凹，必须增加侧向分型的分型面，使模具结构复杂化，而按图 6-5b 那样采用斜分型面，便可避免在垂直方向上有侧凹。

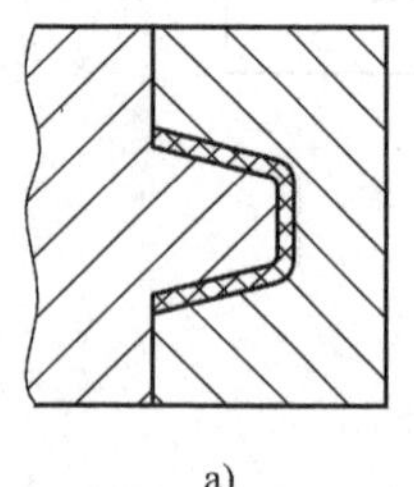
a)

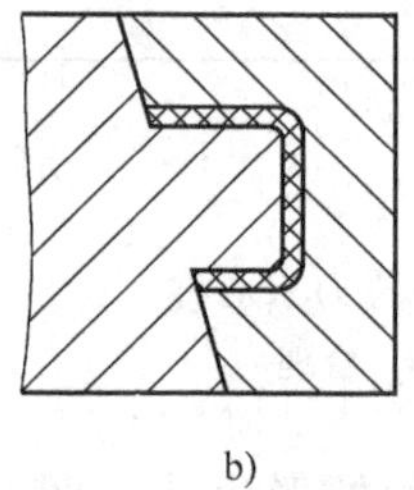
b)

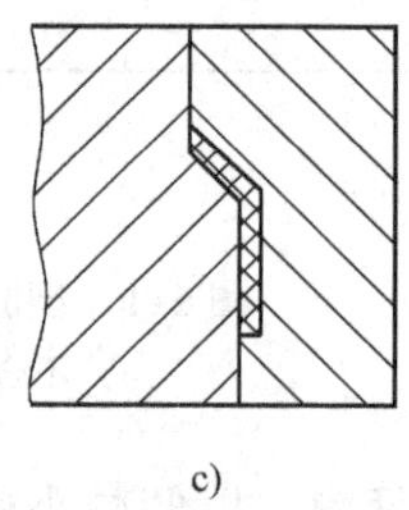
c)

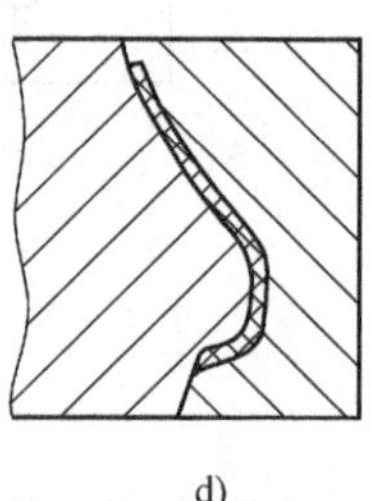
d)

图 6-4 分型面的各种形状

a）与开模方向垂直的分型面 b）斜分型面 c）阶梯分型面 d）曲面分型面

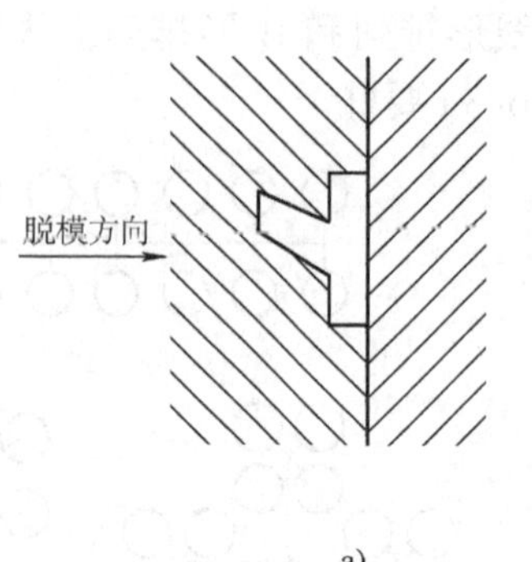

a)

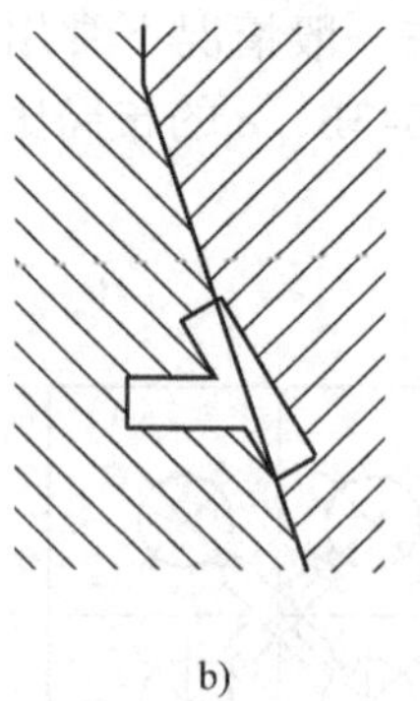
b)

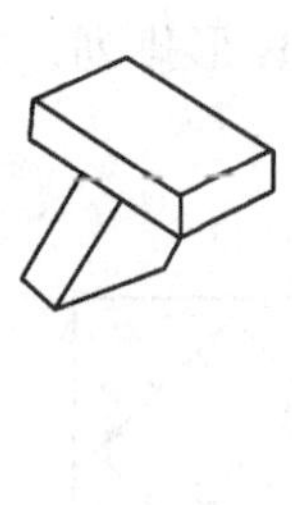
c)

图 6-5 避免侧凹的分型面方位

a）不合理 b）合理 c）产品

根据分型面的不同方位，塑料制品可以全部在动模（或称下模）内成型，也可以全部在定模（或称上模）内成型，还可以在动、定模（或上、下模）内同时成型。具体采用哪种形式成型要根据制品的几何形状、浇注系统、顶出机构以及制品质量要求等因素综合加以考虑。

2. 分型面位置的选择原则

1）分型面必须开设在制品截面轮廓最大的部位才能使制品顺利地脱模。

2）因为分型面不可避免地要在制品上留下痕迹，所以分型面最好不选在制品光滑的外表面或带圆弧的转角处，如图6-6所示，图6-6a不合理，而图6-6b是合理的。

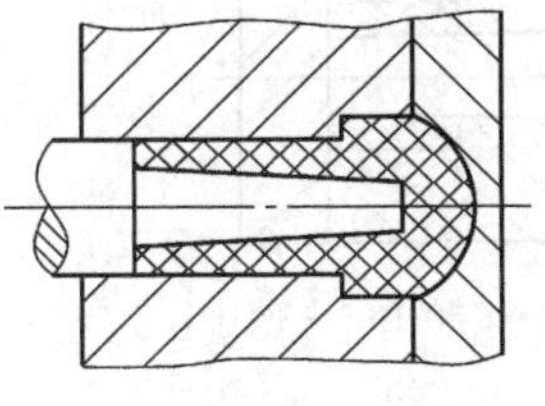
a)

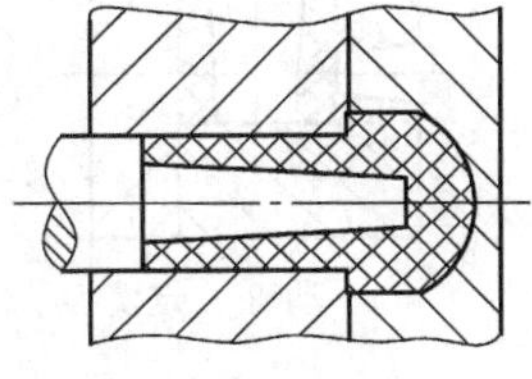
b)

图6-6 分型面位置对制品外观的影响
a）不合理 b）合理

3）在注射成型时因推出机构一般设置在动模一侧，故分型面应尽量选在能使制品留在动模内的地方。例如，薄壁筒形制品，收缩后易包附在型芯上，此时将型芯设在动模一边、型腔设在定模一边是合理的，如图6-7a所示。当制品上有较多型芯时，制品对型芯的包紧力大，此时将型芯设在动模一边、型腔设在定模一边也是合理的，如图6-7b所示。若制品的壁很厚且内孔较小时，制品对型芯的包紧力不大，此时往往不能确切判断制品留在型芯上还是型腔内，故应将型腔和型芯主要部分都设在动模一边，如图6-7c所示。当制品的孔内有非螺纹连接的金属嵌件时，嵌件不会对型芯产生包紧力，此时应将型腔设在动模一边，型芯既可设在动模一边，也可设在定模一边，如图6-7d所示。

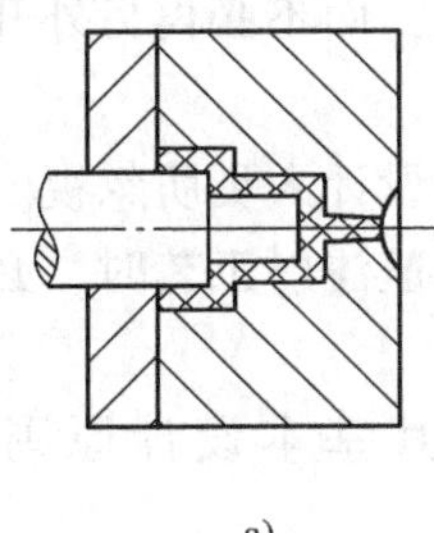
a)

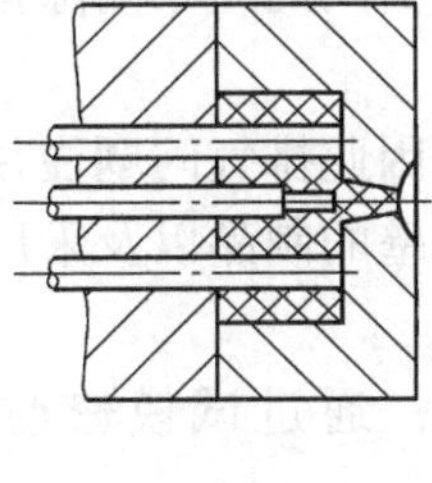
b)

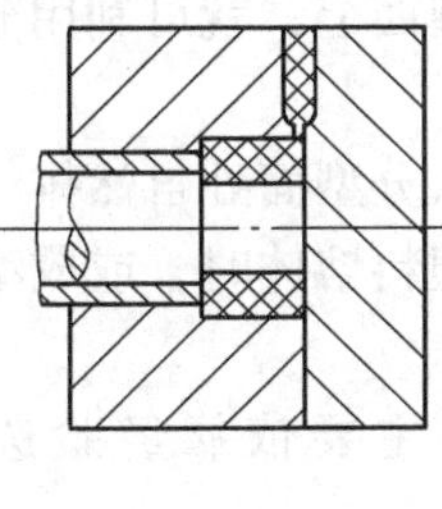
c)

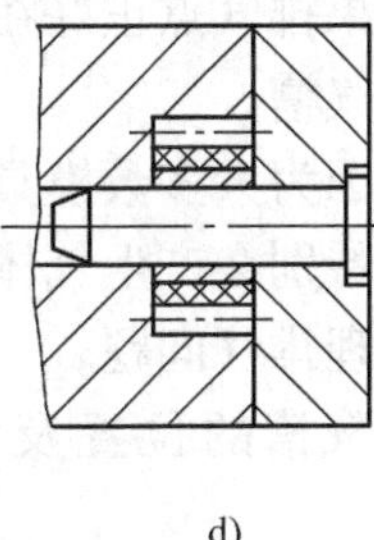
d)

图6-7 保证制品留在动模的分型面位置

4）对于同轴度要求高的制品（如双联齿轮）等，在选择分型面时，最好把要求同轴的部分放在分型面同一侧。

5）一般侧向分型抽芯机构的侧向抽拔距离都较小，故选择分型面时应将抽芯或分型距离长的一边放在动、定模的方向上，而将短的一边作为侧向分型的抽芯，如图6-8所示。

6）因侧向合模锁紧力较小，故对于投影面积较大的大型制品，应将投影面积大的分型面放在动、定模的合模主平面上，而将投影面积较小的分型面作为侧向分型面。

7）当分型面作为排气面时，应将分型面设计在料流的末端，以利于排气，如图6-9所示。

8）不能有分型面与开模方向平行，应当尽量使分型面与开模方向垂直或有较大角度。这样才能保证在导向间隙下动模与定模正确接触形成封闭型腔。

9）分型面应避免使模具上产生尖角等强度薄弱的部位。

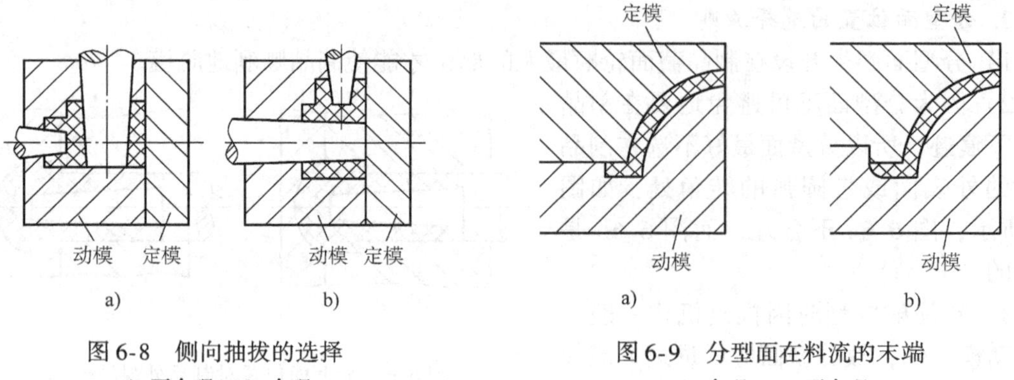

图 6-8 侧向抽拔的选择
a）不合理 b）合理

图 6-9 分型面在料流的末端
a）合理 b）不合理

第三节 排气槽的设计

在注射成型时，如果型腔内的气体不能在充模时顺利排至模外，将会在制品上形成气孔、接缝、表面轮廓不清等缺陷；有时封闭在塑料熔体内的气体因压缩所产生的高温会使制品局部烧焦，而且压缩气体所产生的压力还会降低充模速度。因此，在设计模具成型部件时必须考虑排气的问题。

在许多情况下，可利用模具的分型面之间的间隙自然排气。例如小型制品的排气量不大，如果排气点正好在分型面上，就可利用分型面间的微小间隙排气，而不必再另外开设专门的排气槽。

正因为大多数模具可从分型面处自然排气，因此排气问题往往被设计人员所忽视。当制品采用特别会产生气体的塑料熔体时，或成型薄壁的制品以及采用高速注射工艺时，必须妥善地处理排气问题。

排气槽的位置及大小主要依靠经验选定，通过试模修改，其基本设计原则归纳如下：

1）排气要迅速、完全，排气槽的排气速度要与充模速度相适应。

2）排气槽应尽量开设在制品较厚的成型部位。

3）排气槽应尽量开设在分型面上。但排气槽应不产生溢料，如有溢料，溢料所产生的毛边应不妨碍制品脱模。

4）在保证动、定模有足够的合模面积的前提下，排气槽应尽量多，并保证在型腔中各个充填末端设计有足够大的排气面积。

5）为了方便制造模具和清理模具，排气槽应尽量开设在凹模一侧。

6）排气槽排气方向不应朝向工人操作面，以防注射成型时漏料伤人。

7）排气槽深度一般不超过 0.05mm，宽度一般不超过 8mm，排气槽的形式及尺寸如图 6-10所示，常用塑料所采用的排气槽深度见表 6-1。

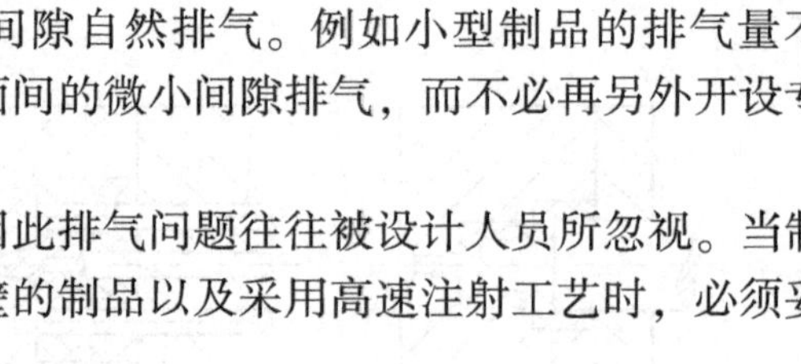

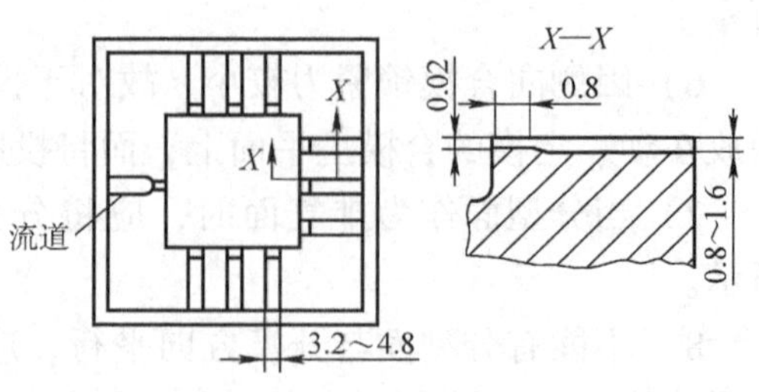

图 6-10 排气槽的形式及尺寸

表 6-1 常用塑料所采用的排气槽深度 (单位：mm)

塑料品种	排气槽深度	塑料品种	排气槽深度
聚乙烯	0.02	聚甲醛	0.01～0.03
聚丙烯	0.01～0.02	尼龙	0.01
聚苯乙烯	0.02	尼龙（玻璃纤维填充）	0.01～0.03
ABS	0.03	聚碳酸酯	0.01～0.03

8）可以利用推杆和推杆孔的配合间隙排气，如图 6-11a 所示。也可以利用活动型芯孔的配合间隙排气，如图 6-11b 所示。当排气槽既无法设在分型面上，附近又无供排气的推杆或活动型芯时，可利用在型腔上镶嵌的烧结金属块排气，如图 6-11c 所示。以球粒状原料制成的烧结金属块均具有良好的排气作用。烧结金属块下方的通气孔直径 D 不宜太大，否则烧结金属块受力后会变形。为了增加推杆的排气效果，可以按图 6-12 所示，在推杆头部磨出高为 2mm 的整圈排气槽。

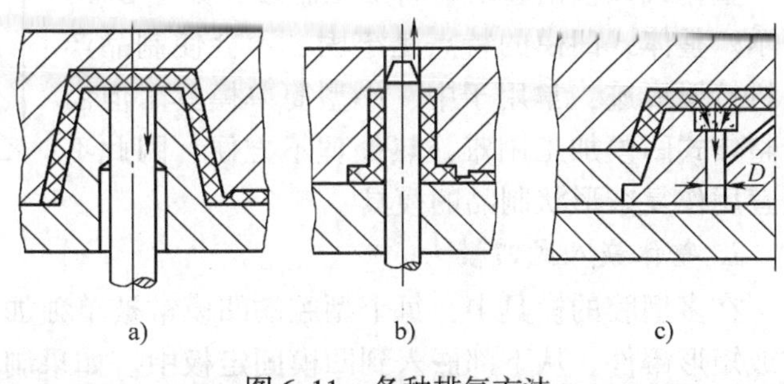

图 6-11 各种排气方法

9）为防止流道内的空气被熔体推入型腔，可以在流道的各拐角处开设排气槽。

10）对产品肋的位置，往往因为空气无法排出而充填不满。解决的办法是在肋的底部增设分型面，即用镶件成型该部位，并在镶件的镶拼面上开设排气槽，使空气能从镶件的镶拼面处排出，如图 6-13 所示。

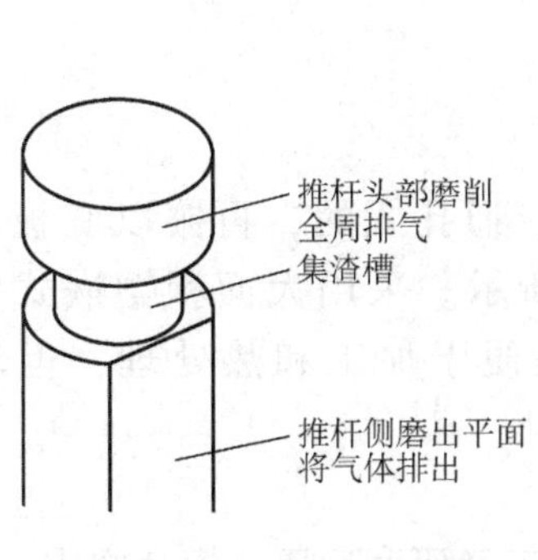

图 6-12 推杆的排气槽

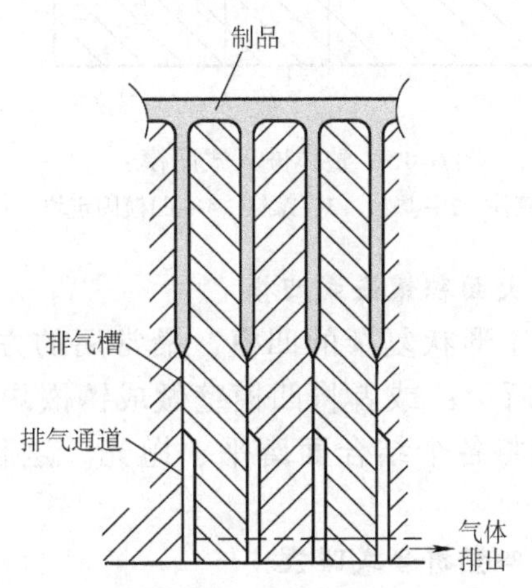

图 6-13 肋的排气设计

第四节 成型零件的结构设计

一、凹模的结构设计

凹模有时又称为型腔，用以形成制品的外表面。按凹模结构的不同可将其分为整体式、整体嵌入式、局部镶嵌式、大面积镶嵌式和四壁拼合式五种。

1. 整体式凹模

整体式凹模由整块材料加工制成，如图6-14所示。整体式凹模的特点是牢固，不会使制品产生拼接缝痕迹，常用于中、小型简单模具。但由于整体式凹模加工困难，热处理不方便，因此不适宜用作复杂形状制品的模具。

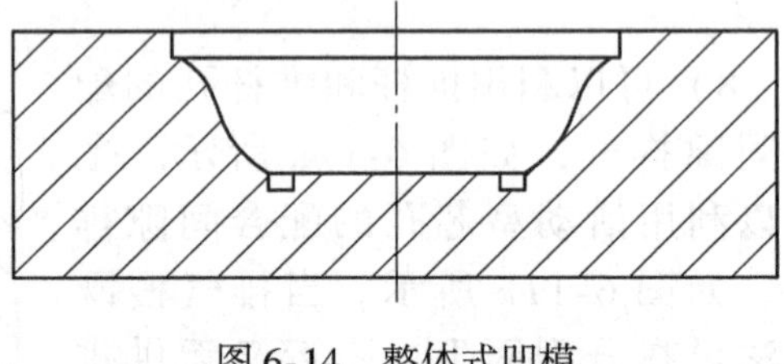

图6-14 整体式凹模

2. 整体嵌入式凹模

在多型腔的模具中，每个型腔的凹模常被单独加工为镶件，其外形多采用带台阶的圆柱体或矩形镶件，从下部嵌入到凹模固定板中。如果制品不是旋转体，圆形镶件还需用销钉或螺钉定位，如图6-15所示。

3. 局部镶嵌式凹模

为了加工方便，或者因为凹模的某一部分容易损坏，常采用图6-16所示的局部镶嵌式凹模。

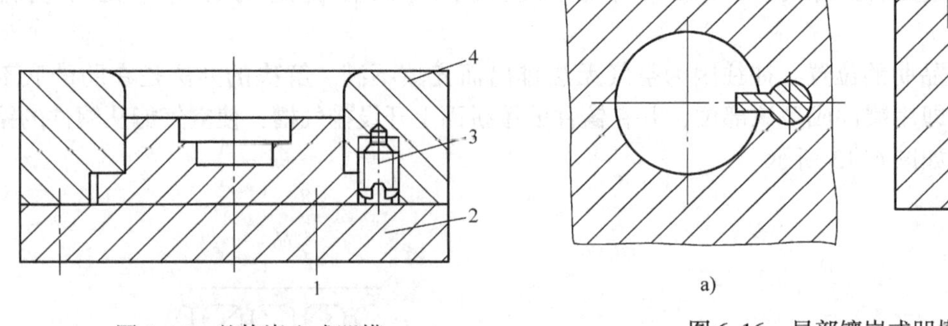

图6-15 整体嵌入式凹模

1—镶件 2—垫板 3—螺钉 4—凹模固定块

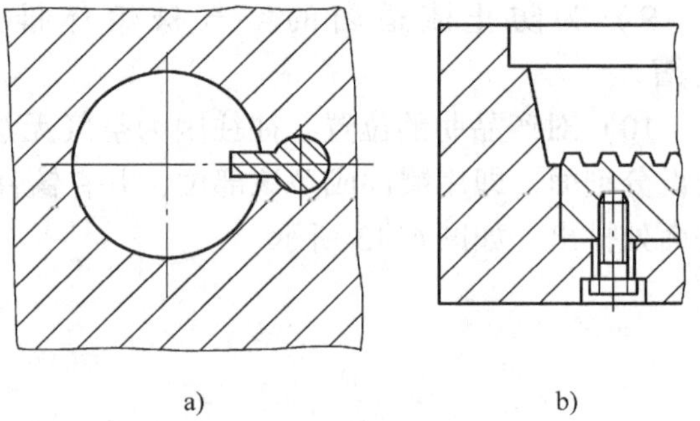

图6-16 局部镶嵌式凹模

4. 大面积镶嵌式凹模

对于形状复杂的凹模，最常用的方法是将凹模做成通孔式的，再镶以底板，如图6-17a所示；或者将凹模壁做成镶嵌块，如图6-17b所示。采用大面积镶嵌式结构时应仔细将各个结合面磨平、抛光。这种结构的特点是便于加工和热处理，但增加了工时。

5. 四壁拼合式凹模

对于大型和形状复杂的凹模，可将四壁和底板分别加工经研磨后压入模套之中，侧壁之间采用扣锁连接以保证连接的准确性，如图6-18所示。这种结构牢固、受力大，因此常被采用。

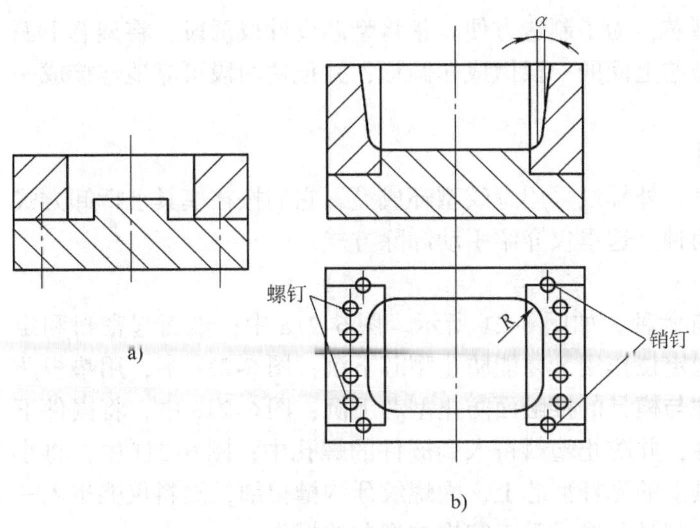

图 6-17　大面积镶嵌式凹模

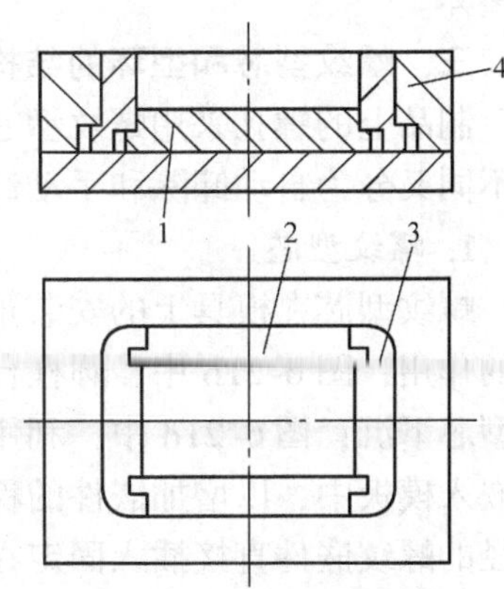

图 6-18　四壁拼合式凹模

1—底部拼块　2、3—侧向拼块　4—模套

二、型芯和成型杆的结构设计

型芯和成型杆均用来形成制品的内表面。型芯又称为凸模，它与成型杆之间并无严格区分，一般成型杆多指能形成制品孔和局部凹槽的小型芯。

型芯分为整体式和组合式两种。因为型芯的加工比凹模相对容易一些，所以大多数型芯常做成整体式。在小型模具中常常将型芯和模板做成一体，而在大、中型模具中型芯常采用图 6-19 所示的组合式结构。

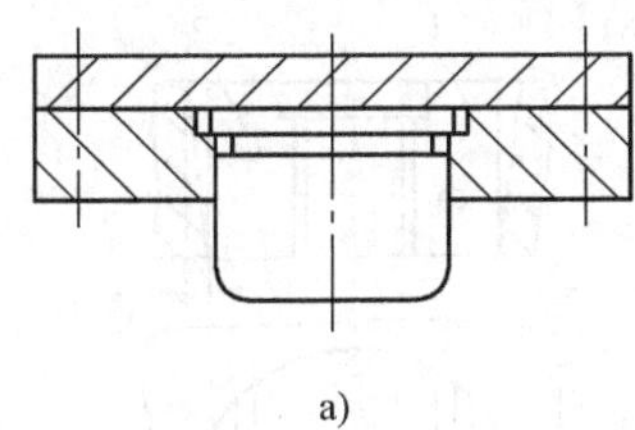

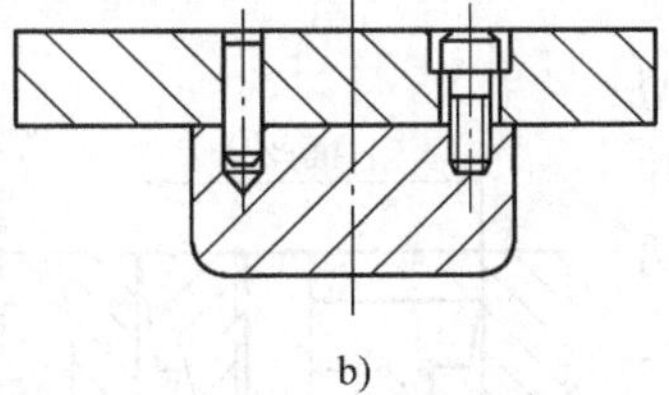

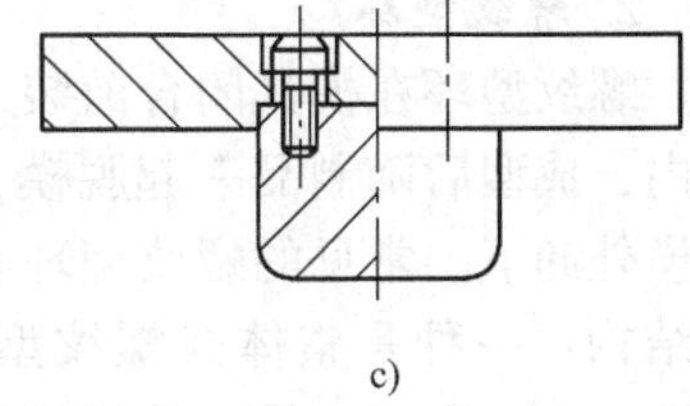

图 6-19　型芯的组合式结构

成型杆通常是单独制造后，再嵌入到模板中去。图 6-20 所示为成型杆常用的几种连接方式。

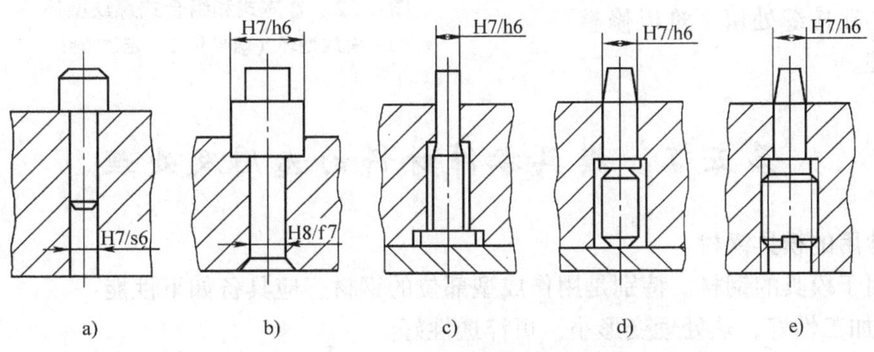

图 6-20　成型杆常用的几种连接方式

对于成型制品为非圆形特征的型芯，为了制造方便，常将型芯设计成两段，将型芯下面用以固定的一段设计成圆形，仅将型芯上面的一段做成非圆形，并把这两段可靠地连接成一个整体。

三、螺纹型芯和型环的结构设计

制品上的螺孔采用螺纹型芯成型，外螺纹采用螺纹型环成型，它们按在模具上拆卸方式的不同又分为自动卸除和手动卸除两种。这里仅介绍手动卸除方式。

1. 螺纹型芯

螺纹型芯在模具上的安装形式有六种，如图6-21所示。图6-21a中，锥面起密封和定位的作用；图6-21b中，圆柱台阶起定位作用，并能防止型芯下沉；图6-21c中，用垫板防止型芯下沉；图6-21d中，利用嵌件与模具的接触面防止型芯下沉；图6-21e中，将嵌件下端嵌入模板中，以增加嵌件的稳定性，并防止塑料挤入到嵌件的螺孔中；图6-21f中，将小直径的螺纹嵌件直接插入固定在模具上的光杆型芯上，因螺纹牙沟槽很细，塑料仅能挤入一小段，并不妨碍使用，这样就省去了制品脱模后手工卸螺纹型芯的操作。

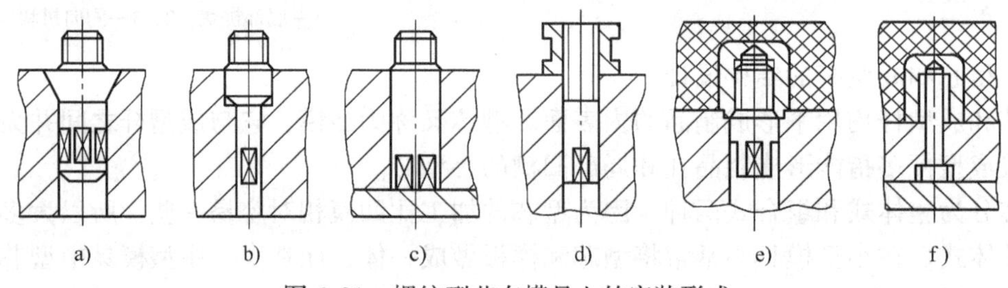

图6-21 螺纹型芯在模具上的安装形式

2. 螺纹型环

螺纹型环在模具闭合前装入型腔内，成型后随制品一起脱模，并在模外卸下。常见的螺纹型环有两种结构：一种是整体式螺纹型环，如图6-22a所示；另一种是组合式螺纹型环，如图6-22b所示，它适用于精度要求不高的粗牙螺纹的成型，这种方式的优点是卸螺纹型环迅速，但会在接缝处留下难以修整的溢边痕迹。

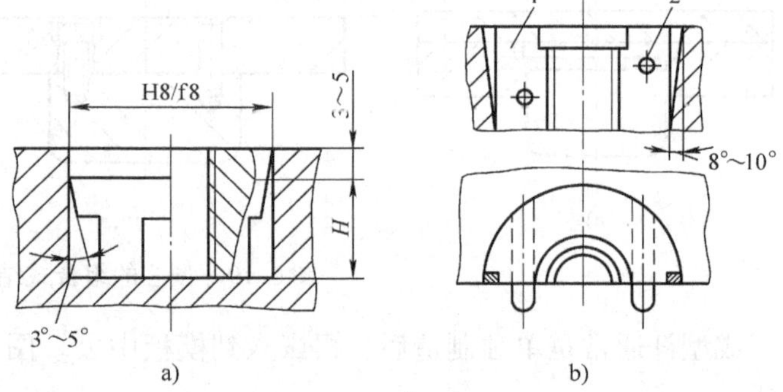

图6-22 整体式和组合式螺纹型环

1—螺纹型环（两半） 2—定位销钉

第五节 模具零件材料的选用及处理

一、常用的模具钢材

作为用于模具的钢材，特别是用作成型部位的钢材，应具备如下性能：

1）可加工性好，热处理变形小，可淬透性好。

2）抛光性能好，加工后的成型部位表面应该光滑美观。

3）耐磨性好，以便延长模具的寿命。

4）具有足够的机械强度。

5）耐蚀性好，在使用中不易生锈。

下面介绍常用的模具钢材。

1. 碳素钢

普通碳素钢质量较差，价格低廉，仅用来制作模具中受力不大的螺钉、固定板、垫板等。优质碳素钢在模具中用途较广，例如10～20钢经渗碳和淬火处理后，可以制造导柱、导套、推板等；25钢可用作浇口套上的定位圈、限位螺钉等。45钢可用作简单的凹模、型芯、模具固定板、拉杆、推杆等中强度零件。但因其热处理变形大，不宜制作复杂凹模和型芯。碳素工具钢经热处理后具有很高的硬度和耐磨性，常用的T7A、T8A、T10A、T12等钢材，可用来制造简单的凹模、型芯、导柱、导套、推杆等。但由于热处理后变形大，需要在淬火后磨削加工。

2. 合金钢

合金结构钢，如40Cr、12CrMo、38CrMo等，常用于制造形状复杂的凹模和型芯。这类钢热处理前性质较软，可加工性良好，热处理时变形量小，故有时淬火后不再磨削加工。合金工具钢，如CrWMn、9CrWMn、5CrMnMo、3Cr2W8V、5CrNiMo等，由于耐热、耐磨和热处理变形小等特点，可用于制造复杂的凹模和型芯。但缺点是硬度高不易加工。

3. 塑料模具钢

如美国的H13钢是一种广泛用于塑料模具的 $w_{Cr}=5\%$ 的合金钢，它具有优良的耐磨性和韧性，易抛光，热处理时变形小。又如美国的P20钢，是一种低合金铬钼预硬钢。所谓预硬钢，是指那些经机械加工、精密研磨后不需再进行热处理即可使用的预先已进行过热处理，并具有适当硬度的钢材。P20钢的化学成分为 $w_C=0.30\%$、$w_{Cr}=1.7\%$、$w_{Mo}0.45\%$，它还可以进行表面渗碳处理，在国外已广泛地应用于热塑性和热固性塑料的模具中。日本也有类似的预硬钢，如PDS1、PDS2等。我国现已有厂家生产P20钢种，华中科技大学材料成形与模具技术国家重点实验室研制的塑料模具预硬钢5CrNiMnMoVSCa（简称5NiSCa）已在许多工厂推广应用。

二、模具钢材的热处理及成型零件的表面处理

1. 模具钢材的热处理

对成型次数达百万次的大批量生产的模具，为了提高模具成型零件的耐磨性，一般的成型零件都要进行淬火处理，要求达到的硬度为52～57HRC。导柱、导套、复位杆等为了延长使用寿命，同时保证具有一定的韧性，通常进行高频感应加热淬火处理。

有些复杂的模具成型零件，当制品批量不高时，可将调质处理作为最后热处理工序，精加工后则不再进行淬火处理。

零件进行热处理常遇到的问题是尺寸变化与变形及表面的局部氧化和脱碳，为避免这些问题，真空热处理技术近年得到较好发展。采用真空热处理能防止加热过程中的氧化和脱碳，并能有效消除氢脆现象；同时由于真空加热缓慢、零件内外温差较小等因素，决定了真空热处理工艺造成的零件变形更小。

2. 模具成型零件的表面处理

选择低碳钢或者合金钢作为模具成型零件时，要进行渗碳或者渗氮等表面热处理，增加

零件的表面硬度与耐磨性。

为了防锈、耐磨、修补尺寸、降低塑料制品的表面粗糙度值、便于制品脱模，模具零件的成型表面也可采用镀铬处理。镀铬是一种电化学反应，即在一定配方的电解液中，将零件放在阴极，再通以直流电，将铬覆盖在成型零件表面。

为了抵抗大气的腐蚀，有些模具零件还可以采用发蓝处理，即把零件放入含有苛性钠、硝酸钠或者亚硝酸钠的溶液中进行氧化处理，使零件表面生成一层很薄但又致密的黑色氧化膜。

近年成型零件的表面处理技术有新的发展，包括表面渗硼与表面硬化膜沉积技术。

渗硼是通过扩散在成型表面产生一层很薄但极硬并有耐蚀性的硼化铁层。渗硼后经过热处理使其基材具有更高的负荷能力。渗硼表面通常为暗灰色，并会堆积硼化物层，因此必须进行磨削、研磨等抛光处理。

目前较成熟的表面硬化膜沉积技术有化学气相沉积技术（Chemical Vapor Deposition，CVD）与物理气相沉积技术（Physical Vapor Deposition，PVD）。化学气相沉积技术是在高于800℃的温度下通过化学反应从气态下产生固体沉积的方法；物理气相沉积包括在高真空中通过蒸发沉积、离子沉积和飞溅沉积。

模具零件常用材料及热处理规范见附录B。

第六节　成型零件工作尺寸的计算

一、影响尺寸精度的因素

影响塑料制品尺寸精度的因素很多，表6-2列出了造成塑料制品尺寸误差的主要原因。

表6-2　造成塑料制品尺寸误差的主要原因

原因分类	原因的细节
和模具直接有关的原因	1）模具的形式或基本结构 2）模具的加工制造误差 3）模具的磨损、变形、热膨胀
和塑料有关的原因	1）不同种类塑料的标准收缩率的变化 2）不同批次塑料的成型收缩率、流动性、结晶化程度的差异 3）再生塑料的混合、着色剂等添加剂的影响 4）塑料中的水分以及挥发和分解气体的影响
和成型工艺有关的原因	1）由于成型条件变化造成的成型收缩率的波动 2）成型操作变化的影响 3）脱模顶出时的塑料变形、弹性恢复
和成型后时效有关的原因	1）周围温度、湿度不同造成的尺寸变化 2）塑料的塑性变形及因为外力作用产生的蠕变、弹性恢复 3）残余应力、残余变形引起的变化

从表6-2中可以看到，塑料制品尺寸误差的产生是诸多因素综合影响的结果，在一般情况下塑料制品要达到金属制品那样的精度是非常困难的。

从模具设计和制造的角度看，影响塑料制品尺寸精度的因素主要有五个方面：①模具成型部件的制造误差 δ_z；②模具成型部件的表面磨损 δ_c；③由塑料收缩率波动所引起的塑料制品的尺寸误差 δ_s；④模具活动成型部件的配合间隙变化引起的误差 δ_j；⑤模具成型部件的安装误差 δ_a。因此，因模具原因使塑料制品产生的误差为以上误差值的总和，即

$$\delta = \delta_z + \delta_c + \delta_s + \delta_j + \delta_a \tag{6-5}$$

由于累积误差大，在选择塑料制品的精度等级时应十分慎重，以免给模具制造和工艺操作带来不必要的困难。因为模具成型部件的制造精度总要高于制品的精度。制品规定的误差值 Δ，应大于或等于以上各项因素带来的累积误差，即

$$\Delta \geqslant \delta \tag{6-6}$$

二、凹模和型芯的尺寸计算

凹模和型芯的尺寸计算一般基于塑料平均收缩率或者基于公差带。本节仅介绍平均收缩率法，公差带法可参阅其他书籍及资料。

从表 3-2 和表 3-3 可查到常用塑料的最大收缩率 S_1 和最小收缩率 S_2，设塑料的平均收缩率为 S，则

$$S = \frac{S_1 + S_2}{2} \tag{6-7}$$

在以后的计算中规定：

1）凹模的最小尺寸为名义尺寸，偏差为正值；制品的最大尺寸为名义尺寸，偏差为负值。

2）型芯的最大尺寸为名义尺寸，偏差为负值；制品孔的最小尺寸为名义尺寸，偏差为正值。

3）若制品上原有公差的标注与以上两点不符，则应按以上规定进行转换，否则不能直接利用以下的公式。

1. 凹模径向尺寸的计算

设制品的名义尺寸 L_s 是最大尺寸，其公差 Δ 为负偏差，因此制品的平均径向尺寸为 $L_s - \Delta/2$。

设凹模的名义尺寸 L_M 是最小尺寸，其公差 δ_z 为正偏差，则凹模的平均尺寸为 $L_M + \delta_z/2$。

考虑到制品的收缩量（$L_s - \Delta/2$）S 和凹模的磨损裕量 δ_c，并以凹模磨损到最大磨损裕量的一半时计算，则有

$$L_M + \frac{\delta_z}{2} = \left(L_s - \frac{\Delta}{2}\right) + \left(L_s - \frac{\Delta}{2}\right) S - \frac{1}{2}\delta_c$$

当制品很大、精度又不高时，可忽略 δ_z 和 δ_c，并将比其他各项小得多的 $S\Delta/2$ 略去，则有

$$L_M = L_s + L_s S - \frac{1}{2}\Delta$$

当制品很小、精度又高时，一般情况下 δ_c 不大于 $\Delta/6$，δ_z 不大于 $\Delta/3$，取 $\delta_c = \Delta/6$，$\delta_z = \Delta/3$，则有

$$L_M = L_s + L_s S - \frac{3}{4}\Delta$$

综合以上两式，可写成

$$L_{\mathrm{M}} = L_{\mathrm{s}} + L_{\mathrm{s}}S - X\Delta$$

标注上制造偏差 δ_z 后，则有

$$L_{\mathrm{M}} = [L_{\mathrm{s}} + L_{\mathrm{s}}S - X\Delta]^{+\delta_z}_{0} \quad (6\text{-}8)$$

式中，Δ 前的系数 X 可以随制品的精度和尺寸变化，一般在 1/2 ~ 3/4 之间，若制品偏差大则取小值，若偏差小则取大值。

2. 型芯径向尺寸的计算

设制品孔的名义尺寸 L_{s} 是最小尺寸，其公差 Δ 为正偏差，经过与上面凹模径向尺寸相类似的推导，可得到型芯的径向名义尺寸 L_{M}，即

$$L_{\mathrm{M}} = [L_{\mathrm{s}} + L_{\mathrm{s}}S + X\Delta]^{0}_{-\delta_z} \quad (6\text{-}9)$$

式中，Δ 前的系数 X 取值范围在 1/2 ~ 3/4 之间。

带有嵌件的塑料制品，其收缩率比全塑料制品的收缩率小，在计算时，应将式中含收缩量这一项的制品尺寸改为制品外形尺寸减去嵌件部分的尺寸。

3. 凹模深度尺寸的计算

设制品高度名义尺寸 H_{s} 为最大尺寸，其公差 Δ 为负偏差。凹模深度名义尺寸 H_{M} 为最小尺寸，其公差 δ_z 为正偏差。由于凹模底面或型芯端面的磨损很小，磨损裕量 δ_c 不予考虑，故有

$$H_{\mathrm{M}} + \frac{\delta_z}{2} = \left(H_{\mathrm{s}} - \frac{\Delta}{2}\right) + \left(H_{\mathrm{s}} - \frac{\Delta}{2}\right) S$$

取 $\delta_z = \Delta/3$ 并略去 $S\Delta/2$，则有

$$H_{\mathrm{M}} = \left[H_{\mathrm{s}} + H_{\mathrm{s}}S - \frac{2}{3}\Delta\right]^{+\delta_z}_{0} \quad (6\text{-}10)$$

4. 型芯高度尺寸的计算

设制品孔深的名义尺寸 H_{s} 为最小尺寸，其偏差 Δ 为正偏差。型芯高度的名义尺寸 H_{M} 为最大尺寸，其公差 δ_z 为负偏差，同上可推出

$$H_{\mathrm{M}} = \left[H_{\mathrm{s}} + H_{\mathrm{s}}S + \frac{2}{3}\Delta\right]^{0}_{-\delta_z} \quad (6\text{-}11)$$

5. 型芯之间或成型孔之间中心距尺寸计算

塑料制品和模具上中心距尺寸的公差标注均采用双向等值公差 $\pm\Delta/2$ 和 $\pm\delta_z/2$ 表示。在中心距尺寸的计算中不考虑磨损裕量。由于是双向等值公差，制品的名义尺寸 L_{s} 和模具的名义尺寸均为平均尺寸，故有

$$L_{\mathrm{M}} = [L_{\mathrm{s}} + L_{\mathrm{s}}S] \pm \frac{1}{2}\delta_z \quad (6\text{-}12)$$

模具的制造偏差 δ_z，应根据模具的精度和加工方法确定或取制品公差的 1/3 ~ 1/6。

在上述公式中，磨损裕量 δ_c、模具制造偏差 δ_z 以及 Δ 前的修正系数的取值在计算时往往要凭经验决定。为了保证所得制品的实际尺寸在规定的偏差范围内，对于塑料收缩率范围较大的制品，还需按如下公式对成型尺寸进行验算：

若制品尺寸为轴类尺寸，则 $\Delta > D\ (S_1 - S_2) + \delta_z$

若制品尺寸为孔类尺寸，则 $\Delta > d\ (S_1 - S_2) + \delta_z$ (6-13)

若制品尺寸为中心距尺寸，则 $\Delta > L(S_1 - S_2) + \delta_z$

式中，S_1 和 S_2 分别为塑料的最大收缩率和最小收缩率；D 为凹模最大尺寸；d 为型芯最大尺寸；L 为模具中心距离最大尺寸；Δ 为制品公差；δ_z 为模具制造偏差。验算公式的左边值比右边值越大，则所设计的成型尺寸就越可靠。

例 如图 6-23 所示的制品，用最大收缩率 1%、最小收缩率为 0.6% 的塑料成型，试确定模具型芯的直径和高度、凹模的内径和深度以及两小孔的中心距。

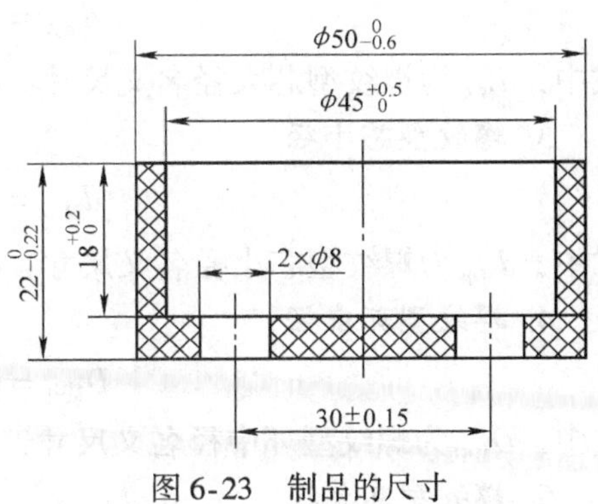

图 6-23 制品的尺寸

解 平均收缩率 $S = \left(\frac{1+0.6}{2}\right)\% = 0.8\%$

1）模具凹模制造偏差取制品公差的 1/3，$\delta_z = 0.2\text{mm}$，凹模直径为

$$L_M = \left[50 + \frac{50 \times 0.8}{100} - \frac{3}{4} \times 0.6\right]_{0}^{+0.2}\text{mm} = 49.95_{0}^{+0.2}\text{mm}$$

2）模具型芯制造偏差取制品公差的 1/3，$\delta_z = 0.17\text{mm}$，型芯直径为

$$L_M = \left[45 + \frac{45 \times 0.8}{100} + \frac{3}{4} \times 0.5\right]_{-0.17}^{0}\text{mm} = 45.74_{-0.17}^{0}\text{mm}$$

3）凹模深度制造偏差取制品公差的 1/3，$\delta_z = 0.07\text{mm}$，凹模深度为

$$H_M = \left[22 + \frac{22 \times 0.8}{100} - \frac{2}{3} \times 0.22\right]_{0}^{+0.07}\text{mm} = 22.03_{0}^{+0.07}\text{mm}$$

4）型芯高度制造偏差取制品公差的 1/3，$\delta_z = 0.07\text{mm}$，型芯高度为

$$H_M = \left[18 + \frac{18 \times 0.8}{100} + \frac{2}{3} \times 0.2\right]_{-0.07}^{0}\text{mm} = 18.28_{-0.07}^{0}\text{mm}$$

5）孔间距的制造偏差取制品公差的 1/4，$\delta_z = 0.04\text{mm}$，则

$$L_M = \left[30 + \frac{30 \times 0.8}{100}\right]\text{mm} \pm 0.04\text{mm} = 30.24\text{mm} \pm 0.04\text{mm}$$

经用式（6-13）对以上各成型尺寸进行验算，验算公式的左边值均比右边值大，故在一般情况下可以保证所得制品的实际尺寸在规定的偏差范围内。

三、螺纹型芯和型环的尺寸计算

螺纹的种类很多，下面仅讨论普通紧固螺纹模具型芯和型环的计算方法。

1. 螺纹型芯中径

螺纹中径是螺纹配合的最重要的尺寸，它决定螺纹的可旋入性和联接的可靠性。按平均收缩率计算螺纹型芯中径的公式为

$$d_{M中} = [d_{s中} + d_{s中}S + \Delta_{中}]_{-\delta_{中}}^{0} \tag{6-14}$$

式中，$d_{M中}$ 为螺纹型芯中径名义尺寸；$d_{s中}$ 为制品螺孔中径名义尺寸；S 为制品平均收缩率；$\Delta_{中}$ 为制品螺纹中径公差；$\delta_{中}$ 为螺纹型芯中径制造偏差。

目前我国尚无专门的塑料制品螺纹公差标准，可参照金属螺纹公差标准中最低的精度选用。一般螺纹型芯的精度应高于制品螺纹的精度。例如，当制品螺纹为三级精度时，螺纹型芯可按一级或二级精度制造。

2. 螺纹型芯大径

$$d_{M大}=[d_{s大}+d_{s大}S+\Delta_{中}]_{-\delta_{中}}^{0} \quad (6\text{-}15)$$

式中，$d_{M大}$为螺纹型芯大径名义尺寸；$d_{s大}$为制品螺孔大径名义尺寸；其余同式（6-14）。

3. 螺纹型芯小径

$$d_{M小}=[d_{s小}+d_{s小}S+\Delta_{中}]_{-\delta_{中}}^{0} \quad (6\text{-}16)$$

式中，$d_{M小}$为螺纹型芯小径名义尺寸；$d_{s小}$为制品螺孔小径名义尺寸；其余同式（6-14）。

4. 螺纹型环中径

$$D_{M中}=[D_{s中}+D_{s中}S-\Delta_{中}]_{0}^{+\delta_{中}} \quad (6\text{-}17)$$

式中，$D_{M中}$为螺纹型环中径名义尺寸；$D_{s中}$为制品外螺纹中径名义尺寸；其余同式(6-14)。

5. 螺纹型环大径

$$D_{M大}=[D_{s大}+D_{s大}S-1.2\Delta_{中}]_{0}^{+\delta_{中}} \quad (6\text{-}18)$$

式中，$D_{M大}$为螺纹型环大径名义尺寸；$D_{s大}$为制品外螺纹大径名义尺寸；其余同式（6-14）。

6. 螺纹型环小径

$$D_{M小}=[D_{s小}+D_{s小}S-\Delta_{中}]_{0}^{+\delta_{中}} \quad (6\text{-}19)$$

式中，$D_{M小}$为螺纹型环小径名义尺寸；$D_{s小}$为制品外螺纹小径名义尺寸，其余同式（6-14）。

由以上各式可见，螺纹型芯和型环的径向尺寸计算与一般型芯和凹模的径向尺寸计算相似，但又不尽相同。在塑料螺纹成型时，收缩使其牙型和尺寸有较大的偏差，使螺纹的可旋入性降低，为此需采用增加中径配合间隙的办法来补偿（增大螺母中径或减小螺栓中径）。在一般的型芯计算公式中，第三项是加上$3\Delta/4$；而在式（6-14）中，第三项则是加上$\Delta_{中}$，即增加了制品螺孔的中径。在一般的凹模计算公式中，第三项是减去$3\Delta/4$；而在式（6-17）中，第三项则是减去$\Delta_{中}$，即减少了制品螺栓的中径，这样就提高了塑料螺纹的可旋入性。在大径和小径计算公式中均采用了制品中径的公差$\Delta_{中}$和模具中径的制造公差$\delta_{中}$，这是因为中径的公差值总是小于小径和大径公差值，以此来提高模具的制造精度。此外，为了使塑料螺纹在配合时齿顶与齿根有较大的间隙，在螺纹型芯小径的计算公式中，第三项是加上$\Delta_{中}$，而不是按一般情况加上$3\Delta/4$，因此用它形成的螺孔小径大、牙尖短。同样的道理，螺纹型环大径的计算公式中，第三项是减去$1.2\Delta_{中}$，而不是减去$3\Delta/4$，因此成型后制品的螺纹大径较小，这不仅增加了螺牙顶端的配合间隙，也增加了牙尖的厚度和强度。

7. 螺距尺寸的计算

螺纹型芯或型环的螺距尺寸计算公式与中心距计算公式（6-12）完全相同。但是，用此式来计算带有不规则小数的特殊螺距很困难，因此当用收缩率相同或相近的塑料外螺纹与内螺纹相配合时，其内、外螺纹尺寸的计算都可不考虑收缩率。当用塑料螺纹与金属螺纹相配合时，如果螺纹配合长度不超过7~8个牙，也可不计算塑料螺距的收缩率。

第七节　凹模壁厚及底板厚度的计算

凹模和底板均应有足够的厚度，厚度过薄将会导致模具的刚度不足或强度不够。一般情况下，对于大、中型模具，刚度不足是主要矛盾；对于小型模具，强度问题更为重要。

强度不够会使模具发生塑性变形甚至破裂；而刚度不足将使模具产生过大的弹性变形，

导致凹模尺寸扩大并产生溢料的间隙，当变形量大于制品收缩量时，制品成型后模具型腔的弹性恢复会使凹模紧紧包住制品而造成开模困难。因此，需要对模具的强度或刚度进行校核，尤其是大型模具更需要校核。采用刚度校核还是强度校核取决于模具型腔的尺寸。分界尺寸的确定又与型腔的形状、模具材料的许用应力、型腔的允许变形量及熔体的压力有关。在分界尺寸不明确的情况下，应分别按强度条件和刚度条件计算壁厚，并取其中较厚者作为凹模或底板的壁厚。

以下介绍几种常用的规则凹模的壁厚及底板厚度的计算方法。不规则的凹模通常简化为规则凹模或者规则凹模的组合进行近似计算。

一、长方形凹模壁厚及底板厚度的计算

1. 组合式

如图6-24所示的长方形组合式凹模，凹模与底板不是一体，从刚度的观点出发，计算凹模最小壁厚 t（mm）的公式为

$$t=\sqrt[3]{\frac{paL_1^4}{32Eh\delta}} \tag{6-20}$$

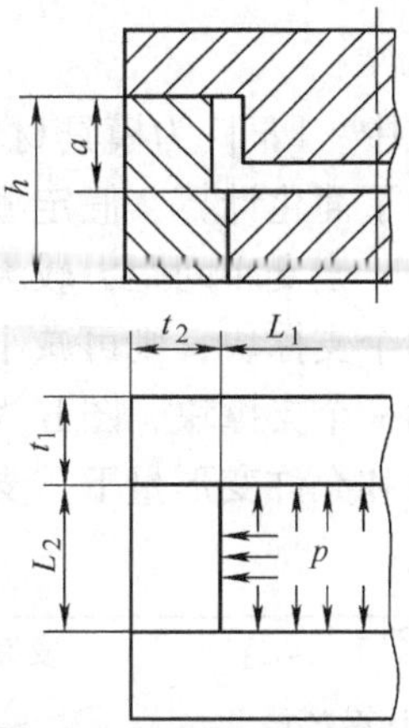

图6-24 长方形组合式凹模

$t=\min(t_1,\ t_2)$

式中，p 为型腔内熔体的压力，一般取 p 为 25～45MPa；L_1 为凹模侧壁长边尺寸（mm）；a 为型腔受到熔体压力的高度（mm）；E 为弹性模量，钢材可取为 2.1×10^5MPa；h 为型腔高度（mm）；δ 为允许的变形量（mm）。

在注射压力作用下，凹模侧壁将产生弯曲，使侧壁与底板产生纵向间隙。为了防止溢料，δ 应根据不同塑料的最大不溢料间隙决定。表6-3给出了常用塑料的允许变形量 δ。

表6-3 常用塑料的允许变形量 δ

塑 料 名 称	允许变形量 δ/mm
尼龙、聚乙烯、聚丙烯	0.025～0.040
聚苯乙烯、ABS	0.04～0.06
聚碳酸酯、硬聚氯乙烯	0.06～0.08

为了保证制品的尺寸精度，δ 也可取制品允许公差的1/5左右。例如，常见的中、小型制品非自由尺寸的公差为0.13～0.25mm，故 δ 可取为0.025～0.05mm。

从强度的观点出发，凹模侧壁每边均受到拉应力 $\sigma_{拉}$ 和弯曲应力 $\sigma_{弯}$ 的联合作用，其校核公式为

$$\sigma_{拉}+\sigma_{弯}=\frac{paL_2}{2ht}+\frac{paL_1^2}{2ht^2}\leqslant[\sigma] \tag{6-21}$$

式中，L_2 为凹模侧壁短边尺寸（mm）；$[\sigma]$ 为模具材料的许用应力；其他符号意义同式（6-20），由此式可求出壁厚 t。

底板厚度的计算因其支撑形式不同有很大差异。对于图6-25所示的动模一侧为双支座的底板，根据校核公式可得如下计算公式：

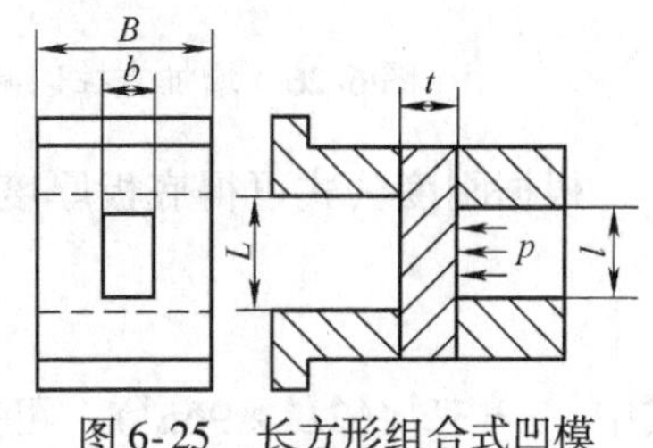

图6-25 长方形组合式凹模底板厚度计算

由刚度计算得底板厚度 t（mm）为

$$t=\sqrt[3]{\frac{5pbL^4}{32EB\delta}} \tag{6-22}$$

由强度计算得底板厚度 t（mm）为

$$t=\sqrt{\frac{3pbL^2}{4B[\sigma]}} \tag{6-23}$$

式中，$[\sigma]$ 为模具材料的许用应力（MPa）；δ 为允许变形量（mm）；其他符号见图 6-25。为了简化计算，假定型腔的长度等于支座间距 L。

当支座间距 L 较大时，利用上式所算得的底板厚度 t 甚大。如果在底板下面增加一个或两个支撑块，则可减小底板的跨度，从而可大大减薄底板厚度。如图 6-26 所示，图 a 为增加一个支撑块，图 b 为按 1∶1.2∶1 的跨度比增加两个支撑块。表 6-4 列出了在同样的许用应力和允许变形量下，支撑前后底板厚度减薄的程度。

表 6-4　长方形组合式凹模加支撑前后底板厚度的变化

计算方法 \ 支撑情况	未加支撑时板厚	中间加一块支撑后的板厚	按 1∶1.2∶1 加两块支撑后的板厚
按强度计算	t_1	$t_1/2.7$	$t_1/4.3$
按刚度计算	t_2	$t_2/3.4$	$t_2/6.8$

2. 整体式

长方形整体式凹模如图 6-27 所示。根据刚度公式可得的凹模壁厚 t（mm）为

$$t=\sqrt[3]{\frac{cpa^4}{E\delta}} \tag{6-24}$$

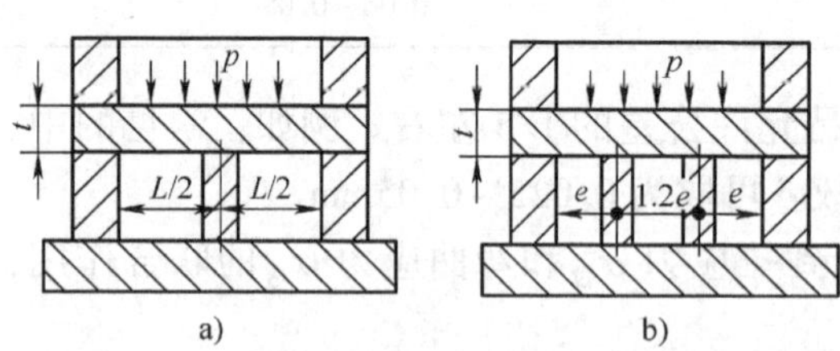

图 6-26　增加支撑以减少底板跨度

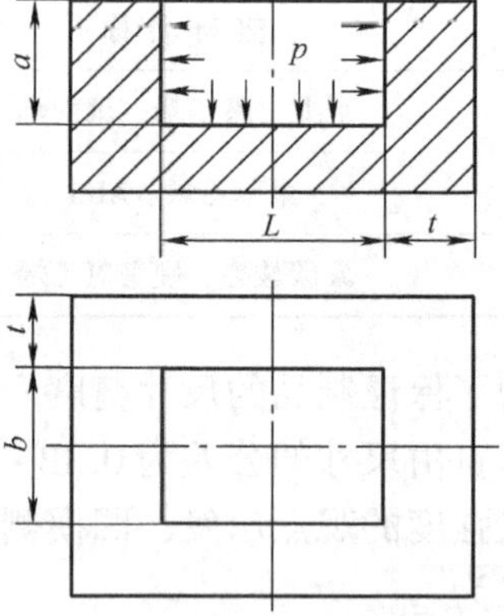

图 6-27　长方形整体式凹模

根据刚度公式可得底板厚度 t（mm）为

$$t=\sqrt[3]{\frac{c'pb^4}{E\delta}} \tag{6-25}$$

式中，$c=3L^4/(2L^4+96a^4)$，可查表 6-5 得到；$c'=L^4/[32(L^4+b^4)]$，也可查表 6-6 得到；L 为型腔内长度（mm）；b 为型腔内宽度（mm）；a 为型腔内高度（mm）。

表 6-5　三边固定、一边自由的长方形板的 c 值

a/L	L/a	c	a/L	L/a	c
0.3	3.33	0.930	0.9	1.10	0.045
0.4	2.50	0.570	1.0	1.00	0.031
0.5	2.00	0.330	1.2	0.83	0.015
0.6	1.66	0.188	1.5	0.67	0.006
0.7	1.43	0.177	2.0	0.50	0.002
0.8	1.25	0.073			

表 6-6　四边固定的长方形板的 c' 值

L/b	c'	L/b	c'
1.0	0.0138	1.6	0.0251
1.1	0.0164	1.7	0.0260
1.2	0.0188	1.8	0.0267
1.3	0.0209	1.9	0.0272
1.4	0.0226	2.0	0.0277
1.5	0.0240		

式（6-24）基于将任一凹模的侧壁化简为三边固定、一边自由的长方形板，其最大变形量 δ 产生在自由边的中点。式（6-25）基于四边固定并受均布载荷的矩形板，其最大变形量 δ 产生在板的中点。

长方形整体式凹模侧壁的强度计算比较复杂，此处从略，但应变和应力是有一定对应关系的，在注射压力 $p=50\text{MPa}$、应变 $\delta=L/6000$ 时，板的最大应力接近于 45 钢的许应用力 200MPa，δ 再大则将超出钢材的许用应力值。

底板的强度计算也比较复杂，通过计算可知，在注射压力 $p=50\text{MPa}$ 时，若 $\delta\leqslant L/6000$ 时，可满足应力不超过许用应力值，故 $\delta\leqslant L/6000$ 仍可作为满足强度条件的标准。

二、圆形凹模壁厚及底板厚度的计算

1. 组合式

根据凹模壁厚的刚度公式，可得凹模壁厚 t（mm）为

$$t=r\left(\sqrt{\frac{1-\mu+E\delta/(rp)}{E\delta/(rp)-\mu-1}}-1\right) \tag{6-26}$$

根据凹模壁的强度公式，可得凹模壁厚 t（mm）为

$$t=r\left(\sqrt{\frac{[\sigma]}{[\sigma]-2p}}-1\right) \tag{6-27}$$

以上两式中，p 为型腔内熔体的压力（MPa）；E 为弹性模量，钢材的 E 取为 $2.1\times10^5\text{MPa}$；r 为型腔内半径（mm）；μ 为泊松比，钢材的 μ 取为 0.25；$[\sigma]$ 为模具材料的许用应力，钢材的 $[\sigma]$ 可取为 160MPa；δ 为型腔内半径的允许增大量，δ 将使侧壁与底板之间产生纵向间隙，间隙过大将导致溢料。

根据底板厚度的刚度公式，可得底板厚度 t（mm）为

$$t=\sqrt[3]{\frac{0.74pr^4}{E\delta}} \tag{6-28}$$

根据底板厚度的强度公式，可得底板厚度 t（mm）为

$$t=\frac{\sqrt{1.22pr^2}}{8[\sigma]} \tag{6-29}$$

以上两式中，各符号的含义均同于式（6-26）和式（6-27）。

2. 整体式

整体式凹模与组合式凹模一样，在受到压力 p 的熔体作用时，其内半径将增大。但由于内侧壁受到底板的限制，在一定的高度范围内，内半径的增大量要小些，可近似认为在底板处侧壁内半径增大量为零。当侧壁高到一定界限 L 时，侧壁不再受底板约束，其内半径增大量与组合式型腔内径增大量 δ 相同，如图 6-28 所示。

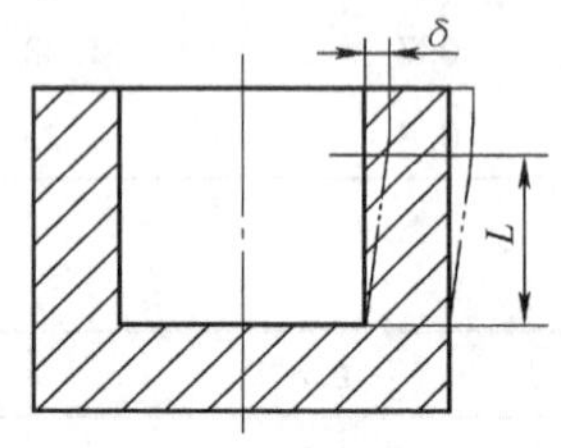

图 6-28　圆形整体式凹模

自由膨胀与约束膨胀的分界点高度 L（mm）的计算公式为

$$L=\sqrt[4]{2r(R-r)^3} \tag{6-30}$$

式中，r 为内半径（mm）；R 为外半径（mm）。

在约束膨胀时内半径的增大量 δ_2（mm）为

$$\delta_2=\delta_1\frac{L_1^4}{L^4} \tag{6-31}$$

式中，L_1 为约束膨胀部分距底板的高度（mm）；L 为约束膨胀与自由膨胀的分界高度（mm）；δ_1为自由膨胀时内半径的增大量（mm）。

当型腔高度超过 L 时，应按组合式圆形凹模，根据刚度计算壁厚［式（6-26）］和根据强度计算壁厚［式（6-27）］。当型腔高度小于 L 时，按式（6-30）与式（6-31）作刚度校核。

整体式凹模的强度校核按下式进行

$$\sigma=\frac{3pL^2}{t^2}\left(\frac{R^2+r^2}{R^2-r^2}+\mu\right)\leqslant[\sigma] \tag{6-32}$$

式中，各符号的含义与前述公式相同。

整体式圆形凹模的底板可视为周边固定的圆板，其最大变形 δ（mm）发生在圆板中心

$$\delta=0.175\frac{Rr^4}{Et^3} \tag{6-33}$$

根据刚度公式，可得底板厚度 t（mm）为

$$t=\sqrt[3]{0.175\frac{pr^4}{E\delta}} \tag{6-34}$$

根据强度公式，可得底板厚度 t（mm）为

$$t=\sqrt{\frac{3pr^2}{4[\sigma]}} \tag{6-35}$$

以上各式的符号含义均与前述公式相同。

第七章　注射模导向与推出机构

第一节　导向机构的设计

为了保证注射模准确合模和开模，在注射模中必须设有导向机构。导向机构主要起定位、导向以及承受一定侧压力的作用。

导向机构主要有导柱导向和锥面定位两种形式。注射模一般采用四个导柱和导套。导柱既可安装在动模一侧也可安装在定模一侧，但通常导柱设在主型芯的四周，起保护型芯的作用。

在注射过程中，导柱可承受一定的侧压力，当熔体所产生的侧压力很大时，便不能单靠导柱承担，此时需要增设锥面定位装置。

一、导柱导向机构

常用的几种导柱形式如图 7-1 所示。

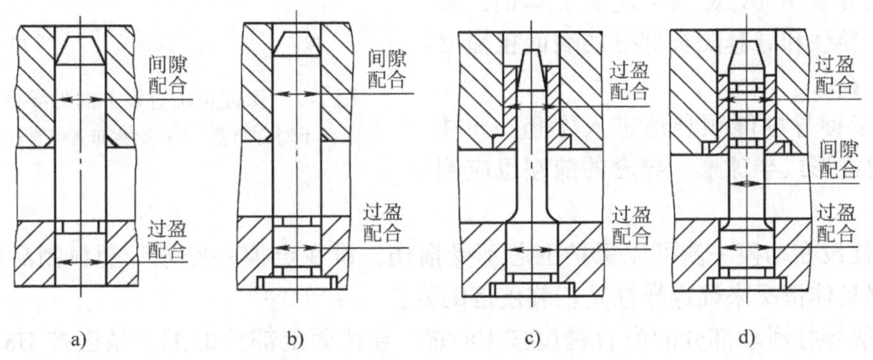

图 7-1　常用的几种导柱形式

图 7-1a 和图 7-1b 的形式用于小批量生产的简单模具，不采用导套，结构简单，加工方便。图 7-1b 的形式采用了凸台，以保证导柱在工作时不会被拔出。图 7-1c 和图 7-1d 的形式需要导套配合，适用于精度要求高、生产批量大的模具。图 7-1c 和图 7-1d 这两种形式的导柱固定孔直径与导套固定孔直径相等，以便两孔能同时加工，确保同轴度。图 7-1d 形式的导柱带有油槽，便于润滑，使用寿命较长。表 7-1 列出了图 7-1c 形式的导柱、导套尺寸推荐值，供参考。

在设计导柱和导套时应注意如下几点：

1）导柱应合理均布在模具分型面的四周，导柱中心至模具外缘应有足够的距离，以保证模具的强度。为了确保模具和定模只能按同一个方向合模，不致在装配时或合模时将方位弄错，导柱的布置方式常采用等直径导柱的不对称布置或者不等直径导柱的对称布置方式，如图 7-2a、b 所示。

表 7-1　导柱和导套的尺寸推荐值

导柱直径/mm			导套直径/mm		
d	d_1	d_2	d_3	D	D_1
8	14	20	8	14	20
12	18	24	12	18	24
15	21	27	15	21	27
20	28	36	20	28	36
25	34	43	25	34	43
30	39	47	30	39	47
35	45	55	35	45	55
45	57	67	45	57	67

2）导柱的长度应比型芯端面的高度高出 6～8mm，以免型芯进入凹模时与凹模相碰而损坏。

3）导柱和导套应有足够的耐磨性和强度，常采用 20 钢经渗碳淬火处理，硬度为 48～55HRC；也可采用 T8 或 T10 碳素工具钢，经淬火处理。导柱和导套配合部分的表面粗糙度要求为 R_a1. 6μm。

4）为了使导柱能顺利地进入导套，导柱头部应做成锥形或半球形，导套的前端也应倒圆角。

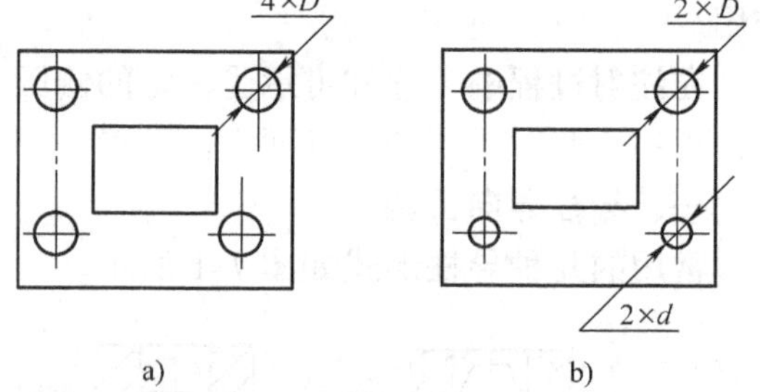

图 7-2　保证正确合模方向的导柱布置
a）不对称布置　b）对称布置但直径不等

5）导柱设在动模一侧可以保护型芯不受损伤，设在定模一侧便于塑料制品脱模卸出，因此需根据具体情况来确定导柱是正装还是倒装。

6）一般导柱滑动部分的配合精度按 H8/f8，导柱固定部分的配合精度按 H8/s7，导套外径的配合精度按 H8/s7。

7）除在动模和定模之间设置导柱、导套外，一般还在动模座板和顶出板之间设置导柱和导套，以保证推板顺利地实现推出运动。

8）导柱的直径应根据模具的尺寸来选取，选取时可参考国内外注射模标准模架数据，采用类比的方法选取。

二、锥面定位机构

在成型精度要求高的大型、薄壁、深腔塑料制品时，型腔内因熔体而产生的侧压力往往会引起型芯或凹模偏移。如果这种侧压力完全由导柱来承受，会导致导柱卡死或损坏，这时应增设锥面定位机构。

锥面配合有两种形式：一种是两锥面之间有间隙，将淬火的零件装在模具上，使之与锥面配合，如图 7-3 右上图所示；另一种是配合的两锥面直接都做在模具上，这时两锥面都要淬火处理，如图 7-3 右下图所示。锥面角度越小越有利于定位。但由于开模力的关系，锥面角度也不宜太小，一般取 5°～20°，锥面高度取 15mm 以上。

锥面的开设方向也应注意。如图 7-4a 所示的形式采用凹模模块环抱型芯模块，这是不合理的，因为在注射压力的作用下凹模模块会向外涨开，在分型面上形成间隙。合理的形式如图 7-4b 所示，这时型芯模块环抱凹模模块，使凹模模块受力也无法向外涨开。

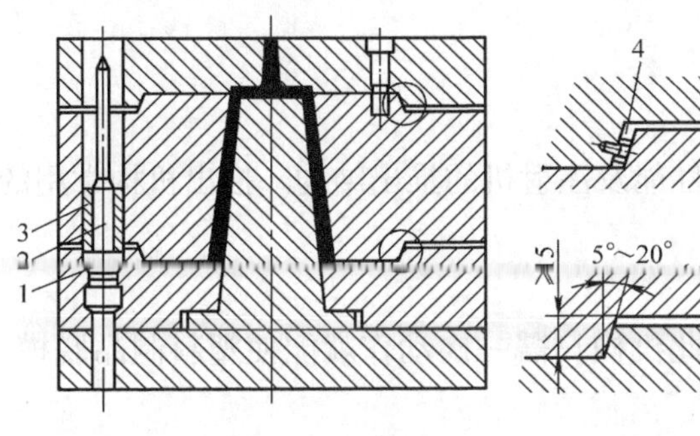

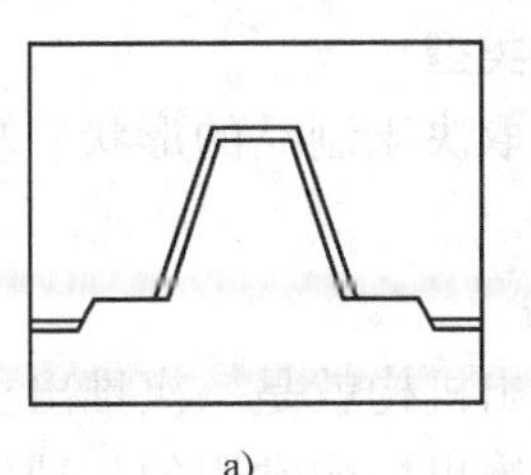

图 7-3　锥面定位

1—固定螺钉孔　2—导柱　3—导套　4—耐磨块

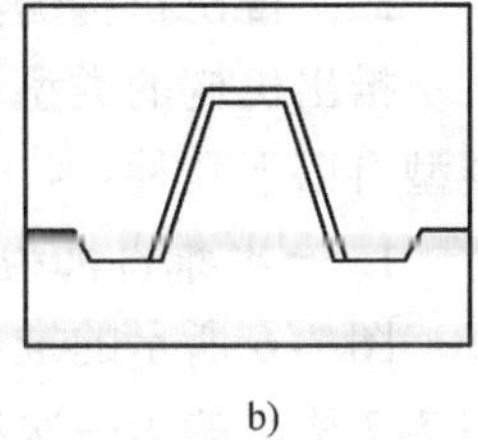

图 7-4　锥面的开设方向

a）不合理　b）合理

当模具较小时，为了加工与调整方便，通常在动模和定模安装定位镶件，镶件内有凸起的斜边配合。斜边定位镶件现已经标准化，常用的有圆形和矩形两种，如图 7-5 所示，可以在模具配件厂家方便地购得。为了保证斜边配合精度，且不与导柱配合发生过定位干涉，镶件安装槽应该在合模后一起加工出。

图 7-5　锥面定位镶件

第二节　推出机构的结构

一、典型结构

从模具中推出塑料制品及其浇注系统凝料的机构称为推出机构，其典型结构如图 7-6 所示。

在图 7-6 中，由推杆 1 将制品从型腔中推出。推杆需要固定，因此设置了推出固定板 2 和推板 5，由这两块板将推杆固定，两板由螺钉联接。注射机上的推出杆将推出力作用在推板上，再通过推杆产生脱模力使制品从型腔中脱出。为了使推出过程平稳可靠，一般还应在模具座板和推板之间设置导柱 4 和导套 3。推板在推出制品后的复位依靠复位杆 7 实现。拉料杆 6 的作用是钩住浇注系统的凝料，使凝料随同制品一起留在动模侧。限位钉 8 虽小，但作用不可忽视，它使推板与模具座板之间产生空隙，以便藏污纳垢，避免妨碍推板正常动作和复位，同时还可通过调节限位钉头部厚度来控制推杆的回复位置。

推出机构的结构因模具的结构和用途不同而有所变化，但对推出机构应达到的基本要求是一致的，即：

1）使制品在推出过程中不致变形损坏。

2）使制品尽可能滞留在动模一侧。

3）使脱模后的制品有良好的外观。

4）推出动作可靠，更换推出零件容易。

二、推出机构的类型

推出机构的类型取决于制品的形状、塑料的性能及注射机的推出结构。推出机构常用的类型有以下几种：

1. 一次推出机构

图7-6所示的推出机构就是一次推出机构，此机构只需一次动作就能使塑料制品脱模。图7-7所示的为一次推出机构常用的几种形式。

在图7-7中，图7-7a为推杆推出机构，是应用最广、推出位置所受的限制最少的一种推出方式，广泛地应用于推出各类制品；图7-7b为推管推出机构，主要用于推出中心带孔的圆形制品或圆形凸台制品；图7-7c为推件板推出机构，主要用于推出支承面很小的制品（如薄壁容器等），另外在不允许留有推杆残痕的情况下，也常采用这种推件板推出机构；图7-7d为联合推出机构，采用以推件板为主、推杆或推管为辅的推出方式，主要用于型芯内部阻力大、仅用推件板或推杆易使制品变形或损坏的情况下。

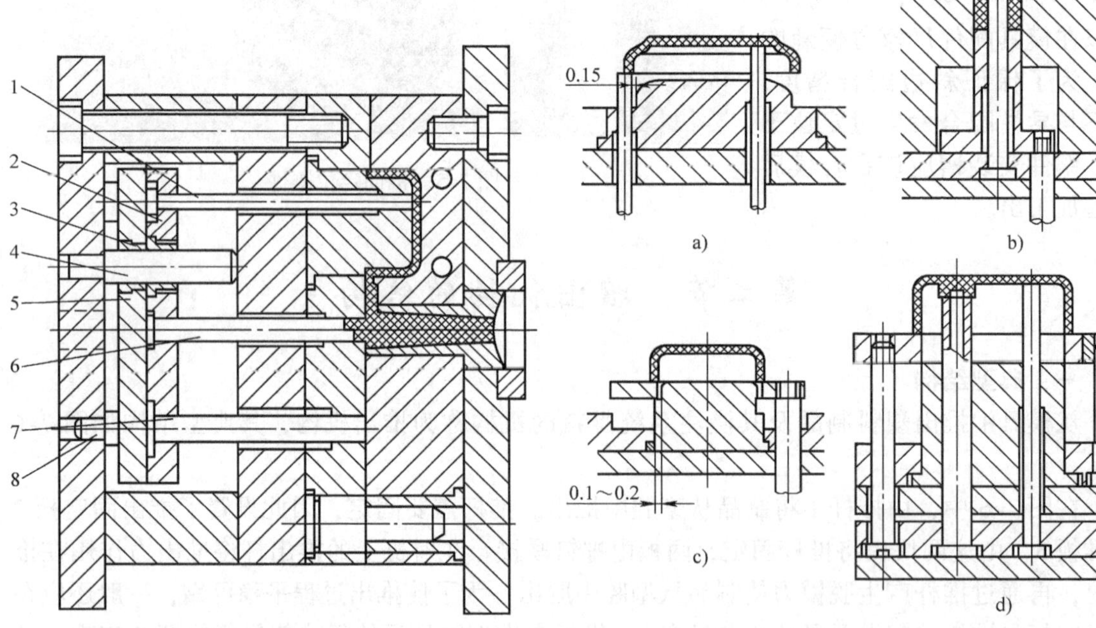

图7-6 推出机构的典型结构

1—推杆 2—推出固定板 3—导套 4—导柱 5—推板 6—拉料杆 7—复位杆 8—限位钉

图7-7 一次推出机构常用的几种形式

a）推杆推出 b）推管推出 c）推件板推出 d）联合推出

一次推出还可采用压缩空气推出机构，即在型芯中设置压缩空气推出阀门，在型芯和制品之间吹入压力为0.5～0.6MPa的压缩空气使制品脱模。这种机构加工简单，适合于深腔、薄壁塑料制品的脱模。在图7-8所示的压缩空气推出机构中，依靠弹簧力将阀门闭合。当制品成型后模具开启，推扳推动阀杆，与此同时压缩空气通入制品与型芯之间进行脱模。

2. 二次推出机构

一般，塑料制品的推出动作都是一次完成的，但对于特殊形状制品，一次推出动作难以将制品从型腔中推出或者制品不能自动脱落，这时就必须再增加一次推出动作才能使制品脱落。例如，当采用推件板推出制品时，若在推件板上加工有制品的成型部分，制品会附着在推件板上，仍然难以脱出，这时若采用推杆作二次推出，就能使制品从推件板上的成型部分上完全脱出。

在二次推出时，两次推出的行程一般都有一定的差值，行程较大的推顶与行程较小的推顶既可以同时动作也可以滞后动作。下面介绍几种实现二次推出的方法。

（1）依靠弹簧二次推出　弹簧二次推出机构如图7-9所示。首先在弹簧2的作用下第一级推板和第二级推板一起动作，使得推件板6与推杆同时作用将制品脱出，当一级推板接触到型芯支承板4时停止动作，在注射机推杆作用下二级推板1压缩弹簧，使推杆将制品从推件板中脱出。这种机构的优点是结构简单，安装面积小；缺点是不能传递太大的力，动作不可靠，弹簧易失效，只适用于小型制品的注射模。

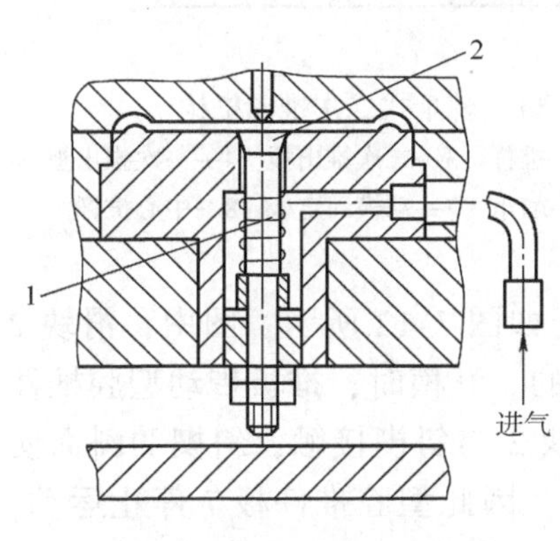

图7-8　压缩空气推出机构

1—弹簧　2—阀杆

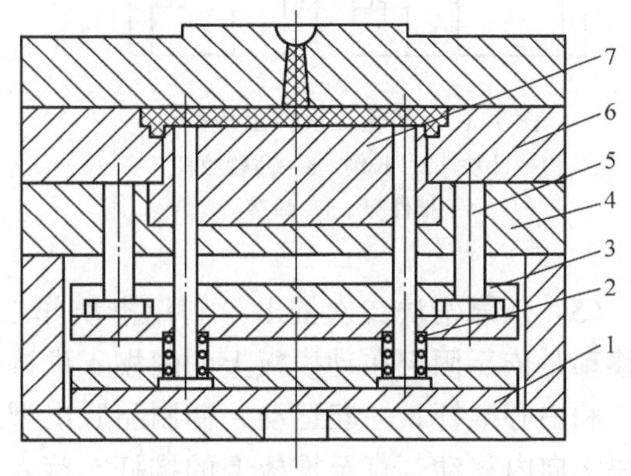

图7-9　弹簧二次推出机构

1—二级推板　2—弹簧　3—一级推板　4—型芯支承板　5—压力推出杆　6—推件板　7—主型芯

（2）依靠液压缸或气缸二次推出　这种方法动作可靠，并能自由调整时间。但是作为动力源，不仅要有液压泵或空气压缩机，而且还需要相应的控制系统，安装面积大，过小的注射机及模具难于采用这种方法。

（3）依靠凸轮二次推出　图7-10是利用凸轮作二次推出的一例。如图所示，当模具分型一段距离后，凸轮拉杆3拉住推件板4，进行第一次推出动作。动模继续运动，固定在动模固定板上的凸块1接触到凸轮拉杆3上的长销2，使凸轮拉杆转动并脱离推件板4，完成第一次推出动作。动模再继续运动，由推出系统完成第二次推出动作，弹簧5使凸轮拉杆复位。这种机构动作可靠，但由于在定模上安装了凸轮拉杆装置，增大了模具的尺寸，且安装凸轮拉杆后应不妨碍制品脱模和取出。

(4) 依靠棘爪二次推出　图 7-11 为利用棘爪作二次推出的一例。图中，推动推件板 1 的推杆 2，固定在一次推出板 4 上，中心推杆 8 固定在二次推出板 3 上，棘爪 6 连接在一次推出板上，可以绕轴转动。开模时注射机推动二次推出板 3，由于弹簧 5 拉住棘爪 6 使一次推出板 4 也随之运动，推件板 1 使制品脱离型芯，完成第一次推出。二次推出板再继续运动时，棘爪 6 接触到动模固定板 7 的斜面，迫使棘爪转动而脱离二次推出板，因此一次推出板停止运动，在中心推杆 8 的作用下制品脱离推件板 1，完成二次推出。

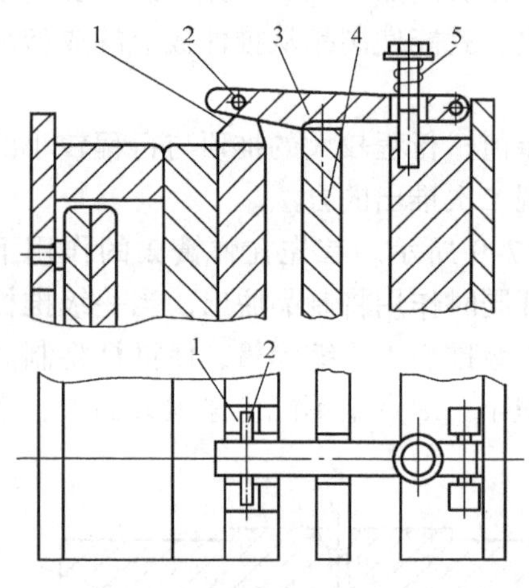

图 7-10　凸轮二次推出机构
1—凸块　2—长销　3—凸轮拉杆
4—推件板　5—弹簧

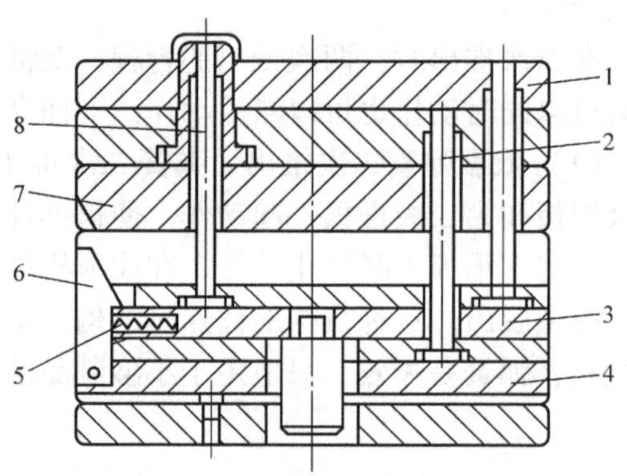

图 7-11　棘爪式二次推出机构
1—推件板　2—推杆　3—二次推出板　4—一次推出板
5—弹簧　6—棘爪　7—动模固定板　8—中心推杆

(5) 依靠滑块二次推出　利用滑块作二次推出的例子如图 7-12 所示。图中，滑块 2 的移动是依靠固定在动模板上的斜楔 4 推挤滑块 2 来实现的。开模时，推板带动型腔推件板 7 和中心推杆 6 一起运动，使制品脱出型芯 8，这时滑块 2 与斜楔接触，斜楔的斜面使滑块 2 向内移动，直至推板上的推杆 5 落入滑块 2 的孔中，因此型腔推件板 7 停止运动，而中心推杆 6 仍继续运动，将制品从型腔推件板 7 中推出。合模时，复位杆 9 使推板后退，当推杆 5 离开滑块 2 的孔时，弹簧 3 将滑块 2 推回原位，限位销 1 控制滑块 2 准确复位。

3. 动定模双向推出机构

在设计推出机构时，原则上应使制品留在动模一侧。但有时由于制品形状特殊，制品既可能留在定模一侧，又可能留在动模一侧，这时除在动模上设置推出机构外，还应在定模上也设置辅助推出机构。图 7-13 所示为两种常见的双向推出机构形式。

图 7-13a 所示的是利用弹簧力使制品首先从定模上脱出，滞留在动模内，然后再利用动模上的推出机构将制品推出。这种形式仅适用于制品对定模粘附力不大、推出距离不长的情况。图 7-13b 所示的是利用杠杆的作用实现定模推出的例子。开模时，固定在动模上的滚轮压动杠杆，使定模的推出机构动作，迫使制品留在动模一侧，然后再利用动模上的推出机构将制品从动模内推出。

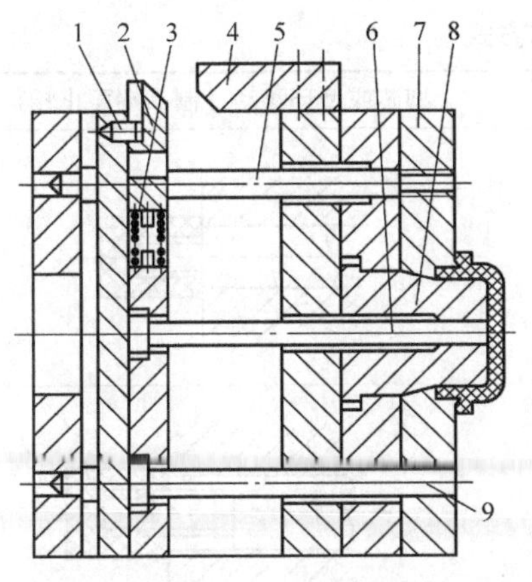

图 7-12　滑块式二次推出机构

1—限位销　2—滑块　3—弹簧　4—斜楔　5—推杆　6—中心推杆　7—型腔推件板　8—型芯　9—复位杆

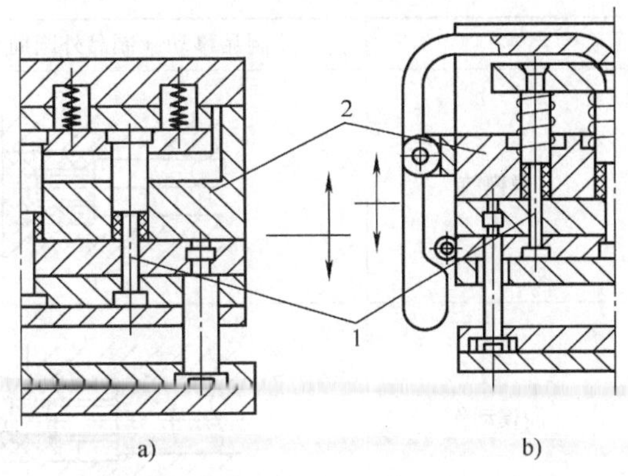

图 7-13　两种常见的双向推出机构

1—型芯　2—凹模

4. 螺纹制品的脱模机构

螺纹制品的脱模方式有如下三种：

(1) 活动型芯或型环脱模方式　这种方式是先将型芯或型环随制品一道脱出模外，然后再用人工方法将型芯或型环旋下。这种机构的优点是结构简单；缺点是生产率低，劳动强度大，只适用于小批量生产。

(2) 拼合型芯或型环脱模方式　图 7-14a 所示为利用拼合型芯脱内螺纹的模具，图 7-14b所示为利用拼合型环脱外螺纹的模具。这两种机构脱模可靠、结构简单，但缺点是在螺纹中存在着分型线，容易产生飞边且难以清除。

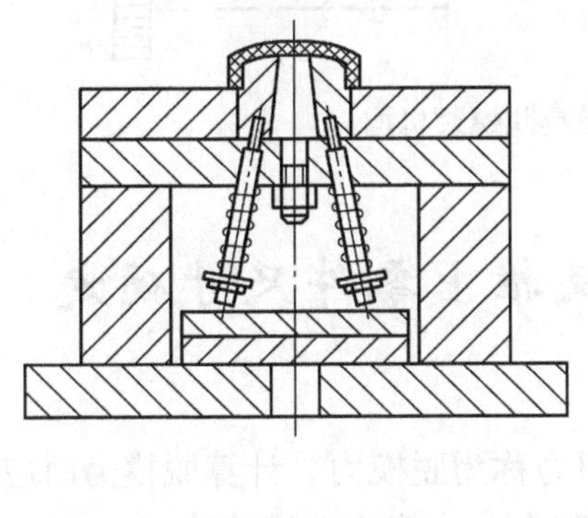

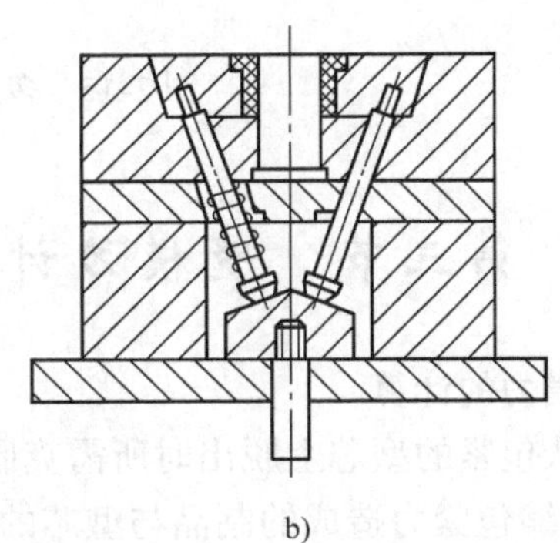

图 7-14　利用拼合型芯或型环脱螺纹

a) 脱内螺纹　b) 脱外螺纹

(3) 机动脱模方式　机动脱螺纹有两种方式：一种是使塑料制品移动；另一种是使型芯或型环移动，见表 7-2。为了防止制品随螺纹型芯或型环一起转动，在设计模具时除了模具本身要有相应的防转机构外，在制品的外表面或端面上也应有防止转动的花纹或图案。

表 7-2 脱螺纹的基本方式

	制品移动（制品外圆周止转）	型芯或型环移动（制品端面止转）
脱模前	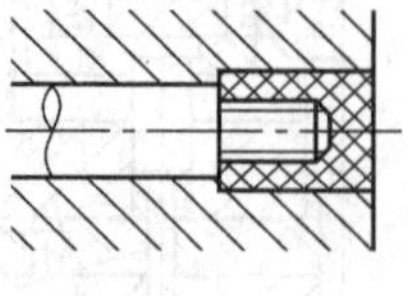	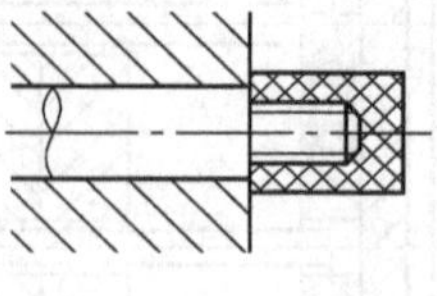
脱模动作	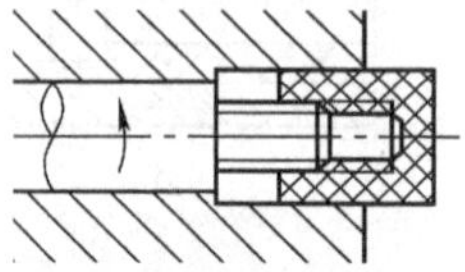	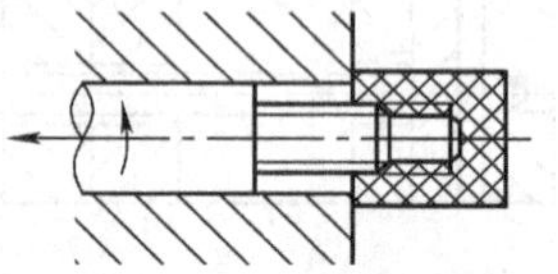

在机动脱模机构中，经常利用齿轮与齿条或者锥齿轮等装置，将开模的直线运动转变为旋转运动，以便将带有螺纹的制品脱模。图 7-15 所示为多型腔的模具利用开模力，通过齿轮齿条及锥齿轮装置退出螺纹型芯。

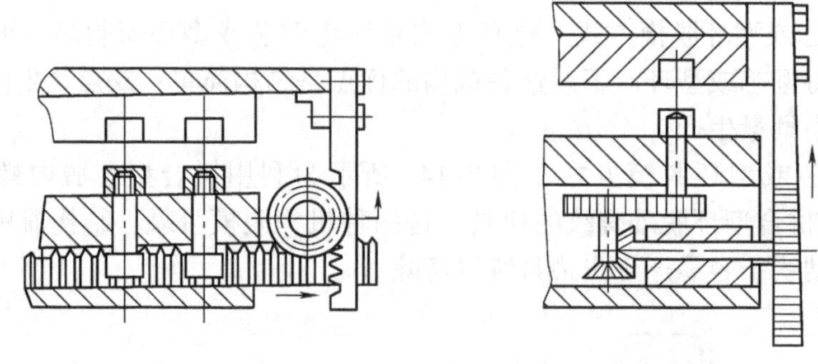

图 7-15 多型腔模具脱螺纹机构

第三节 脱模力计算及推出零件尺寸确定

一、脱模力的计算

将制品从包紧的型芯上脱出时所需克服的阻力称为脱模力。计算脱模力时应考虑：

1）由收缩包紧力造成的制品与型芯的摩擦阻力，该值应由试验确定。

2）由大气压造成的阻力。

3）由塑料的粘附力造成的脱模阻力。

4）推出机构运动摩擦阻力。

上述各项脱模阻力中，1）与 2）两项起决定作用，3）与 4）两项可用修正系数的形式包括在脱模力计算公式之中。

此外，理论分析和试验证明，脱模力的大小还与制品的厚薄及几何形状有关，因此将制品所需脱模力，按厚壁与薄壁两类加以区别，每类又按圆形和矩形制品分别进行脱模力计算。在注射模设计时，可用这些公式对一般形状的制品作脱模力的粗略计算。

1. 厚壁制品($t/d>0.05$)

1）制品为圆形截面时所需脱模力 F（N）为

$$F=\frac{2\pi rESL\ (f-\tan\varphi)}{(1+\mu+K_1)\ K_2}+0.1A \tag{7-1}$$

2）制品为矩形截面时所需脱模力 F（N）为

$$F=\frac{2\ (a+b)\ ESL\ (f-\tan\varphi)}{(1+\mu+K_1)\ K_2}+0.1A \tag{7-2}$$

2. 薄壁制品($t/d\leqslant0.05$)

1）制品为圆形截面时所需脱模力 F（N）为

$$F=\frac{2\pi\delta_1 ESL\cos\varphi\ (f-\tan\varphi)}{(1-\mu)\ K_2}+0.1A \tag{7-3}$$

2）制品为矩形截面时所需脱模力 F（N）为

$$F=\frac{8\delta_2 ESL\cos\varphi\ (f-\tan\varphi)}{(1-\mu)\ K_2}+0.1A \tag{7-4}$$

上述公式中，K_1 为无因次系数，其值随 λ 与 φ 而异，$\lambda=r/\delta$ $\left[\text{圆形截面时，}r\text{ 为型芯平均半径（mm），}\delta=\delta_1\text{；矩形截面时，}r=\frac{a+b}{\pi}\text{，}\delta=\delta_2\right]$；$\delta_1$ 为圆形制品的壁厚（mm）；δ_2 为矩形制品的平均壁厚（mm）；a 与 b 为矩形型芯的截面尺寸（mm）。

$$K_1=\frac{2\lambda^2}{\cos^2\varphi+2\lambda\cos\varphi} \tag{7-5}$$

K_1 值除可用上式计算外还可从表 7-3 中选取。K_2 也为无因次系数，随 f 和 φ 而异，即

$$K_2=1+f\sin\varphi\cos\varphi \tag{7-6}$$

K_2 值还可从表 7-4 中选取；S 为塑料平均成型收缩率（%）；E 为塑料的弹性模量（MPa）（见附录 C）；L 为制品对型芯的包容长度（mm）；f 为制品与型芯之间的静摩擦因数（见附录 C）；φ 为模具型芯的脱模斜度（°）；μ 为塑料的泊松比（见附录 C）；A 为不通孔制品型芯在脱模方向上的投影面积（mm^2），通孔制品的 A 等于零。

表 7-3　K_1 随 λ 和 φ 的变化值

λ \ φ	15′	30′	1.0°	1.5°	2°	3°	4°	5°	6°	7°	8°	9°	10°	11°	12°	13°	14°	15°
1.0	0.667	0.667	0.667	0.667	0.667	0.668	0.668	0.670	0.672	0.673	0.676	0.678	0.680	0.683	0.687	0.690	0.694	0.698
1.5	1.125	1.125	1.125	1.125	1.126	1.127	1.128	1.130	1.133	1.135	1.139	1.143	1.147	1.151	1.156	1.162	1.169	1.175
2.0	1.600	1.600	1.600	1.601	1.601	1.603	1.605	1.607	1.611	1.614	1.619	1.624	1.630	1.635	1.643	1.651	1.659	1.668
2.5	2.083	2.083	2.084	2.084	2.085	2.087	2.089	2.093	2.097	2.101	2.108	2.114	2.121	2.128	2.138	2.148	2.159	2.169
3.0	2.571	2.571	2.572	2.572	2.573	2.576	2.579	2.583	2.588	2.592	2.601	2.608	2.617	2.625	2.642	2.650	2.668	2.675
3.5	3.063	3.063	3.063	3.064	3.065	3.067	3.071	3.076	3.082	3.087	3.097	3.105	3.116	3.126	3.139	3.154	3.169	3.184
4.0	3.556	3.556	3.556	3.557	3.558	3.516	3.565	3.570	3.577	3.584	3.596	3.605	3.617	3.628	3.644	3.661	3.678	3.695
4.5	4.050	4.050	4.051	4.052	4.053	4.056	4.061	4.067	4.075	4.082	4.095	4.106	4.119	4.132	4.149	4.169	4.188	4.207
5.0	4.545	4.545	4.546	4.547	4.548	4.552	4.557	4.564	4.573	4.584	4.596	4.607	4.622	4.636	4.656	4.678	4.700	4.721

（续）

φ λ	15′	30′	1.0°	1.5°	2°	3°	4°	5°	6°	7°	8°	9°	10°	11°	12°	13°	14°	15°
5.5	5.042	5.042	5.042	5.043	5.045	5.049	5.055	5.063	5.072	5.084	5.097	5.110	5.126	5.142	5.163	5.187	5.211	5.235
6.0	5.539	5.539	5.539	5.540	5.542	5.547	5.553	5.561	5.571	5.584	5.559	5.613	5.631	5.648	5.671	5.698	5.723	5.749
6.5	6.036	6.036	6.037	6.038	6.040	6.045	6.057	6.060	6.071	6.082	6.101	6.116	6.136	6.154	6.180	6.208	6.236	6.264
7.0	6.533	6.533	6.534	6.536	6.538	6.543	6.550	6.569	6.572	6.583	6.604	6.620	6.641	6.661	6.689	6.719	6.750	6.779
7.5	7.031	7.031	7.032	7.034	7.036	7.042	7.049	7.060	7.073	7.084	7.107	7.124	7.147	7.168	7.198	7.231	7.262	7.295
8.0	7.530	7.530	7.531	7.532	7.534	7.541	7.549	7.560	7.574	7.586	7.610	7.629	7.652	7.676	7.707	7.742	7.776	7.811
8.5	8.025	8.027	8.029	8.031	8.033	8.040	8.048	8.060	8.075	8.088	8.113	8.133	8.159	8.183	8.217	8.254	8.290	8.327
9.0	8.527	8.527	8.528	8.530	8.532	8.539	8.548	8.560	8.576	8.590	8.617	8.638	8.665	8.691	8.726	8.766	8.804	8.843

表 7-4　K_2 随 f 和 φ 和变化值

φ f	1°	2°	3°	4°	5°	6°	7°	8°	9°	10°	11°	12°	K_2 的平均值
0.10	1.0017	1.0035	1.0052	1.0070	1.0087	1.0104	1.0121	1.0133	1.0155	1.0171	1.0187	1.0203	1.0112
0.14	1.0024	1.0049	1.0073	1.0097	1.0122	1.0145	1.0169	1.0163	1.0210	1.0239	1.0262	1.0285	1.0140
0.15	1.0026	1.0052	1.0078	1.0104	1.0130	1.0156	1.0181	1.0207	1.0232	1.0257	1.0280	1.0305	1.0167
0.18	1.0031	1.0063	1.0094	1.0125	1.0156	1.0187	1.0218	1.0221	1.0278	1.0308	1.0337	1.0366	1.0179
0.20	1.0035	1.0070	1.0104	1.0139	1.0174	1.0208	1.0242	1.0276	1.0309	1.0342	1.0375	1.0407	1.0223
0.26	1.0052	1.0105	1.0156	1.0209	1.0260	1.0312	1.0363	1.0413	1.0464	1.0513	1.0562	1.0608	1.0335
0.33	1.0058	1.0115	1.0172	1.0230	1.0287	1.0341	1.0399	1.0454	1.0510	1.0564	1.0618	1.0671	1.0368
0.36	1.0063	1.0126	1.0188	1.0250	1.0313	1.0374	1.0435	1.0496	1.0556	1.0616	1.0674	1.0729	1.0402
0.44	1.0074	1.0153	1.0228	1.0306	1.0382	1.0547	1.0534	1.0606	1.0680	1.0752	1.0824	1.0895	1.0492

二、推出零件尺寸的确定

在推出机构中最主要的零件是推件板和推杆，推件板的厚度和推杆直径的确定又是设计的关键。下面从刚度和强度计算两个方面介绍推件板厚度及推杆直径的计算公式。

1. 推件板厚度的确定

对于筒形或圆形塑料制品，当用推件板脱模时，根据刚度计算，推件板的厚度 t（mm）公式为

$$t=\left(\frac{c_3FR^2}{E\delta}\right)^{1/3} \tag{7-7}$$

式中，系数 c_3 随 R/r 值而异，按表 7-5 选取，其中 r 为推件板环形内孔（或型芯）半径（mm）；E 为钢材的弹性模量（$E=2.1\times10^5$MPa）；R 为作用在推件板上的推杆半径（mm）；δ 为推件板中心所允许的最大变形量，一般可取为制品在被推出方向上的尺寸公差的 1/5 ~ 1/10（mm）；F 为脱模力（N），由式（7-1）或式（7-3）确定。

若根据强度计算，则推件板厚度 t（mm）公式为

$$t=\left(K_3\frac{F}{[\sigma]}\right)^{1/3} \tag{7-8}$$

式中，系数 K_3 随 R/r 值而异，按表7-5选取；$[\sigma]$ 为推件板材料的许用应力（MPa）；F 为脱模力（N）。

表7-5 系数 c_3 与 K_3 的推荐值

R/r	c_3	K_3	R/r	c_3	K_3
1.25	0.0051	2.27	3.00	0.2090	12.05
1.50	0.0249	4.28	4.00	0.2930	15.14
2.00	0.0877	7.53	5.00	0.3500	17.45

对于横截面为矩形或异形的制品，若根据刚度计算，则推件板厚度 t（mm）的公式为

$$t = 0.54L_0\left(\frac{F}{EB\delta}\right)^{1/3} \tag{7-9}$$

式中，L_0 为在推件板长度上两推杆的最大距离（mm）；B 为推件板宽度（mm）；δ 为推件板中心所允许的最大变形量，同式（7-7）；E 为钢材的弹性模量（MPa）；F 为脱模力（N）。

2. 推杆直径的确定

根据压杆稳定公式，可得推杆直径 d（mm）的公式为

$$d = K\left(\frac{L^2F}{nE}\right)^{1/4} \tag{7-10}$$

式中，d 为推杆的最小直径（mm）；K 为安全系数，可取 $K=1.5$；L 为推杆的长度（mm）；F 为脱模力（N）；n 为推杆数目；E 为钢材的弹性模量（MPa）。

推杆直径确定后，还应进行强度校核，其公式为

$$\sigma = \frac{4F}{n\pi d^2} \leqslant [\sigma] \tag{7-11}$$

式中，$[\sigma]$ 为推杆材料的许用应力（MPa）；σ 为推杆所受的应力（MPa）；其他符号同前述公式。

第四节 主要推出零件的设计

一、推杆的设计

常用的推杆形状如图7-16所示。图7-16a为圆形推杆，其结构简单，应用十分广泛。图7-16b为阶梯形推杆，用于要求推杆直径较小的情况，其推出部分直径一般为非推出部分直径的1/2。图7-16c为D形推杆，这种形式的推杆用来顶推薄壁制品的边缘，以增大其顶推面积。这种推杆的缺点是，模板上的D形推杆孔难以加工，在使用中常采用镶拼结构得到D形孔，即在型芯固定板上先加工出对应推杆的圆形孔，然后再开出凹孔，装入型芯后便形成

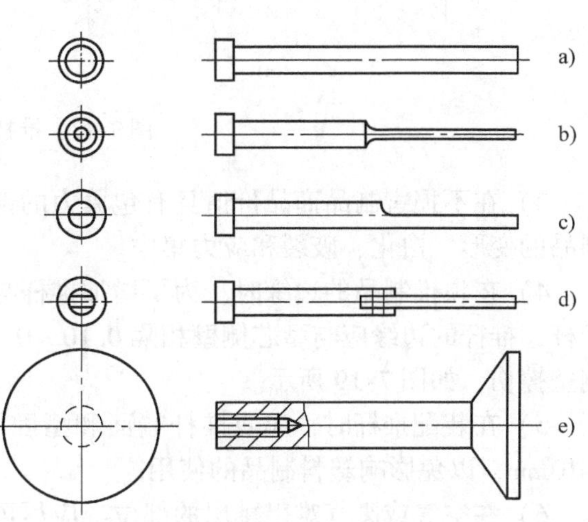

图7-16 常用推杆的形状

D 形推杆孔，如图 7-17 所示。图 7-16d 为扁推杆，主要用来顶推一般推杆难以推出的细长部分，如制品的加强肋等。图 7-16e 为盘形推杆，当无法采用边缘推杆和推件板时，可采用这种大直径的推杆，以增加顶推面积，使制品变形的可能性减小。

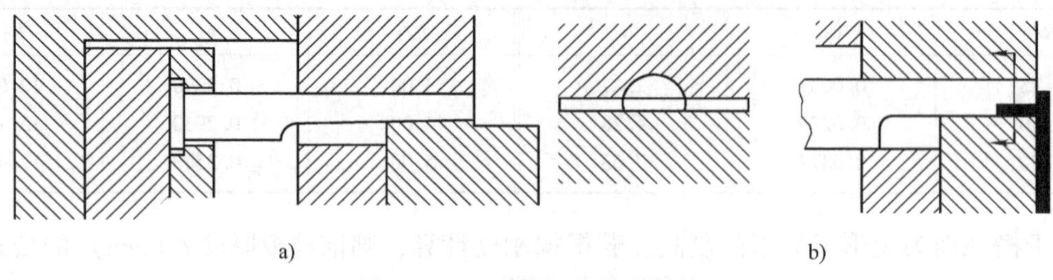

图 7-17 D 形推杆的镶拼结构
a）顶推薄壁制品 b）顶推格板状制品

推杆的材料多采用 45 钢、T8 或 T10 碳素工具钢，推杆头部需淬火处理，硬度在 50HRC 以上，表面粗糙度 $R_a \leqslant 1.6\mu m$。

在布置推杆时应注意如下几点：

1）布置推杆时，要考虑脱模阻力的平衡，以保护和防止制品由于推杆的纵向弯曲造成损坏，在肋、凸台、细小凹部要多设推杆。

2）推杆应设置在脱模阻力大的地方。图 7-18a 所示的壳类制品，其侧面是阻力最大的地方，因此在边缘设置推杆是合理的。如图 7-18b 所示，若制品上有细而长的凸台或肋，除设置边缘推杆外，还需在凸台或肋的底部设置推杆，以便可靠地脱模。若在制品内设置推杆，也应尽量靠近侧壁，否则易使制品开裂或顶穿。

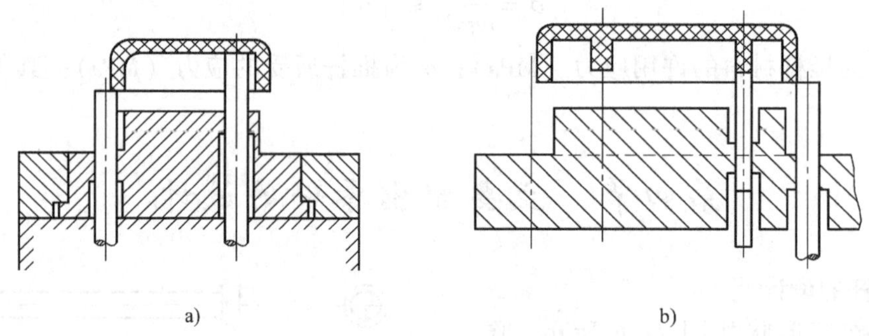

图 7-18 推杆的推出位置

3）在不损害制品商品价值且有包紧力的部位，应尽可能多地设置推杆，这样可以减轻制品的变形、白化、破裂和应力集中。

4）在顶推制品的边缘时，为了增加推杆与制品的接触面积，应尽可能采用直径较大的推杆，推杆的边缘应与型芯侧壁相隔 0.10 ~ 0.15mm，以避免推杆因推杆孔的磨损而把型芯侧壁擦伤，如图 7-19 所示。

5）在装配推杆时，应使推杆端面和型腔平面在同一平面或者比型腔平面高出 0.05 ~ 0.10mm，以免影响塑料制品的使用。

6）在空气或废气难以排出的部位，应尽可能设置推杆，以用它代替排气槽。

7）避免在制品靠近浇口的位置设置推杆，因为浇口附近残余应力大，顶推容易使制品破裂。

8）推杆与推杆孔的配合一般为 H7，配合长度约为推杆直径的 1.5 ~ 2 倍，且一般不应小于 15mm。

9）在推出肋与凸台时，多用阶梯形推杆，应尽量缩短细杆处的长度，并注意与粗杆配合的沉孔深度应高出粗杆头部推出行程的距离，以保证阶梯推杆的推出动作不会受阻。

10）推杆与推板径向应留有间隙，也就是说推杆相对于推板应是浮动的，如图 7-20 所示。但在推出方向上推杆与推板不能有间隙。

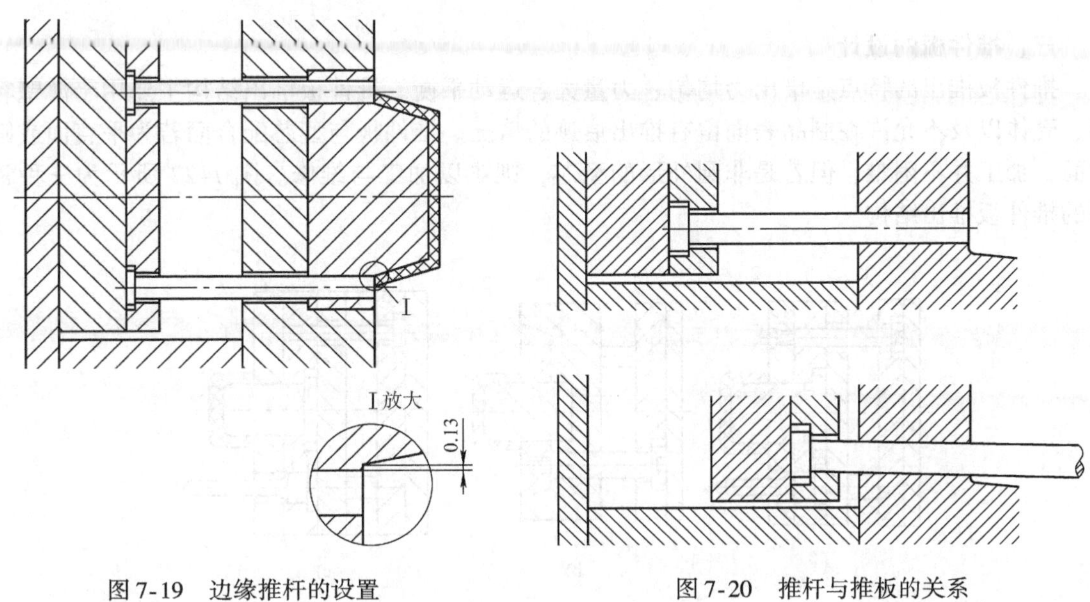

图 7-19　边缘推杆的设置　　　　图 7-20　推杆与推板的关系

11）推杆的布置不能与模具的其他结构干涉，特别是不能与冷却水通道发生干涉，一般的设计要求是推杆孔边缘距冷却水通道边缘至少 4mm 距离。

12）推杆应尽量布置在制品的平面上，如果顶推在斜面或推杆头部有非平面的成型位置，则推杆的固定台位置应设计止转结构，使推杆不能转动，以保证其头部正确的成型位置。

二、推管的设计

推管是一种空心推杆，用以推出圆筒形制品或推制品上的圆孔凸台。推管的脱模运动方式与推杆的相同。由于制品呈圆筒形，在成型部分必然要设置型芯，推管的固定形式应该适应于型芯的固定形式，两者不能发生干涉。如图 7-21a 所示，型芯固定在模具底板上，故不影响推管的运动，但这种结构的型芯较长，多用于推出距离不大的场合。如图 7-21b 所示，型芯又可固定在动模的座板上，而此时推管设在动模板内，两者互不干涉。这种结构可以缩短推管和型芯的长度，但增加了动模板的厚度。

推管的内径与型芯配合，外径与模板配合，其配合一般均取间隙配合，对于小直径推管，取 H8/f8，对于大直径推管，取 H8/f7。推管与型芯配合长度为推出行程加 3 ~ 5mm，推管与模板的配合长度为推管外径的 0.8 ~ 2 倍。

推管的材料、热处理要求、表面粗糙度要求均与推杆的相同。

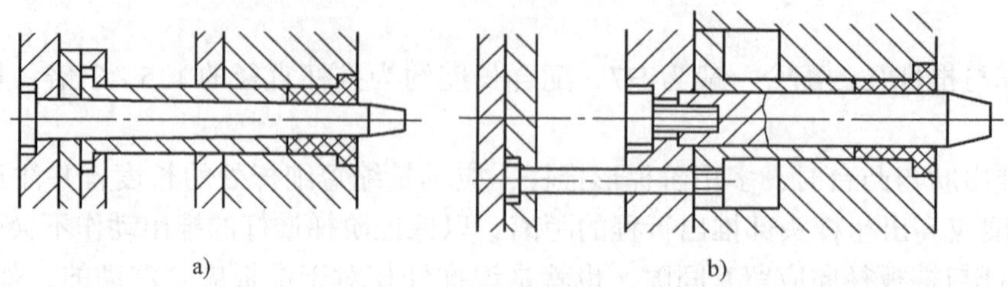

图7-21 推管推出结构

三、推件板的设计

推件板推出的特点是推出力均匀、力量大、运动平衡。推件板推出结构主要用于薄壁容器、壳体以及不允许在制品表面留有推出痕迹的情况。推件板与型芯配合面若为平直面或圆柱面，加工并不困难，但若是非圆外形的型芯，则难以加工与维修。图7-22所示为三种常用的推件板推出结构。

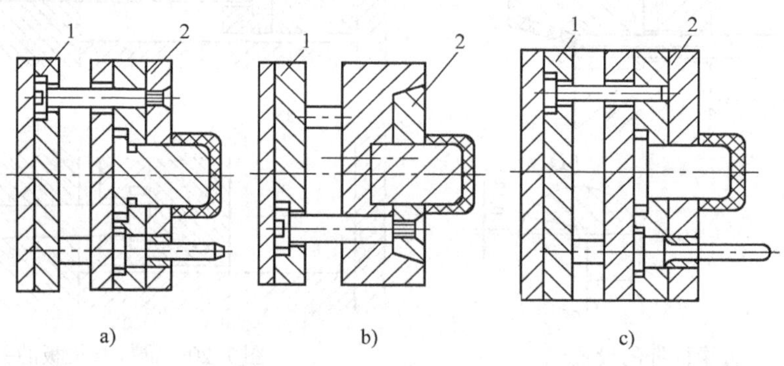

图7-22 常用的推件板推出结构

1—推板 2—推件板

图7-22a为典型的推件板推出结构，图7-22b为环形推件板结构。这两种结构在推件板与推板之间都采用了固定连接，以防止推板在推出过程中脱落。图7-22c所示的是在推件板与推板之间采用了不固定连接的例子，在这种情况下，只要严格控制推出距离和使导柱有足够的长度，也可保证推件板不脱落。

在推件板推出结构中不必另设复位机构，因为在合模过程中，推件板能在合模力的作用下回复到初始位置。

推件板与型芯的配合面在滑动时容易发生卡死的现象，所以型芯与推件板都要进行淬火处理。为了减小推出过程中推件板和型芯的摩擦，在推件板和型芯之间应留有0.25mm的间隙，如图7-23所示。图中的配合锥度还起辅助定位的作用，以防止推件板偏心引起溢料。

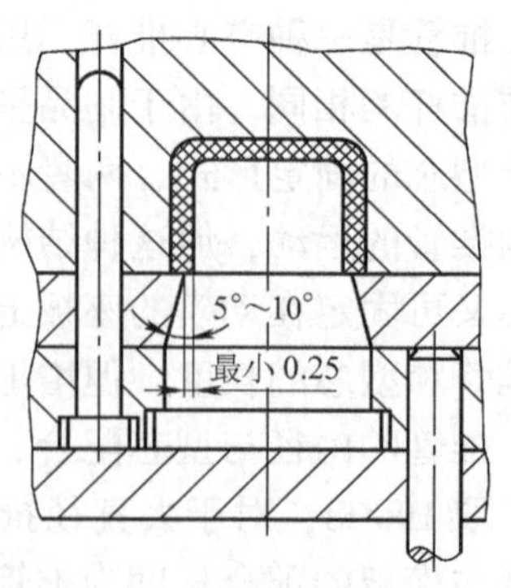

图7-23 推件板的周边间隙及锥面配合

四、推出机构的导向

推板为了将制品从模具中推出，需要在座板和动模垫板之间经常滑动。推板在推出过程中的导向十分重要，否则推板的重量全由推杆来承受易使推杆变形和折断。常用推出机构的导向装置如图 7-24 所示。

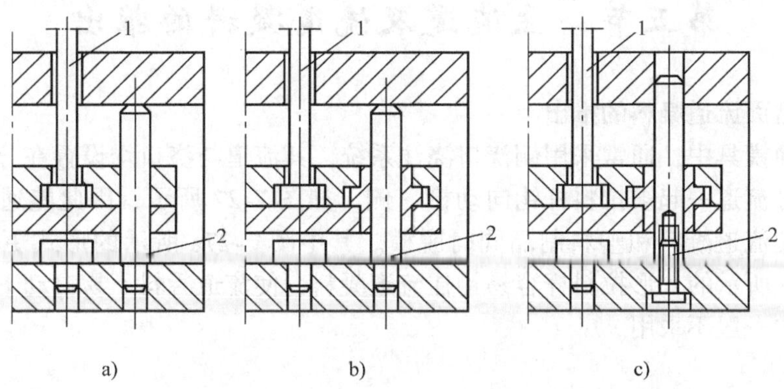

图 7-24　常用推出机构的导向装置

1—推杆　2—导柱

图 7-24a 所示的结构不用导套，它常用于生产量小、推杆少的模具中；图 7-24b 为常用结构。在这两种结构中，导柱还可以起到支承作用，以减少动模垫板的弯曲变形。使用这两种结构时需要注意模具的底板相对于动模型芯应该有精确的定位，否则推杆更容易卡死。如果底板及垫块没有销钉定位，则推板导柱安装时应将其嵌入动模板，且动模板上的嵌入孔需要精确加工，如图 7-24c 所示。

五、复位杆的设计

推杆或推件板在完成制品的推出动作后，为了进行下一循环的成型，必须回到其初始位置。除推件板推出外，其他推出形式一般均需要设置复位机构。常用的复位机构有弹簧复位和复位杆复位两种。因弹簧复位不可靠，所以在应用上不如复位杆复位用得广泛。复位杆复位机构如图 7-25 所示。

复位杆一般设置在推板上的四周，合模时若复位杆已淬火的工作端面顶在不淬火的定模固定板上，复位杆就有可能将定模固定板顶出凹坑。为了避免在工作中复位杆将定模固定板顶出凹坑，影响复位杆准确复位，常在定模固定板上镶入淬火的垫块，如图 7-26所示。

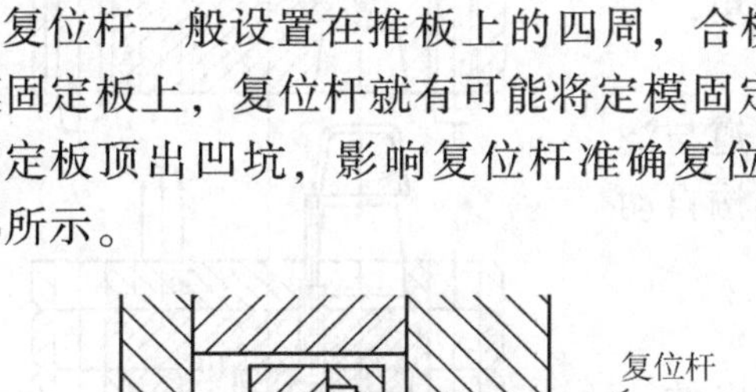

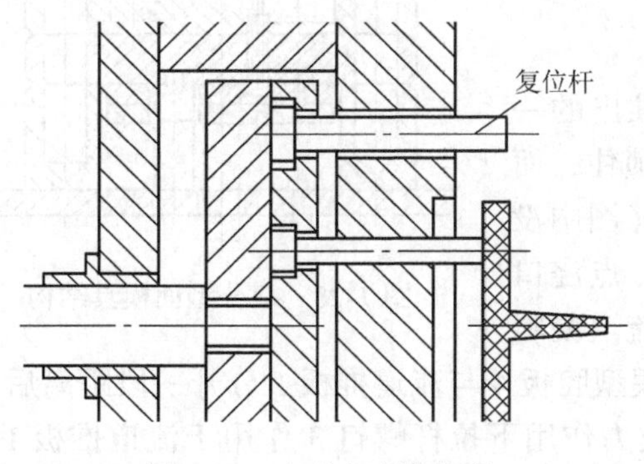

图 7-25　复位杆复位机构

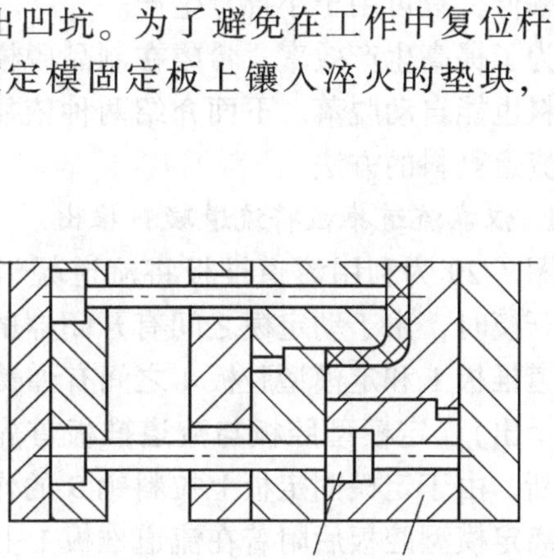

图 7-26　在定模固定板上镶入淬火垫块

1—垫块　2—定模固定板

在制品几何形状和模具结构允许的情况下，有时推杆可以兼作复位杆。

第五节　主流道及流道凝料的推出

一、单分型面流道凝料的推出

在单分型面模具中，通常采用侧浇口浇注系统，其流道与浇口均设置在分型面上，开模时主流道连同分流道一起被拉料杆钩向动模一侧，如图7-27所示，因此能通过推出机构作简单的顶推，使流道凝料和塑料制品同时脱模。其中图7-27a所示的形式更容易自动化生产，而图7-27b所示的Z形拉料杆容易钩住流道凝料，使流道凝料不易自动下落，在要自动化生产的模具中一般不采用。

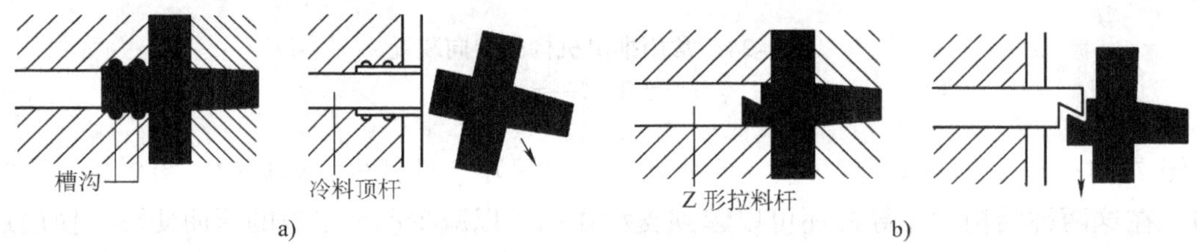

图7-27　单分型面的推出

二、双分型面流道凝料的推出

当采用中心点浇口时，模具需要采用双分型面结构，一个分型面用来推出流道凝料，另一个分型面用来推出塑料制品，图7-28所示为双分型面模具结构。从图中可见，分型后流道凝料卡在模具内的流道中，此时需要手工将凝料从流道中取出。这种模具结构简单，生产效率低，只可用于小批量生产。

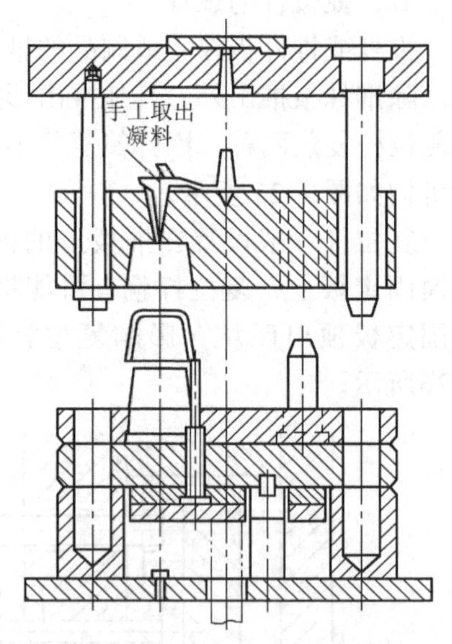

图7-28　双分型面模具结构

为了提高生产效率，希望在制品脱模后，流道与浇口凝料也能自动脱落。下面介绍两种依靠模具结构自动取出流道凝料的方法。

1. 依靠流道推板将流道凝料推出

图7-29为利用流道推板将流道凝料自动推出的一例。开模时，由于动定模之间有开闭器的作用锁住，而在流道推板1和定模型腔板4之间有弹簧作用（图中没有表示出），定模型腔板与流道推板首先分离，点浇口被拉断。由于定模固定板上拉料销5的作用，流道凝料在脱离定模型腔板后附着在流道推板1上。定模型腔板4与流道推板1分开一段距离后，拉杆螺钉3的头部接触定模型腔板4，这样在开模力作用下拉杆螺钉3作用于流道推板1，使流道凝料从拉料销5上脱出。继续开模，定模部分在拉杆螺钉3的限制下不能继续运动，动模部分则克服开闭器的摩擦力与定模型腔板4分开。有时流道凝料虽然已离开主流道衬套，

但仍会挂在流道推板的孔中不能自动落下，在该模具中专门设计如图 7-29 局部放大图 I 所示的弹簧推销 6，以便将流道凝料从流道推板的孔中推出。

2. 利用侧凹取出流道凝料

图 7-30 所示为利用侧凹和中心推杆推出流道凝料的例子。在该结构的分流道一端钻有一个斜孔，成型侧凹。开模时由于斜孔内凝料的限制，将点浇口凝料在浇口处与制品拉断，然后由主流道倒锥形拉料杆的作用将流道凝料从斜孔中拉出，再由中心推杆（即拉料杆）将流道凝料推出模外而自动脱落。

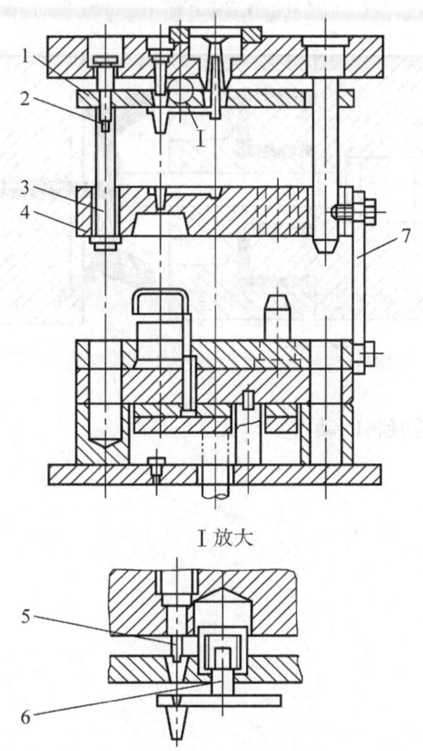

图 7-29 用流道推板推出凝料
1—流道推板 2—限位螺钉 3—拉杆螺钉 4—定模型腔板
5—拉料销 6—弹簧推销 7—拉板

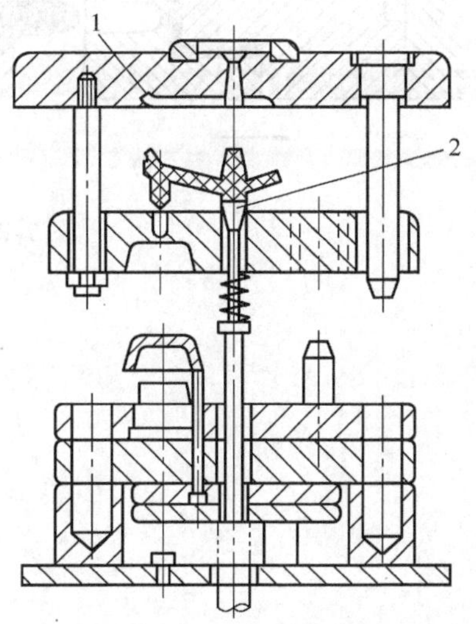

图 7-30 利用侧凹和中心推杆推出流道凝料
1—侧凹 2—中心推杆

采用侧凹牵引流道凝料（图 7-31）时应注意如下三点：

1）拉料杆在开始拉主流道凝料前，必须将点浇口拉断并从型腔中脱出来，如图 7-31b 所示。

2）拉料杆动作要使分流道凝料产生一定的变形，以使其不再能返回原来的型腔中，如图 7-31c 所示。

3）一般，斜孔的角度为 15°～30°，斜孔直径为 3～5mm，斜孔的深度为 5～12mm。

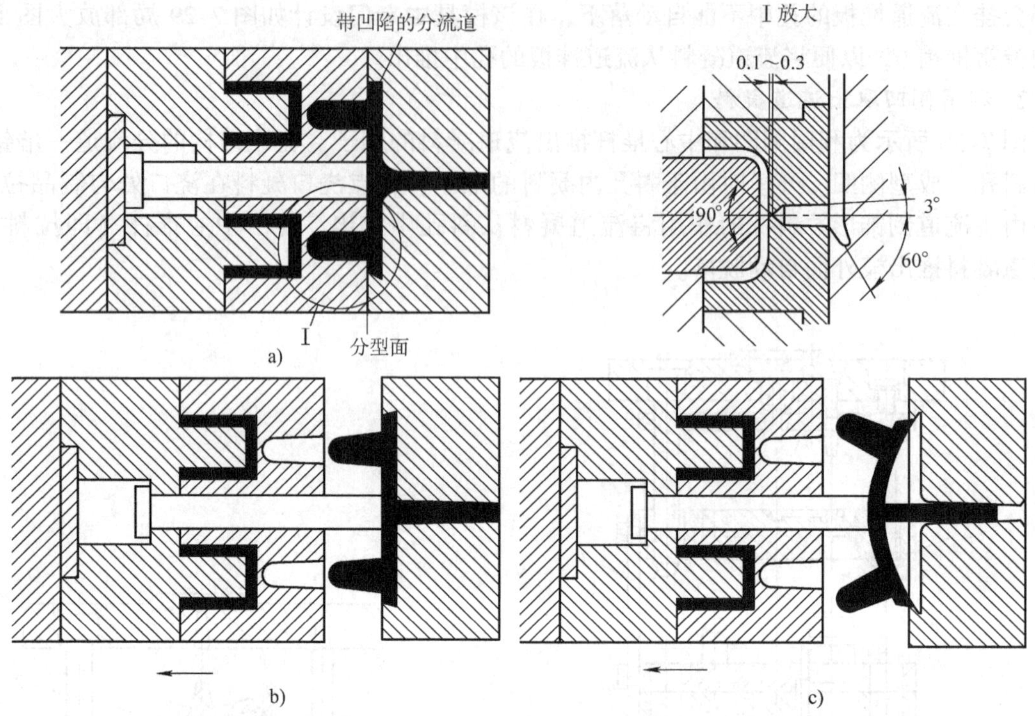

图 7-31 侧凹牵引流道凝料的动作

第八章　注射模侧向分型与抽芯机构

第一节　抽芯机构的分类与结构

一、抽芯机构的类型

注射模中凡与注射机开模方向一致的分型和抽芯都比较容易实现，因此模具结构也较简单。但是对于某些塑料制品，由于使用上的要求，不可避免地存在着与开模方向不一致的分型。对于具有这种结构的制品，除极少数情况可以进行强制脱模外（参见图4-11），一般都需要进行侧向分型与抽芯，才能取出制品。能将活动型芯抽出和复位的机构称为抽芯机构。侧向分型的抽芯机构按动力来源可分为手动、气动、液压和机动四种类型。

1. 手动抽芯

在推出制品前或脱模后用手工方法或手工工具将活动型芯取出的方法称为手动抽芯方法。手动抽芯机构的结构简单，但劳动强度大，生产效率低，故仅适用于小型制品的小批量生产。

图8-1所示为两种手动抽芯机构的例子。图8-1a的结构最简单，在推出制品前，用扳手旋出活动型芯；图8-1b所示的活动型芯不像图8-1a所示的那样随螺栓旋转，在抽芯时活动型芯只作水平移动，故适用于非圆形侧孔的抽芯。

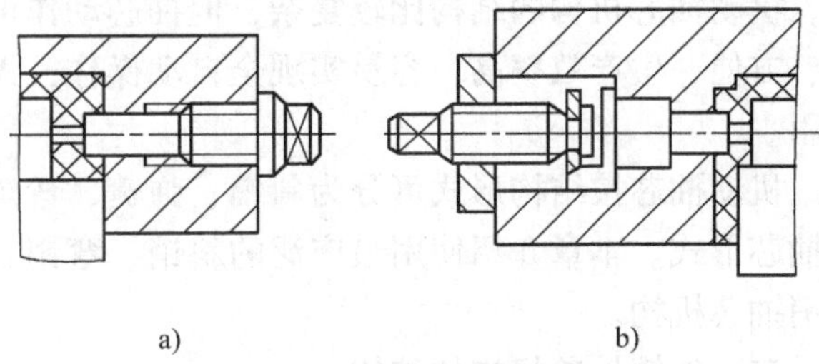

图8-1　手动抽芯机构

脱模后用手工取出型芯或镶件的例子如图8-2所示，取出的型芯或镶件再重新装回到模具中。应注意活动型芯或镶件须可靠定位，合模与注射成型时不能移位，以免制品报废或模具损坏。

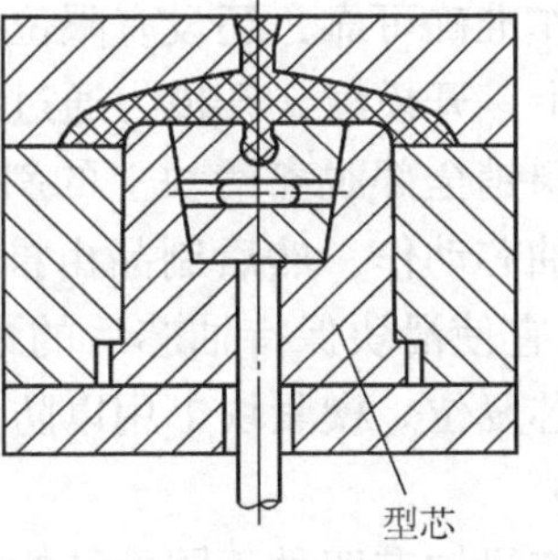

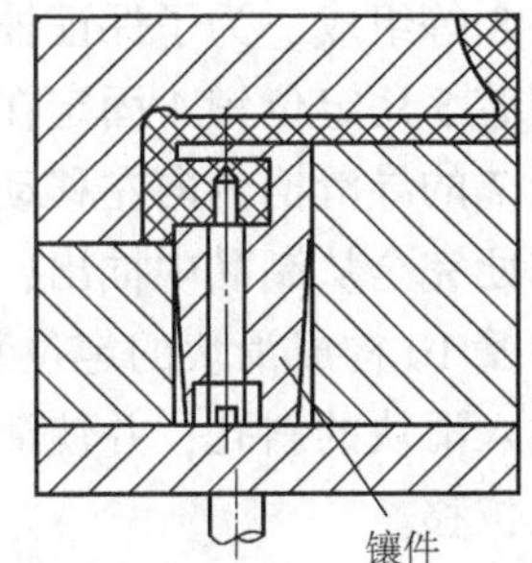

图8-2　脱模后用手工取出型芯或镶件

2. 液压或气动抽芯

侧向分型的活动型芯可以依靠液压传动或气压传动的机构抽出。由于一般注射机没有抽芯液压缸或气缸，因此需要另行设计液压或气压传动机构及抽芯系统。液压传动比气压传动平稳，且可得到较大的抽拔力和较长的抽芯距离。但由于模具结构和体积的限制，液压缸的尺寸往往不能做得太大。与机动抽芯不同，液压或气压抽芯是通过一套专用的控制系统来控制活塞的运动来实现的，其抽芯动作可不受开模时间和推出时间的影响。

图 8-3 所示为利用气动抽芯机构使侧向型芯作前后移动的例子。在图示的结构中没有锁紧装置，这在侧孔为通孔或者活动型芯仅承受很小的侧向压力时是允许的，因为气缸压力尚能使侧向的活动型芯锁紧不动，否则应考虑设置活动型芯的锁紧装置。

图 8-4 所示的液压抽芯机构带有锁紧装置，侧向活动型芯设在动模一侧。成型时侧向活动型芯由定模上的锁紧块锁紧，开模时，锁紧块离去，由液压抽芯系统抽出侧向活动型芯，然后再推出制品。推出机构复位后，侧向型芯再复位。

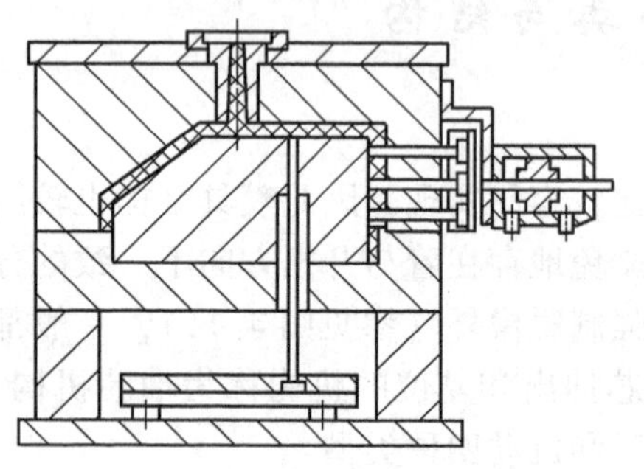

图 8-3　气动抽芯机构

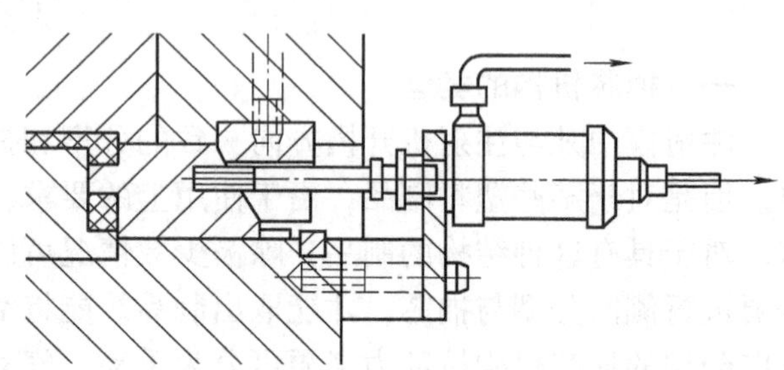

图 8-4　液压抽芯机构

3. 机动抽芯

机动抽芯是利用注射机的开模力，通过传动机构改变运动方向，将侧向的活动型芯抽出。机动抽芯机构的结构比较复杂，但抽芯动作可靠，不需人工操作，抽拔力较大，具有灵活、方便、生产效率高，容易实现全自动操作，无需另外添置设备等优点，在生产中被广泛采用。

机动抽芯按结构形式可分为斜销、弹簧、弯销、斜导槽、斜滑块、楔块、齿轮齿条等多种抽芯形式。本章介绍使用最广泛的斜销、弯销、斜导槽和斜滑块四种，重点是最为常用的斜销抽芯机构。

二、斜销抽芯机构的结构

如图 8-5a 所示，斜销抽芯机构是由轴线方向与模具开模方向成一定角度的斜销 3 和滑块 8 等组成，为了保证抽芯动作准确可靠，还设有限位挡块 9 和楔紧块 1。图中，侧向活动型芯 5 用定位销 4 固定在滑块上。开模时，开模力通过斜销作用于滑块上，迫使滑块在动模板 7 的导滑槽内向左移动，当斜销全部脱离滑块上的斜孔后，如图 8-5b 所示，侧向活动型芯便完全从制品中抽出，完成抽芯动作，然后制品由推出机构推出。限位挡块 9、螺钉 11、弹簧 10 构成滑块的定位装置，它使滑块保持抽芯后的最终位置，以便合模时斜销能准确地进入滑块的斜孔，并使活动型芯复位。楔紧块 1 用以防止成型时滑块受到侧向注射压力而发生位移。

因安装位置不同，斜销抽芯机构有四种不同的结构形式。

1. 斜销在定模上、滑块在动模上

图 8-5 所示的结构便属于这种形式，这种形式最为常见，应用也最为广泛。斜销在定模上多用于外侧抽芯，有时也用于内侧抽芯，图 8-6 所示的一例便是利用斜销内侧抽芯的结构。此时，斜销向模内倾斜一定的角度，开模时，斜销驱使滑块向模内运动，脱出成型制品内侧凹的活动型芯。

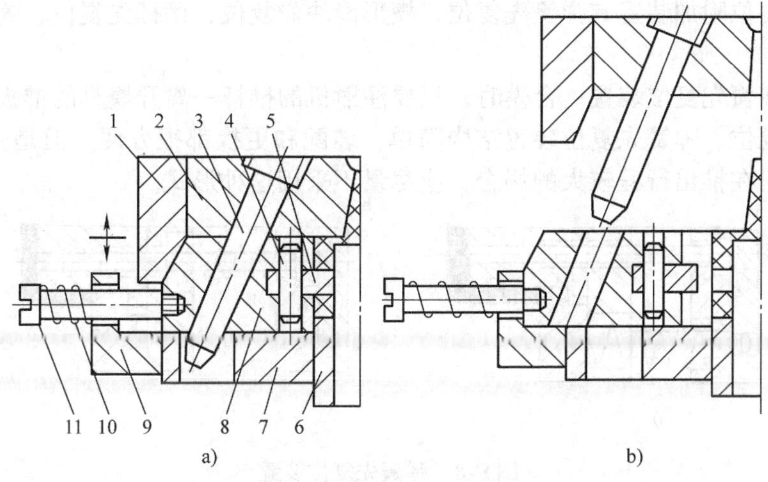

图 8-5　斜销抽芯机构

1—楔紧块　2—定模板　3—斜销　4—定位销　5—活动型芯　6—推管　7—动模板　8—滑块　9—限位挡块　10—弹簧　11—螺钉

由于滑块在动模上，设计这种结构的抽芯机构时，必须注意复位时滑块与推出机构不发生干涉现象。如图 8-5 中的制品是依靠推管将其推出模外的，若推管的推出高度高于活动型芯的最低面，滑块 8 又先于推管 6 复位，则活动型芯就会碰撞推管而损坏。解决的办法是，在模具结构允许的情况下，使推管或推杆与活动型芯的水平投影不重叠，或者在两者水平投影重叠的情况下，使推管或推杆的推出距离小于活动型芯最低面与分型面之间的距离。这是最简单的办法，否则就要校核干涉是否发生。若发生干涉，就得采用附加装置，确保推管或推杆先于活动型芯复位。

如图 8-7 所示，当推出机构采用复位杆复位时，若推杆（或推管）端面至活动型芯的最近距离 h 与斜销倾斜角 α 的正切 $\tan\alpha$ 的乘积大于活动型芯与推杆在水平方向的重叠距离 s，即

$$h\tan\alpha > s \qquad (8\text{-}1)$$

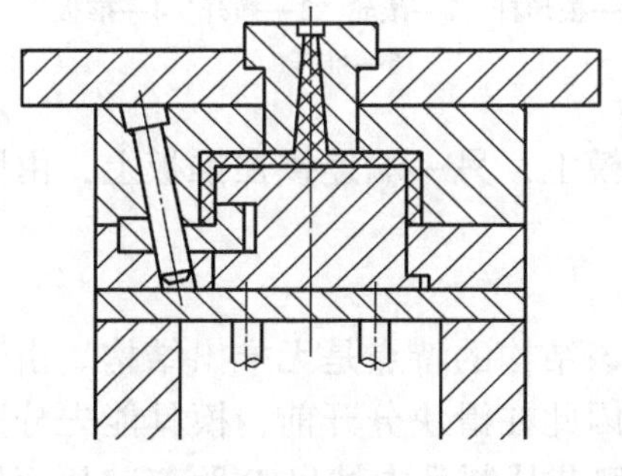

图 8-6　斜销内侧抽芯结构

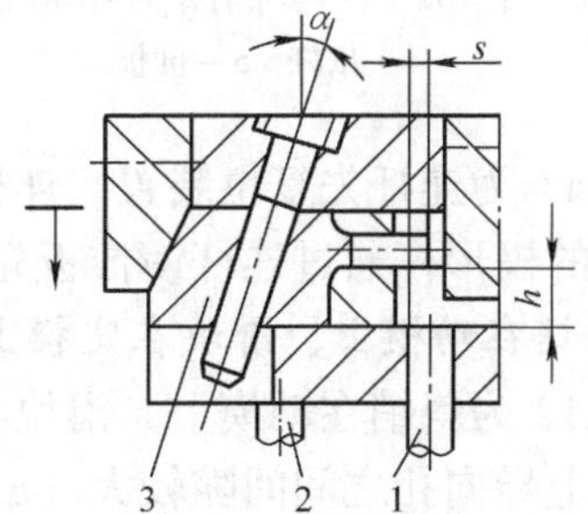

图 8-7　推杆先于活动型芯复位的校核

1—推杆　2—复位杆　3—活动型芯

则推杆可先于活动型芯复位，不会发生活动型芯与推杆碰撞的情况；否则就得采用使推杆先复位的附加装置。

常用的先复位附加装置有弹簧先复位、楔形滑块先复位、摆杆先复位、连杆先复位等多种形式。

图8-8为弹簧先复位装置。合模时，只要注射机的推杆一离开模具的推板，弹簧的弹力就将推出机构复位。弹簧先复位装置结构简单，装配和更换都很方便。但是弹簧的力量小，动作可靠性差，在推出行程较大的场合，应尽量不采用这种形式。

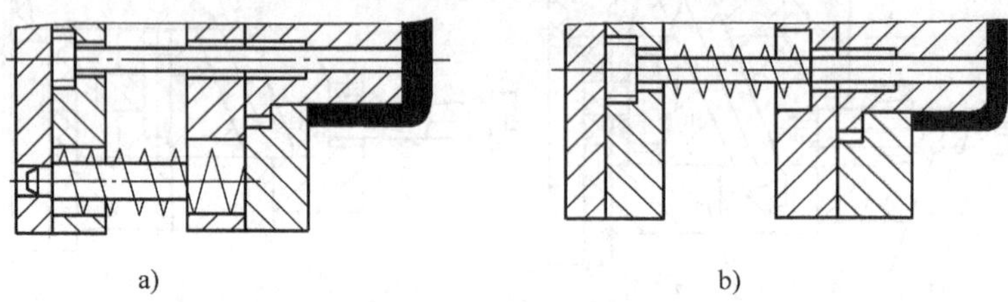

图8-8 弹簧先复位装置

图8-9为楔形滑块先复位装置。合模时，楔形杆2推动楔形滑块3移动，从而使推板5和推杆4复位。

图8-10为摆杆先复位装置。合模时，楔形杆1推动摆杆3使其摆动，摆杆带动推板4使推杆5复位。摆杆先复位装置与楔形滑块先复位装置是相似的，所不同的是此处用摆杆代替了楔形滑块。

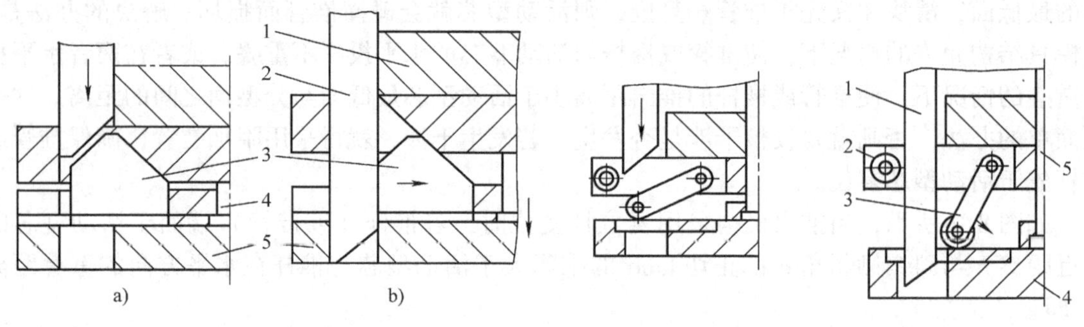

图8-9 楔形滑块先复位装置
1—定模板 2—楔形杆 3—楔形滑块 4—推杆 5—推板

图8-10 摆杆先复位装置
1—楔形杆 2—滚轮 3—摆杆 4—推板 5—推杆

图8-11为连杆先复位装置。连杆的一端连接在动模上，另一端连接在推板上，由固定在定模上的楔形杆通过连杆使推板先复位。

2. 斜销在动模上、滑块在定模上

图8-12为斜销在动模上、滑块在定模上的结构，该结构的特点是无推出结构。由于斜销与滑块上导向孔之间间隙较大（$c=1.6\sim3.6$mm），因此在滑块分开前，模具能先分开一段距离D（$D=c/\sin\alpha$），如图8-12所示。这样便可将型芯从制品中抽出D距离，从而使制品松动，然后依靠导向孔的外侧将滑块移动，使制品脱出定模，制品附着在动模的型芯上，由于已经松动，故可用人工将制品从型芯上取出。这种形式的模具结构简单，加工容易，无需推出机构。但需手工取出制品，生产率低，劳动强度大，仅适用于小批量生产的简单模具。

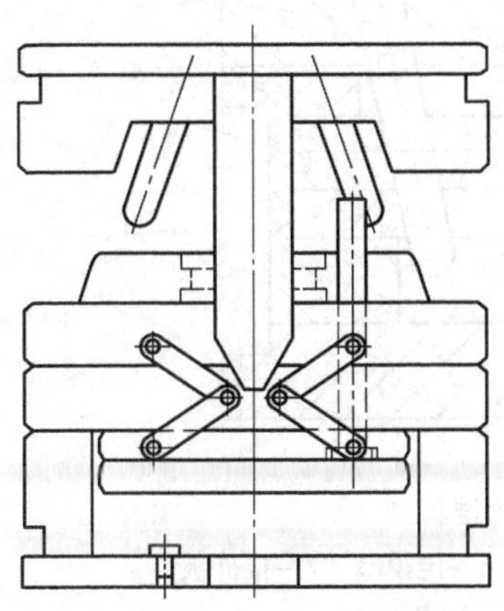

图 8-11　连杆先复位装置

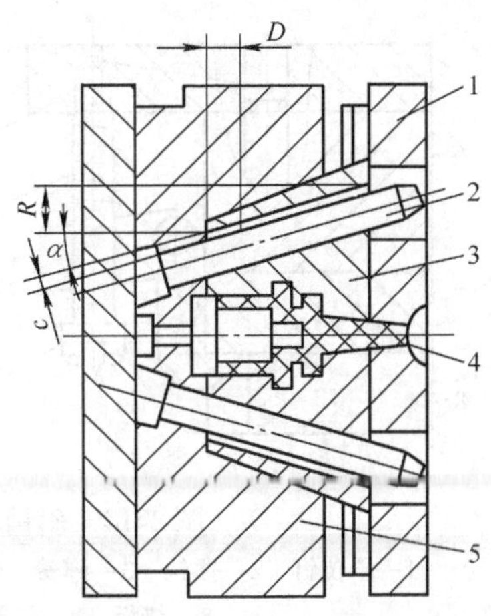

图 8-12　斜销在动模上、滑块在定模上的结构（无推出机构）

1—定模板　2—斜销　3—滑块　4—直流道　5—动模

对于有侧凹或侧孔的薄壁深罩形塑料制品，在动模一侧需设置推件板推出机构，这时用于侧抽芯的滑块就无法安装在动模上，便可采用图 8-13 所示斜销在动模上、滑块在定模上的结构。为了使制品在开模时不致滞留在定模上，在设计时将型芯 7 设计为可在动模板 5 中移动一定的距离。开模时，因动模板 5 可以沿型芯 7 作相对运动，故模具首先从 A 面分型。在保持型芯和推件板不动的情况下，滑块 10 在斜销 8 的作用下，将侧向型芯从制品中抽出，以保证制品可以滞留在动模一侧。继续开模，动模板与型芯台肩接触，模具从 B 面分型。由于制品收缩的包紧力以及型芯顶部开设的锥形拉料销，型芯 7 带着制品从定模型腔中脱出，最后由推出机构带动推件板 4 将制品从型芯上推出。这种形式适用于抽拔力不大、同时抽芯距离也较小的场合。

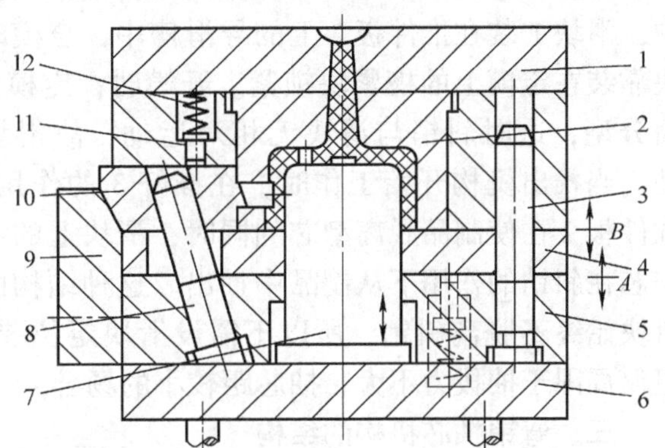

图 8-13　斜销在动模上、滑块在定模上的结构（推件板推出）

1—定模板　2—型腔　3—导柱　4—推件板　5—动模板　6—座板　7—型芯　8—斜销　9—楔紧块　10—滑块　11—定位钉　12—弹簧

3. 斜销和滑块同在定模上

当斜销和滑块同在定模上时，为了保证制品留在动模一侧，在开模时必须先抽出侧向活动型芯，然后再使定模和动模分型。图 8-14 所示的斜销和滑块同在定模上的结构采用了摆钩式定距拉紧机构来实现这种顺序分型动作。图中，摆钩 2 将定模套 6 和推件板 7 连成一体，因此开模时定模套首先从 A 面与定模板 4 分开，斜销 9 作用，滑块 10 完成抽芯动作，使侧向活动型芯退出制品。继续开模，当限位钉 1 的头部与摆钩 2 接触后，摆钩的移动受阻，只能向右摆动而与推件板脱开，动模部分继续移动，模具从 B 面分型，型芯 11 带着制品从定模型腔中脱出，最后由推件板 7 将制品从型芯中推出。

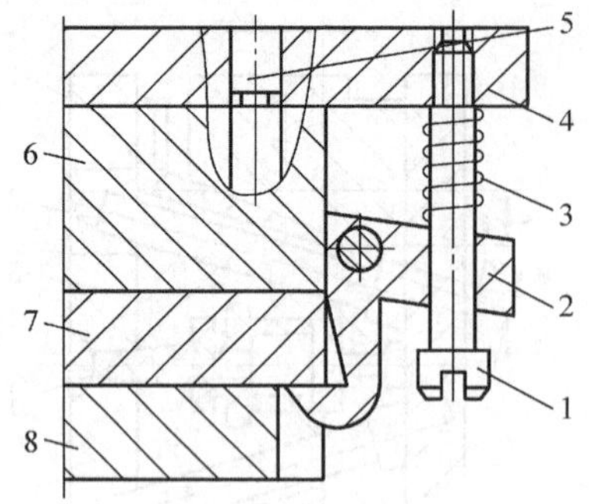

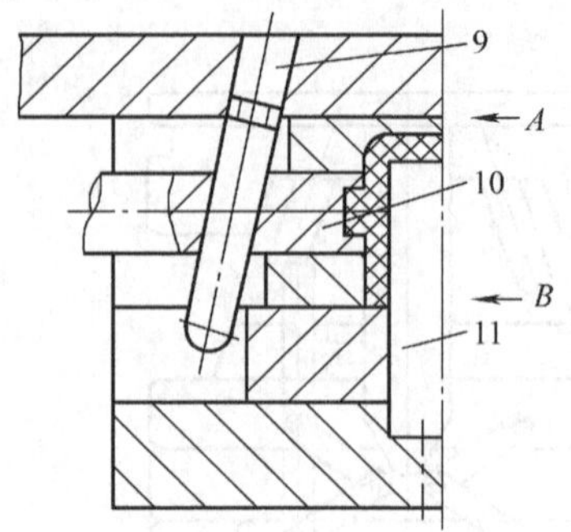

图 8-14 斜销和滑块同在定模上的结构

1—限位钉 2—摆钩 3—弹簧 4—定模板 5—导柱 6—定模套 7—推件板 8—垫板 9—斜销 10—侧向滑块 11—型芯

这种定距分型拉紧结构除了在侧抽芯机构中使用外，还经常在采用点浇口、需要双分型面的注射模中使用。

4. 斜销和滑块同在动模上

如图 8-15 所示，这种结构可以通过推出机构实现斜销与滑块的相对运动，使侧向型芯抽出。图中，滑块 1 装在推件板 2 上的导滑槽中，合模时滑块靠装在定模上的楔紧块锁紧。开模时，定模沿 *A* 面分型，这时斜销与滑块无相对运动，故滑块不动。当推出机构开始工作时，在推杆 3 的作用下，推件板 2 在使制品脱离型芯的同时，滑块上的活动型芯在斜销的作用下从制品中抽出。这种结构由于滑块始终不脱离斜销，所以不需设滑块定位装置，但仅局限于抽拔力不大、抽芯距较小的场合。

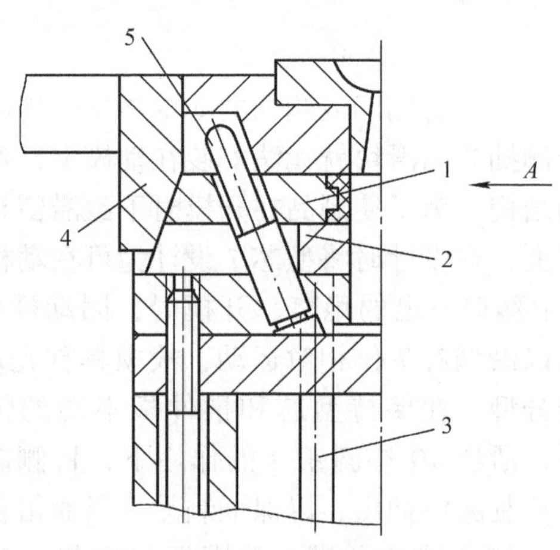

图 8-15 斜销和滑块同在动模上的结构

1—滑块 2—推件板 3—推杆 4—楔紧块 5—斜销

三、弯销抽芯机构的结构

弯销是斜销的一种变异形式，其动作原理与斜销抽芯机构相同。与斜销相比，弯销有如下特点：

1）弯销具有矩形截面，与斜销的圆形截面相比，弯销能承受较大的弯矩。

2）弯销的各段能加工成不同的斜度，这样就可根据需要随时改变抽拔速度和抽拔力。如在开模之初，可采用较小的斜度，以获得较大的抽拔力，然后再采用较大的斜度，以获得较大的抽芯距。

3）弯销的斜度一般比斜销的大，因此在开模距离相同的条件下，弯销的抽芯距大于斜销的抽芯距。

4）弯销与滑块中的孔配合间隙较大，一般为 0.5mm 左右，以免合模时可能发生碰撞或卡死现象。

5）弯销一般装在模板的外侧，这样可以减小模板面积，减轻模具的重量。

弯销抽芯机构的缺点是难于加工。与斜销相配的斜孔可用钻孔及铰孔的方法，而制造与弯销相配的矩形孔则相当麻烦，特别是弯销具有不同斜度的几段时，矩形孔也需要有相应的几段与其相配合，因此弯销不如斜销应用普遍。

图 8-16 所示为弯销抽芯机构的典型结构。图中，弯销的一头固定在定模上，另一头由支承块 3 支承。滑块 1 由定位销 4 定位，由支承块 3 阻止滑块在注射成型时可能产生的位移。若滑块受到的侧向推力较大时，还应考虑设置专门的楔紧块，因为支承块所能承受的侧向力有限。

弯销也可以用于滑块的内侧抽芯。如图 8-17 所示的弯销内侧抽芯模具，采用了摆钩式定距拉紧机构来实现顺序分型动作。图中，摆钩 7 将凹模、型芯及推件板卡住，因此开模时首先从 A 面分型，弯销 2 带动滑块 4 向中心移动，使活动型芯从制品内侧的凹槽内抽出，弹簧 3 使滑块 4 保持其终止位置。这时，摆钩的弯头与动模座板的圆销接触，迫使摆钩右摆，将凹模与型芯脱开，限位螺钉 1 的端部此时与动模接触，使得模具在 B 面分型，型芯 6 带着制品从型腔中脱出，最后由推件板 8 将制品从型芯上推出。

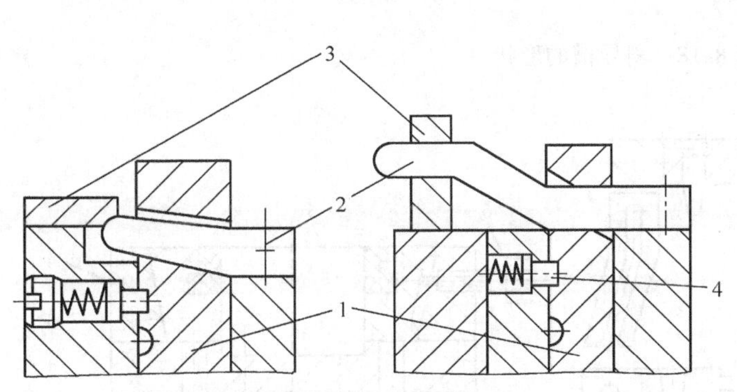

图 8-16　弯销抽芯机构的典型结构

1—滑块　2—弯销　3—支承块
4—定位销

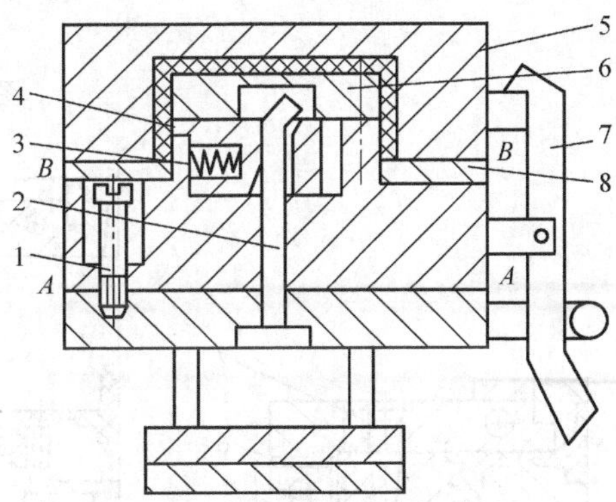

图 8-17　弯销内侧抽芯模具

1—限位螺钉　2—弯销　3—弹簧　4—滑块
5—凹模　6—型芯　7—摆钩　8—推件板

四、斜导槽抽芯机构的结构

将弯销做成中间带有导槽的形式，便构成斜导槽抽芯机构，这时在滑块上装入销钉，可沿斜导槽滑动，使滑块产生侧向运动。这种结构的优点是可省去滑块上矩形孔的加工，并能够得到较大的抽芯距离。

斜导槽的形状如图 8-18 所示，是两种不同的结构形式。槽的倾斜角一般在 25°以下，如果必须超过这个角度时，可以将斜导槽分成两段。第一段 α_1 角比锁紧块角小 2°，在 25°以下；第二段做成所要求的角度，一般斜导槽的 α_2 在 40°以下。斜导槽第一段的倾斜角小，可以得到较大的抽拔力，第二段的倾斜角大，可以得到较大的抽拔位移量。

图 8-19 所示为采用斜导槽抽芯机构的模具。图中，定模上的止动销 7 在合模后阻止滑块可能产生的位移。开模时，滑块 6 随动模同时移动，待止动销 7 全部离开滑块 6 后，滑块 6 才在斜导槽的作用下侧向移动，将侧向型芯从制品侧凹中抽出，然后在推板 2 的作用下由推杆将制品推出。

图 8-19 是采用止动销锁紧滑块的例子，当滑块所受的侧向推力较大时，可采用楔紧块的锁紧方式。

五、斜滑块抽芯机构的结构

斜滑块抽芯机构适用于成型面积较大、侧孔或侧凹较浅的制品。图 8-20 所示为由四瓣斜滑块拼合而成的模具结构。

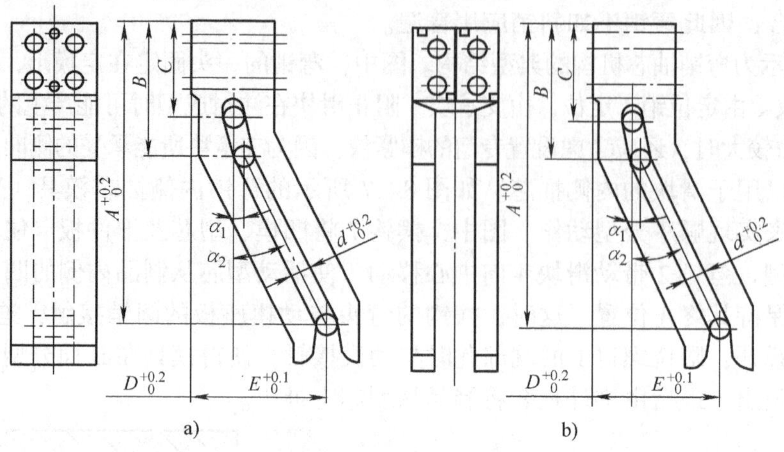

图 8-18 斜导槽的形状

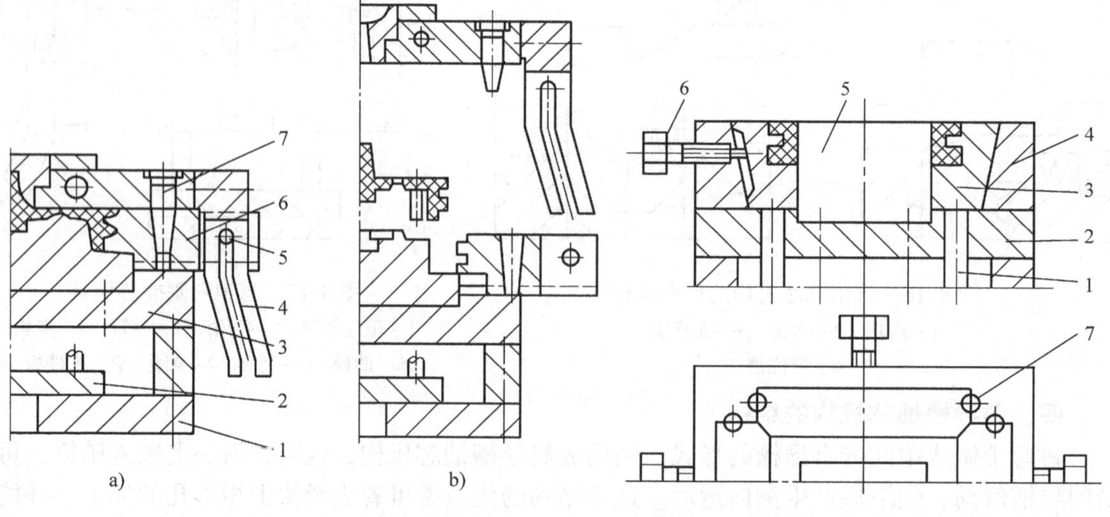

图 8-19 采用斜导槽抽芯机构的模具

1—动模座板 2—推板 3—动模垫板 4—斜导槽 5—圆销 6—滑块 7—止动销

图 8-20 四瓣斜滑块拼合而成的模具结构

1—推杆 2—动模垫板 3—斜滑块 4—锥模套 5—型芯 6—限位螺钉 7—导滑圆销

图中，制品带有外侧凹，开模时要求制品从型芯 5 及四瓣斜滑块 3 中脱出。在推杆 1 的作用下四瓣斜滑块向上运动并向四侧分离。其侧向分离是通过固定在滑块外侧的导滑圆销 7 和锥模套 4 上对应于圆销位置开设的半圆导滑槽来完成的，导滑圆销的倾斜方向与斜滑块的倾斜方向一致，滑块向上移动的位置由限位螺钉 6 来控制。这种模具结构简单、制造方便、抽芯距虽较小但抽拔力较大，适合于侧凹较浅的大、中、小型塑料制品的注射模采用。

因为斜滑块抽芯机构的抽芯动作和制品的推出动作同时进行，加上斜滑块的刚性好，故斜滑块的倾斜角可以较斜销的倾斜角大，但通常不超过 30°，同时斜滑块的推出高度一般不超过导滑长度的 2/3，以避免滑块倾斜。这种模具的型腔是由斜滑块拼合而成的，拼合块数的选择取决于塑料制品的外观要求和滑块的强度要求，如两瓣拼合、三瓣拼合、四瓣拼合等，一般两瓣拼合方式用得较多。斜滑块的导滑槽形式也有很多，如图 8-21 所示。

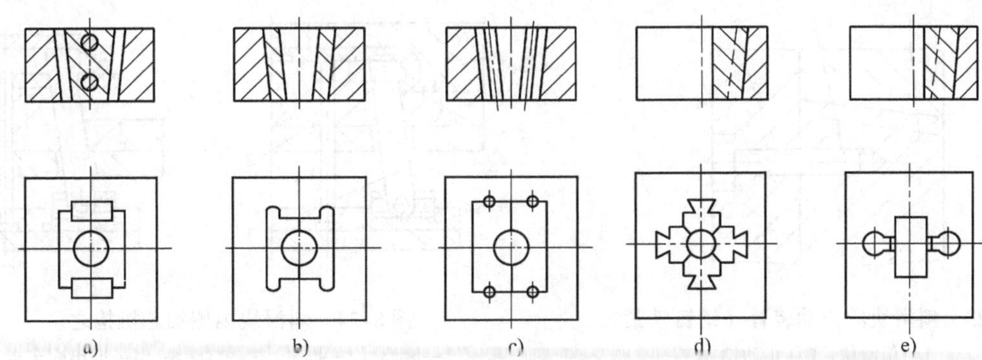

图 8-21　斜滑块的导滑槽形式

从图中可见，导滑槽的形式可以是圆形、矩形、燕尾形及斜楔形，从加工方便的角度考虑，一般常采用圆形和矩形导滑槽。

斜滑块通常均设计在动模一侧，在开模时为了防止斜滑块被定模带动，应考虑设置止动装置。图 8-22a 因无止动装置，制品包紧在定模型芯上，开模时斜滑块被制品从动模套中带出并分开，制品则滞留在定模型芯上无法取下。设置有弹簧止动销 5 的结构如图 8-22b 所示，开模时止动销在弹簧的作用下压紧斜滑块 3，使其不能在动模套内运动。因此，制品被斜滑块卡住而从定模型芯上松动，继续开模时，制品滞留在动模内，再由推杆 1 推出滑块完成抽芯与制品脱模。

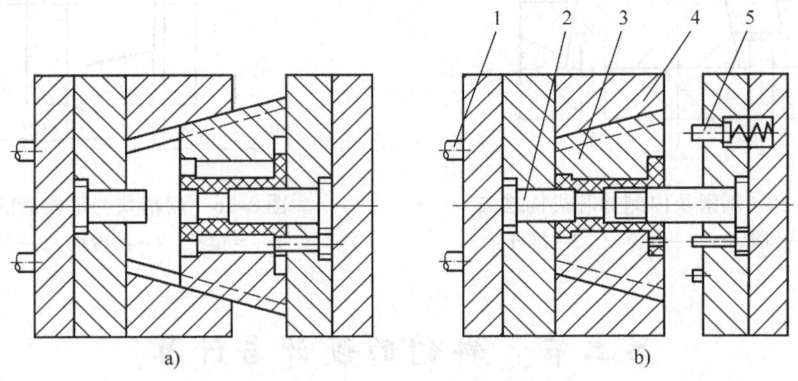

图 8-22　斜滑块的止动装置（销钉压紧）
1—推杆　2—型芯　3—斜滑块　4—动模套　5—弹簧止动销

图 8-23 为止动装置的另一种形式，在斜滑块 1 上钻一小孔与定模板上的止动销 2 呈滑动配合。开模时，在止动销的作用下，斜滑块无法作斜向运动，起到了分型时的止动作用。图 8-23 所示的止动装置比图 8-22 所示的更为安全、可靠。

除用于外侧凹的抽芯外，斜滑块还常用于内侧凹抽芯。图 8-24 所示的模具用于成型内侧有凸缘的塑料制品。开模时，推杆 2 与斜滑块同时动作，斜滑块 3 能在安装在推出固定板上的滑座 1 的导滑槽内滑动，由于动模板 5 上斜孔的作用，斜滑块 3 的上端相对制品向右移动，抽出侧向型芯，同时由推杆 2 推出制品。

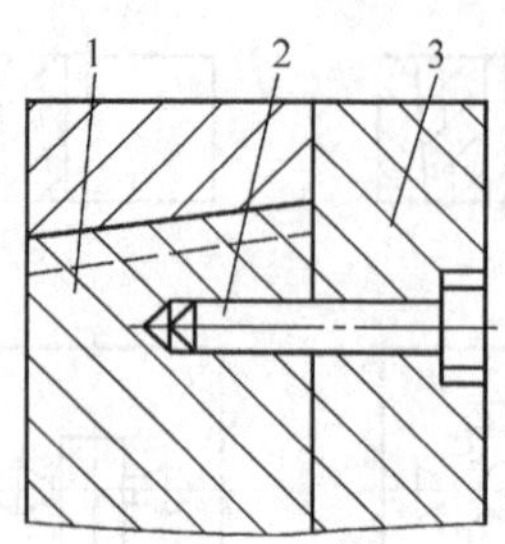

图 8-23　斜滑块的止动装置（销钉锁紧）

1—斜滑块　2—止动销

3—定模板

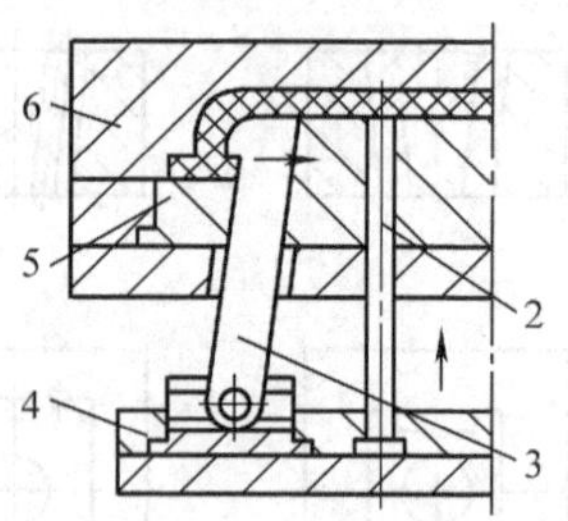

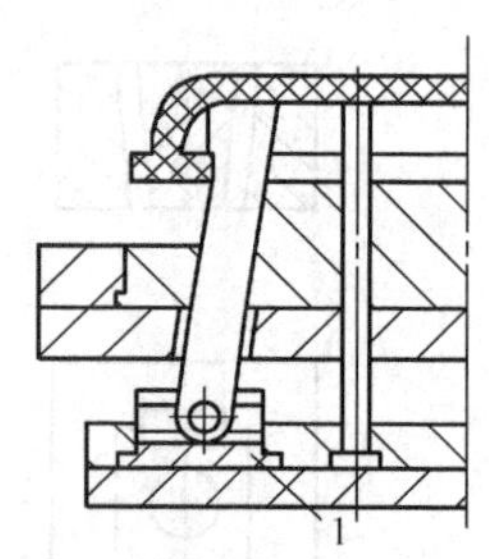

图 8-24　斜滑块内侧抽芯机构之一

1—滑座　2—推杆　3—斜滑块　4—推出固定板

5—动模板　6—定模板

图 8-25 为斜滑块内侧抽芯机构的又一种形式，其特点是斜滑块 1 不与推出固定板连接，开模时推杆 3 推动斜滑块 1，使其沿着动模板上的斜孔运动，同时完成内侧抽芯与制品推出。

为了保证斜滑块在合模时能紧密拼合，而且在斜滑块与动模套的配合面磨损后仍能紧密拼合而不发生溢料现象，在斜滑块抽芯机构的设计中应注意在斜滑块底部与动模套之间留有 0.2～0.5mm 的间隙，同时斜滑块应高出动模套 0.2～0.5mm，如图 8-26 所示。

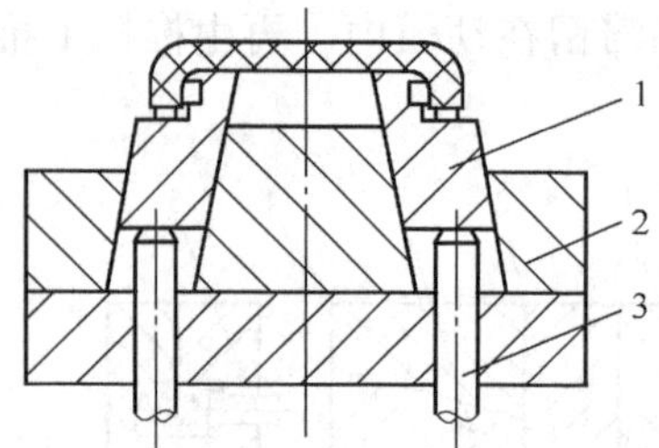

图 8-25　斜滑块内侧抽芯机构之二

1—斜滑块　2—动模板　3—推杆

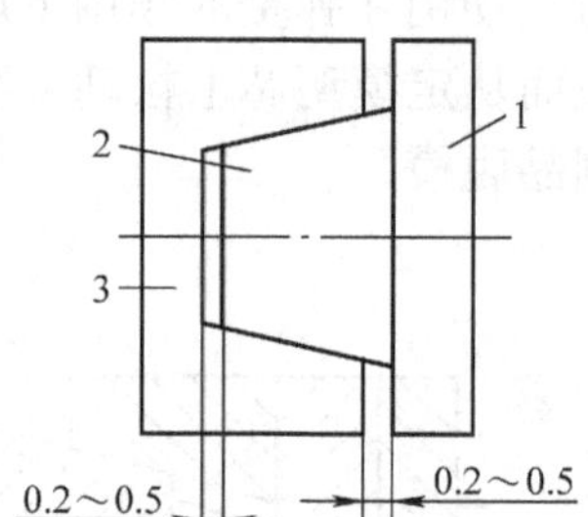

图 8-26　斜滑块与动模套的配合

1—定模板　2—斜滑块　3—动模套

第二节　斜销的设计与计算

一、斜销的尺寸及安装形式

斜销的形状及尺寸如图 8-27 和表 8-1 所示，在设计倾斜角 α、固定长度 L_1 和全长 L 时应根据具体模具结构来确定。

斜销的材料多用 45 钢、T8、T10 或者 20 钢经渗碳处理，淬火硬度在 55HRC 以上，磨削加工后保证有 R_a1.6μm 的表面粗糙度。

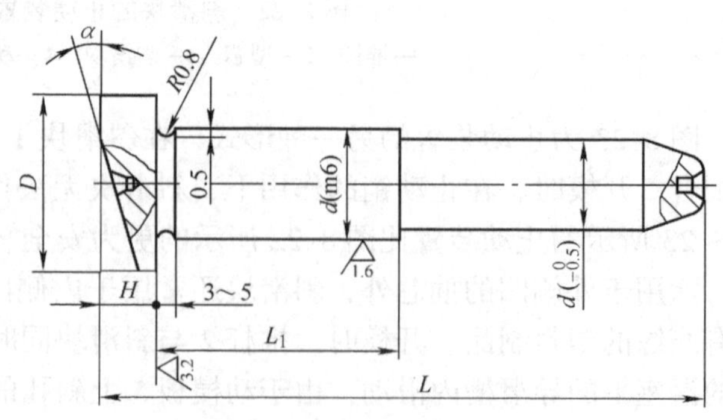

图 8-27　斜销的形状

表 8-1 斜销的主要尺寸 （单位：mm）

d	D	H
12	17	10
15	20	12
20	25	15
25	30	15
30	35	20
35	40	20
40	45	25

斜销的安装形式如图 8-28 所示。图中 d 为斜销的直径，它与导向孔之间应保持 0.5 ~ 1.0mm 的间隙，α 为斜销的倾斜角，s 为抽拔距。斜销与滑块导向孔之间采用较大的间隙是因为斜销只起驱动滑块的作用，滑块运动的平稳性由导滑槽与滑块之间的配合精度保证，滑块的最终位置由楔紧块保证，斜销与滑块导向孔之间的较松配合有利于滑块灵活运动。

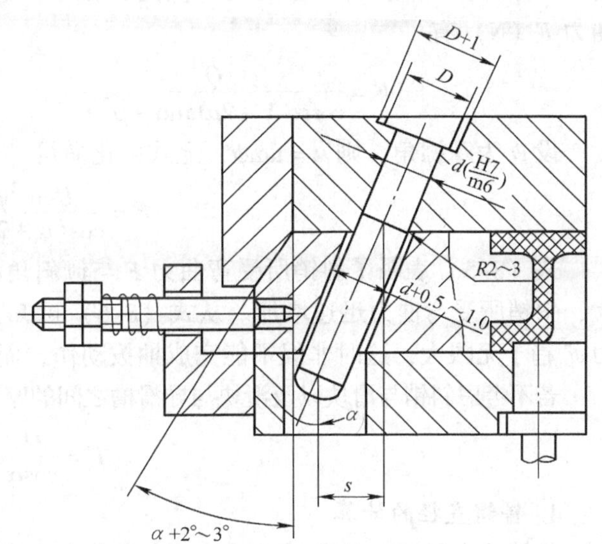

图 8-28 斜销的安装形式

确定斜销的倾斜角 α 时要兼顾抽拔距以及斜销所受的弯曲力，通常采用 15° ~ 20°，一般不大于 25°。

二、斜销工作参数的确定

斜销的工作参数，除了倾斜角 α 外，还包括抽芯力 Q、抽芯距 s、直径 d、长度 L 及开模行程 H。

1. 抽芯力的计算

将侧向活动型芯从制品中抽出所需的动力称为抽芯力。抽芯力的计算与第七章脱模力的计算相同，请参阅式（7-1）~ 式（7-4）。

在式（7-1）~ 式（7-4）中因为涉及到计算制品由于收缩而产生的型芯包紧力，故比较繁琐。若按经验，取制品对型芯的单位面积包紧力为已知，则可按如下简化公式计算抽芯力，即

$$Q = P_1 \cos\theta(\mu\cos\theta - \sin\theta) \tag{8-2}$$

式中

$$P_1 = Lhp_0 \tag{8-3}$$

P_1 为制品对型芯的包紧力（N）；p_0 为制品对型芯的单位面积的包紧力，其值与塑料的几何形状及塑料的性质有关，一般可取为 8 ~ 12MPa；L 为活动型芯被制品包紧截面的平均周长（mm）；h 为活动型芯被制品包紧部分的长度（mm）；μ 为塑料对钢摩擦因数，参见附录 C；θ 为活动型芯的脱模斜度（°）。

2. 抽芯距的计算

将活动型芯从成型位置抽至不妨碍制品脱模位置所移动的距离称为抽芯距，如图 8-29

中所标注的 s。通常抽芯距可取为侧孔或侧凹的深度加2～5mm，也可按下式计算

$$s = H\tan\alpha + (2 \sim 5)\ \mathrm{mm} \tag{8-4}$$

式中，s 为抽芯距（mm）；H 为斜销完成抽芯距所需的开模行程（mm）；α 为斜销的倾斜角（°），通常 α 为15°～20°。

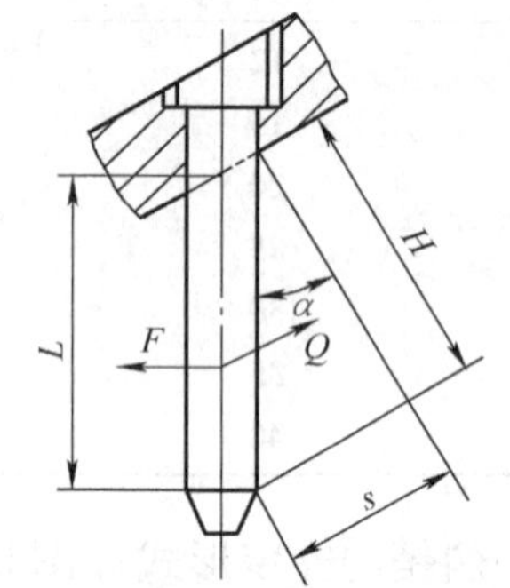

图8-29 抽芯距的计算关系

3. 斜销所受弯曲力的计算

如图8-29所示，斜销所受弯曲力 F 主要取决于抽拔力 Q 和倾斜角 α。如果考虑斜销与滑块的摩擦力及滑块与导滑槽之间的摩擦力，并设两种摩擦力的摩擦因数相等，记为 μ，则弯曲力 F（N）有

$$F = \frac{Q}{\cos\alpha(1 - 2\mu\tan\alpha - \mu^2)} \tag{8-5}$$

设 ψ 为摩擦角，则 $\mu = \tan\psi$，上式可化简得

$$F = \frac{Q\cos^2\psi}{\cos(\alpha + 2\psi)} \tag{8-6}$$

式（8-5）表明了斜销所受弯曲力 F 与倾斜角 α、摩擦因数 μ 之间的关系，倾斜角 α 增大，斜销所受弯曲力迅速增加。从式（8-6）可知，当倾斜角 α 接近（$90° - 2\psi$）时，弯曲力 F 趋于无限大，这时非但不能完成抽拔动作，而且会折断斜销。

若不考虑斜销与滑块以及滑块与导滑槽之间的摩擦力，则式（8-5）或式（8-6）可简化为

$$F = \frac{Q}{\cos\alpha} \tag{8-7}$$

4. 斜销直径的计算

斜销的直径取决于它所承受的最大弯曲力，按斜销所受的最大弯曲应力应小于其许用弯曲应力的原则，可推导出斜销直径的计算公式为

$$d = \sqrt[3]{\frac{FH}{0.1\cos\alpha[\sigma]_{弯}}} \tag{8-8}$$

或者

$$d = \sqrt[3]{\frac{Fl}{0.1[\sigma]_{弯}}} \tag{8-9}$$

式中，d 为斜销直径（mm）；H 如图8-30所示，为抽芯孔中心线与斜销轴线的交点 B 到滑块上端与斜销线的交点 A 的垂直距离（mm）；l 为 A 点到 B 点之间的距离（mm）；F 为斜销所受的弯曲力（N）；α 为斜销的倾斜角（°）；$[\sigma]_{弯}$ 为斜销材料的许用弯曲应力（MPa），可取 $[\sigma]_{弯} = 300\mathrm{MPa}$。从图8-30可知，$B$ 点即为斜销的弯曲力作用点，而 l 为斜销的弯曲力矩。

5. 斜销长度和最小开模行程的计算

如图8-31所示，斜销的长度根据活动型芯的抽芯距 s、斜销的大端直径 D、倾斜角 α 以及定模板厚度 h 来确定，其计算公式为

$$L = L_1 + L_2 + L_3 + L_4 = \frac{h}{\cos\alpha} + \frac{S}{\sin\alpha} + \frac{1}{2}D\tan\alpha + (5 \sim 10)\ \mathrm{mm} \tag{8-10}$$

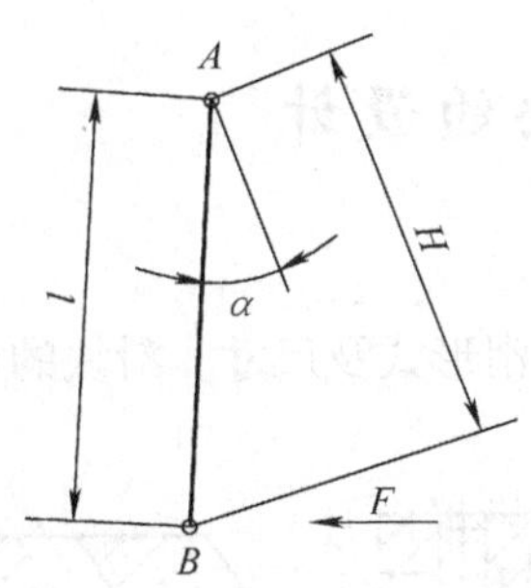

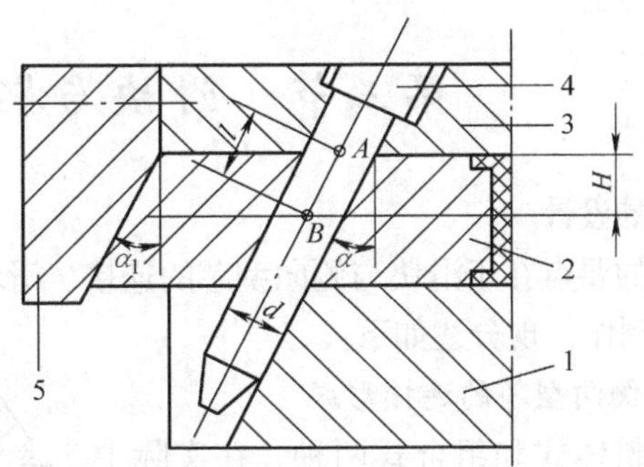

图 8-30　斜销直径的计算关系

1—垫板　2—滑块　3—定模板　4—斜销　5—楔紧块

式中，各长度的含义如图 8-31 所示，其中 L_2 为斜销工作部分的长度；$L_3=\frac{1}{2}D\tan\alpha$；$L_6=L_1-L_5$；其他符号的含义同前述公式。

如图 8-31 所示，当滑块的抽芯方向与开模方向垂直时，完成抽芯距 s 所需的最小开模行程 H（mm）为

$$H=s\cot\alpha \tag{8-11}$$

式中，各符号的含义同前述公式。

当滑块的抽芯方向与开模方向不垂直而成一定交角 β 时，仍可采用斜销抽芯机构，其抽芯方向可以倾向动模一边，如图 8-32a 所示，也可以倾向定模一边，如图 8-32b 所示。

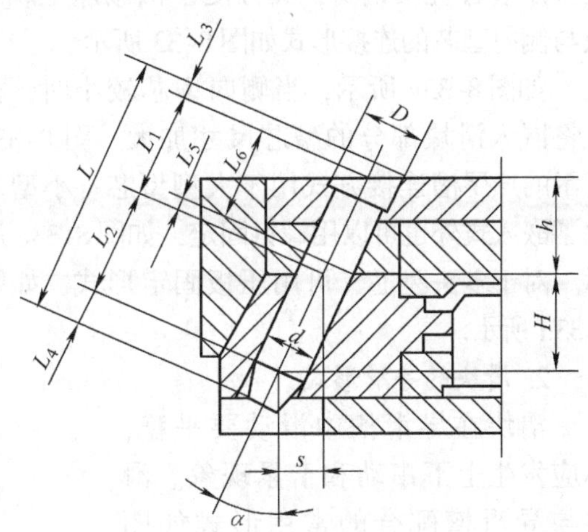

图 8-31　斜销各尺寸的关系

图 8-32a 所示的滑块向动模方向倾斜时，其开模行程 H（mm）为

$$H=s\ (\cos\beta\cot\alpha-\sin\alpha) \tag{8-12}$$

与滑块不倾斜（$\beta=0$）的情况相比，当模具开模行程相同、滑块向动模方向倾斜时，将得到较大的抽芯距，但此时斜销的长度也应增加。

图 8-32b 所示的为滑块向定模方向倾斜的情况，此时开模行程 H（mm）为

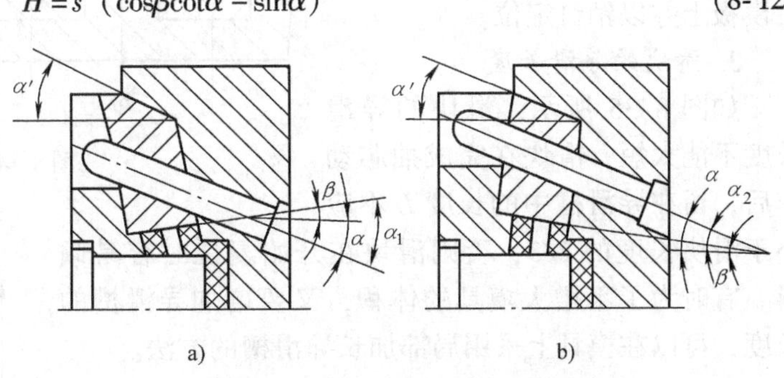

图 8-32　滑块倾斜的斜销抽芯机构

$$H=s\ (\sin\beta+\cos\beta\cot\alpha) \tag{8-13}$$

与滑块不倾斜的情况相比，当模具开模行程相同、滑块向定模方向倾斜时，将得到较小的抽芯距。

第三节 滑块与楔紧块的设计

一、滑块的设计

滑块设计的要点在于滑块与侧向型芯的连接、滑块的导滑形式及尺寸、滑块的定位装置以及滑块的材料与制作，现分述如下：

1. 滑块与侧向型芯的连接形式

滑块分为整体式和组合式两种。在实际中广泛采用组合式结构，这种结构的特点是滑块和侧向型芯分开制造，然后安装在一起，这样既可以节省优质钢材，又方便于机械加工。滑块与侧向型芯的连接形式如图 8-33 所示。

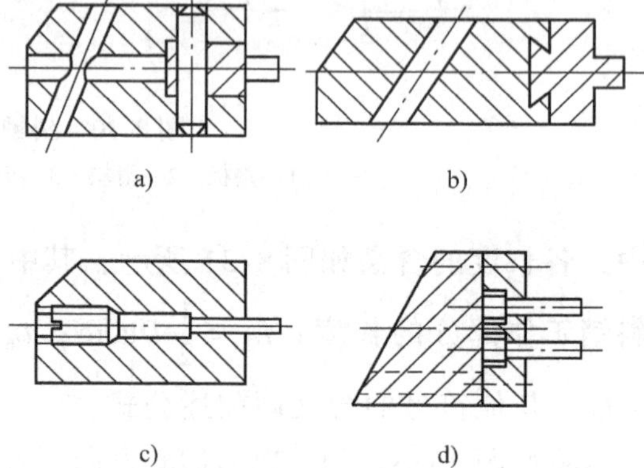

图 8-33 滑块与侧向型芯的连接形式

如图 8-33a 所示，当侧向型芯较小时，往往将嵌入滑块部分的型芯尺寸加大。图 8-33b 所示的燕尾槽连接方式用于大型型芯。小型芯除了嵌入式外也可以用螺钉固定，如图 8-33c 所示。对于多头型芯，可用压板固定形式，如图 8-33d 所示。

2. 滑块的导滑形式

滑块在导滑槽中滑动要平稳，不应发生上下窜动和卡紧现象。滑块与导滑槽配合的常用形式如图 8-34所示。其中，图 8-34a 为整体导滑槽形式，常用于滑块宽度较小时；图 8-34b 与图 8-34c 为组合导滑槽形式，导滑槽盖板用螺钉固定在模板上并以销钉定位。

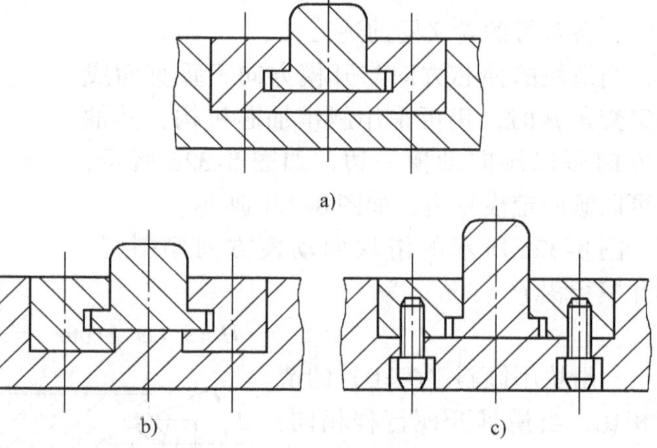

图 8-34 滑块的导滑形式

3. 滑块的导滑长度

如图 8-35 所示，滑块的导滑长度不能太短，滑块在完成抽芯动作后，留在导滑槽中的长度 L 不应小于滑块长度的 2/3，否则滑块在开始复位时容易倾斜。有时为了不增大模具的体积，又要增加导滑槽的长度，可以在模具上采用局部加长导滑槽的方法。

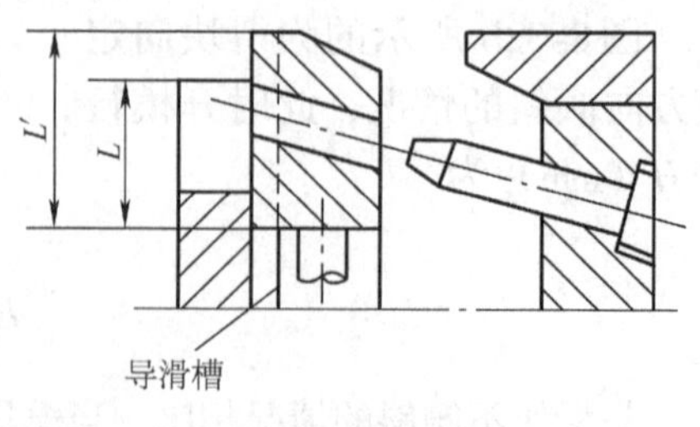

图 8-35 滑块的导滑长度

4. 滑块的定位装置

开模后滑块必须停留在所要求的位置上，不可任意滑动，否则合模时斜销将不能准确地进入滑块的斜孔中。在设计滑块定位装置时，应根据模具结构，选用不同的定位形式。滑块的几种常用定位装置如图 8-36 所示。

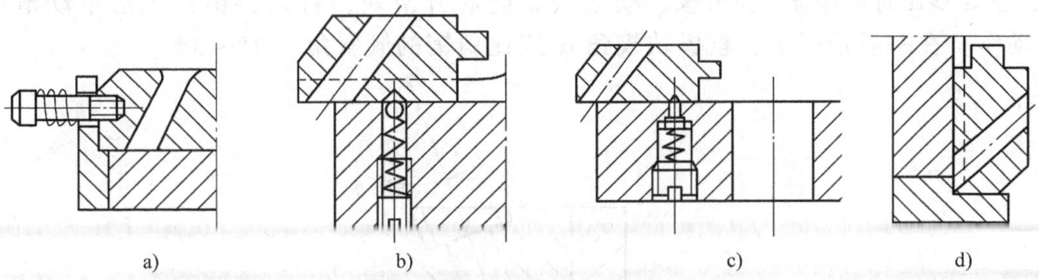

图 8-36　滑块的几种定位装置

图 8-36a 为挡块定位的形式，依靠弹簧的弹力使滑块停靠在挡块上定位，弹簧的弹力应是滑块自重力的 1.5～2 倍。这种形式适用于滑块在模具上面或侧面的情况。图 8-36b 为采用钢球和弹簧顶住滑块定位的形式；图 8-36c 为采用销和弹簧顶住滑块定位的形式。这两种形式均适用于滑块在模具左、右侧的情况。图 8-36d 为另一种挡块定位的形式，与图 8-36a 不同的是，滑块利用自重力停留在挡块上，不需借助于弹簧的弹力。这种形式仅适用于滑块在模具下面的情况。考虑到工人安装时模具的上下方向有可能装反，这种设计形式应尽量避免。

滑块内的侧向型芯为成型零件，其材料可选用合金钢、碳素工具钢或 45 钢，淬火硬度在 50HRC 以上。滑块的材料可用碳素工具钢或 45 钢，淬火硬度在 40HRC 以上。滑块与导滑槽的配合公差可视具体情况采用间隙配合 H8/f7～H9/f9。

二、楔紧块的设计

成型时侧向型芯会受到塑料熔体很大的推力，该推力通过滑块传给斜销，而一般的斜销为细长杆件，受力后容易变形，因此在抽芯机构中必须设置楔紧块，以便在合模时锁紧滑块，承受来自侧向型芯的推力。楔紧块与模具的连接方式可根据推力的大小来确定。图8-37所示为楔紧块的几种常用连接形式。

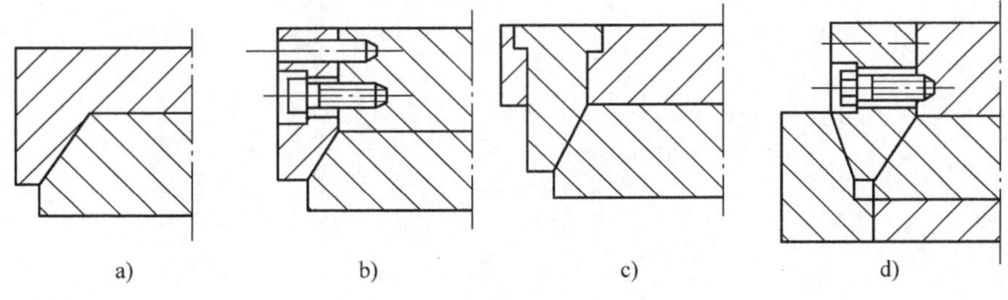

图 8-37　楔紧块的几种连接形式

图 8-37a 是将楔紧块与定模固定板做成整体的形式，这种结构牢固可靠，但消耗钢材较多，故这种形式适用于侧向推力较大的场合。图 8-37b 为采用螺钉和销钉在定模板上固定楔紧块的形式，这种形式的结构制造简单，应用较广。图 8-37c 为采用嵌入方法将楔紧块紧固的形式，图 8-37d 为采用楔形块和螺钉固定楔紧块的形式，这两种形式适用于侧向推力非常大的场合。

楔紧块的楔角 α'是个重要的工作参数。如图 8-38 所示，楔紧块楔角 α'应大于斜销倾斜角 α，当 $\alpha' > \alpha$ 时可保证一旦开模，楔紧块就能脱开滑块，否则斜销将无法带动滑块作抽芯动作。在一般情况下，楔紧块楔角 α'应比斜销的倾斜角大 2°~3°。

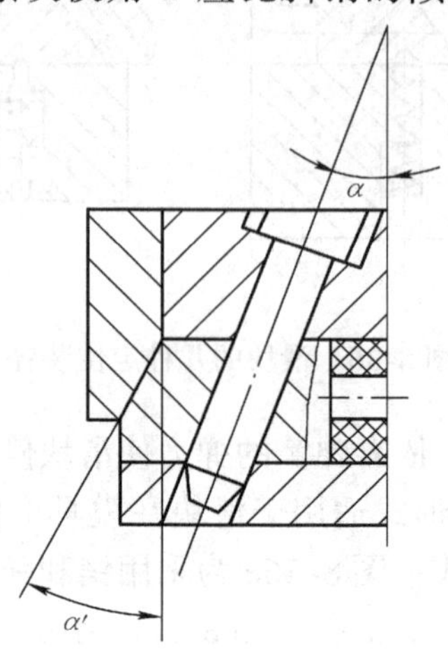

图 8-38 楔紧块楔角与斜销倾斜角的关系

第九章　注射模温度调节系统

在塑料注射成型过程中，模具型腔及熔体温度场的变化直接影响生产效率和制品的质量，成型温度与制品的应力、应变及翘曲有着直接的关系。由于各种塑料的性能和成型工艺要求不同，对模具温度的要求也不同。一般注射到模具内的塑料熔体的温度为200℃左右，熔体固化成为制品后，从60℃左右的模具中脱模。温度的降低是依靠在模具内通入冷却水将热量带走。对于要求较低模具温度（一般低于80℃）的塑料，如聚乙烯、聚丙烯、聚苯乙烯、ABS等，仅需要设置冷却系统即可，因为通过调节水的流量就可以调节模具的温度。对于要求较高模具温度（80～120℃）的塑料，如聚碳酸酯、聚砜、聚苯醚等，若模具较大，则模具散热面积大，有时单靠注入高温塑料来加热模具是不够的，此时还需要设置加热装置。

有些塑料制品的物理性能、外观和尺寸精度的要求很高，对模具的温度要求十分严格，为此要设计专门的模具温度调节器，对模具各部分的温度进行严格的控制。

模具的冷却主要采用循环水冷却方式；模具的加热有通入热水、蒸汽、热油和电阻丝加热等。本章专门介绍注射模冷却系统的设计。用热水、热油或水蒸气加热也需在模具内开设加热通道，与冷却通道设计基本相同，故不再赘述，关于电阻丝加热装置的设计，可参阅热固性塑料模具的有关章节。

第一节　温度调节的必要性

一、温度调节对制品质量的影响

温度调节对制品质量的影响表现在如下几个方面。

（1）变形　模具温度稳定、冷却速度均衡可以减小制品的变形。对于壁厚不一致和形状复杂的制品，经常会出现因收缩不均匀而产生翘曲变形的情况，因此必须采用合适的冷却系统，使模具凹模与型芯的各个部位的温度基本上保持均匀，以便型腔里的塑料熔体能同时凝固。

（2）尺寸精度　利用温度调节系统保持模具温度的恒定，能减小制品成型收缩率的波动，提高制品尺寸精度的稳定性。在可能的情况下采用较低的模具温度有助于减小制品的成型收缩率。例如，对于结晶型塑料，因为模具温度较低，制品的结晶度低，较低的结晶度可以降低收缩率。但是，结晶度低不利于制品尺寸的稳定性，从尺寸的稳定性出发，又需要适当提高模具温度，使制品结晶均匀，所以具体情况需要具体分析。

（3）力学性能　对于结晶型塑料，结晶度越高，制品的应力开裂倾向越大，故从减小应力开裂的角度出发，降低模具温度是有利的。但对于聚碳酸酯一类高粘度无定形塑料，其应力开裂倾向与制品中的内应力的大小有关，提高模具温度有助于减小制品中的内应力，也就减小了其应力开裂倾向。

（4）表面质量　提高模具温度能改善制品表面质量，过低的模具温度会使制品轮廓不清晰并产生明显的熔合纹，导致制品表面粗糙度值提高。

表9-1给出了不正常模具温度对制品质量的影响。

表9-1 不正常模具温度对制品质量的影响

模具温度	制品质量	现　象
过高	缩孔	在制品厚壁部分、加强肋或凸出部分的面上有凹坑，原因是已冷却的地方先固化，尚未冷却的地方继续收缩而产生凹坑，因而一般模具温度过高易产生缩孔
	溢料	因为模具有间隙，当模具温度过高，模腔内塑料粘度降低，流动性好，易从缝隙溢料
不均匀	变形	制品各部位冷却速度不均匀，导致收缩不一致，因而产生变形
过低	填充不良	因为模具温度过低，模腔内的塑料熔体粘度高，难以流动，造成充填不足
	熔合纹	两股以上的塑料汇合时，由于模具温度过低，易产生不能完全熔合、毛发状的细线纹
	表面不光泽	模具温度过低，会出现表面不十分光泽的情况
温度调节不当	力学性能不良	当模具温度偏低或偏高时，对于结晶型塑料，由于结晶不良，易造成力学性能不良

显然，模具温度对制品质量的影响颇为复杂，并有相互矛盾的方面，如何合理地调节至关重要，应根据使用情况着重满足制品的主要性能要求。因而对其温度场的模拟是塑料注射模CAE的一个重要部分，也是国内外广泛研究的课题。模具温度的变化主要是由注射模温度调节系统来控制。由于各种塑料的性能和成型工艺要求不同，成型所要求的模具温度也不同，对于要求较低模具温度的塑料，仅需设置冷却系统即可。对于要求较高模具温度的塑料，还需要设置加热装置。通过模具温度调节，保持适当的熔体温度及模具温度，可减小制品的变形，提高尺寸精度，增强力学性能，改善制品的表面质量。而影响注射模温度调节系统设计的因素是多方面的，特别是大型复杂精密模具，依据传统的经验公式计算设计，不仅繁琐，而且误差较大，造成温度分布不均，制品内应力大，成型后变形明显。因而在一定的程度上，温度场的分布决定了模具结构设计的成败。基于温度场模拟分析的结果进行温度调节系统的设计，不仅准确、可靠，而且节省了产品的开发费用。

二、温度调节对生产效率的影响

在注射模中熔体从200℃左右降低到60℃左右，所释放的热量中约有5%以辐射、对流的方式散发到大气中，其余95%由冷却介质（一般是水）带走，因此注射模的冷却时间主要取决于冷却系统的冷却效果。据统计，模具的冷却时间约占整个注射循环周期的2/3，因此缩短注射循环周期的冷却时间是提高生产效率的关键。

在注射模中，冷却系统是通过冷却水的循环将塑料熔体的热量带出模具的，冷却通道中冷却水是处于层流状态还是湍流状态，对于冷却效果有显著影响。湍流的冷却效果比层流的好得多，据资料表明，在湍流下的热传递比层流高10~20倍。这是因为在层流中冷却水作平行于冷却通道壁的诸同心层运动，每一个热同心层都如一个绝热体，妨碍了模具通过冷却水进行的散热过程。一旦冷却水的流动达到了湍流状态，冷却水便在通道内呈无规则的运动，层流状态下的“同心层绝热体”不复存在，从而使传热效果明显增强。为了使冷却水处于湍流状态，希望水的雷诺数 Re（动量与粘度的比值）达到6000 以上，表 9-2 列出了当温度在 10℃、Re 为 10^4 时，冷却水的稳定湍流速度与流量。

表 9-2 冷却水的稳定湍流速度与流量

冷却通道直径 d/mm	最低流速 v/(m/s)	流量 q_V/(m^3/min)
8	1.66	5.0×10^{-3}
10	1.32	6.2×10^{-3}
12	1.10	7.4×10^{-3}
15	0.87	9.2×10^{-3}
20	0.66	12.4×10^{-3}
25	0.53	15.5×10^{-3}
30	0.44	18.7×10^{-3}

根据牛顿冷却定律，冷却系统从模具中带走的热量 Q（kJ）为

$$Q = hA\Delta\theta t/3600 \tag{9-1}$$

式中，Q 为模具与冷却系统之间所传递的热量（kJ）；h 为冷却通道孔壁与冷却介质之间的传热系数[kJ/(m^2·h·℃)]；A 为冷却介质的传热面积（m^2）；$\Delta\theta$ 为模具与冷却介质之间的温度差（℃）；t 为冷却时间（s）。

由式（9-1）可知，当所需传递的热量 Q 不变时，可以通过如下三条途径来缩短冷却时间。

1. 提高传热系数 h

当冷却介质在圆直管内呈湍流流动状态时，冷却通道孔壁与冷却介质之间的传热系数 h 为

$$h = \frac{4.187f\ (\rho v)^{0.8}}{d^{0.2}} \tag{9-2}$$

式中，f 为与冷却介质温度有关的物理系数；ρ 为冷却介质在一定温度下的密度（kg/m^3）；v 为冷却介质在圆管中的流速（m/s）；d 为冷却通道的直径（m）。

由式（9-2）可知，当冷却介质温度和冷却通道直径不变时，增加冷却介质的流速 v，可以提高传热系数 h。

为使冷却介质处于湍流状态，冷却介质的流速（或流量）应达到一定值。但冷却介质达到湍流状态后，传热效果不因流速的增加而显著增加，因此没有必要过分增大冷却介质的流速而浪费能源。

2. 提高模具与冷却介质之间的温度差 $\Delta\theta$

当模具温度一定时，适当降低冷却介质的温度，有利于缩短模具的冷却时间 t。一般注射模所用的冷却介质是常温水，若改用低温水，便可提高模具与冷却介质之间的温度差 $\Delta\theta$，从而可提高注射成型的生产率。但是，当采用低温水冷却模具时，大气中的水分有可能在型腔表面凝聚而导致制品的质量下降。

当冷却介质温度过低时，由于冷却介质的粘度增大使雷诺数（Re）减小而改变了冷却介质的流动状态，反而降低了传热效率。对最常用的冷却介质——水来说，当冷却介质的温度由 40℃降为 10℃时，其粘度增加了一倍，为维持相同的流动状态，必须将冷却介质的流速相应提高一倍。因此实际生产中，在冷却介质流速一定的情况下，应合理选择其温度，确

保冷却介质处于湍流状态。

3. 增大冷却介质的传热面积 A

增大冷却介质的传热面积 A，就需在模具上开设尺寸尽可能大和数量尽可能多的冷却通道。但是，由于在模具上有各种孔（如推杆孔、型芯孔）和缝隙（如镶件接缝）的限制，因此只能在满足模具结构设计的情况下尽量多开设冷却水通道。

第二节 冷却系统的设计原则

为了提高冷却系统的效率和使型腔表面温度分布均匀，在冷却系统的设计中应遵守如下原则：

1）在设计时冷却系统应先于推出机构。也就是说，不要在推出机构设计完毕后才考虑冷却回路的布置，而应尽早将冷却方式和冷却回路的位置确定下来，以便能得到较优的冷却效果。将该点作为首要设计原则提出来的依据是，在传统设计中，往往推出机构的设计先于冷却系统，冷却系统的重要性未能引起足够的重视。

2）注意凹模和型芯的热平衡。有些制品的形状能使塑料散发的热量等量地被凹模和型芯所吸收。但是极大多数制品的模具都有一定高度的型芯以及包围型芯的凹模，对于这类模具，凹模和型芯所吸收的热量是不同的。这是因为制品在固化时因收缩包紧在型芯上，制品与凹模之间会形成空隙，这时绝大部分的热量将依靠型芯的冷却回路传递，加上型芯布置冷却回路的空间狭小，还有推出系统的干扰，使型芯的传热变得更加困难，因此在冷却系统设计中，要把主要注意力放在型芯的冷却上。

3）对于简单的模具，可先设定冷却水出入口的温差，然后计算冷却水的流量、冷却通道直径、保证湍流的流速以及维持这一流速所需的压力降便已足够。但对于复杂而又精密的模具，则应按本章第四节所介绍的方法作详细计算。

4）普通模具和精密模具在冷却方式上应有差异。对于大批量生产的普通塑料制品，可采用快冷以获得较短的循环注射周期。所谓快冷，就是使冷却通道靠近型腔布置，采用较低的模具温度。精密制品需要有精确的尺寸公差和良好的力学性能，因此须采用缓冷，即模具温度较高，冷却管道的尺寸和位置也应适应缓冷的要求。

普通模具的冷却水应采用常温下的水，通过调节水的流量来调节模具温度。对于小型制品，由于其注射时间和保压时间都很短，成型周期主要由冷却时间决定。为了提高成型效率，可以采用经过冷却的水进行冷却。目前常用经冷冻机冷却过的 5～10℃水。用经过冷却的水进行冷却时，大气中的水分会凝聚在型腔表面，易引起制品的缺陷，对此要加以注意。对于流动距离长、成型面积大的制品，为了防止填充不足或者变形，有时还需通热水。总之，模具温度最好通过冷却系统或者专门的装置能任意调节。

5）模具中冷却水温度升高会使热传递减小，精密模具中出入口水温相差应在 2℃以内，普通模具也不要超过 5℃。从压力损失观点出发，冷却回路的长度应在 1.2～1.5m 以下，回路的弯头数目不希望超过 15 个。图 9-1 所示为大型模具冷却回路的布置，图 9-1a 采用一条冷却回路，冷却不均匀；图 9-1b 仍采用一条冷却回路，但较图 9-1a 有改进；图 9-1c 采用双冷却回路，一条回路的进口位于另一条回路的出口附近，效果最好。

6）由于凹模与型芯的冷却情况不同，一般应采用两条冷却回路分别冷却凹模与型芯。

7）当模具仅设一个入水接口和一个出水接口时，应将冷却通道进行串联连接。若采用并联连接，由于各回路的流动阻力不同，很难形成相同的冷却条件。当需要用并联连接时，则需在每个回路中设置水量调节泵及流量计。

8）采用多而细的冷却通道，比采用独根大冷却通道好。因为多而细的冷却通道扩大了模具温度调节的范围。但通道不可太细，以免堵塞，一般通道的直径为 8 ~ 25mm。

9）在收缩率大的塑料制品模具中，应沿其收缩方向设置冷却回路。如图 9-2 所示的方形 PE 塑料制品，由于采用中心直接浇口，此时应在和收缩相对应的中心部通冷却水，而外侧漩涡状冷却回路通热交换过的温水。

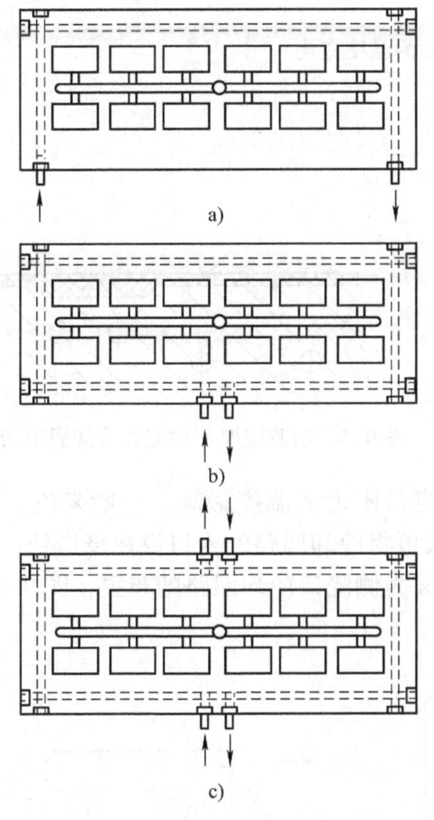

图 9-1 大型模具冷却回路的布置

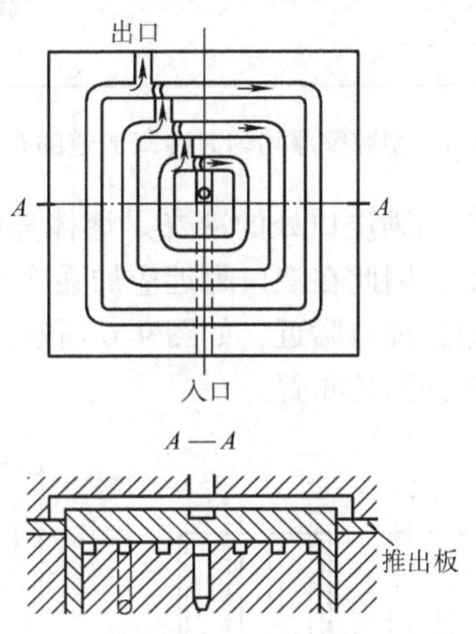

图 9-2 沿收缩方向设置冷却回路

10）合理地确定冷却通道的中心距以及冷却通道与型腔壁的距离，如图 9-3 所示。图 9-3a 所布置的冷却通道间距合理，保证了型腔表面温度均匀分布；而图 9-3b 开设的冷却通道、间距太大，所以型腔的表面温度变化很大（从 53.33℃到 61.65℃）。冷却通道与型腔壁的距离太大会使冷却效率下降，而距离太小又会造成冷却不均匀。根据经验，一般冷却通道中心线与型腔壁的距离应为冷却通道直径的 1 ~ 2 倍，冷却通道的中心距约为通道直径的 3 ~ 5 倍。

11）尽可能使所有冷却通道孔分别到各处型腔表面的距离相等。当制品壁厚均匀时，应尽可能使所有的冷却通道孔分别到各处型腔表面的距离相等，如图 9-4 所示。当制品壁厚不均匀时，在厚壁处应开设距离较小的冷却通道，如图 9-5 所示。

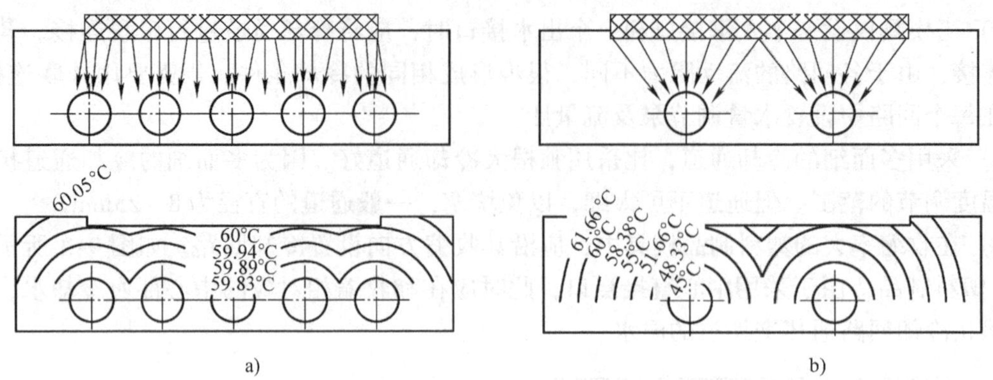

图 9-3　型腔表面的温度变化

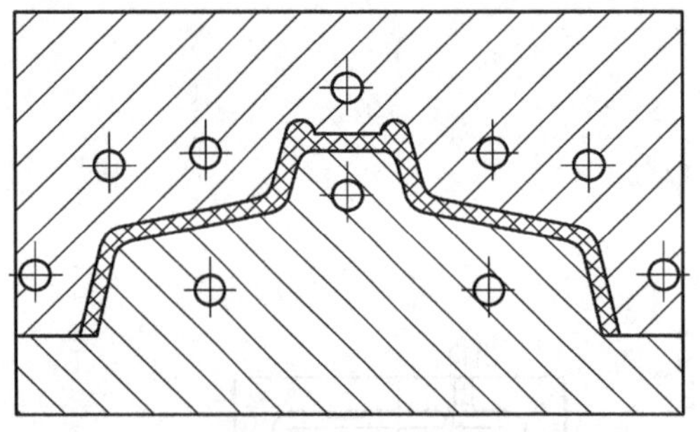

图 9-4　型腔壁厚均匀时冷却通道的布置

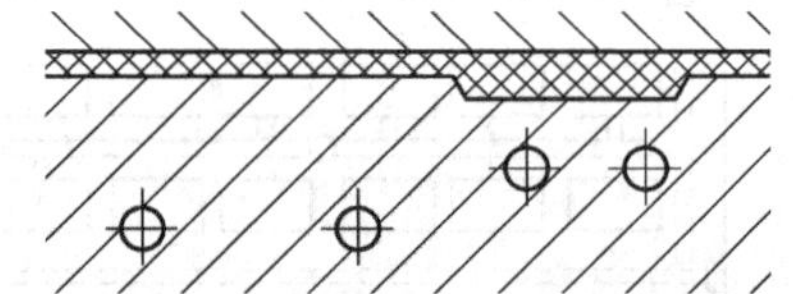

图 9-5　型腔壁厚不均匀时冷却通道的布置

12）应加强浇口处的冷却。熔体充模时，浇口附近的温度最高。一般来说，距浇口越远温度越低，因此在浇口附近应加强冷却。一般可将冷却回路的入口设在浇口处，这样可使冷水首先通过浇口附近，如图 9-6 所示。图 9-6a 为侧浇口冷却回路的布置，图 9-6b 为多个点浇口冷却回路的布置。

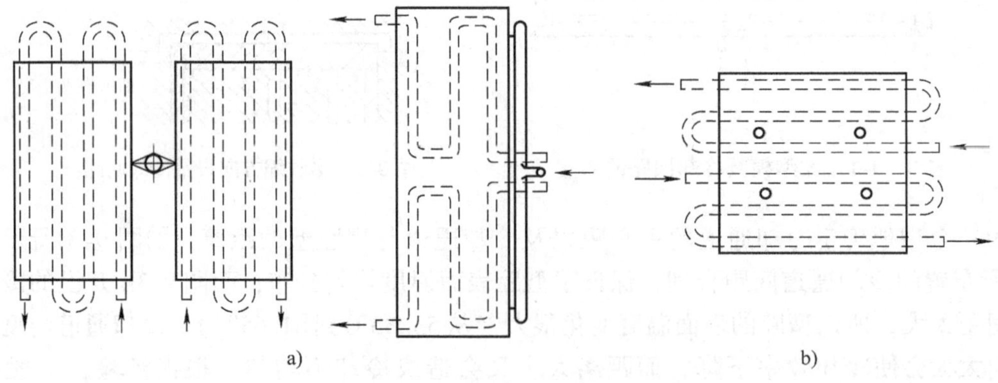

图 9-6　冷却回路入口的选择

13）应避免将冷却通道开设在制品熔合纹的部位。当采用多浇口进料或者型腔形状较复杂时，多股熔体在汇合处将产生熔合纹。在熔合纹处的温度一般较其他部位的低，为了不致使温度进一步下降，保证熔合质量，应尽可能不在熔合纹部位开设冷却通道。

14）注意水管的密封问题，以免漏水。一般，冷却通道应避免穿过镶件，否则在接缝处漏水；若必须通过镶件时，应加设密封圈。

15）进、出口水管接头的位置应尽可能设在模具的同一侧。为了不影响操作，通常应将进、出口水管接头设在注射机背面的模具一侧。

16）以冷却效果来选取模具材料，见表9-3。常用模具材料的热导率均较低。含碳量和含铬量越高的钢种导热性越差；不锈钢相比之下可视为绝热材料；普通钢传热性差，且热稳定性不好，还会导致型腔表面硬度下降；铍铜合金导热性和热稳定性好，且可获得较高硬度，如国产铍铜QBe2（$w_{Be}=1.9\%\sim2.2\%$，$w_{Ni}=0.2\%\sim0.5\%$，其余为铜）经固溶时效处理后，硬度可达49HRC。

表9-3 常用模具材料的热导率

模具材料	λ_m/[kJ/(m·h·℃)]	模具材料	λ_m/[kJ/(m·h·℃)]
纯铜	1390	碳素钢（w_C1.5%）	130
铍青铜（20℃）	436	P20	131.4
铍青铜（275℃）	392	H13	106.2
铝青铜	292	SKD61	122
纯铝	796	不锈钢（SUS304）	58
硬铝（$w_{Al}=95\%$，$w_{Cu}=4\%$）	590	不锈钢（$w_{Cr}=12\%$）	94
铸铝（$w_{Al}=87\%$，$w_{Cu}=13\%$）	590	铬钢（$w_{Cr}=1\%$）	216
碳素钢（$w_C=0.5\%$）	191	锌合金（$w_{Al}=4\%$，$w_{Cu}=3\%$）	392
碳素钢（$w_C=1\%$）	155	铸铁（$w_C=4\%$）	187

第三节 冷却回路的形式

一、凹模冷却回路

图9-7所示为一个最简单的直流冷却回路，它采用软管将直通的通道连接起来。这种单层的冷却回路通常用于较浅的型腔。

为了避免设置外部接头，冷却通道之间可以采用内部钻孔的方法沟通，非进、出口均用螺塞堵住，并用堵头或隔板使冷却水沿所规定的回路流动，其常见结构如图9-8所示。

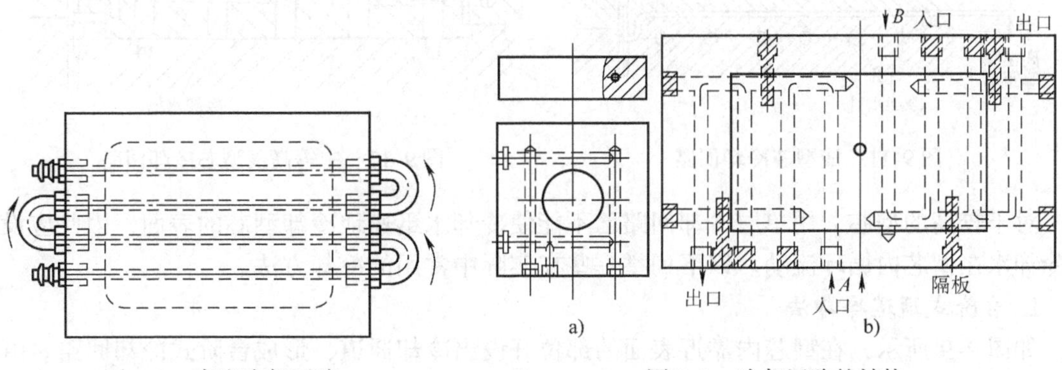

图9-7 直流冷却回路

图9-8 冷却回路的结构

图 9-8a 所示为用堵头来控制冷却水流向的情况，而图 9-8b 所示为采用隔板来控制冷却水流向的情况。图 9-8b 所示为一个大面积的浅型腔，若采用单一的冷却回路，因为冷却水从型腔一侧流向另一侧时温度会逐渐提高，所以型腔左、右两侧会产生明显的温差。改进的方法是采用两条左、右对称的冷却回路，且两条冷却回路的入口均靠近浇口处，以保证型腔表面的温度分布均匀。

冷却回路应尽可能按照型腔的形状布置。对于侧壁较厚的型腔，如圆筒形和矩形塑料制品的凹模型腔，通常分层设置布局相同的矩形冷却回路，对型腔侧壁进行冷却，如图 9-9 所示。

凹模通常是以镶件的形式镶入模板中的。对于矩形镶件，仍可在模板上或者在镶件上用钻孔的方法得到矩形冷却回路。对于圆形镶件，一般不宜在镶件上钻出冷却孔道，此时可在圆形镶件的外圆上开设环形冷却水槽，如图 9-10 所示。

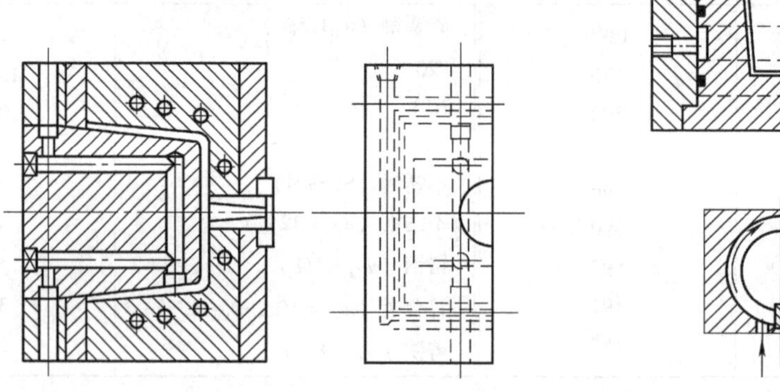

图 9-9 沿制品形状的多层冷却回路

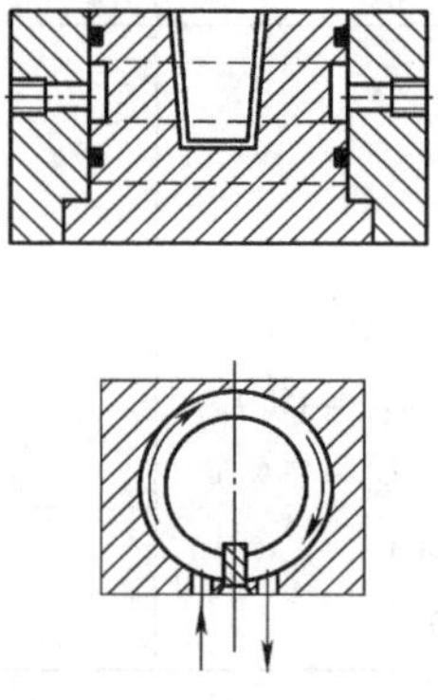

图 9-10 圆形镶件上的冷却水槽

二、型芯冷却回路

对于很浅的型芯，可将上述的单层冷却回路开设在型芯的下部，如图 9-11 所示。

对于中等高度的型芯，可在型芯上开出一排矩形冷却水槽构成冷却回路，如图 9-12 所示。

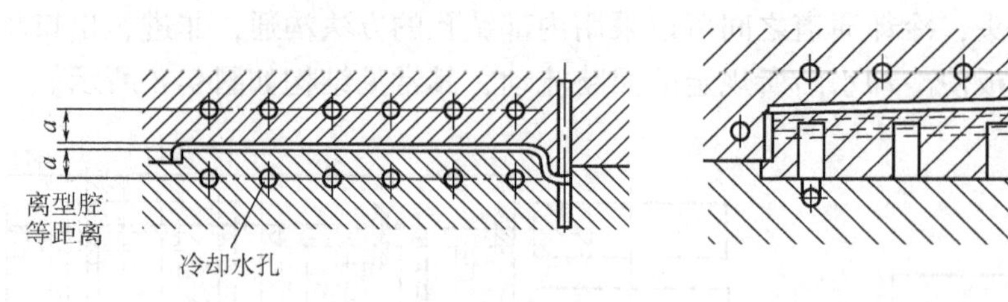

图 9-11 浅型芯冷却回路

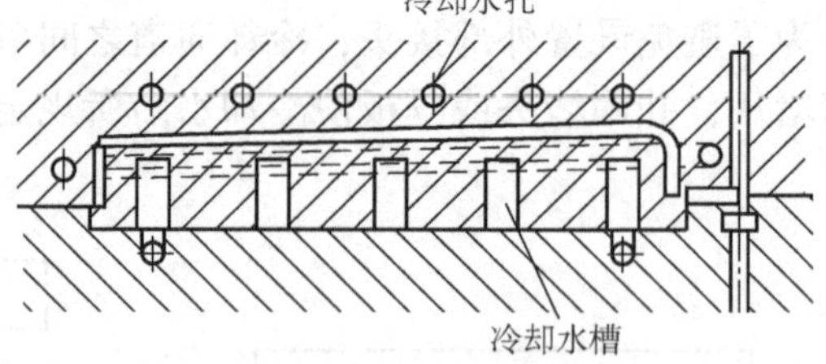

图 9-12 中等高度型芯冷却回路

对于较高的型芯，用单层冷却回路已不能使冷却水迅速地冷却型芯的表面，因此应设法使冷却水在型芯内循环流动。以下列举一些在实际中常用的冷却方法。

1. 台阶式通道冷却法

如图 9-9 所示，在型芯内靠近表面的部位开设出冷却通道，形成台阶式冷却回路。由于需要在型芯的侧壁开设平行于型芯上表面的通道以沟通回路，不得不从型芯侧壁表面开孔，然后用螺塞将孔道封住，因此这将影响型芯的表面粗糙度。这是台阶式冷却通道的缺点。

2. 斜交叉通道冷却法

如图 9-13 所示，采用斜向交叉的冷却通道在型芯内形成冷却回路。对于宽度较大的型芯，还可以采用几组斜交叉冷却通道，并将它们串联在一起。

3. 直孔隔板式通道冷却法

如图 9-14 所示，采用多个与型芯底面相垂直的通道与底部的横向通道形成冷却回路，同时为了使冷却水沿着冷却回路流动，在每一个直通道中均设置了隔板。

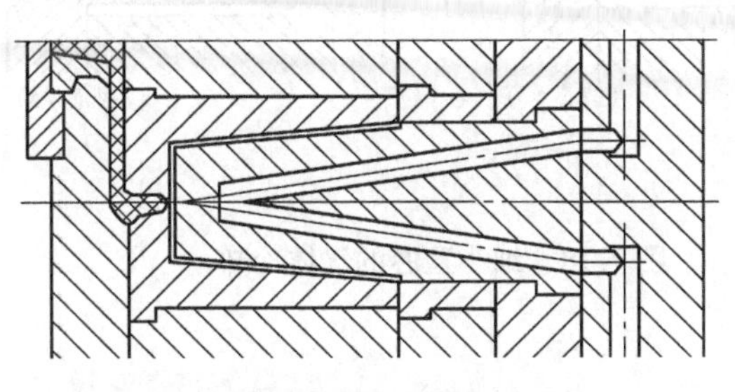

图 9-13 斜交叉通道冷却回路

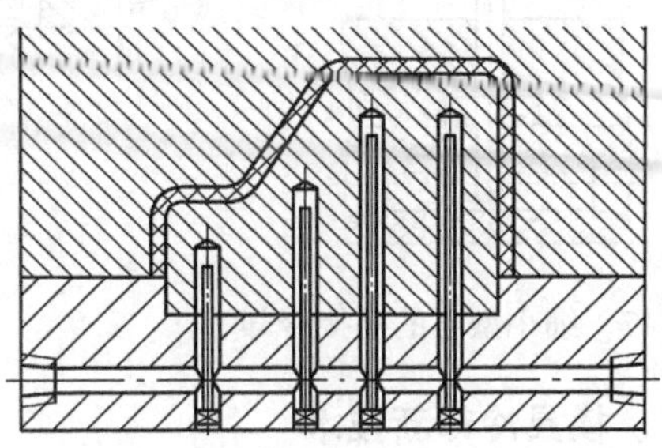

图 9-14 直孔隔板式冷却回路

4. 喷流式冷却法

如图 9-15 所示，在型芯中间装有一个喷水管，冷却水从喷水管中喷出，分流后向四周流动以冷却型芯壁。对于中心浇口的单型腔模具，因为从喷水管喷出的冷却水直接冷却型芯壁温度最高的部位（此处正对着浇口），所以冷却效果很好。这种冷却方式适合于高度大而直径小的型芯冷却。

5. 衬套式冷却法

衬套式冷却回路如图 9-16 所示，冷却水从型芯衬套的中间水道喷出，首先冷却温度较高的型芯顶部，然后沿侧壁的环形沟槽流动，冷却型芯的四周，最后沿型芯的底部流出。这种冷却方式冷却效果好，但模具结构比较复杂，故只适合于直径较大的圆筒形型芯的冷却。

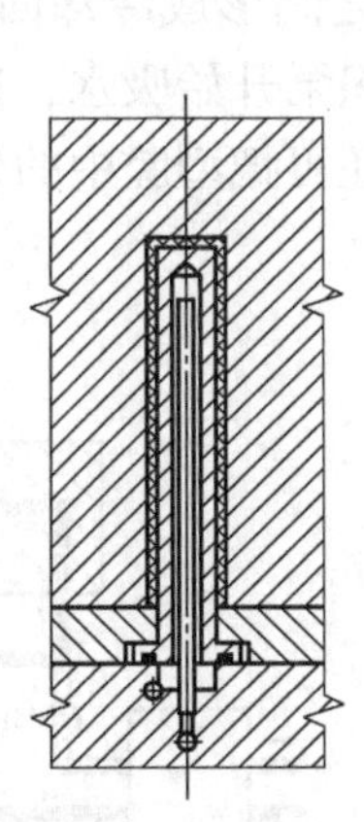

图 9-15 喷流式冷却回路

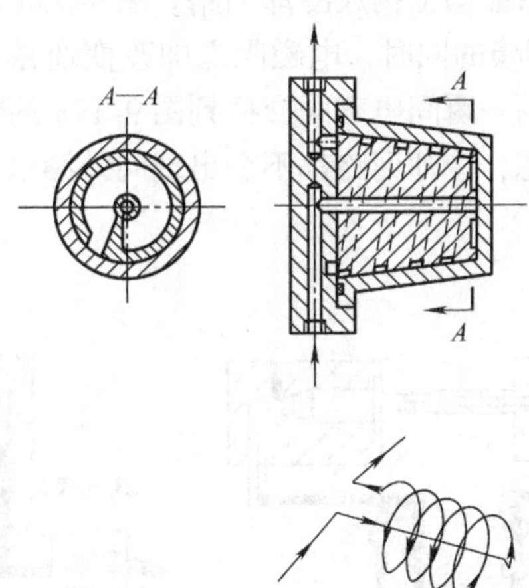

图 9-16 衬套式冷却回路

6. 铜棒冷却方式

对于细小的型芯，不可能在型芯内直接设置冷却水路，这时若不采用其他冷却方法就会使型芯过热。图 9-17 所示为一种细小型芯的间接冷却方法，即在型芯中心压入热传导性能好的软铜或铍铜棒，并将棒的一端伸入到冷却水孔中冷却。图 9-18 所示为采用气体冷却的例子。图 9-18a 采用普通空气冷却，图 9-18b 也采用普通空气冷却，但以软铜作热媒体。

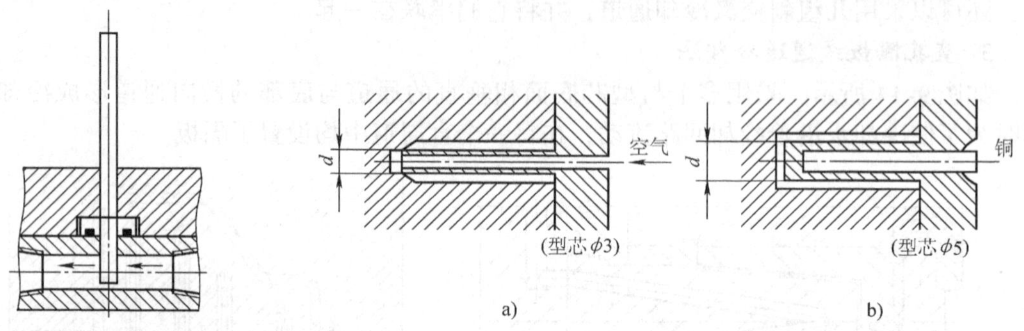

图9-17 细小型芯的间接冷却

图 9-18 细小型芯的气体冷却

三、模具冷却新技术

1. 负压水路和逻辑密封冷却装置

普通冷却系统是将压力水送入模具冷却系统。当模具的水道通过镶拼结构时，即使密封结构十分复杂，仍易发生漏水的问题，因此常不得不将冷却通道开在型芯固定板上，采用间接冷却方式，这样则使冷却效率大为降低。

美国 Logic Devices 公司研制了一种负压冷却水系统，通过特殊的容积泵来抽吸泵送模具冷却水路中的冷却水，使冷却系统中形成负压，即使冷却水孔直接通过镶拼模块的镶拼缝，而不采用特殊的密封装置，也不会发生漏水的问题。

图 9-19 所示为逻辑密封冷却装置的工作情况，这种装置还可使冷却水从动模边的型芯直接通过型腔进入定模。这种直通式回路特别适用于普通冷却系统无法冷却的细长型芯，只需要在型芯内钻一通孔。该装置采用电磁阀进行控制，以便在开模时立即停止通水并将管道中积水抽回，而闭模后能马上构成冷却回路。图 9-19a 表明在开模状态时动定模都同时进行吸水；图 9-19b 表示在闭模的同时，电磁阀立即改变通路，在型芯和凹模之间形成冷却回路；图 9-19c 表示在开模前的一瞬间电磁阀交换到图 9-19a 的状态，回路中容积泵开始吸水，这样无论是闭模还是开模状态，冷却回路都不会出现向外漏水的现象，注射时还可把型腔中的残余气体吸到水路中去。

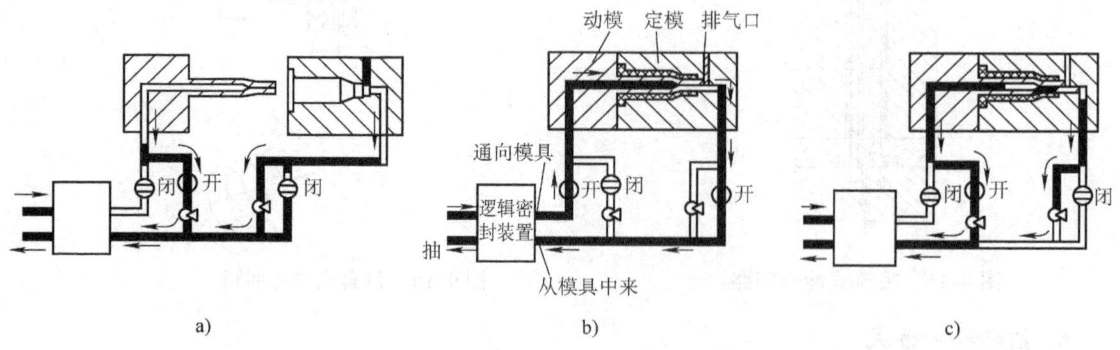

图 9-19 逻辑密封冷却装置工作情况

2. 热管冷却装置

铜棒冷却方式传热效率不高，为了提高冷却效果，采用了热管取代铜棒导热，取得了明显的经济效果。

热管是优良的导热元件，其导热效率约为同样大小铜棒的1000倍，有“热的超导体”之称。热管最早用于美国的航天工业，以后推广到许多工业领域，20世纪80年代开始在塑料注射模中应用。

热管由铜管、铜线芯及工作液（如水）等组成，其构造如图9-20所示。铜管是密封的，铜线芯如同蜡烛芯那样，起到毛细管的抽吸作用，在热管蒸发部起加热作用，绝热部起输送工作液作用，凝聚部起冷却作用。

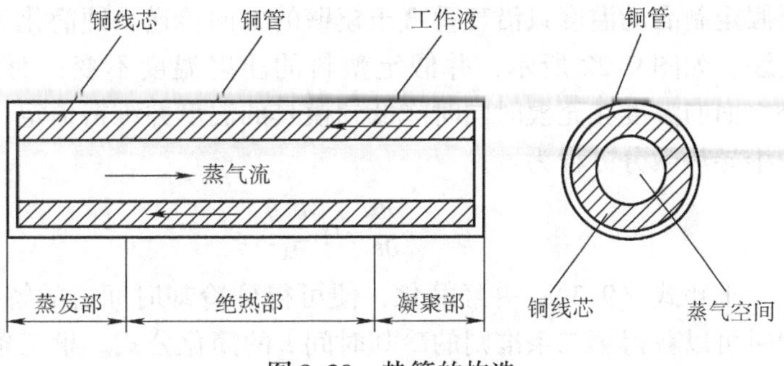

图9-20　热管的构造

通过加热，热管工作液的蒸气压升高，随之沸腾。由于蒸气流存在着压力差，蒸气流朝向凝聚部流动。这种饱和蒸气在凝聚部因为温度下降，随即凝聚成液体。凝聚液体靠铜线芯的毛细管吸力（热管水平时）或重力（热管垂直或倾斜时）又回到蒸发部，再次蒸发，蒸发流又再一次凝聚，形成循环。

热管若采用水作为工作液，当管内压力为13.3Pa时，水在27℃就能沸腾。为使热管中的水易于沸腾蒸发，一般，热管中要抽气至0.13Pa。

因为液体凝聚热传导具有很强的导热能力，所以热管是一种能迅速从热源A向B转移热量的有效工具。热管在蒸发部吸入热量，在凝聚部输出热量，因此可将热管用于注射模的冷却。热管既可以安放在型芯中导热，也可制成推杆或拉料杆，兼起冷却的作用。

图9-21所示为用热管冷却型芯的一例。据有关资料介绍，将热管用于塑料注射模的冷却，至少可以缩短注射成型周期30%以上，并能使模具温度恒定。目前在日本，热管已达到标准化、商品化的程度，在注射模的应用也逐渐广泛。

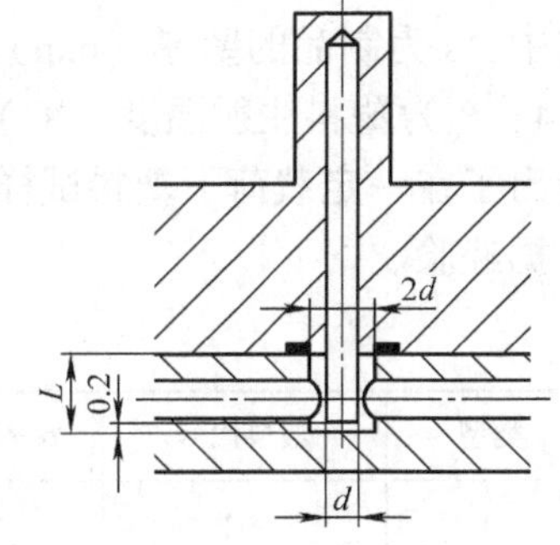

图9-21　用热管冷却型芯

第四节　冷却管道的工艺计算

一、冷却时间的计算

制品在模具内的冷却时间，通常是指塑料熔体从充满型腔时起到可以开模取出制品时的这一段时间。可以开模的标准是制品已充分固化，具有一定的强度和刚度，在开模推出时不致变形开裂。目前主要有三种衡量制品已充分固化的准则：

1）对于无定形塑料的厚壁制品，其最大壁厚中心部分的温度已冷却到该种塑料的热变形温度以下。

2）对于无定形塑料的薄壁制品，制品截面内的平均温度已达到所规定的制品的出模温度。

3）对于结晶型塑料，最大壁厚的中心层温度达到固熔点，或者结晶度达到某一百分比。

目前尚无精确的冷却时间计算公式，只能借助于一些简化公式或经验公式对冷却时间作粗略的计算。例如，对于上述的第一条准则，可假定制品的温度只沿着垂直于模壁的方向传递，即简化为一维导热问题，如图9-22所示，并假定塑料的注射温度不变，而且制品内、外表面的温度在充模时同时降低到模具的温度并维持恒定，由此建立一维导热微分方程为

$$\frac{\partial \theta}{\partial t}=\alpha_1 \frac{\partial^2 \theta}{\partial x^2} \tag{9-3}$$

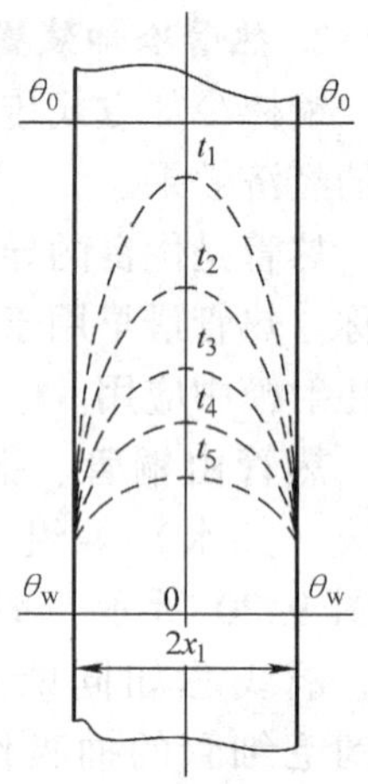

图9-22 制品在型腔中的一维导热

$t_1 \sim t_5$—不同时刻的冷却时间 x_1—制品的半个厚度 θ_0—熔体温度 θ_w—模壁温度

求解式（9-3），并经简化，便可得到冷却时间 t_1 的解析表达式。同时可以获得第二条准则的冷却时间 t_2 的简化公式。第三条准则中的冷却时间 t_3 则依靠经验获得。

对应以上三种固化准则的冷却时间计算公式分别为：

1）制品最大壁厚中心部分温度达到热变形温度时所需的冷却时间 t_1（s）为

$$t_1=\frac{s^2}{\pi^2 \alpha_1}\ln\left[\frac{4}{\pi}\left(\frac{\theta_0-\theta_m}{\theta_1-\theta_m}\right)\right] \tag{9-4}$$

式中，s 为制品的壁厚（mm）；α_1 为塑料热扩散率（mm^2/s），某些常用塑料的 α_1 值列于表9-4；θ_0 为塑料注射温度（℃）；θ_m 为模具温度（℃）；θ_1 为塑料的热变形温度（℃），附录F给出了在一定载荷下塑料试样的热变形温度，但不是应用时的热变形温度，确定 θ_1 时还应根据经验。

表9-4 常用塑料的热扩散率 α_1

类型	塑料代号	$\alpha_1/(mm^2/s)$	类型	塑料代号	$\alpha_1/(mm^2/s)$	模具温度/℃
无定形塑料	PC	0.105	结晶型塑料	PBTP	0.090	80～100
	CA	0.085		PA66	0.085	80～100
	CAB	0.085		PA6	0.070	80～100
	CP	0.085		PP	0.065	20～80
	PS	0.080		LDPE	0.090	20
					0.075	60
	SAN	0.080		HDPE	0.095	20
	ABS	0.080			0.055	80
	PMMA	0.075			0.065	60
	PVC	0.070		POM	0.050	100

2）制品截面内平均温度达到规定的制品出模温度时所需的冷却时间 t_2（s）为

$$t_2 = \frac{s^2}{\pi^2 \alpha_1} \ln\left[\frac{8}{\pi^2}\left(\frac{\theta_0 - \theta_m}{\theta_2 - \theta_m}\right)\right] \tag{9-5}$$

式中，θ_2为截面内平均温度（℃），其他符号含义同式（9-4）。

3）结晶型塑料制品的最大壁厚中心层温度达到固熔点时所需的冷却时间 t_3（s）

① 聚乙烯（PE）

$$t_3 = 123.96R^2 \frac{\theta_0 + 28.9}{185.6 - \theta_m} \text{（棒类）} \tag{9-6}$$

$$t_3 = 79.98s^2 \frac{\theta_0 + 28.9}{185.6 - \theta_m} \text{（板类）} \tag{9-7}$$

式（9-6）、式（9-7）的适用范围是 $\theta_0 = 193.3 \sim 248.9$℃，$\theta_m = 4.4 \sim 79.4$℃。

② 聚丙烯（PP）

$$t_3 = 65.66R^2 \frac{\theta_0 + 490}{223.9 - \theta_m} \text{（棒类）} \tag{9-8}$$

$$t_3 = 37.85s^2 \frac{\theta_0 + 490}{223.9 - \theta_m} \text{（板类）} \tag{9-9}$$

式（9-8）、式（9-9）的适用范围是 $\theta_0 = 232.2 \sim 282.2$℃，$\theta_m = 4.4 \sim 79.4$℃。

③ 聚甲醛（POM）

$$t_3 = 71.61R^2 \frac{\theta_0 + 157.8}{157.8 - \theta_m} \text{（棒类）} \tag{9-10}$$

$$t_3 = 36.27s^2 \frac{\theta_0 + 157.8}{157.8 - \theta_m} \text{（板类）} \tag{9-11}$$

式（9-10）、式（9-11）的适用范围是 $\theta_0 > 190$℃，$\theta_m < 125$℃。

式（9-6）～式（9-11）中，θ_0为棒类或板类制品的初始成型温度（℃）；θ_m为模具温度（℃）；R为棒类制品的半径（cm）；s为板类制品的厚度（cm）。

二、冷却通道传热面积及通道数目的简易计算

如果忽略模具因空气对流、热辐射以及与注射机接触所散发的热量，则模具冷却时所需冷却介质的体积流量可按下式计算

$$q_V = \frac{WQ_1}{\rho c_1(\theta_1 - \theta_2)} \tag{9-12}$$

式中，q_V为冷却介质的体积流量（m^3/min）；W为单位时间（每分钟）内注入模具的塑料重量（kg/min）；Q_1为单位重量的塑料制品在凝固时所放出的热量（kJ/kg）；ρ为冷却介质的密度（kg/m^3）；c_1为冷却介质的比热容［kJ/(kg·℃)］；θ_1为冷却介质出口温度（℃）；θ_2为冷却介质进口温度（℃）。

Q_1可表示为

$$Q_1 = [c_2(\theta_3 - \theta_4) + u] \tag{9-13}$$

式中，c_2为塑料的比热容［kJ/(kg·℃)］；θ_3与θ_4分别为塑料熔体的温度和推出前制品的温度；u为结晶型塑料的熔化热（kJ/kg）。常用塑料的比热容和溶化热等见表9-5，Q_1也可从表9-6中选取。

表 9-5 常用塑料的热扩散系数、热导率、比热容及熔化热

塑料品种	热扩散系数 /(m^2/h)	热导率 /[kJ/(m·h·℃)]	比热容 /[kJ/(kg·℃)]	熔化热/(kJ/kg)
聚苯乙烯	3.2×10^{-4}	0.452	1.340	—
ABS	9.6×10^{-4}	1.055	1.047	—
硬聚氯乙烯	2.2×10^{-4}	0.574	1.842	—
低密度聚乙烯	6.2×10^{-4}	1.206	2.094	1.30×10^{2}
高密度聚乙烯	7.2×10^{-4}	1.733	2.554	2.43×10^{2}
聚丙烯	2.4×10^{-4}	0.423	1.926	1.80×10^{2}
尼龙	3.9×10^{-4}	0.837	1.884	1.30×10^{2}
聚碳酸酯	3.3×10^{-4}	0.695	1.717	—
聚甲醛	3.3×10^{-4}	0.829	1.759	1.63×10^{2}
有机玻璃	4.3×10^{-4}	0.754	1.465	—

表 9-6 常用塑料熔体的单位热流量 Q_1

塑料品种	Q_1/(kJ/kg)	塑料品种	Q_1/(kJ/kg)
ABS	$3.1\times10^{2}\sim4.0\times10^{2}$	低密度聚乙烯	$5.9\times10^{2}\sim6.9\times10^{2}$
聚甲醛	4.2×10^{2}	高密度聚乙烯	$6.9\times10^{2}\sim8.1\times10^{2}$
丙烯酸	2.9×10^{2}	聚丙烯	5.9×10^{2}
醋酸纤维素	3.9×10^{2}	聚碳酸酯	2.7×10^{2}
聚酰胺	$6.5\times10^{2}\sim7.5\times10^{2}$	聚氯乙烯	$1.6\times10^{2}\sim3.6\times10^{2}$

当求出冷却水的体积流量 q_V 后，便可根据冷却水处于湍流状态下的流速 v 与通道直径 d 的关系（参见表 9-2），确定模具冷却水通道的直径 d。

冷却通道总传热面积 A（m^2）可用如下公式计算

$$A=\frac{60WQ_1}{h\Delta\theta} \tag{9-14}$$

式中，W、Q_1 同式（9-12）；h 为冷却通道孔壁与冷却介质之间的传热系数［kJ/(m^2·h·℃)］；$\Delta\theta$ 为模具温度与冷却介质温度之间的平均温差（℃）。

h 可由式（9-2）求得，其中

$$f=0.244(4.187\lambda)^{0.6}\left(\frac{4.187c_1}{\mu}\right)^{0.4} \tag{9-15}$$

$$v=\frac{4q_V}{\pi d^2} \tag{9-16}$$

式中，λ 为冷却介质的热导率[(kJ/(m·h·℃)]；c_1 为冷却介质的比热容[kJ/(kg·℃)]；μ 为冷却介质的粘度（Pa·s）；v 为冷却介质流速（m/s）；q_V 为冷却介质的体积流量（m^3/s）；d 为冷却管道的直径（m）。

f 既可由式（9-15）计算得到，也可由表 9-7 选取。

表 9-7 不同水温下的f值

平均水温/℃	0	5	10	15	20	25	30	35	40	45	50	55	60	65	70	75
f	4.91	5.30	5.68	6.07	6.45	6.48	7.22	7.60	7.98	8.31	8.64	8.97	9.30	9.60	9.90	10.20

模具应开设的冷却通道的孔数为：

$$n=\frac{A}{\pi dL} \tag{9-17}$$

式中，L为冷却通道开设方向上模具的长度或宽度（m）；其他符号同式（9-14）和式（9-16）。

例 某注射模成型聚丙烯制品，产量为50kg/h，用20℃的水作为冷却介质，其出口温度为27℃，水呈湍流状态，若模具平均温度为40℃，模具宽度为300mm，求冷却通道直径及所需冷却通道孔数。

解 1）求塑料制品在固化时每小时释放的热量Q。查表9-6得聚丙烯的单位热流量$Q_1=5.9\times10^2$kJ/kg，故

$$Q=WQ_1=50\times5.9\times10^2\text{kJ/h}=2.95\times10^4\text{kJ/h}$$

2）求冷却水的体积流量。由式（9-12）得

$$q_V=\frac{WQ_1}{\rho c_1(\theta_1-\theta_2)}=\frac{2.95\times10^4/60}{10^3\times4.187\times(27-20)}\text{m}^3/\text{min}$$
$$=1.67\times10^{-2}\text{m}^3/\text{min}$$

3）求冷却通道直径d。查表9-2，为使冷却水处于湍流状态，取$d=25$mm。

4）求冷却水在冷却通道内的流速v。由式（9-16）得

$$v=\frac{4q_V}{\pi d^2}=\frac{4\times1.67\times10^{-2}}{3.14\times(25/1000)^2\times60}\text{m/s}=0.57\text{m/s}$$

5）求冷却通道孔壁与冷却介质之间的传热系数h。查表9-7，取$f=7.22$（水温为30℃时），再由式（9-2）得

$$h=4.187\times\frac{f(\rho v)^{0.8}}{d^{0.2}}=\frac{4.187\times7.22\times(0.996\times10^3\times0.57)^{0.8}}{(25/1000)^{0.2}}\text{kJ/(m}^2\cdot\text{h}\cdot℃)$$
$$=1.001\times10^4\text{kJ/(m}^2\cdot\text{h}\cdot℃)$$

6）求冷却通道总传热面积A。由式（9-14）得

$$A=\frac{60WQ_1}{h\Delta t}=\frac{60\times2.95\times10^4/60}{1.001\times10^4\times[40-(27+20)/2]}\text{m}^2$$
$$=0.178\text{m}^2$$

7）求模具上应开设的冷却通道的孔数n。由式（9-17）得

$$n=\frac{A}{\pi dL}=\frac{0.178}{3.14\times(25/1000)\times(300/1000)}\approx8$$

三、冷却通道的详细计算

在一般的注射模冷却通道设计中，采用前面所介绍的简易计算已足够。但是对于精密和复杂的大型注射模，尚嫌上面的简易计算过于粗略，这时就有必要较全面地考察冷却过程的影响因素，进行较为深入的设计计算。在此除了逐条介绍冷却通道详细计算步骤外，所提供的思路以及解决问题的方法还有助于读者加深对注射模冷却过程实质和特点的了解。

冷却通道的详细计算可以分为如下各个步骤：

1. 单位时间里型腔内的总热量 Q

总热量 Q（kJ/h）为

$$Q = WQ_1 = NGQ_1 \tag{9-18}$$

式中，W 为单位时间内注入型腔中的塑料重量（kg/h）；N 为每小时注射次数；G 为每次塑料的注射量（kg）；Q_1 为单位重量的塑料制品从熔体进入型腔开始到冷却结束时所放出的热量（kJ/kg），Q_1 又称为单位热流量之差或焓之差。

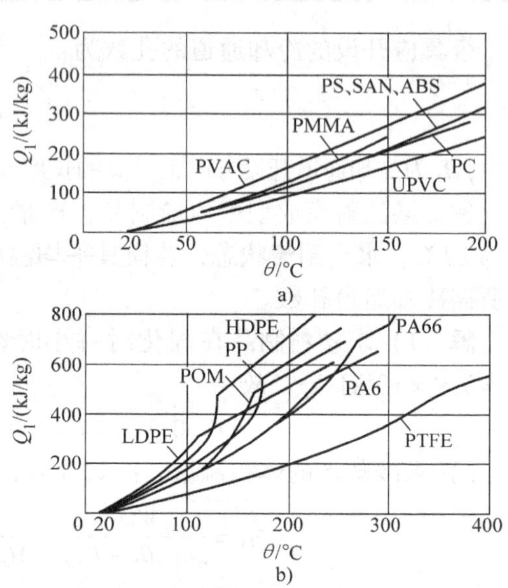

图 9-23 某些塑料的焓量曲线

a）无定形塑料 b）结晶型塑料

对于某些塑料，可从图 9-23 中得到不同温度下的焓量，也可以由下式近似求得

$$Q_1 = c_2(\theta_{1\max} - \theta_{1\min}) + u \tag{9-19}$$

式中，c_2 为塑料的比热容[kJ/(kg·℃)]；u 为结晶型塑料的熔化热（kJ/kg），c_2 和 u 可查阅表 9-5；$\theta_{1\max}$ 和 $\theta_{1\min}$ 分别为进入型腔的熔体温度以及冷却结束时制品的温度（℃）。

表 9-6 中给出了常用塑料 Q_1 的近似值。

2. 通过自然冷却所散发的热量 Q_C、Q_R、Q_L

通过自然冷却所散发的热量由三部分（Q_C、Q_R 和 Q_L）组成：

（1）由对流所散发的热量 Q_C(kJ/h)

$$Q_C = h_1 A_m(\theta_{2m} - \theta_0) \tag{9-20}$$

式中，A_m 为模具表面积（m^2）；θ_{2m} 为模具平均温度（℃）；θ_0 为室温（℃）；h_1 为传热系数[kJ/(m^2·h·℃)]，当 $0 < \theta_{2m} < 300$℃时，由实验得

$$h_1 = 4.187\left(0.25 + \frac{360}{\theta_{2m} + 300}\right)(\theta_{2m} - \theta_0)^{\frac{1}{3}} \tag{9-21}$$

将式（9-21）代入式（9-20）中得到

$$Q_C = 4.187\left(0.25 + \frac{360}{\theta_{2m} + 300}\right)A_m(\theta_{2m} - \theta_0)^{\frac{4}{3}} \tag{9-22}$$

应该指出的是，上式中 A_m 除了模具暴露在空气中的四个侧表面积外，还应包括动模和定模两个分型面的表面积。但由于只有在开模状态下，动、定模两个分型面才会散发热量，故有

$$A_m = (A_{m1} + A_{m2}\eta_k) \tag{9-23}$$

式中，A_{m1} 为模具的四个侧表面（m^2）；A_{m2} 为模具两个分型面表面积之和（m^2）；η_k 为开模率，η_k 定义为

$$\eta_k = \frac{t - (t_1 + t_2)}{t} \tag{9-24}$$

式中，t 为注射成型周期（s）；t_1 为注射时间，可参见表 5-2；t_2 为制品冷却时间（s），可参

见表9-8。

表9-8 塑料制品厚度与所需冷却时间的关系

制品厚度/mm	冷却时间/s						
	ABS	PA	HDPE	LDPE	PP	PS	PVC
0.5			1.8		1.8	1.0	
0.8	1.8	2.5	3.0	2.3	3.0	1.8	2.1
1.0	2.9	3.8	4.5	3.5	4.5	2.9	3.3
1.3	4.1	5.3	6.2	4.9	6.2	4.1	4.6
1.5	5.7	7.0	8.0	6.6	8.0	5.7	6.3
1.8	7.4	8.9	10.0	8.4	10.0	7.4	8.1
2.0	9.3	11.2	12.5	10.6	12.5	9.3	10.1
2.3	11.5	13.4	14.7	12.8	14.7	11.5	12.3
2.5	13.7	15.9	17.5	15.2	17.5	13.7	14.7
3.2	20.5	23.4	25.5	22.5	25.5	20.5	21.7
3.8	28.5	32.0	34.5	30.9	34.5	28.5	30.0
4.4	38.0	42.0	45.0	40.8	45.0	38.0	39.8
5.0	49.0	53.9	57.5	52.4	57.5	49.0	51.1
5.7	61.0	66.8	71.0	65.0	71.0	61.0	63.5
6.4	75.0	80.0	85.0	79.0	85.0	75.0	77.5

（2）由辐射所散发的热量 Q_R（kJ/h）

$$Q_R = 20.8A_{m1}\varepsilon\left[\left(\frac{273+\theta_{2m}}{100}\right)^4 - \left(\frac{273+\theta_0}{100}\right)^4\right] \tag{9-25}$$

式中，A_{m1}为模具四侧面面积（m^2）；ε 为辐射率，磨光表面 $\varepsilon = 0.04 \sim 0.05$，一般加工面 $\varepsilon = 0.80 \sim 0.90$，毛坯表面 $\varepsilon = 1.0$。

（3）向注射机工作台所传递的热量 Q_L（kJ/h）

$$Q_L = h_2 A_{m3}(\theta_{2m} - \theta_0) \tag{9-26}$$

式中，A_{m3}为模具与工作台接触面积（m^2）；h_2 为传热系数，可以使用如下经验值：

对于普通钢 $h_2 = 502\text{kJ/(m}^2\cdot\text{h}\cdot℃)$

对于合金钢 $h_2 = 377\text{kJ/(m}^2\cdot\text{h}\cdot℃)$

对于铜合金 $h_2 = 586\text{kJ/(m}^2\cdot\text{h}\cdot℃)$

某些模具（如热流道模具等）在模具固定板与工作台板之间使用隔热垫时，传热系数 h_{2s} [$\text{kJ/(m}^2\cdot\text{h}\cdot℃)$] 为

$$h_{2s} = \frac{h_2}{1 + \dfrac{\delta_s \lambda_m}{H_m \lambda_s}} \tag{9-27}$$

式中，h_{2s}为采用隔热垫后的传热系数；h_2为不采用隔热垫时的传热系数；δ_s为隔热垫厚度（m）；λ_s为隔热材料的热导率，石棉板约为 $0.561\text{kJ/(m}\cdot\text{h}\cdot℃)$；$H_m$为模具总高度的一半（m）；$\lambda_m$为模具材料的热导率 [$\text{kJ/(m}\cdot\text{h}\cdot℃)$]，该值可参见表9-3。

3. 模板的热传导阻力

型腔内制品的绝大部分热量 Q_2 是通过模板由型腔壁传递给冷却水管壁的。在两个平行

平面间流动的热量（kJ/h），可用傅里叶方程予以描述

$$Q_2=\frac{\lambda}{\delta}\Phi\Delta\theta \tag{9-28}$$

上式可改写成如下实用形式

$$\Delta\theta=\theta_{3m}-\theta_{4m}=Q_2\left(\frac{\delta}{\Phi\lambda}\right) \tag{9-29}$$

式中，λ 为模板的热导率［kJ/(m·h·℃)］；δ 为型腔壁与冷却水管壁之间的距离（m）；Φ 为型腔与冷却水管壁之间的传热面积（m^2）；θ_{3m}为型腔壁的平均温度（℃）；θ_{4m}为冷却水管壁的平均温度（℃）；$\Delta\theta$ 为两平行平面间的温差（℃）。

从式（9-29）中可知，当 Q_2 一定时，$\left(\frac{\delta}{\Phi\lambda}\right)$的值越大，温差越大，因此可将$\left(\frac{\delta}{\Phi\lambda}\right)$定义为热传导阻力（简称热阻），以 R_V（h·℃/kJ）表示，即

$$R_V=\frac{\delta}{\Phi\lambda} \tag{9-30}$$

值得注意的是，式（9-29）仅适用于具有相同进口及出口截面的两平行平面的传热情况，在注射模中型腔壁并不一定与冷却水管壁的面积相等。为此，如图9-24所示，以型腔壁（$a\times b$）为热表面，冷却水管壁（$A\times B$）为冷表面，建立热阻数学模型如下

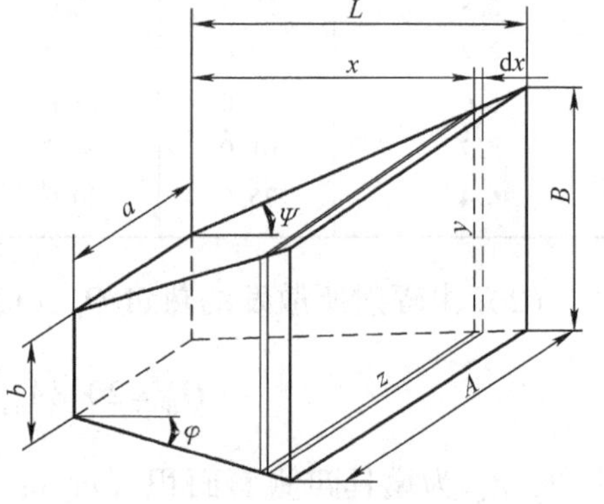

图9-24 模板热阻的计算

$$\mathrm{d}R_V=\frac{1}{\lambda}\frac{\mathrm{d}x}{\phi(x)} \tag{9-31}$$

则型腔壁与冷却水管壁之间的热阻为

$$R_V=\frac{1}{\lambda}\int_0^{\delta}\frac{\mathrm{d}x}{\phi(x)} \tag{9-32}$$

求解式（9-32），可得到

$$R_V=\frac{1}{\lambda}\left[\frac{2.3\delta}{(A-a)b-(B-b)a}\right]\lg\left(\frac{A}{a}\ \frac{b}{B}\right)\quad\left(\frac{A}{B}\neq\frac{a}{b}\text{时}\right) \tag{9-33}$$

或者

$$R_V=\frac{1}{\lambda}\ \frac{2.3\delta}{aB}\quad\left(\frac{A}{B}=\frac{a}{b}\text{时}\right) \tag{9-34}$$

对于型芯内部的冷却通道，如图9-25所示，用类似方法可得 R_V（h·℃/kJ）为

$$R_V=\frac{2.3}{2\pi\lambda l_c}\lg\left(\frac{d_2}{d_1}\right) \tag{9-35}$$

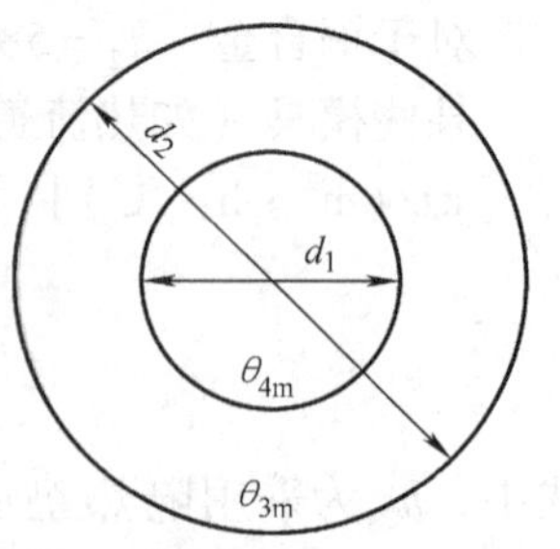

图9-25 内冷式型芯热阻的计算

式中，l_c为型芯长度（m）；d_1为型芯内径（m）；d_2为型芯外径（m）。型芯内径在这时即为冷却通道直径。

在注射模中，围绕着型腔往往有多个冷却通道，该型腔与每一个冷却通道之间的热阻均需单独计算，则相应的总热阻为

$$\frac{1}{R_V}=\sum_{i=1}^{n}\frac{1}{R_{Vi}} \tag{9-36}$$

式中，R_V 为总热阻；R_{Vi} 为型腔与每个通道之间的热阻；n 为型腔所对应的冷却通道数。

因此，此时可将式（9-29）改写为

$$\theta_{4m} = \theta_{3m} - Q_2 R_V \quad (9\text{-}37)$$

式中，Q_2 为每小时冷却水应带走的热量（kJ/h）；R_V 为总热阻（h·℃/kJ）；θ_{3m} 为型腔壁的平均温度（℃）；θ_{4m} 为冷却通道壁的平均温度（℃）。

4. 由冷却通道带走的热量 Q_2

由以上分析可知，在单位时间内制品中由冷却水带走的热量 Q_2 应为

$$Q_2 = Q - (Q_C + Q_R + Q_L) \quad (9\text{-}38)$$

式中，Q 为型腔内需传递的总热量；Q_C 为对流散发的热量、Q_R 为辐射散发的热量；Q_L 为注射机工作台所传递的热量。

根据模具实际的工作过程，Q_2 应分别由凹模和型芯的冷却系统所带走，因此应将 Q_2 分解为 Q_{2G} 和 Q_{2K} 两部分，其表达式分别为

$$\begin{aligned} Q_{2G} &= Q_G - (Q_C + Q_R + Q_L)_G \\ Q_{2K} &= Q_K - (Q_C + Q_R + Q_L)_K \end{aligned} \quad (9\text{-}39)$$

仿照式（9-18）有

$$\begin{aligned} Q_G &= N G_G Q_1 \\ Q_K &= N G_K Q_1 \end{aligned} \quad (9\text{-}40)$$

式中，Q_G 和 Q_K 分别为凹模和型芯所要带走的热量；G_G 和 G_K 分别为凹模和型芯所要承担的制品重量（kg）。

一般，常以制品壁厚的中性面作为凹模和型芯冷却的交界面来计算 G_G 和 G_K。对于圆筒形制品，试验表明约 $Q_2/3$ 被凹模带走，$2Q_2/3$ 被型芯带走。也有资料采用如下分配方案

$$\begin{aligned} Q_{2G} &= 0.4 Q_2 \\ Q_{2K} &= 0.6 Q_2 \end{aligned} \quad (9\text{-}41)$$

读者还可根据制品形状、凹模与型芯的冷却通道设置的情况，结合自己的经验和冷却原则的指导分配 Q_{2G} 和 Q_{2K}，以符合实际情况。

5. 冷却过程中制品和模壁的温度

设在冷却过程中制品的温度为 θ_1、模壁的温度为 θ_3，正是因为 θ_1 与 θ_3 之间存在着温度差，Q_2 才能从模具中通过冷却系统散发出去。Q_2（kJ/h）与（$\theta_1 - \theta_3$）的关系可由下式确定

$$Q_2 = h_2 f_z (\theta_1 - \theta_3)_m \beta$$

即

$$(\theta_1 - \theta_3)_m = Q_2 / (h_2 f_z \beta) \quad (9\text{-}42)$$

式中，f_z 为制品的表面积（m^2）；β 为有效传热率，$\beta = \frac{t_1 + t_2}{t}$，$t_1$ 为注射时间（s），t_2 为冷却时间（s），t 为注射周期（s）；h_2 为制品与模具间的传热系数，h_2 可取 1549kJ/(m^2·h·℃)；$(\theta_1 - \theta_3)_m$ 为制品与型腔壁温差的平均值。

值得注意的是式（9-42）用 $(\theta_1 - \theta_3)_m$，而不是 $(\theta_1 - \theta_3)$。这是因为注射过程是呈周

期性变化的，在一个周期内，θ_1从$\theta_{1max} \to \theta_{1min}$，而$\theta_3$从$\theta_{3min} \to \theta_{3max} \to \theta_{3min}$，因此必须采用平均温度的概念来表征该冷却过程的温度水平。

如果凹模和型芯制品的接触面积分别为f_G和f_K，则有

$$\begin{aligned}(\theta_1 - \theta_3)_{mG} &= Q_{2G}/(1549 f_G \beta) \\ (\theta_1 - \theta_3)_{mK} &= Q_{2K}/(1549 f_K \beta)\end{aligned} \quad (9\text{-}43)$$

由传热学可知，当两种介质进行热交换时，一处温度升高、另一处温度降低，它们的温差平均值应采用对数平均值，即

$$(\theta_1 - \theta_3)_m = \frac{[(\theta_{1max} - \theta_{3min}) - (\theta_{1min} - \theta_{3max})]}{\ln\left(\dfrac{\theta_{1max} - \theta_{3min}}{\theta_{1min} - \theta_{3max}}\right)}$$

也即

$$(\theta_1 - \theta_3)_m = \frac{0.4343[(\theta_{1max} - \theta_{3min}) - (\theta_{1min} - \theta_{3max})]}{\lg\left(\dfrac{\theta_{1max} - \theta_{3min}}{\theta_{1min} - \theta_{3max}}\right)} \quad (9\text{-}44)$$

式中，θ_{1max}为塑料熔体注入温度（℃）；θ_{1min}为制品脱模温度（℃）；θ_{3max}为型腔壁温度波动的上限；θ_{3min}为型腔壁温度波动的下限（℃）。

从式（9-37）可知，θ_{3m}为型腔壁的平均温度，设型腔壁温度的波动值为θ_{3a}，则有

$$\theta_{3min} = \theta_{3m} - \theta_{3a} \quad (9\text{-}45)$$

$$\theta_{3max} = \theta_{3m} + \theta_{3a} \quad (9\text{-}46)$$

在式（9-44）中，塑料熔体注入温度θ_{1max}由注射工艺确定，每一种塑料的型腔壁最佳平均温度θ_{3m}可以选定，型腔壁中实际温度波动θ_{3a}（比如±10℃）也可以设定，这样便可由式（9-45）和式（9-46）得到θ_{3min}和θ_{3max}（注意θ_{3min}应大于冷却水入口温度），$(\theta_1 - \theta_3)_m$可由式（9-42）或式（9-43）求得，于是可利用式（9-44）求出制品脱模温度θ_{1min}。

由于式（9-44）不便于计算，图9-26给出了基于式（9-44）的曲线图，由横坐标$(\theta_1 - \theta_3)_m$上与纵坐标$(\theta_{1max} - \theta_{3min})$上两数值的交点，就可找到差值$(\theta_{1min} - \theta_{3max})$，从而也就得到了$\theta_{1min}$。

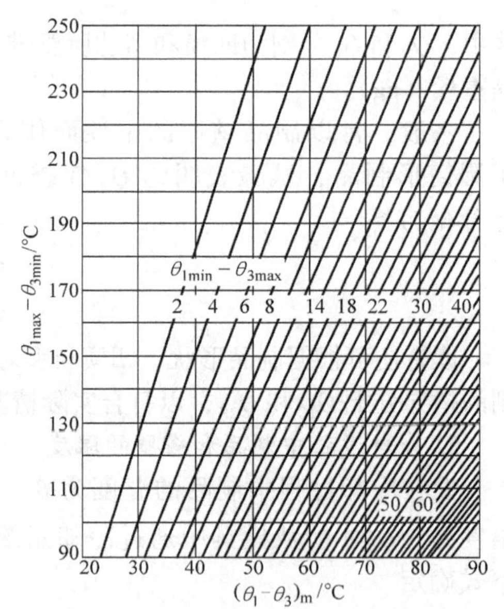

图9-26 确定$(\theta_{1min} - \theta_{3max})$的曲线图

由上法获得的制品脱模温度θ_{1min}若过高（高于合理的推出温度），可改变θ_{3a}的值，重新计算，以减小θ_{1min}。

6. 所需冷却水流量q_V、管径d和流速v

由冷却水带走的热量Q_2将使冷却水温度上升，由传热学公式

$$Q_2 = q_V c_1 \rho\ (\theta_{5out} - \theta_{5in})$$

有

$$q_V = \frac{Q_2}{c_1 \rho\ (\theta_{5out} - \theta_{5in})} \quad (9\text{-}47)$$

式中，q_V为所需冷却水的体积流量（m^3/h）；θ_{5out}为冷却水出口温度（℃）；θ_{5in}为冷却水入口处温度（℃）；ρ和c_1为冷却水平均温度θ_{5m}时水的密度（kg/m^3）和比热容［kJ/(kg·℃)］；Q_2为单位时间冷却水带走的热量（kJ/h）。

θ_{5out}和θ_{5in}根据经验设定，在精密模具中，冷却水出入口温差（$\theta_{5out}-\theta_{5in}$）应在2℃以内。

根据q_V值，可由表9-2查找所需冷却水通道直径d和最低流速v_{min}。

冷却水的平均流速（m/s）为

$$v=\frac{4q_V}{3600\pi d^2} \tag{9-48}$$

实际上，冷却水通道直径d在0.008～0.025m之间，此时流速v的变化范围是0.5～5m/s。

7. 冷却水通道壁与冷却水交界面传热系数h_3

在雷诺数$Re>6000$时，冷却水处于稳定湍流状态，这时冷却通道壁与冷却水交界面传热系数h_3［kJ/(m²·h·℃)］可用如下公式计算

$$h_3=7348(1+0.015\theta_{5m})\frac{v^{0.87}}{d^{0.13}} \tag{9-49}$$

式中，θ_{5m}为冷却水的平均温度（℃）；v为冷却水的平均流速（m/s）；d为冷却通道直径（m）。

$d^{0.13}$和$v^{0.87}$的值可从图9-27和图9-28中查到。对于常用的d和v值，可认为$d^{0.13}\approx0.55$，$v^{0.87}\approx v$，故式（9-49）可简化为

$$h_3=7348(1+0.015\theta_{5m})\frac{v}{0.55} \tag{9-50}$$

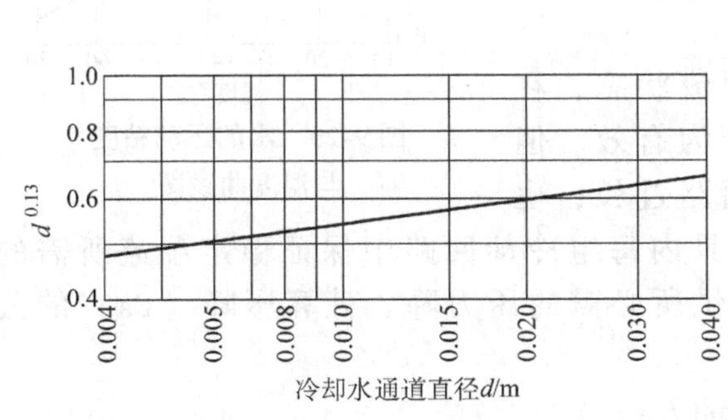

图9-27　确定$d^{0.13}$值的曲线图

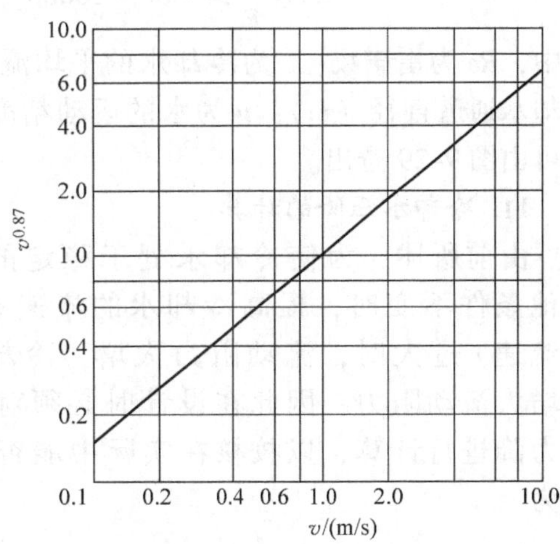

图9-28　确定$v^{0.87}$值的曲线图

当然，也可以利用式（9-2）求h_3，当平均水温在20℃以上、雷诺数$Re=6000\sim10000$时，式（9-49）与式（9-2）之间的误差在±2%以内。

8. 所需冷却水通道的表面积Φ

由于冷却水是以对流方式进行热传递的，故有

$$Q_2=h_3\Phi\ (\theta_{4m}-\theta_{5m})$$

将式（9-49）代入上式，并求出 Φ（m^2），则有

$$\Phi=\frac{Q_2d^{0.13}}{7348(1+0.015\theta_{5m})(\theta_{4m}-\theta_{5m})v^{0.87}} \tag{9-51}$$

或采用简化公式

$$\Phi=\frac{Q_2}{13360(1+0.015\theta_{5m})(\theta_{4m}-\theta_{5m})v} \tag{9-52}$$

式中，Q_2 为单位时间内冷却水所带走的热量（kJ/h）；θ_{4m} 为冷却水通道壁的平均温度（℃），由式（9-37）求得；θ_{5m} 为冷却水的平均温度（℃）；v 为冷却水平均流速（m/s）；d 为水管直径（m）。

由式（9-51）或式（9-52）计算得到的冷却水通道的表面积 Φ 值，其大致标准应接近于或大于制品与型腔相接触的面积。

9. 所需冷却水通道的总长度 L（m）

由 $\Phi=\pi dL$ 可得

$$L=\frac{Q_2}{7348\pi\ (1+0.015\theta_{5m})(vd)^{0.87}(\theta_{4m}-\theta_{5m})} \tag{9-53}$$

式中，各符号含义皆同式（9-51）。

10. 冷却水流动状态的校核

冷却水的流动状态是处于层流还是湍流，其冷却效果会相差 10～20 倍，因此在设计中应对凹模和型芯的冷却水流动状态进行校核，其校核公式为

$$Re=\frac{vd}{\nu}\geqslant 6000\sim 10000 \tag{9-54}$$

式中，Re 为雷诺数；v 为冷却水的平均流速（m/s）；d 为冷却水通道直径（m）；ν 为水的运动粘度（m^2/s），其数值可由图 9-29 查出。

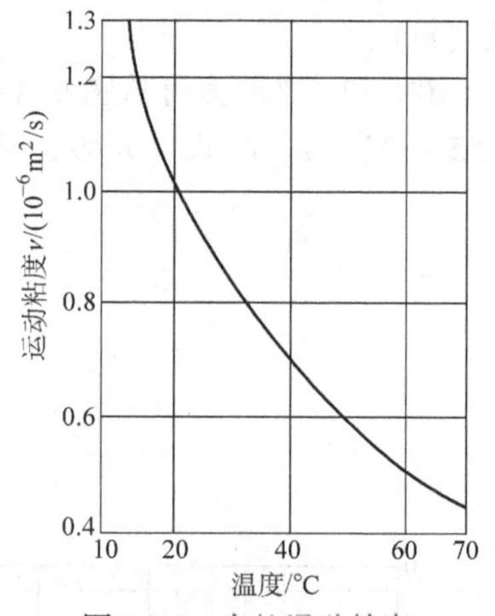

图 9-29 水的运动粘度与温度曲线图

11. 冷却水压降的计算

由前所述，为使冷却水处于稳定的湍流状态，在其他条件不变时，提高冷却水的流速 v 最为有效。但当流速 v 过大时，流动阻力大增，冷却回路过长，也会增大流动阻力，因此在设计时必须对模具内每组冷却回路中保证稳定湍流所需的压力降进行计算，以校核在实际中能否提供所必需的压力降。计算压降（Pa）的公式为

$$\Delta p=\frac{32\nu\rho v(L+L_e)}{d^2} \tag{9-55}$$

式中，ν 为水在 θ_{5m} 时的运动粘度（m^2/s）；v 为冷却水的平均流速（m/s）；ρ 为水在 θ_{5m} 时的密度（kg/m^3）；L 为冷却回路的长度（m）；d 为冷却通道直径（m）；L_e 为冷却回路因孔径变化或改变方向引起局部阻力的当量长度（m），其值由表 9-9 确定。

表 9-9　湍流时当量长度与孔径之比

湍流状态	L_e/d
45°转弯	15
90°转弯	30
180°回弯头	60
三通改向	60 ~ 90

例　如图 9-30 所示的注射模，用以生产 HDPE 管篓，其结构及尺寸在图中已标注。已知制品壁厚为 1.5mm，且四侧面均为 30% 的网孔，试设计该模具的冷却系统，求出所需冷却水管直径 d、传热面积 Φ、冷却回路长度 L，并校验该冷却回路是否处于稳定的湍流状态。

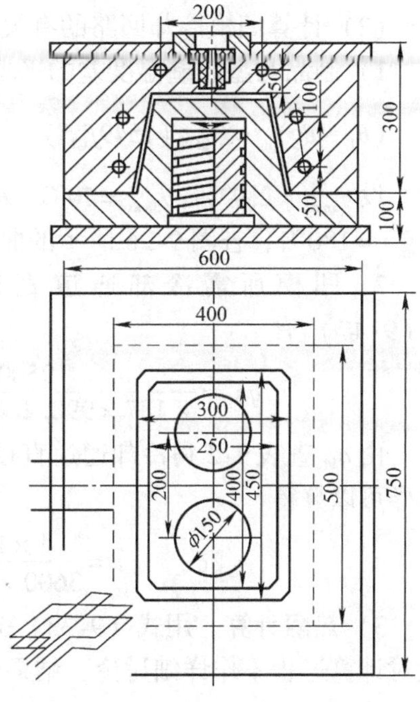

图 9-30　管篓形制品的注射模

解

（1）数据准备　制品大侧面积为 $2\times42.5\times20\text{cm}^2=1700\text{cm}^2$，制品小侧面积为 $2\times27.5\times20\text{cm}^2=1100\text{cm}^2$，底面积为 $40\times25\text{cm}^2=1000\text{cm}^2$，由此得到制品重量为

$[(1-0.3)\times(1700+1100)+1000]\times0.15\times0.96\text{g}=426\text{g}$

加上流道凝料的消耗，故一次注射量 G 取为 0.50kg。

由表 9-6 查得高密度聚乙烯（HDPE）的单位热流量 $Q_1=755\text{kJ/kg}$。

设注射时间 $t_1=5\text{s}$，冷却时间 $t_2=8\text{s}$，开模取件时间为 7s，得注射周期 $t=20\text{s}$，由此得到每小时注射次数 $N=3600/20=180$。

将以上数据代入式（9-18）得单位时间内型腔总热量为

$$Q=180\times755\times0.50\text{kJ/h}=67950\text{kJ/h}$$

由图中尺寸可知，模具四侧面积 $A_{m1}=1.08\text{m}^2$，分型面面积 $A_{m2}=0.90\text{m}^2$，开模率 η_k 为

$$\eta_k=\frac{20-(5+8)}{20}=0.35$$

故散热表面积为

$$A_m=(1.08+0.90\times0.35)\text{m}^2=1.40\text{m}^2$$

设模具平均温度 $\theta_{2m}=60℃$，平均室温 $\theta_0=20℃$，据式（9-22），对流所散发的热量 Q_C 为

$$Q_C=4.187\times\left(0.25+\frac{360}{60+300}\right)\times1.40\times(60-20)^{\frac{4}{3}}\text{kJ/h}\approx1000\text{kJ/h}$$

据式（9-25），辐射所散发的热量 Q_R 为

$$Q_R=20.8\times1.08\times0.05\times\left[\left(\frac{273+60}{100}\right)^4-\left(\frac{273+20}{100}\right)^4\right]\text{kJ/h}\approx55\text{kJ/h}$$

据式（9-26），注射机工作台所传递的热量 Q_L 为

$$Q_L = 502 \times (2 \times 0.75 \times 0.60) \times (60 - 20)\text{kJ/h} = 18144\text{kJ/h}$$

据式（9-38），由冷却系统从模具中带走的热量 Q_2 应为

$$Q_2 = [67950 - (1000 + 55 + 18144)]\text{kJ/h} = 48751\text{kJ/h}$$

Q_2 应分别由凹模和型芯的冷却回路带走，采用式（9-41）的分配方案，有

$$Q_{2G} = 0.4Q_2 \approx 19500\text{kJ/h}$$

$$Q_{2K} = 0.6Q_2 \approx 29251\text{kJ/h}$$

（2）计算凹模冷却回路的有关参数

1）制品与型腔壁温度差的平均值。据式（9-43），有

$$(\theta_1 - \theta_3)_m = Q_{2G}/(1549 f_G \beta) = \left\{19500/\left[1549 \times 0.38 \times \frac{(5+8)}{20}\right]\right\}℃ \approx 51℃$$

设 $\theta_{1max} = 230℃$、$\theta_{3max} = 70℃$、$\theta_{3min} = 50℃$，则 $\theta_{3m} = 60℃$。由 $(\theta_1 - \theta_3)_m = 51℃$ 及 $(\theta_{1max} - \theta_{3min}) = 180℃$，查图 9-26 所示的曲线图，得 $\theta_{1min} - \theta_{3max} = 6℃$，即得 $\theta_{1min} = 76℃$。

2）凹模所需冷却通道直径。设 $\theta_{5in} = 18℃$、$\theta_{5out} = 23℃$、则 $\theta_{5m} = 20.5℃$，据式(9-47) 有

$$q_{VG} = \frac{19500}{4.187 \times 998.2 \times (23 - 18)} \times \frac{1}{60}\text{m}^3/\text{min} = 15.5 \times 10^{-3}\text{m}^3/\text{min}$$

由 q_{VG} 查表 9-2 得冷却通道直径 $d = 25\text{mm}$，冷却水最低流速 $v = 0.53\text{m/s}$。据式（9-48），同样可以算得

$$v = \frac{4 \times 15.5 \times 10^{-3} \times 60}{3600 \times 3.14 \times 625 \times 10^{-6}}\text{m/s} = 0.53\text{m/s}$$

3）热阻计算。用式（9-33）分别计算型腔壁与每一个冷却水通道之间的模具热阻，这里对计算过程不作详细讨论，结果有

$$\frac{1}{R_V} = 4 \times \left(\frac{\lambda}{1.2} + \frac{\lambda}{1.57}\right) + 2 \times \frac{\lambda}{1.02} = 7.88\lambda$$

取钢材的热导率 $\lambda = 176\text{kJ/(m·h·℃)}$，则

$$\frac{1}{R_V} = 1390\text{kJ/(h·℃)}，也即\ R_V = 0.00072\text{h·℃/kJ}$$

4）冷却通道壁的平均温度。据式（9-37），有

$$\theta_{4m} = \theta_{3m} - Q_2 R_V = (60 - 19500 \times 0.72 \times 10^{-3})℃ = 45.5℃$$

5）凹模冷却通道回路的总传热面积。据式（9-51），有

$$\Phi_G = \frac{19500 \times 0.025^{0.13}}{7348 \times (1 + 0.015 \times 20.5) \times (45.5 - 20.5) \times 0.53^{0.87}}\text{m}^2 = 0.0873\text{m}^2$$

6）凹模所需冷却通道长度。据式（9-53），有

$$L_G = \frac{19500}{7348 \times 3.14 \times (1 + 0.015 \times 20.5) \times (0.53 \times 0.025)^{0.87} \times (45.5 - 20.5)}\text{m} = 1.124\text{m}$$

据图 9-30 中冷却通道的设计，凹模中冷却通道实际总长约为 5m，故完全能满足冷却要求。

7）雷诺数 Re 值的校核。当 $\theta_{5m} = 20.5℃$ 时，由图 9-29 查得水的运动粘度 $\nu = 1.0 \times 10^{-6}\text{m}^2/\text{s}$，由 $v = 0.53\text{m/s}$，$d = 0.025\text{m}$，据式（9-54）有

$$Re = \frac{0.53 \times 0.025}{1.0 \times 10^{-6}} = 13250 > 10^4$$

故水的流动属于稳定的湍流，有良好的冷却效果。

8）冷却回路压降计算。由图 9-30 可知，凹模的冷却回路有 12 次 90°的转弯，得 $L_e = 12 \times 30d = 9.0\text{m}$，再将其他已知数据代入式（9-55）得

$$\Delta p = 32 \times 1.0 \times 10^{-6} \times 998.2 \times 0.53 \times (1.124 + 9.0) \times (0.025)^{-2}\text{Pa} = 274.23\text{Pa}$$

该压降远小于一般自来水的压力，故该方案可靠。

（3）计算型芯冷却回路的有关参数（略）

第十章　无流道凝料注射模设计

第一节　无流道凝料注射模

无流道凝料注射模是指采用绝热或加热的方法，使从注射机喷嘴到浇口的整个流道中的塑料一直保持熔融状态，从而在开模时只需取出制品，无需取出流道凝料的注射模。由于无流道凝料注射模能节省原材料，提高产品质量，因此应用越来越广泛。

一、无流道凝料注射模分类

使流道内塑料保持熔融状态的方法有三种：①由注射机喷嘴直接向型腔内注射，延伸式喷嘴模具属于这种类型；②利用已凝固塑料的绝热性，将主流道、流道系统中心部的塑料保持在熔融状态，井坑式喷嘴模具和绝热流道模具属于这种类型；③对流道系统加热，保持塑料处于熔融状态，热流道模具属于这种类型。随着热流道技术的迅速发展，热流道注射模在无流道凝料注射模中占据了主导地位。在国外，许多塑料模具厂所生产的塑料模具一半以上采用了热流道技术，部分厂家生产的模具热流道技术的使用率超过了 80%。国内热流道技术自 1999 年左右后迅速发展起来，目前部分企业的使用率超过了 30%。下面，分别介绍各种无流道凝料注射模。

1. 延伸式喷嘴注射模

普通的注射模，注射机喷嘴与模具的主流道衬套直接接触，而延伸式喷嘴模具取消了主流道的喷嘴，延长喷嘴，使喷嘴或直接构成型腔的一部分，或延长到模具浇口部位。延伸式喷嘴一般装有加热圈，塑料温度易于调节。但由于喷嘴直接和型腔板接触，喷嘴热量容易传递到模具中去，导致喷嘴温度下降，喷嘴中的塑料冷却固化。为了使喷嘴传递到模具的热量最小，在每次注射后，喷嘴离开模具，或对喷嘴采取绝热措施。延伸式喷嘴注射模适用于采用点浇口的制品。

2. 井坑式喷嘴注射模

井坑式喷嘴又称绝热主流道，是一种结构简单的用于单型腔绝热流道注射模的结构。井坑式喷嘴在喷嘴前端与浇口之间设置多种形状的空间，称为储料井。塑料以熔融状态积存在储料井内，与冷模具接触的外层塑料冷却固化后起到了绝热层的作用，使中心部分的塑料保持在熔融状态。注射时，熔融塑料通过该积存部后经浇口注入型腔，使储料井内物料不断更新与加热，始终保持在熔融状态。

储料井可以开设在一个衬套内，也可以直接开设在型腔模板上。

图 10-1a 为直接开设在型腔镶件上的半圆形储料井。储料井和喷嘴头部接触面积大，喷嘴到浇口的长度短，有利于防止储料井内塑料凝固。开设储料井会导致浇口处型腔壁厚变薄，成型高粘度塑料时强度可能不够，若将储料井改为圆锥形，则可以适当增加强度。图 10-1b 利用储料井衬套取代了型腔镶件。喷嘴前端深入储料井一定长度，并在衬套和模具接触面车削凹槽，避免储料井中塑料的冻结。

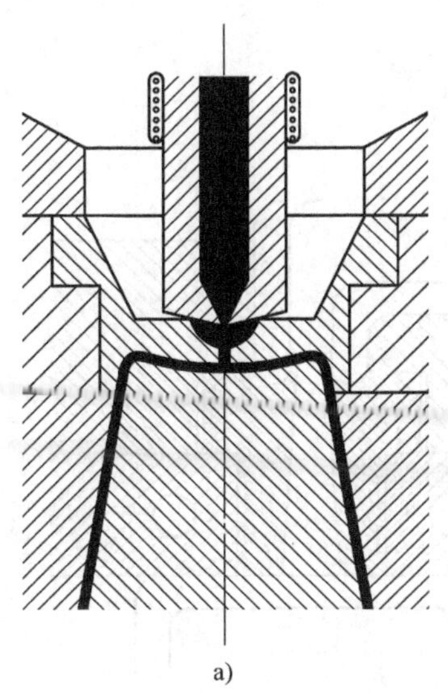

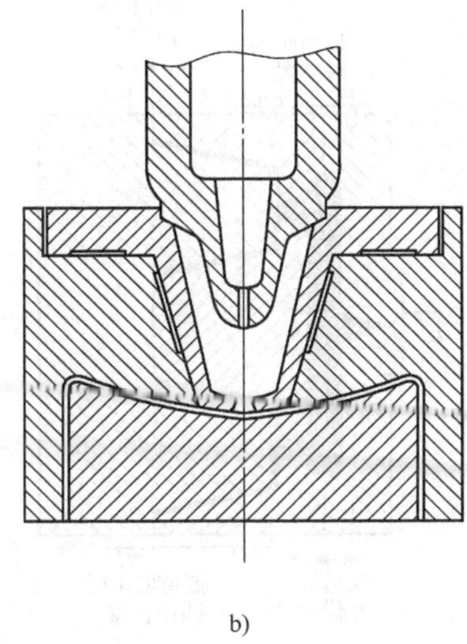

图 10-1　井坑式喷嘴结构
a）半圆形储料井　b）储料井衬套

井坑式喷嘴的储料井越大越有利于防止塑料冷却凝固。但因储料井中的塑料要在下一个成型周期中注入型腔，当储料井中的塑料温度较低时，注入型腔后会对制品的质量产生比较大的影响。当储料井中塑料冷却固化比较严重时，对于成型温度范围狭窄的塑料，就不能顺利地注射。根据生产经验，储料井容量最大一般不超过制品体积的一半。

井坑式喷嘴仅仅适用于一模一腔模具，目前采用此法成型最多的塑料是 PE，其次是 PP，PS 稍困难，对于 ABS、PS 一般需要辅助加热装置。在中断生产时，储料井内的塑料固化，一般采用喷灯加热取出，也可以在喷嘴头部设置小的凹槽，使喷嘴从模具后退时带出储料井内的塑料。

3. 绝热流道注射模

绝热流道由飞利浦化学公司率先使用，采用标准三板式模具，并将原来的圆形流道直径扩大一倍，采用简单的闭锁块将流道板和型腔板连接起来，如图 10-2 所示。熔融塑料从注射机喷嘴注射到模具中，与冷的流道壁接触的外层塑料迅速凝固并起到了隔热效果，保证了流道中间的塑料处于熔融状态，并在下一个成型周期注射到型腔中去。在连续的成型过程中，凝固层厚度与中心熔融塑料厚度达到平衡。从防止塑料冷凝的要求看，流道直径越大越好。但是流道直径过大，下一个周期进入型腔的冷料越多，影响成型制品的质量。此外，流道直径增大，若使得作用于流道系统的压力大于锁模压力，则会在流道分型面上产生飞边。一般情况下，直径为 13mm 的流道中，熔融塑料的体积约为流道总体积的 1/3 左右。直径增大，熔融塑料所占比例有所增加。

绝热流道内塑料仅靠从注射机料筒带来的热量容易冷却冻结，特别是浇口部位，限制了成型周期。图 10-3 中在浇口套处装有加热圈，并在型腔板和浇口套之间、型腔板和流道板之间设有空隙进行隔热，可以有效阻止浇口凝固。目前防止流道凝固的主要方法是在流道内部插入加热棒的分流锥或加热探针进行加热。图 10-4 是采用带加热棒的铍铜分流锥对流道加热的结构，分流锥前段呈锥形，可以伸到浇口附近，能有效防止浇口凝固。

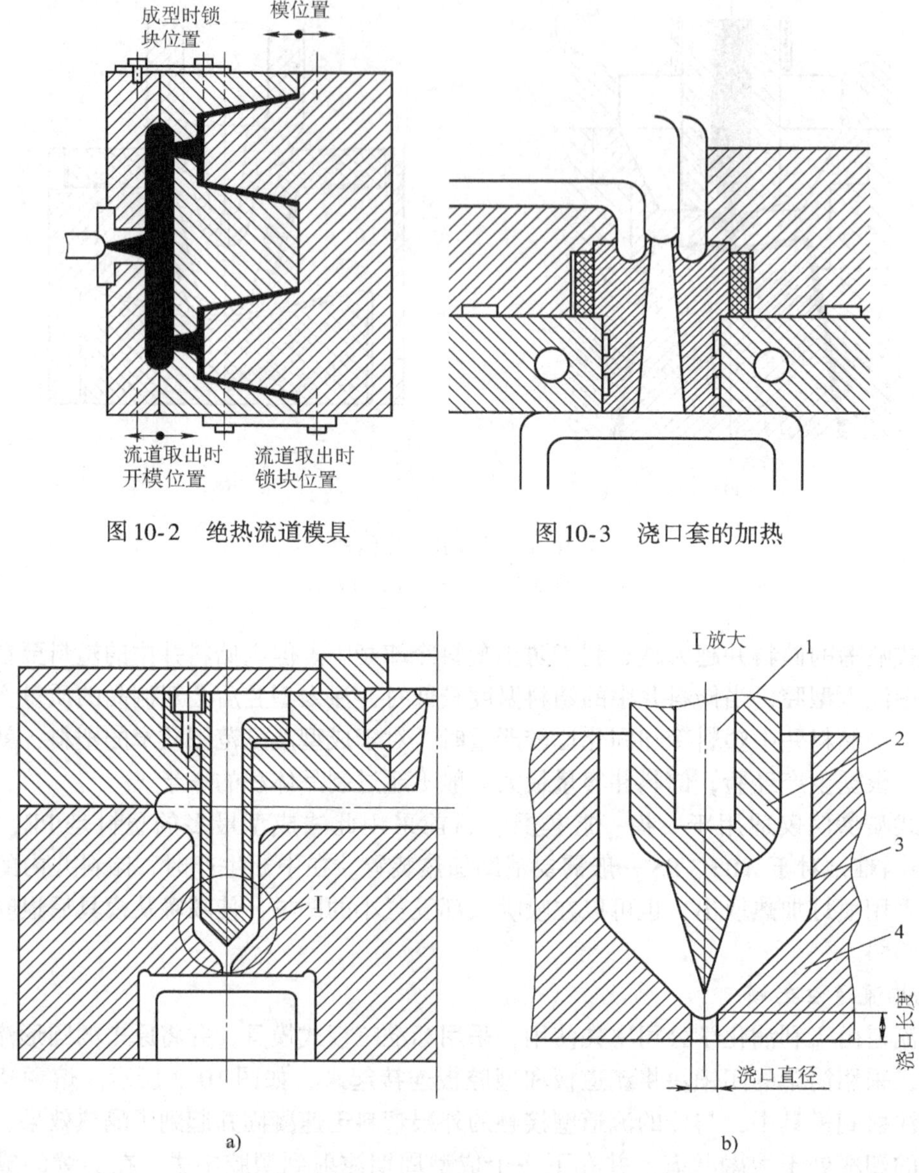

图10-2 绝热流道模具

图10-3 浇口套的加热

图10-4 采用带加热棒的铍铜分流锥对流道加热的结构

a）总体结构 b）浇口处放大

1—加热棒 2—分流锥 3—流道 4—模板

绝热流道模具与热流道模具相比，容易在原普通注射模基础上稍加改变实现，结构比较简单，不需要装设热电偶、调节器等精密的测温控温装置，模具造价相对较低。但由于流道易于冷却固化，对成型材料和成型周期有一定的限制，在不进行辅助加热时，仅限于聚乙烯等材料，也不适用于成型周期长的大型制品和精度要求高的制品。开始操作时，达到设定的条件很麻烦。

4. 热流道注射模

热流道模具是指为了防止流道中的塑料冷却固化，采用加热装置加热流道板，使流道保持大体与原来冷流道方式中喷嘴处相等的温度，流道中的塑料一直保持在熔融状态的模具。热流道注射模不必像绝热流道注射模那样，在使用前必须清除分流道中固化的凝料，只需把浇注系统加热到特定的温度，使分流道中的凝料熔化，然后对空注射出去即可。由于热流道注射模流道内压力降较小，可以适当降低注射温度和压力，其适用范围比绝热流道注射模广。但是由于热流道模具结构复杂，因此模具制造和维护成本高。

根据加热方式的不同，热流道系统分为内加热系统和外加热系统。图 10-5a 为内加热的热流道系统，加热棒在流道中间，形成环形的流道截面。由于温度越高，塑料的粘度下降越多，所以加热棒周围的塑料流速最快，越靠近流道内壁，塑料的温度越低，流速下降，与流道壁接触的塑料几乎处于固化状态，起绝热作用。图 10-5b 为外加热的热流道系统，通过在与流道平行的方向上开设加热孔，内插加热棒或在流道的侧面安装加热圈等加热装置对流道板进行加热。

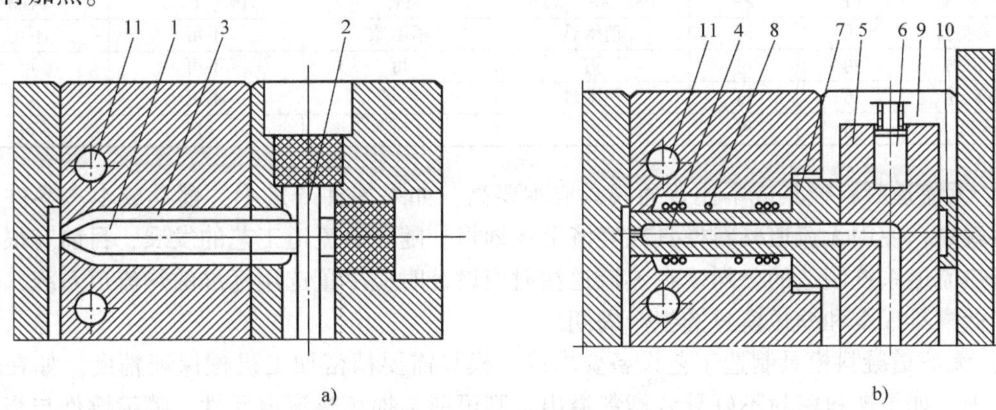

图 10-5 内加热与外加热热流道系统示意图

a）内加热 b）外加热

1—加热棒（鱼雷棒） 2—加热管 3、4—流道 5—流道板 6、8—加热器 7—喷嘴 9—绝热空间 10—承压器 11—冷却通道

二、无流道凝料注射模的特点

（1）节省塑料原料，降低制品成本是热流道模具最显著的特点 普通的浇注系统要产生大量的浇注系统回头料，在生产小制品时，浇注系统凝料的重量甚至可能超过制品重量。在无流道凝料模具中，由于流道一直处于熔融状态，制品一般无需修剪浇口，基本上是无废料加工，可节省大量原材料。

（2）缩短制品的成型周期，提高生产效率 由于没有流道系统冷却时间的限制，制品成型后便可及时顶出，从而缩短了成型周期。由于在注射成型过程中省去了取出浇注系统凝料的工作，简化了操作，省去了切除浇口等后序工序，易于实现自动化生产，提高生产效率。

（3）减少废品，提高产品质量 由于限制了塑料熔体在流道中的温度下降，减小了流道中的压力损失，在大型制品中可以更加自由地选择浇口位置，一定程度上能够克服制品由于补料不足形成的凹陷、缩孔等缺陷。同时，塑料可以以更加均匀一致的状态进入型腔，获得更加均匀的充模流动，使得制品脱模后残余应力小，变形小，得到高质量的制品。

（4）扩大注射成型工艺的应用范围 对熔融范围窄的结晶型塑料，采用热流道系统可以避免通过提高注射温度来补偿熔体温度的下降。此外，许多先进的塑料成型工艺也是在热流道技术基础上发展起来的，如PET预成型、多色注射等。

三、无流道凝料注射模的适用范围

无流道凝料模具的特点使该工艺有如下的限制：

1）对成型塑料有一定的要求。适用于对温度不敏感的塑料，也就是熔融温度范围宽、在较高的温度下具有较好的热稳定性的塑料。适用于对压力敏感的塑料，即塑料在无压力下流动性能不好，增加压力后有比较好的流动性，避免在浇口处产生流涎。如PP、PE、PS、ABS、PBT、PA、PSU、PC、POM、LCP、PVC、PET、PMMA、PEI等都可采用无流道凝料工艺成型。部分适用于无流道凝料注射成型的热塑性塑料见表10-1。

表10-1 部分适用于无流道凝料注射成型的热塑性塑料

流道类型	PE	PP	PS、AS、ABS	PC	PA、PVC	POM
井坑式喷嘴	可	可	稍困难	稍困难	不可	不可
延伸式喷嘴	可	可	可	可	不可	可
绝热流道	可	可	稍困难	不可	不可	不可
热流道	可	可	可	可	可	可

2）无流道凝料模具成本比普通模具成本要高，如果零件产量小，模具成本占零件成本的比重就高，使用无流道凝料模具在经济上不划算。随着热流道工艺的发展，目前有很多专门从事热流道系统制造的公司。在热流道注射模设计时应尽量选用标准的热流道系统，可以大大降低模具成本和缩短模具的生产周期。

3）无流道凝料模具制造工艺设备要求高，模具需要精密加工机械保证精度。如在热流道系统中，如果塑料密封不好导致塑料溢出，则可能会损坏热流道元件，喷嘴镶件与浇口相对位置不好，则将导致制品质量严重下降等。

第二节 热流道注射模设计

一、热流道注射模总体结构

典型的热流道系统包括喷嘴、热流道板、加热元件、传感器和温度控制器等。图10-6为外加热式多型腔热流道注射模的一种结构，其特征是模具中有一块装有加热器的热流道板，所有的分流道均开设在流道板内。为了便于开设浇口，在分流道和浇口之间设置起过渡作用的热流道喷嘴。热流道系统中注射机射出的塑料熔体经过主流道送到流道板中的分流道，由喷嘴将熔体射进模具的型腔，或附加的冷流道。熔体进入型腔前经过浇口的调节。浇口可以是喷嘴的组成部分，也可以是模具的一部分。

二、主流道喷嘴

在热流道系统中，主流道往往被改造成为主流道喷嘴，也叫中央喷嘴，可直接注射成型塑料制品的型腔，也可以连接热流道板中的分流道。前者被称为单喷嘴，这种喷嘴常采用直接浇口或顶针式点浇口。图10-7是采用直接浇口的主流道单喷嘴模具。由于直接浇口的单喷嘴允许有较长较粗的塑料熔体通道，在塑料制品上会留有较大直径的料柄，需要机械切除，留下比较大的疤痕。为了避免在塑料表面留下很大的痕迹，浇口往往开设在制品的里侧。同时，由于型芯和脱模机构在定模一侧，主流道需要深入到注射模的中央，为了减小主流道过长导致的压力损失，主流道喷嘴具有加热系统。主流道喷嘴的末端可以连接冷流道系统，形成多个型腔，也可以连接单型腔模具冷分流道或浇口，多点注射成型较大的制品。直接浇口的标准直径一般在 ϕ2.7～7.9mm，应当根据注射量和塑料的粘度选定直径。这种喷嘴和浇口形式容易清洗，不易堵塞，适宜加工回头料和高粘度以及高填充填料的塑料。但是要注意减小注射压力，防止流涎和拉丝。

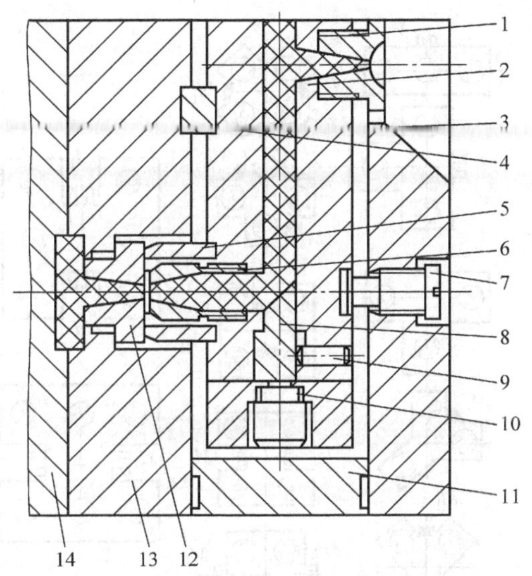

图 10-6 外加热式多型腔热流道注射模

1—主流道衬套 2—热流道板 3—定模底板 4—垫块 5—滑动压环 6—热流道喷嘴 7—定距螺钉 8—加热器 9—柱销 10—堵头 11—支板 12—浇口衬套 13—定模型腔板 14—动模型腔板

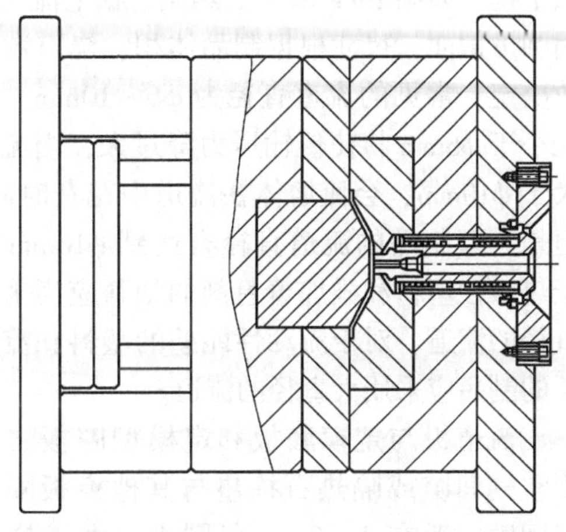

图 10-7 采用直接浇口的主流道单喷嘴模具

三、热流道板设计

热流道板是安装在定模底板和定模型腔板之间，装有加热元件，内部开设流道通路的钢制板块。热流道板的主要功能是恒温地将熔体从主流道送入到各个浇口。在熔体传输的过程中，应尽量减少熔体压力降，并防止塑料降解。因此热流道板除了和普通流道板一样需要保证熔体到各个浇口流程尽量一致外，还应当具有良好的加热和绝热设施，保证加热器安装方便和温度控制有效。

根据加热方式的不同，流道板可以分为外加热流道板和内加热流道板。图 10-6 是外加热热流道注射模结构，通常采用加热棒或弯曲的加热管安装在流道的外侧。外加热流道板由于流道里的熔体具有比较好的流动方式、在流道里的压力损失比较低等优点而被普遍采用。

热流道板的流道内塑料温度应大体相同或稍高于料筒内已塑化塑料的温度。整个流道板的温度分布必须恒定和均匀，避免局部过热。热流道板的加热元件有加热棒、加热圈和加热板等，以加热棒使用最多。采用加热棒加热时，应尽量采用低加热功率的加热棒，并增多加热棒的数量。加热棒的安装位置应与流道等距平行且对称分布。热流道板的加热功率可以按照下式进行计算

$$W_1 = \frac{mc(t_m - t_0)}{3600\tau\eta} \tag{10-1}$$

式中，W_1 为流道板升温的加热功率（kW）；m 为热流道板的重量（kg）；c 为热流道板材料

的比热容，碳钢为0.46kJ/(kg·℃)；t_m为所需的流道板温度（℃）；t_0为室温（℃）；τ为升温时间，大型模具$\tau=1h$，中小型模具$\tau=0.5h$；η为加热器效率，$\eta=0.3\sim0.5$。

由于熔融塑料的流动特性与温度关系密切，在热流道系统中控制流道的温度非常重要。为了进行精密的温度控制，需要在流道板中安装热电偶、热敏电阻等测温元件进行测温。分区加热与测温、多区域独立温度控制是保证控温精度常用的方法。

热流道根据浇口数目和位置的不同，可以分别采用一字、H或X等各种外形，并尽量保证自然平衡，如图10-8所示。热流道板上流道一般采用圆形截面，尺寸根据制品体积、浇口数量等参数决定，常见的流道直径为$\phi6\sim10mm$。流道直径小于$\phi6mm$将使传输压力降过大，当流道直径大于$\phi10mm$，会使熔体在流道中花费时间过长，但是大型制品的流道直径有达到$\phi16mm$的。对于热敏性塑料和添加着色剂的塑料应当采用较小直径的流道，对于流动性能差的塑料和流长比较长的制品应采用大直径的流道。

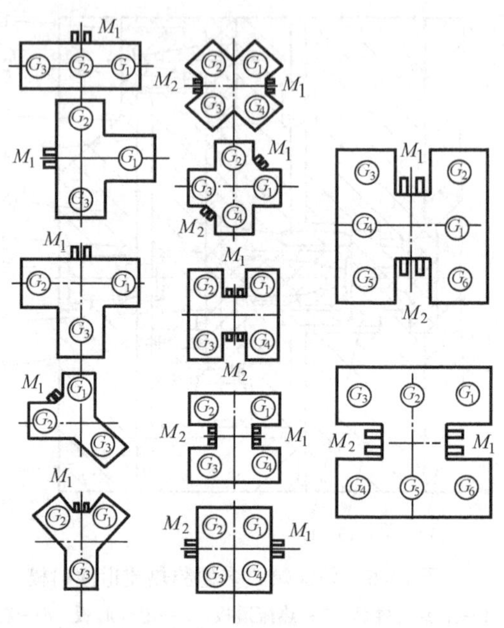

图10-8 常用热流道板形式以及浇口分布
M—电源引出线位置 G—浇口位置

流道板与定模底板和定模型腔板之间，采用空气间隙或隔热石棉垫与其他模板隔开。空气间隙一般在3~8mm范围内。由于热流道板悬架在定模中，塑料熔体的压力和流道板加热会导致流道板变形，因此热流道板需要有足够的刚度并有可靠的支撑。支撑螺钉和垫块也应当有足够的强度，它们的接触面应当淬火或加设淬硬垫圈。此外，热流道板一般应选用比热容小、热导率高的材料，一般可采用中碳钢、镍铬钢或高强度的铜合金制造。流道转折处应当采用圆滑过渡，防止塑料熔体滞留。分流道端孔用细牙堵头封住，并用铜质或聚四氟乙烯密封垫圈防漏。

由于热流道板加热后的热膨胀，热流道板在处于工作温度时，其尺寸会比常温下显著增大，因此热流道板在设计时必须考虑热膨胀，预留一定的膨胀间隙。如在图10-6所示的模具中，利用与浇口衬套12端面接触的热流道喷嘴6与滑动压环5的滑动来补偿热流道板的膨胀尺寸。热流道板的膨胀量一般可以按下式进行计算

$$\Delta H = C_e tL \tag{10-2}$$

式中，ΔH为热流道板的膨胀量（mm）；C_e为热流道板的线膨胀系数；t为热流道板注射成型温度（℃）；L为主流道至喷嘴中心的垂直距离（mm）。

热流道板的横向膨胀还会使热流道喷嘴中心与浇口中心出现错位，因此必须采取防止措施。图10-9是采用预留偏心距防止中心错位的方法，在常温下使喷嘴中心线2与浇口中心线6错开一个偏心距，其值根据热膨胀计算确定，力求在工作时使热流道喷嘴中心与浇口中心重合。

内加热流道板采用安装在流道中央部位的加热器对流道中的塑料进行加热，如图10-10所示。由于流道外侧的塑料熔体可以起到部分绝热作用，内热式热流道能大幅度降低加热的

能量损失，也可以保证浇口处不会冷却凝固。在生产中断后工作也不必打开流道板清除流道中的凝料。内热式热流道板的温度一般较低，接近模具温度，在设计时不需要考虑流道板的尺寸膨胀问题。但内加热器的安装会限制型腔位置，可以采用多层的流道板设计。由于滞留在流道中的熔体可能分解，内加热的流道板适用于热稳定性好的塑料。

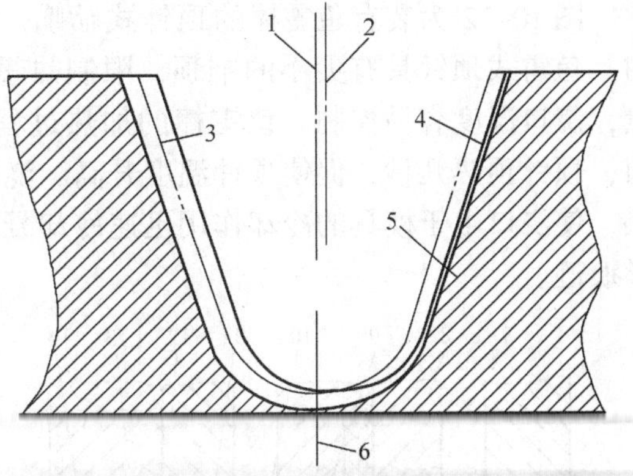

图 10-9 热流道喷嘴预留偏心距防止错位方法

1—工作时喷嘴中心 2—常温时喷嘴中心 3—工作时喷嘴位置 4—常温时喷嘴位置 5—储料井衬套 6—浇口中心

四、喷嘴与浇口设计

热流道喷嘴是热流道系统的终端，处于高温的流道板和低温的型腔交界面上。要保持喷嘴内塑料的熔融状态，应尽可能采取绝热措施，或者进行内部或外部加热。热流道喷嘴设计首先要达到热平衡的要求，避免喷嘴内物料冷却过多而固化堵塞，或因温度过高产生流涎、拉丝甚至分解。其次，必须考虑到热膨胀，保证喷嘴口与定模型腔上浇口孔的对准。

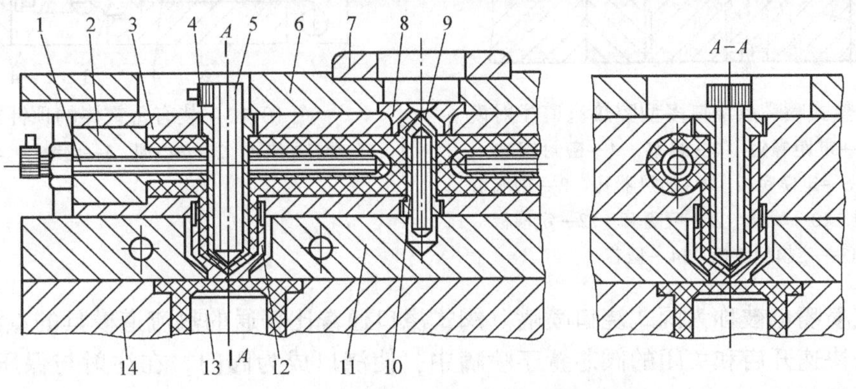

图 10-10 内加热式多型腔热流道注射模

1、5、9—加热芯棒 2—分流道加热管 3—流道板 4—内加热式喷嘴 6—定模底板 7—定位圈 8—主流道衬套 10—主流道加热管 11—定模型腔板 12—喷嘴 13—型芯 14—凹模型腔板

热流道喷嘴从加热方式区分，可以分为外加热或内加热，也可以不加热。从绝热情况可以分为绝热、半绝热和无绝热形式。从浇口形式可以分为开放式喷嘴、顶针式喷嘴、侧浇口喷嘴和开关式喷嘴。现有的热流道喷嘴是上述几种情况的不同组合。

图 10-11 是绝热式喷嘴点浇口多型腔热流道注射模，采用点浇口的开放式喷嘴结构，脱模时浇口断裂，在制品上只留下很小的痕迹。绝热仓的热量来源于流道中被加热的塑料熔体。伸出流道板的喷嘴长度不宜过长，一般不要超过 40mm，过长会导致喷嘴前端温度过低。喷嘴与点浇口之间储有一定厚度的塑料薄膜，起到绝热作用。塑料薄膜的厚度比较关键，薄膜过厚浇口处的塑料熔体容易凝固，在成型小制品时也会因为携入型腔的冷凝料过多影响制品质量；薄膜太薄浇口处热量损失过快，绝热膜不宜形成，容易产生拉丝和流涎。这种完全绝热及半绝热喷嘴，在喷嘴和储料井衬套之间存有起绝热作用的薄膜，因此不适用于高温下易分解的 PVC 和 POM 等塑料。

图10-12为装有鱼雷棒的顶针式喷嘴。鱼雷棒由螺旋加热器嵌入铜合金中确保加热均匀。鱼雷式顶针具有尖小的锥顶，限制热量传递给浇口，中间装有一个热电偶进行温度测量，浇口温度容易控制。鱼雷棒的加热过程可以采用与注射同步的脉冲加热方式，在注射前，顶针预热几秒，促使顶针温度升高，浇口处的塑料凝料熔融。在保压结束后停止顶针加热，使浇口由于模具的冷却作用迅速冷却凝固。顶针式喷嘴会在制品的浇口处留下较小的环形痕迹。

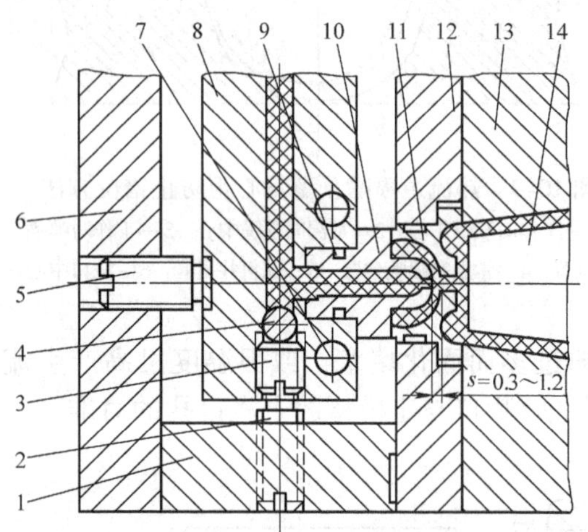

图10-11 绝热式喷嘴点浇口多型腔热流道注射模
1—侧支板 2—定距螺钉 3—螺塞 4—密封钢球 5—支承螺钉 6—定模底板 7—加热器孔 8—热流道板 9—弹簧圈 10—喷嘴 11—喷嘴套 12—定模板 13—定模型腔板 14—型芯

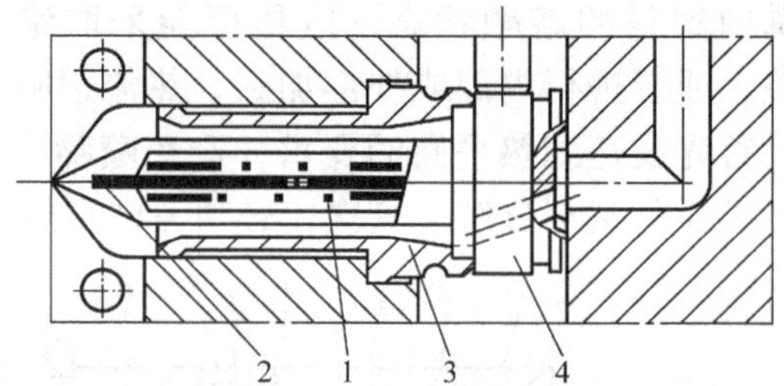

图10-12 装有鱼雷棒的顶针式喷嘴
1—螺旋加热器 2—热电偶 3—绝缘杯 4—鱼雷式顶针

开关式喷嘴也被称为阀式浇口喷嘴。阀式浇口通常比普通的热流道模具的点浇口大，通过一根可以快速开启和关闭的阀芯置于喷嘴中，使浇口成为阀门。在注射与保压阶段开启，在冷却阶段关闭。这种浇口不仅可以有效避免异物堵塞点浇口，也可以防止浇口处熔体的拉丝和流涎，可以适用于成型粘度很低的塑料，扩充了热流道适用的塑料范围。

阀芯的驱动可以分为使用液压缸液压驱动、气动驱动和弹簧驱动三种方式。图10-13为采用弹簧阀式浇口的热流道注射模。针形阀由弹簧压紧在座上，注射开始时，当注射压力传递到喷嘴的浇口处时，针形阀芯克服弹簧压力打开浇口，流道中熔料通过浇口注射到型腔。注射和保压完毕，熔体压力下降，由于弹簧的弹力闭合锁定浇口。由于针形阀门处的弹簧处于高温环境下，

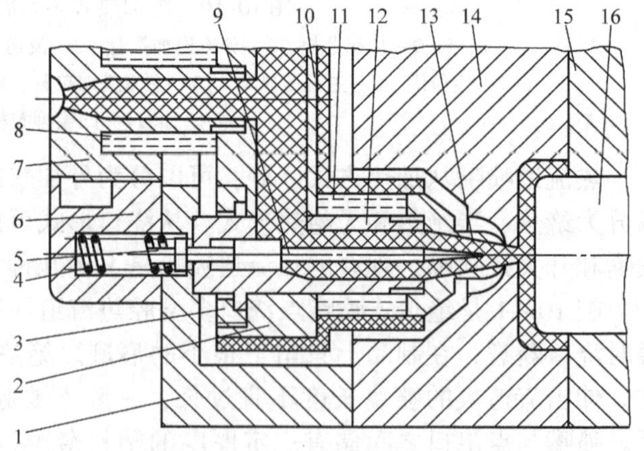

图10-13 弹簧阀式浇口热流道注射模
1—定模底板 2—流道板 3—压环 4—压缩弹簧 5—活塞环 6—定位圈 7—主流道衬套 8—加热器 9—针形阀芯 10—隔热层 11—加热圈 12—喷嘴体 13—喷嘴头 14—定模型腔板 15—脱模板 16—型芯

最好采用耐热钢制成。图 10-14 所示模具采用液压驱动阀式浇口。模具侧面装有一个小液压缸，受定时器控制，当注射机的压力达到设定压力时，液压缸通过杠杆快速打开针形阀，被预压缩的熔融塑料注射到型腔。采用液压驱动的阀式浇口注射模，由于在注射前熔融塑料被预先压缩，阀门开启时塑料被高速注入型腔，可以实现高速低温充模，并可精确控制补缩时间，有效减小制品的残余应力，从而减少制品的翘曲变形。

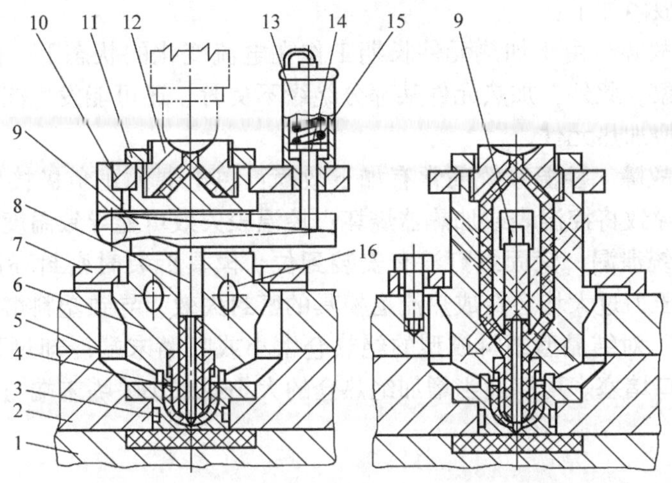

图 10-14　直接接触锥形浇口外加热喷嘴

1—动模型腔板　2—定模板　3—浇口衬套　4—喷嘴头　5—定模垫板　6—喷嘴体　7—压板　8—针形阀芯　9—杠杆　10—支板　11—锁紧螺母　12—喷嘴盖　13—液压缸　14—活塞杆　15—弹簧　16—加热器孔

采用阀式浇口的热流道注射模，降低了塑料的成型温度，如果与高速成型相结合，可以显著缩短制品的成型周期。此外，采用液压驱动阀式浇口的多浇口注射模通过精确控制各个阀芯打开的时间，可以有效实现各个浇口的平衡填充，减少甚至消除熔合纹，或改变熔合纹的位置。

五、加热器和温度控制

热流道系统采用的加热器有棒式加热器（加热棒）、管式加热器、板式加热器和螺旋加热器等，如图 10-15 所示。管式加热器和棒式加热器常用于内加热式喷嘴和热流道板上，其使用寿命长，耐冲击和振动，发热效率可达 90% 以上，便于更换和装卸。板式加热器呈矩形薄片状，根据需要可以弯成筒形和半圆形，又称加热圈，常用于对内加热式喷嘴尾部、主流道以及直径比较大的外加热式喷嘴进行加热。螺旋加热器主要用于外热式喷嘴加热。

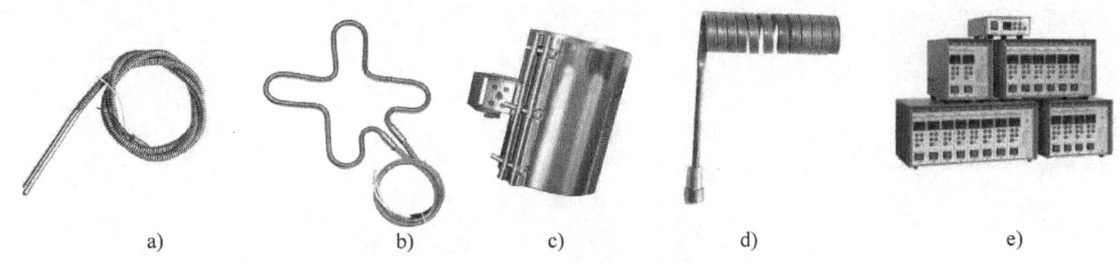

图 10-15　热流道系统常用的加热器与控温器

a）加热棒　b）管式加热器　c）加热圈　d）螺旋加热器　e）温度控制器

热流道模具对于喷嘴以及浇口处的温度极为敏感，因此热流道系统的温度控制非常关键。热流道系统通常采用热电偶作为测温元件，通过它产生的热电势反馈到控制加热器上，改变对流道板和喷嘴的加热，实现控温。

六、热流道模具常见故障及对策

热流道模具在结构上比普通注射模更为复杂，因而发生故障的概率比普通注射模更大。常见的热流道模具故障如下：

（1）加热元件故障　由于加热元件长期工作在电流变化的状态下，使其容易损毁，导致无电流输出的现象。此外，加热元件某部分绝缘不良时，还可能发生漏电现象。当加热元件损坏时，需要更换加热元件。

（2）控温系统故障　控温系统通常有如下故障：热电偶的正负极接反，控温表不能正常反映温度，可能导致将控温表或加热器烧坏；控温表失效可能导致温度控制不起作用。

（3）热流道系统泄漏　紧固螺钉没有安装到位、模具拆装时密封环没有更新、喷嘴和流道板过热或注射压力过大均会造成热流道模具的密封失效，导致塑料熔体泄漏。

（4）浇口堵塞　对结晶型塑料成型的绝热仓太小或喷嘴末端冷却过强均会导致浇口处熔体过分冷却，浇口堵塞。可以适当增加绝热仓的大小或减小喷嘴末端与模具的接触面积。

第十一章　热固性塑料注射成型工艺及模具

热固性塑料与热塑性塑料相比，具有良好的电性能、耐热性、耐化学性、耐老化和价格低廉等优点。热固性塑料传统的成型工艺是压缩成型和压注成型，但是这两种工艺操作复杂，成型周期长，成型质量不稳定。采用注射成型方法生产热固性塑料制品具有如下的优点：

1）与传统的压缩成型和压注成型相比，由于不需要预热和预压工序，可以大大简化操作，缩短成型周期。

2）热固性塑料注入模具前已经塑化均匀，塑料内外层固化过程比较均匀，可以得到质量稳定的产品，容易实现精密成型。

3）不需要人工称粉的工序，避免了粉尘对环境的污染，降低了劳动强度，并有利于自动化生产。

4）注射模使用寿命比较长，在大批量生产中，每套模具可生产10万~30万件制品。

鉴于热固性塑料注射成型所具有的优点，近些年热固性塑料注射成型被广泛应用。但是由于热固性塑料在原料、工艺、模具和成型设备上存在不少问题需要解决，因此目前用于注射成型的热固性塑料种类主要局限于酚醛塑料（PF）、氨基塑料（UF、MF等）、不饱和聚酯（UP）、环氧树脂（EP）、聚酰亚胺（PI）和聚丁二烯（BR）等。

第一节　热固性塑料注射成型工艺过程

热固性塑料的注射成型工艺过程与热塑性塑料相似，将热固性塑料的注射料加入料筒后，通过料筒的加热以及螺杆旋转产生的剪切热，使之处于较低的熔融温度（约55~105℃）；然后在高压下将粘稠的胶状物料注入型腔，在150~200℃的加热温度下发生化学交联反应，经保压后固化成型；最后开模，将成型后的制品顶出。热塑性塑料的成型只是从粒状固体变成低粘度熔体，而后再冷却变回固体；而热固性塑料的成型是塑料经过不可逆转的固化反应变成高度交联的分子结构。与热塑性塑料注射成型相比，热固性塑料注射成型各个不同的工艺阶段有着较大的区别，主要表现在如下方面：

（1）塑化过程　热固性塑料注射成型的料筒温度远低于模具温度，必须防止塑化的熔体因为温度过高而发生交联固化。由于螺杆旋转时物料产生摩擦剪切发热，为了防止塑化的温度过高，机筒上的加热装置一般仅对其进行预热。

（2）交联固化过程　热塑性塑料固化成型时，模具温度低于注射时的熔体温度，通过冷却才能固化和成型。而热固性塑料制品硬化成型时，模具温度为注射时熔体温度和交联反应温度，只有在此温度下，热固性塑料中的反应基团才能与交联剂互相作用，大分子由线型结构交联成三维网状结构，通过化学反应实现固化和成型。

第二节　热固性塑料注射成型的工艺特点

从材料成型性方面分析，热固性塑料在采用注射成型工艺时有如下的特点：

1. 流动特性

热塑性塑料熔体充模时，型腔壁温度低于熔体温度，靠近模壁处的熔体迅速冷却，生成冻结层，靠近冻结层处的熔体粘度大于中心层，流速沿截面呈抛物线分布，如图 11-1a 所示。热固性塑料熔体充模时，型腔壁温度高于熔体温度，不会产生冻结层。接触型腔壁处的熔体因受到加热反而粘度迅速降低，除了紧贴模壁的薄层塑料因摩擦阻力流速较低外，整个截面流速接近相等，形成“活塞流”，如图 11-1b 所示。因此，热固性塑料靠近模壁处流速很高，对模腔壁产生很大的摩擦磨损，特别是含有玻璃纤维和粉粒状矿物填充料时，对于浇注系统和型腔狭窄部位的壁面磨损更严重，这就要求模具材料具有更好的耐磨性。

热固性塑料注射物料的流动性，生产中主要用拉西格实验值来表征。注射成型用的热固性物料一般要求拉西格实验值大于 200mm。当具有填充料时，木粉作为填充料的物料的流动性最好，采用无机填充料时的物料流动性较差，玻璃纤维和纺织纤维填充料的流动性最差。添加润滑剂可提高流动性，过多固化剂会降低流动性。

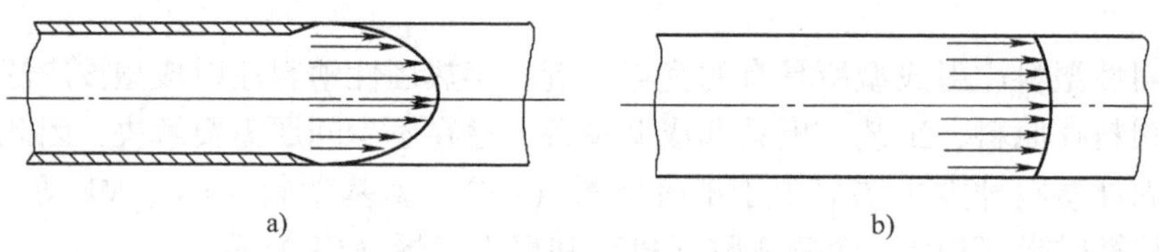

图 11-1　熔体充模流速分布比较

a）热塑性塑料　b）热固性塑料

2. 温度控制

由于塑化过程要求物料具有一定的流动性，所以热固性注射物料中的塑化温度范围越大越好。如果物料允许的塑化温度范围比较宽，可以将实际的塑化温度提高，有利于顺利充模。反之，若塑化温度范围窄，一定要严格控制实际的塑化温度，避免因温度升高出现早期硬化的现象。同时，由于热固性塑料在注射成型时靠模壁处熔体的高速流动产生不可忽视的摩擦热，若模具温度变高，则靠近模壁附近的熔体容易产生过早固化现象，使制品表面发暗。

3. 成型收缩率与纤维取向

与热固性塑料的压缩成型和压注成型制品相比，注射成型制品的成型收缩率最大。热固性塑料的成型收缩率与填充料有关。木粉等有机填充料会使成型收缩率大增，矿物填充料，特别是玻璃纤维填充的注射成型料的收缩率较小。

热固性塑料充模固化过程中交联成为网状结构，不会出现大分子链取向和结晶作用，也很少产生熔体破裂现象，但含有纤维状填充料的热固性塑料在充模中也会出现纤维取向，引起制品力学性能和收缩的各向异性。一般来说，充模结束后纤维取向与物料充填的速度方向垂直。

第三节　热固性塑料注射模设计要点

根据热固性塑料的成型工艺特点，在设计热固性塑料注射模时，应考虑如下的工艺特点：

1）热固性塑料在尚未固化前，粘度比热塑性塑料还低，对于很小间隙（0.01～0.02mm）的缝隙也可能产生溢料现象。为了避免塑料向模具的配合间隙或镶件的拼缝中溢料，所有与塑料熔体接触的部件应尽量采用整体结构，减少镶件组合结构。

2）热固性塑料成型后硬而脆，分型面上的飞边以及缝隙的溢料难于清理，会磨损模具表面。

3）由于热固性塑料的流动特性，热固性塑料对模壁的磨蚀和磨损比较严重，在选择模具材料时需要考虑，凹模和型芯一般都需要经过热处理淬硬。常用镀铬后抛光减小表面粗糙度值的方法延长模具的寿命。

4）热固性塑料收缩率小，对型芯包紧力小，开模时可能滞留在型腔一侧。

5）热固性塑料注射模温度远远高于室温，室温下装配的模具在高温下工作的装配间隙难以控制。室温下装配间隙过小的模具会使工作时运动零件产生咬死和拉毛现象。

一、热固性塑料注射模的总体结构

图11-2所示为一模二腔石棉短纤维充填酚醛塑料的双分型面注射模。该模采用盘形膜状浇口，有利于纤维的充模。在分型时，让动模板9与中间板10首先分离并剪断盘形浇口。第二次分型时，制品中心引导流道的固化物不会被咬合并破碎，实现自动生产。采用该模成型时，成型周期为28s；而采用一模四腔的压缩成型时，成型周期为165s。

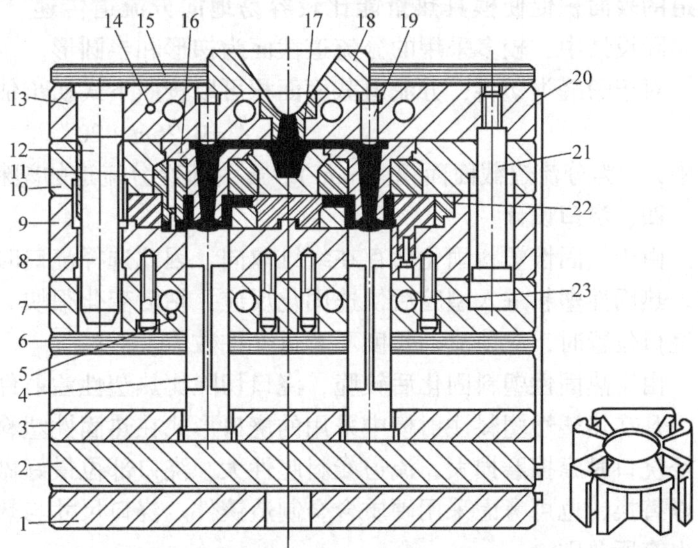

图11-2　一模二腔石棉短纤维充填酚醛塑料的双分型面注射模
1—动模底板　2—推板　3—推杆固定板　4—推杆　5、14—热电偶　6、15—绝热层　7—动模垫板　8—导套　9—动模板　10—中间板　11—凸模　12—导柱　13—定模固定板　16—流道浇口套　17—主流道杯　18—定位圈　19—拉料杆　20—拉尺　21—带肩定距螺钉　22—凹模　23—加热器

二、分型面设计

在选择分型面时，应尽量减小分型面的实际接触面积，便于模具加工和装配时提高分型面的平行度，保证分型面之间的紧密贴合，防止由于注射压力过大产生溢料和飞边现象。一般可采用在型腔周围10～20mm之外的部分，沿厚向削薄0.5～1mm的方法减小分型面的实际接触面积。分型面应具有比热塑性塑料注射模更高的硬度，一般应在40HRC以上，以避免飞边碎屑磨损分型面。分型面处还应尽量减少孔洞和凹槽，特别应避免不通孔，否则会造成脱模后飞边清理困难。

三、浇注系统设计

同热塑性塑料注射模一样，热固性塑料注射模浇注系统设计的基本原则是尽量减少流动阻力，以便迅速充模。但由于热固性塑料注射模浇注系统固化后的废料不能回收利用，因此减少浇注系统的固化废料比热塑性塑料注射模更为重要。

（1）主流道设计 为了使物料进入主流道之前产生较少的摩擦热，热固性塑料注射机的喷嘴口径一般较大（ϕ5～8mm），所以热固性塑料注射模主流道锥角较小，一般取1°～2°。主流道内壁应有R_a0.8μm以内的表面粗糙度值。

由于热固性塑料注射模的流动前锋料因局部过热而提前硬化，形成易于破碎的前锋冷料，因此在设计拉料杆时应防止塑料被拉断。图11-3为常见的拉料杆形式及尺寸设计。

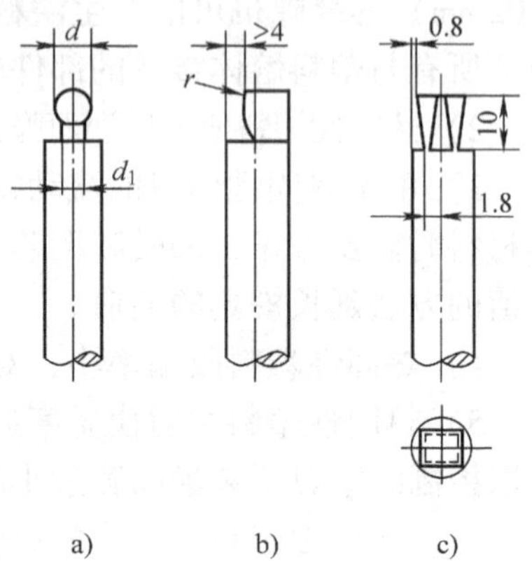

图11-3 常见的拉料杆形式及尺寸设计
a）球形头 b）Z形头 c）薄片头

（2）分流道设计 主流道向分流道的转向应取R5mm以上的圆角，以减小流动阻力，分流道之间的转向也不应小于分流道的直径或宽度。与热塑性塑料注射模一样，热固性塑料注射模的分流道截面也可以是圆形、半圆形、矩形、U形和梯形等。但与热塑性塑料注射模不同的是：热塑性塑料注射模尽量选取较大的比表面积的流道，热固性塑料注射模分流道的比表面积应适当地取较大值。一方面要求分流道内物料流动阻力不应太大；另一方面应增大分流道的表面积促使模具热量能比较容易地向分流道传递。在实际设计中，较多采用的分流道截面为梯形和半圆形。

对于酚醛类塑料，分流道截面面积可以按照下式初步估算

$$A=0.26m+20 \tag{11-1}$$

式中，A为分流道截面面积（mm^2）；m为流经分流道的塑料量（g）。

四、浇口设计

由于热固性塑料固化后存在纤维取向，因此选择浇口时应考虑纤维取向对制品性能的影响。热固性塑料进入型腔后快速固化反应，粘度变化很快，其流动长度小于热塑性塑料，选择浇口位置时，应使流动长度不超过允许数值。

由于热固性塑料固化后较脆，浇口切除比热塑性注射件的同类浇口容易。

凡在热塑性塑料注射模中采用的浇口形式在热固性塑料注射模中也适用，但热固性塑料流经浇口时摩擦磨损大，流道凝料脆性大，浇口部位最好做成可换的镶件，在大批量生产时可以替换，也可考虑采用硬质合金制造镶件。浇口尺寸与热塑性注射模中相应形式浇口的尺寸也有所差别。

（1）侧浇口 侧浇口易通过调节厚度尺寸达到调节最佳充模速度和固化时间的目的，在热固性塑料注射模中应用广泛。侧浇口的宽度比分流道稍窄，长度约为0.8～1.5mm，厚度一般取制品厚度的1/3～2/3，存在纤维填充的浇口厚度稍厚。对于酚醛类塑料，浇口截面积与流经浇口物料的体积关系如图11-4所示。

（2）点浇口 采用点浇口容易实现模具的自动化操作。但由于点浇口截面面积小，不适应填充形状大的制品。点浇口磨损严重，其截面尺寸应比热塑性塑料注射模略大，一般根据制品的大小和壁厚选取，在ϕ1.2～2.5mm之间。点浇口的入口端应带有锥度，可以减小对浇口的磨损。

（3）潜伏浇口 潜伏浇口应用得成功与否取决于浇口位置、浇口的两个角度、顶杆位置和塑料在脱模温度下是否具有柔性。如图11-5所示，浇口的中心线与开模方向夹角α取

25°~30°较好，浇口本身锥度在25°~35°为宜。顶杆位置对浇口凝料的顺利顶出很重要，若离浇口太近，顶出时凝料不易发生挠曲，易折断；离浇口太远，不能提供充足的推出力顶出浇口凝料。据经验，顶出位置一般取分流道直径的1~2倍。

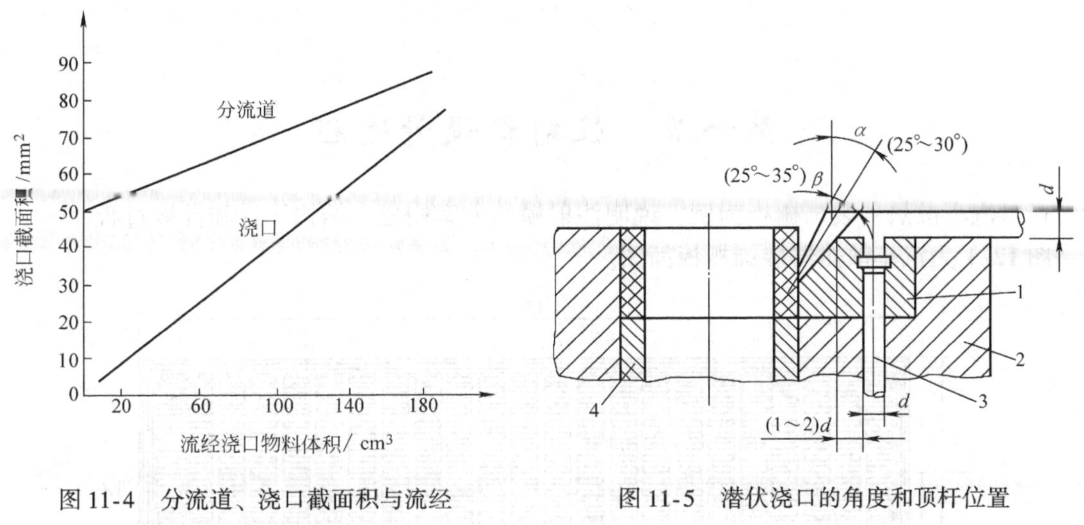

图11-4 分流道、浇口截面积与流经物料的体积关系

图11-5 潜伏浇口的角度和顶杆位置

（4）扇形浇口和膜状浇口 扇形浇口和膜状浇口有益于物料的平衡流动，可有效避免制品翘曲变形。在热固性塑料注射模中，扇形浇口和膜状浇口靠近型腔的一段的最大厚度一般不超过0.8mm。

五、脱模机构设计

当模具工作部位有0.02mm以上单边间隙时热固性塑料熔体就会钻入，形成飞边，给脱模机构设计带来很大难度。由于推管的内外柱面都有配合间隙，推板与型芯的配合间隙难于做到均匀一致，应尽量避免采用推管和推件板脱模。若必须使用推件板，除了采用较紧密的间隙配合外，脱模行程要增大到足以使推件板脱出型芯，以便于清除飞边以及碎片。

六、排气结构设计

大部分热固性塑料在固化过程中会释放出大量挥发性气体，若不能有效排气，会致使制品出现缺陷。热固性塑料注射模的排气设计比热塑性塑料注射模更重要。对于排气量大的热固性塑料，在浇口前的分流道就应开始排气。排气槽宽度等于分流道的宽度，深度取0.12mm左右。分型面上排气槽的宽度为3~8mm，深度为0.06~0.18mm，间隔至少25mm。排气槽允许物料溢出，在开模后清理。对于产气量不大的塑料或小型板类制品，可以采用约0.06mm的浅气槽。也可通过在芯柱上磨出3~4个深0.05~0.075mm的平面，然后经中心引气孔排气。一般地，推杆上也磨出类似的几个导气平面，并磨出半径为0.12mm左右的圆角，使有飞边形成时粘连在制品上。

七、加热与绝热

热固性塑料注射模的模具温度一般在160~210℃之间。为了防止高温模具向注射机的两块模板传热，需要设置两个绝热垫层。通常采用石棉或环氧玻璃钢板作为绝热垫层。热固性塑料注射模加热系统使用最多的是电热棒，也可以采用电热板。

第十二章　注射模设计实例

第一节　注射模设计过程

现以汽车散热器装饰栅板为例，说明注射模的方案构思、结构设计和计算过程。图 12-1 为汽车散热器装饰栅板简图。

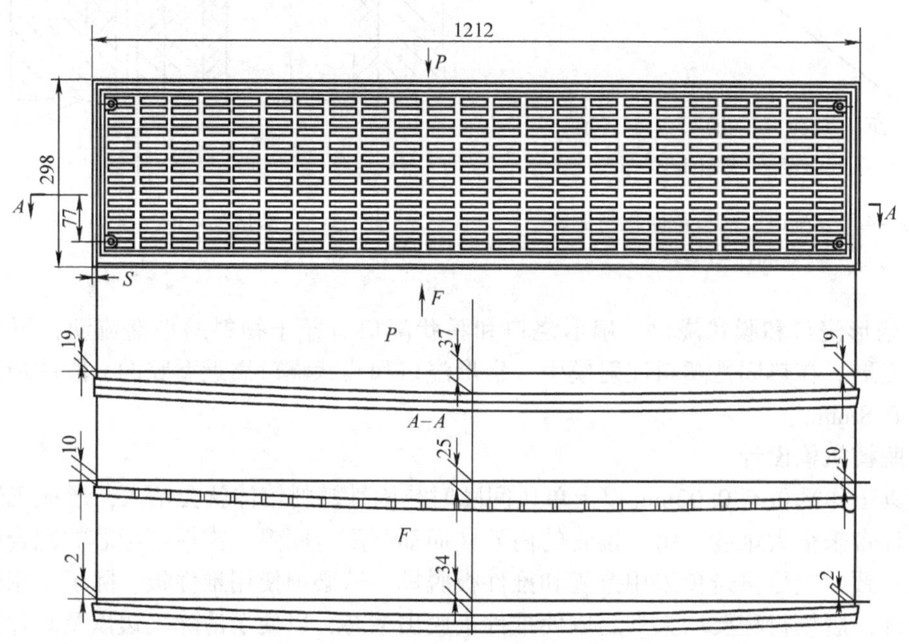

图 12-1　汽车散热器装饰栅板简图

一、塑料制品及模具设计依据

该装饰栅板塑料制品用于黄河 JN162 重型汽车，此件为中装饰栅板，它和左、右装饰栅板组合一起安装在汽车车头部分。由于是组合件，因此在配合处有尺寸精度要求。其外形尺寸为 1212mm×298mm×26mm，形状为通孔矩形网格遍布的双弧形立体曲面板，四周有截面为梯形槽的凸棱，并附有直径为 6mm 的六个安装通孔，整个制品的平均厚度为 4mm。

栅板选用 ABS 塑料成型。ABS 是一种具有良好综合性能的工程塑料，它具有聚苯乙烯的良好成型性、聚丁二烯的韧性、聚丙烯腈的化学稳定性和表面硬度，其抗拉强度可达35～50MPa。ABS 的耐候性是它的另一优点，一般 ABS 制品的使用温度范围为 -40～100℃，这正是汽车散热器装饰栅板最适宜的使用温度范围。

ABS 塑料具有一定的吸湿性（含水量为 0.3%～0.8%），成型时会在制品上产生斑痕、云纹、气泡等缺陷，故在注射成型之前应进行干燥处理。ABS 熔体具有中等粘度特性，流动性好。设定料温在 200～240℃之间，模具温度在 60℃左右。用于成型生产的注射机主要技术参数为：锁模力10000kN、最大注射压力p_{max}为141MPa、最大投影面积A_{max}为6665cm²、喷嘴球头半径R为48mm、喷嘴口内径为7mm。

其他与模具设计有关的参数为塑料密度$\rho = 1.06 \sim 1.08\text{g/cm}^3$、弹性模量$E = 1.4 \times 10^3$MPa、成型收缩率$\varepsilon = 0.5\% \sim 0.8\%$、泊松比$\mu = 0.35$。

二、模具结构设计

根据装饰栅板的结构特征与外观要求，模具的结构类型只能是多点浇口的三板式注射模或热流道模具。限于工厂的条件决定采用三板式冷流道结构，因此需要设计具有两次分型的顺序脱模机构，装饰栅板注射模总体结构如图12-2所示。

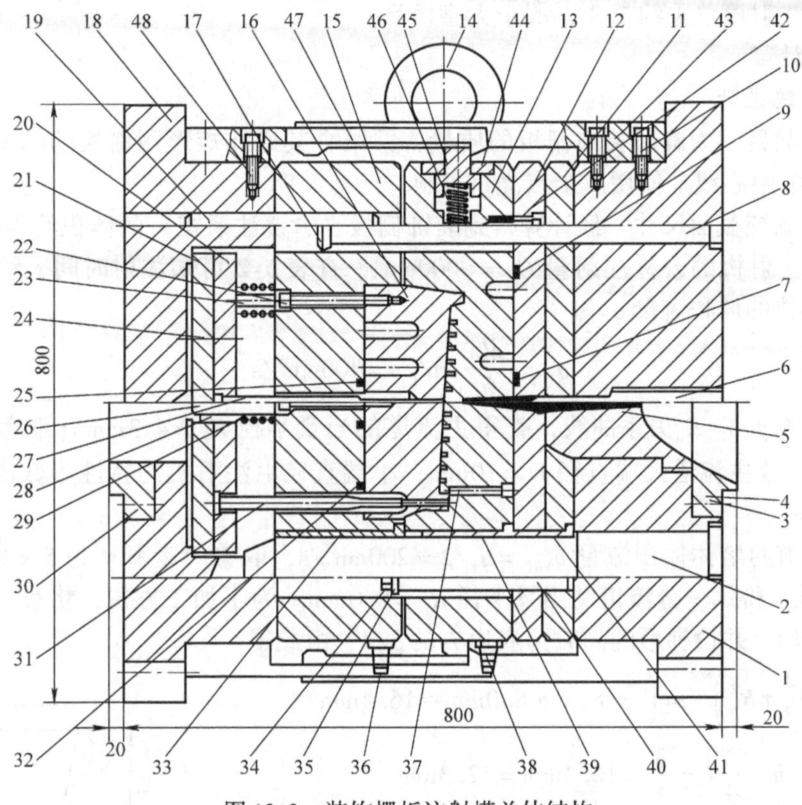

图12-2　装饰栅板注射模总体结构

1—定模座　2—导柱　3—定位圈螺钉　4、30—定位圈　5—浇口衬套　6—辅助拉料杆　7、9、25、32—密封圈　8—限位拉杆　10、22、24、42、48—紧固螺钉　11—定模垫板　12—流道中间板　13—凹模　14—吊环　15—动模固定板　16—型芯　17—垫圈螺钉　18—动模座　19—销钉　20—推杆固定板　21—推板　23—复位杆　26—支承柱　27—推杆　28—推板导套　29、46—弹簧　31—成型推杆　33—动模导套　34—螺钉　35—垫圈　36、38—水管接头　37—小型芯　39—定模导套　40—限位拉杆　41—中间板导套　43—凸缘杆　44—活动销盖板　45—活动销　47—拉杆

模具的两个分型面分别为定模垫板11与流道中间板12之间的表面和型芯16与凹模13之间的表面。模具采用拉杆机构实现顺序分型脱模。

开模时由于紧固在动模座上的拉杆47钩住凹模两侧的活动销45，因此型芯16与凹模13无法分开，模具首先从定模垫板11与流道中间板12之间分型。由于分流道两端的辅助拉料杆6的钩料作用，使流道凝料滞留在定模座上，点浇口被拉断，锥形第二分流道从凹模13中脱出，同时由于钩料与点浇口拉断的联合作用，使梯形第一分流道产生弯曲变形，使主流道凝料在浇口衬套5中松动，以便能够取出浇注系统凝料。

继续开模，凹模两侧的活动销45与紧固在定模座1的凸缘杆43相碰，其凸缘上的斜面推动活动销上的斜面强迫活动销船运动拉杆47与凹模脱开。动模继续运动，凹模13在限位拉杆的作用下停止运动，模具在凹模13与型芯16之间分型，由于动模一侧的38根推杆都具有“Z”字形端部，在它们的拉料作用下，制品滞留在型芯上。

分型后，由推板21带动推杆将制品从型芯上脱出。由于推杆兼起拉料杆的作用，这就要求“Z”字形方向的一致性，以便从推杆上顺利取下制品。

针对制品的形状，分别在型芯和凹模上设置了各两组对称排列的U形冷却回路。

装饰栅板注射模总重约7.8t，属于大型模具。

三、分析计算

1. 浇注系统设计

（1）浇口数目　为确保装饰栅板的质量，并结合其通孔矩形网格板的结构特征，决定在其长轴方向的中心线上使用4个点浇口进料。

（2）浇注系统截面尺寸　经计算得到装饰栅板（含浇注系统）的体积约为$2400cm^3$。

由使用的注射机的公称注射量$Q_n=9000cm^3$，查表5-2可知注射时间t_1约为6s，据式（5-9）ABS熔体的体积流量q_V为

$$q_V=\frac{2400}{6}cm^3/s=400cm^3/s$$

由图5-8的γ-q_V-R_n关系曲线，查得主流道的当量半径$R_n=4.3mm$（取剪切速率γ为$5\times10^3s^{-1}$时），故主流道大端直径$D=10mm$，小端直径由注射机的特性参数决定，取小端直径$d=8.0mm$。

第一分流道的熔体体积流量$q_{VR1}=q_V/2=200cm^3/s$，取剪切速率γ为$5\times10^2s^{-1}$。查γ-q_V-R_n关系曲线，得第一分流道的当量半径$R_n=8.0mm$。为了加工方便，将第一分流道截面形状设计为梯形，并设梯形的高h为底边L的3/4，由此得

$$L=\left(\frac{4}{3}\pi R_n^2\right)^{1/2}=\left(\frac{4}{3}\pi\right)^{1/2}\times8.0mm\approx16.4mm$$

$$h=\frac{3}{4}L=\frac{3}{4}\times16.4mm=12.3mm$$

故取第一分流道的截面尺寸如图12-3所示。

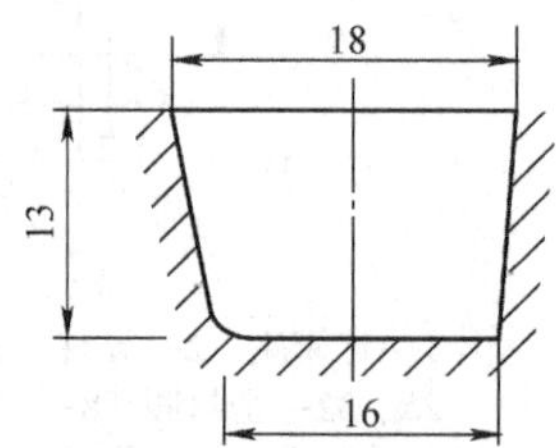

图12-3　第一分流道的截面尺寸

第二分流道取为圆锥形，近似地按平衡进料计算，则每个第二分流道的熔体体积流量$q_{VR2}=q_V/4=100cm^3/s$。查γ-q_V-R_n关系曲线，分别得大端半径$R_1=7mm$（γ取为$5\times10^2s^{-1}$），小端半径$R_2=3mm$（γ取为$5\times10^3s^{-1}$）。

点浇口的熔体体积流量为$100cm^3/s$，取浇口处的剪切速率$\gamma=1\times10^5s^{-1}$，由γ-q_V-R_n关系曲线得点浇口直径$d_G=2R_n=2.0mm$。

根据模具总体结构尺寸的安排，以上面的计算为依据，可决定浇注系统的布置和尺寸，如图12-4所示。

（3）型腔压力的估算　取压力损耗系数k为0.4，并设注射机使用的注射压力$p_0=115.0MPa$，则$p=kp_0=0.4\times115.0MPa=46MPa$。

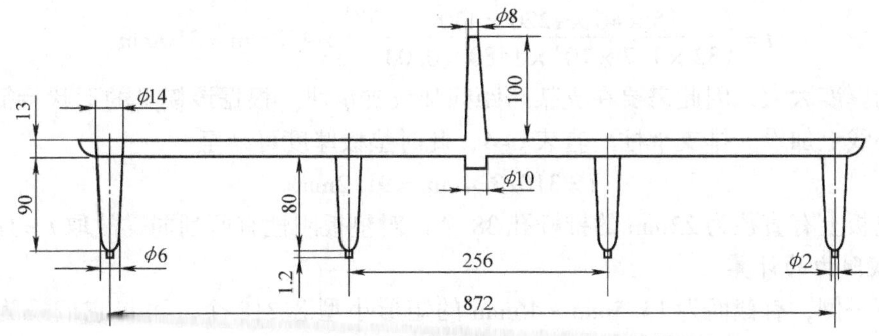

图 12-4　浇注系统的布置和尺寸

（4）锁模力的校核　已知注射机最大锁模力为 10000kN，而胀模力为制品外形面积与通孔网络面积之差乘以型腔压力，即

$$F=(1.22\times0.3-0.0135\times0.046\times318)\times46\times10^{6}\text{kN}=7752\text{kN}<10000\text{kN}$$

故满足锁模力的要求。

2. 排气槽的设计

大型注射模的排气是不可忽视的大问题，绝不可依靠试模时解决。该模具除了 38 根推杆间隙具有一定的排气效果外，还在制品的熔合纹附近以及熔体流动末端的型芯上开设了 12 条排气槽。

3. 凹模与型芯尺寸的计算

由于该制品为装饰栅板，只需考虑与左、右装饰栅板相组合的长与宽以及 6 个安装孔的尺寸，其他皆为自由公差，故可按平均收缩率尺寸计算公式分别计算型腔的长与宽及安装孔中心尺寸。因计算过程简单，从略。

4. 凹模侧壁厚度的计算

该模具采用整体式矩形凹模型腔，故其长边侧壁厚度按式（6-24）计算，即

$$t=\left(\frac{cpa^{4}}{E\delta}\right)^{1/3}$$

由模具结构图可知，$a=88\text{mm}$；已估算得型腔压力 $p=46\text{MPa}$；钢材的弹性模量 $E=2.1\times10^{5}\text{MPa}$；查表 6-3，取 ABS 的允许变形量 $\delta=0.04\text{mm}$；据式（6-24）当 $L/a=1220/88=13.86$ 时，$c=\frac{3\times13.86^{4}}{2\times13.86^{4}+96}\approx1.5$，则

$$t=88\times\left(\frac{1.5\times46\times88}{2.1\times10^{5}\times0.04}\right)^{1/3}\text{mm}=79\text{mm}$$

考虑到凹模的侧壁上开有 5 个直径为 130mm 的导套孔，故取凹模侧壁厚为 190mm。

5. 动模上支承型芯的垫板厚度计算

由式（6-22）有

$$t=\left(\frac{5pbL^{4}}{32EB\delta}\right)^{1/3}$$

由于垫板采用球墨铸铁，其弹性模量为 $E=1.7\times10^{5}\text{MPa}$，取 $\delta=0.04\text{mm}$，支架跨距 $L=430\text{mm}$，支承板长度 $B=1480\text{mm}$，型芯长度 $b=1220\text{mm}$，则

$$t=\left(\frac{5\times46\times1220\times430}{32\times1.7\times10^{5}\times1480\times0.04}\right)^{1/3}\times430\text{mm}=310\text{mm}$$

这样的厚度太大，因此需要在支架跨距间加设支承块。根据该模具的形状特征，决定在跨距的中心线上加设一排支承柱。查表6-4，此时垫板厚度可减至

$$t=310/3.4\text{mm}=91.2\text{mm}$$

考虑到在垫板上有直径为22mm的推杆孔38个，对垫板刚性有所削弱，故取 $t=130\text{mm}$。

6. 脱模阻力的计算

在定模一侧，有截面为13.5mm×46mm的矩形小型芯318个，可将它们视为矩形环形截面的厚壁制品，另外加上直径为6mm的小型芯6个，据式（7-2）和式（7-1）在定模一侧的总脱模阻力为

$$F_s=\left[318\times\frac{2(13.5+46)\times0.005\times1.8\times10^{5}\times1.2\times(0.21-0.085)}{(1+0.35+9.5)\times1.02}\right.$$
$$\left.+6\times\frac{2\times3.14\times0.3\times1.8\times10^{5}\times0.005\times1.3\times0.21}{(1+0.35+2.5)\times1.02}\right]\text{N}$$
$$=(46161+707)\text{ N}=46868\text{N}\approx46.87\text{kN}$$

在动模一侧，有4条条形型芯，并视制品为薄壁，据式（7-4），在动模一侧的总脱模阻力为

$$F_m=\left\{2\times\left[\frac{8\times0.4\times1.8\times10^{5}\times0.005\times2.6\times(0.21-0)}{(1-0.35)\times1.02}\right]+1220\times12\times0.1\right.$$
$$\left.+2\times\left[\frac{8\times0.4\times1.8\times10^{5}\times0.005\times2.6\times(0.21-0)}{(1-0.35)\times1.02}+300\times12\times0.1\right]\right\}\text{N}$$
$$=(4\times2731.76+2\times1824)\text{ N}=14575\text{N}\approx14.58\text{kN}$$

由以上计算可知，$F_s>F_m$，开模后制品将滞留在定模型腔内，造成脱模困难。为了确保制品在开模过程中附着在动模的型芯上，在设计时将38根推杆全部设计成了带有“Z”形头的拉料杆。

7. 冷却系统的分析计算

由产品图得知，制品的矩形网格条厚，厚度达5mm，故冷却时间 t_2 应以该厚度为计算依据。查表9-8，得到制品冷却时间 t_2 为49s。由于该制品开模时无法自动坠落，须由手工取出，设开模取出制品时间 t_3 为15s，再加上注射时间 $t_1=6\text{s}$，故制品的成型周期为

$$T=t_1+t_2+t_3=(6+49+15)\text{ s}=70\text{s}$$

被ABS熔体带入型腔内的总热量为[见式(9-18)]

$$Q=NGQ_1$$

$N=(3600/70)/\text{h}=51.4/\text{h}$，查表9-6得 $Q_1=400\text{kJ/kg}$，$G=2400\times1.07/1000\text{kg}$

则

$$Q\approx52827\text{kJ/h}$$

对流散发的热量 Q_C 据式（9-22）计算得

$$Q_C=2782\text{kJ/h}$$

辐射散发的热量 Q_R 据式（9-25）计算得

$$Q_R=177\text{kJ/h}$$

应由冷却带走的热量 Q_2 为

$$Q_2=Q-(Q_C+Q_R)=49868\text{kJ/h}$$

这些热量应由凹模和型芯的冷却系统带走。考虑到型芯储存的热量多，且散热条件差，故须强化冷却，采用式（9-41）的分配方案，则凹模冷却系统应带走的热量 Q_{2G} 为

$$Q_{2G}=19950\text{kJ/h}$$

型芯冷却系统应带走的热量 Q_{2K} 为

$$Q_{2K}=29918\text{kJ/h}$$

（1）凹模冷却系统的计算

1）制品与型腔壁温度差的平均值。据式（9-43），有

$$(\theta_1-\theta_3)_{mG}=Q_{2G}/(1549f_G\beta)=19950/\left[1549\times1.22\times0.3\times\frac{(6+49)}{70}\right]℃\approx45℃$$

2）制品推出时的温度。设熔体温度 $\theta_{1max}=230℃$，型腔壁最高温度 $\theta_{3max}=65℃$，型腔壁最低温度 $\theta_{3min}=60℃$，则型腔壁平均温度 $\theta_{3m}=62.5℃$。由 $(\theta_1-\theta_3)_{mG}=45℃$ 及 $(\theta_{1max}-\theta_{3min})=170℃$，查图 9-26 所示的曲线图，得 $\theta_{1min}-\theta_{3max}=5℃$，即得制品推出时温度 $\theta_{1min}=65℃$。

3）凹模所需冷却水通道直径及流速。设冷却水进、出口温度分别为 $\theta_{5in}=20℃$，$\theta_{5out}=25℃$，则冷却水的平均温度 $\theta_{5m}=22.5℃$，所需冷却水流量为［式（9-47）］

$$q_{VG}=\frac{Q_{2G}}{c_1\rho\ (\theta_{5out}-\theta_{5in})}\times\frac{1}{60}\text{m}^3/\text{min}=0.016\text{m}^3/\text{min}$$

由 q_{VG} 查表 9-2 得冷却水通道直径 $d=25\text{mm}$，冷却水最低流速 $v_{min}=0.53\text{m/s}$。

4）凹模的热阻计算。在凹模模板中设计了两组对称排列的 U 形回路。为了便于计算，将每组回路简化成横向（长为 0.40m）与纵向（长为 0.20m）流动的通道各 4 根与 3 根，且与型腔的平均距离为 0.04m。在略去若干细节后，可分别求出横向与纵向流动通道与型腔壁之间的热阻［式（9-33）］

$$R_{V1}=\frac{1}{193}\times\left[\frac{2.3\times0.04}{(0.40-0.61)\times0.30-(0.025-0.30)\times0.61}\right]\lg\left(\frac{0.40}{0.61}\times\frac{0.30}{0.025}\right)\text{h}\cdot℃/\text{kJ}$$
$$=4.077\times10^{-3}\text{h}\cdot℃/\text{kJ}$$

$$R_{V2}=\frac{1}{193}\times\left[\frac{2.3\times0.04}{(0.20-0.30)\times0.61-(0.025-0.61)\times0.30}\right]\lg\left(\frac{0.20}{0.30}\times\frac{0.61}{0.025}\right)\text{h}\cdot℃/\text{kJ}$$
$$=5.043\times10^{-3}\text{h}\cdot℃/\text{kJ}$$

总热阻为［式（9-36）］

$$\frac{1}{R_{VG}}=\frac{8}{R_{V1}}+\frac{6}{R_{V2}}$$

求得 $R_{VG}=3.17\times10^{-4}\text{h}\cdot℃/\text{kJ}$

5）冷却水管壁平均温度。据式（9-37），有

$$\theta_{4m}=\theta_{3m}-Q_{2G}R_{VG}=57℃$$

6）所需要的凹模冷却水管回路的总传热面积。据式（9-51），有

$$\Phi_G=\frac{Q_{2G}d^{0.13}}{7348\ (1+0.015\theta_{5m})\ (\theta_{4m}-\theta_{5m})\ v^{0.87}}=0.063\text{m}^2$$

在该模具的实际设计中，凹模冷却通道总传热面积为 0.1m²，大于所需传热面积 0.063m²，故属合理。

7）所需凹模冷却通道总长。据式（9-53），有

$$L_G=\frac{Q_{2G}}{7348\pi\ (1+0.015\theta_{5m})\ (vd)^{0.87}\ (\theta_{4m}-\theta_{5m})}=0.805\text{m}$$

在实际设计中，凹模冷却通道长有 4m，故足够。

8）流动状态的校核。据式（9-54），有

$$Re = \frac{vd}{\nu} = \frac{0.53 \times 0.025}{1 \times 10^{-6}} = 13250 > 10^4$$

故冷却水的流动处于稳定的湍流状态，冷却回路具有良好的冷却效果

凹模冷却系统的设计简图如图 12-5 所示。

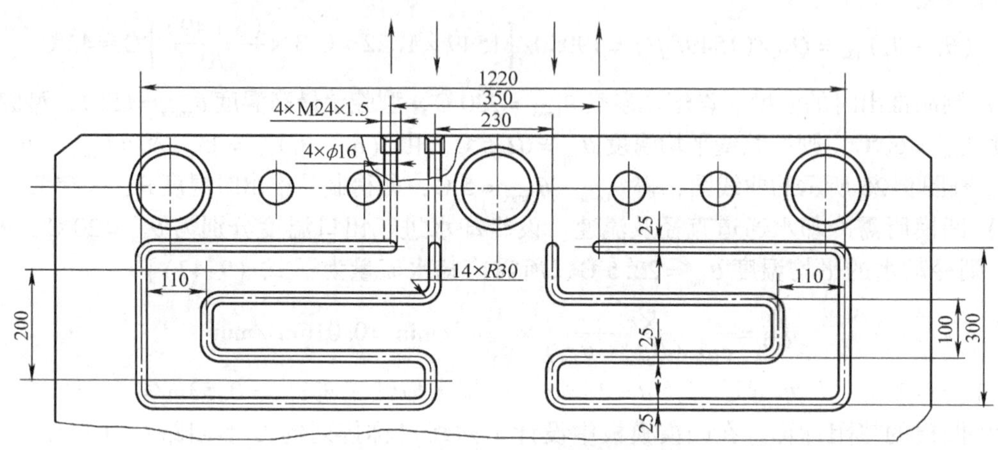

图 12-5 凹模冷却系统的设计简图

（2）型芯冷却系统的计算 考虑到型芯成型面应具有与型腔壁相同的平均温度，取 θ_{3m} 仍为 62.5℃，并设冷却水进口温度 $\theta_{5in} = 20℃$，出口温度 $\theta_{5out} = 27℃$，则冷却水平均温度 $\theta_{5m} = 23.5℃$。欲从型芯中带走 29918kJ/h 的热量，所需冷却水的体积流量为

$$q_{VK} = \frac{29918}{1000 \times 4.2 \times (27-20)} \times \frac{1}{60} \mathrm{m^3/min} = 0.017\mathrm{m^3/min}$$

查表得水管直径 $d = 0.025\mathrm{m}$，流速 $v = 0.53\mathrm{m/s}$。

型芯中仍设计有两组对称的双 U 形冷却回路，以同样的方法算得热阻 $R_{VK} = 3.88 \times 10^{-4}$ h·℃/kJ，故得冷却通道壁的平均温度为

$$\theta_{4m} = \theta_{3m} - q_{VK} R_{VK} = 51.8℃$$

并算得所需冷却通道传热总面积为

$$\Phi_K = 0.114\mathrm{m^2} \ (实际设计为\ 0.11\mathrm{m^2})$$

所需冷却通道长度为

$L_K = 1.46\mathrm{m}$（实际设计为 4.4m）

型芯冷却系统的设计简图如图 12-6 所示。

四、实际效果

装饰栅板注射模设计、制造、试模完毕后，安装在日本东芝公司制造的 IS1300DE 注射机上投入批量生产。该模具属非平衡的四点浇口进料，但仍能顺利充满网格型腔的各个深处与角落。含 900mm 长的分流道凝料在内的整个浇注系统凝料能与制品自动断开并坠落。由于模具结构设计合理、制造精密，在制品空间曲面上的 318 个矩形网格通孔上，均无肉眼可见的毛边。

冷却系统运行效果良好，能有效地控制模具温度，其成型周期在 70s 以下，达到了模具温度设计的要求，也表明了所用冷却设计方法的可靠性。

该装饰栅板塑料制品装配在济南汽车制造总厂生产的黄河 JN162 重型汽车上。

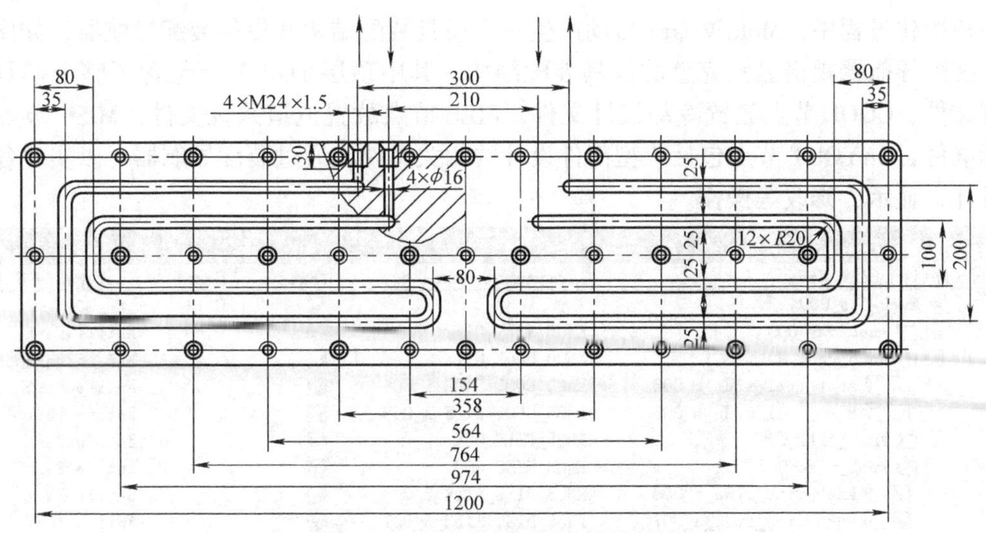

图 12-6　型芯冷却系统的设计简图

第二节　MoldWizard 注射模设计过程

随着注射模 CAD 技术的发展，利用专业注射模设计模块进行设计，已经成为注射模设计的主要手段。

本节通过一个音量调节旋钮（图 12-7）的注射模设计实例来简要介绍 MoldWizard 的主要功能和应用流程。

（1）加载产品和对设计项目初始化　先选择待加载的产品文件，系统显示如图 12-8 所示的项目初始化对话框，其中“Project Unit”用于选择项目的尺寸单位；“Project Path”用于设置项目存储路径；“Project Name”用于设置项目名称；“Part Material”用于选择制品材料；“Shrinkage”用于设置制品的收缩率。

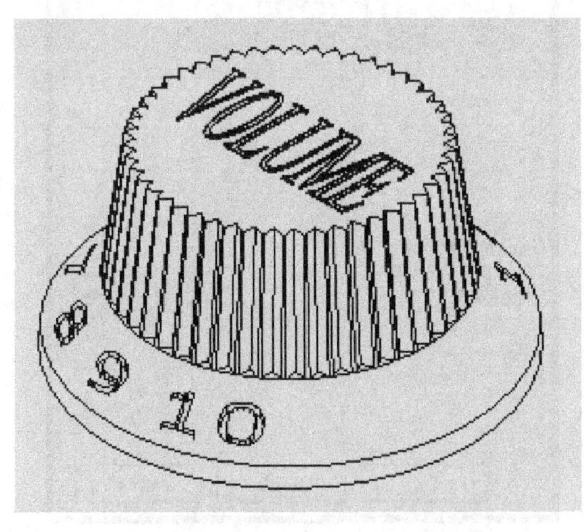

图 12-7　音量调节旋钮制品模型

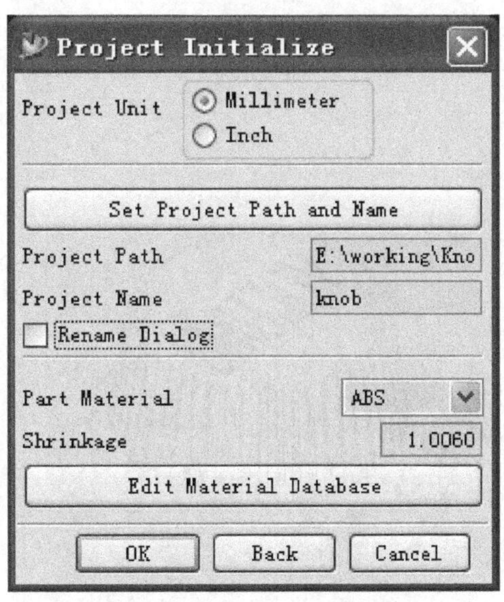

图 12-8　项目初始化对话框

在初始化过程中，MoldWizard 自动产生一个模具装配结构并提供装配导航器，如图12-9所示。装配导航器视窗显示完整的模具装配结构，其中顶层 TOP 节点包含了整个模具所需的所有文件，COOL 节点放置冷却设计文件，FILL 节点放置流道系统文件，MISC 节点放置通用标准件，LAYOUT 节点包括成型部件设计的相关文件。通过装配导航器可以实现各零部件的设计、显示、修改等操作。

Assembly Navigator

Descriptive Part Name	Component Name	Read...	Count	Reference Set
knob_top_000			20	
knob_var_003	KNOB_VAR_003			Entire Part
knob_cool_001	KNOB_COOL_001		3	Entire Part
knob_cool_side_b_006	KNOB_COOL_SIDE_B_006			Entire Part
knob_cool_side_a_005	KNOB_COOL_SIDE_A_005			Entire Part
knob_fill_004	KNOB_FILL_004			Entire Part
knob_misc_002	KNOB_MISC_002		3	Entire Part
knob_misc_side_b_008	KNOB_MISC_SIDE_B_008			Entire Part
knob_misc_side_a_007	KNOB_MISC_SIDE_A_007			Entire Part
knob_layout_009	KNOB_LAYOUT_009		11	Entire Part
knob_prod_010	MW PROD		10	Entire Part

图 12-9 MoldWizard 装配导航器

（2）定义模具坐标系 定义模具坐标系在模具设计中非常重要，它确定了制品的主分型方向及位置。MoldWizard 规定坐标原点位于模架动、定模板接触面的中心，坐标主平面（XY 平面）定义在分型面上，Z 的正方向指向定模侧。本产品定义的模具坐标系如图12-10所示。

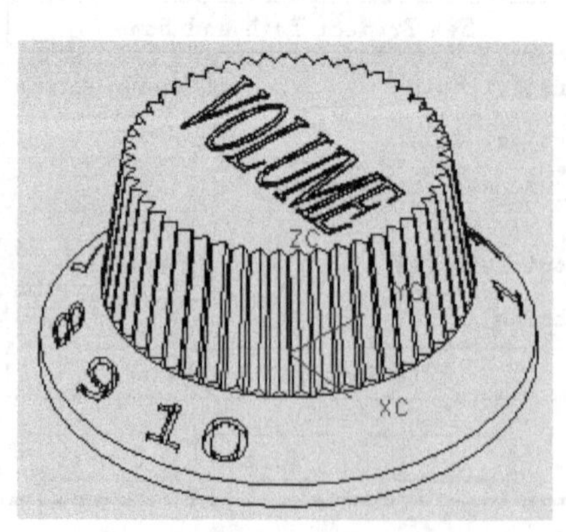

图 12-10 定义的模具坐标系

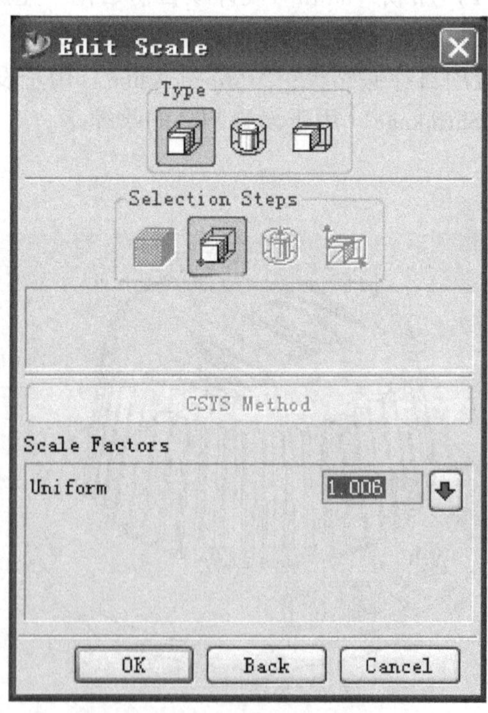

图 12-11 选择收缩率对话框

(3) 计算收缩率　模具型芯、型腔的尺寸比产品尺寸要略大一些，以补偿材料冷却后的收缩，因此应先将制品放大后再用于型芯、型腔设计。选择收缩率对话框如图12-11所示，其中“Type”用于设定制品放大的方式；“Selection Steps”为制品变换时所需的一些设置；“Scale Factors”中规定制品放大的比例系数。本实例采用统一的收缩率1.006。

(4) 定义成型镶件　成型镶件（Work Piece）就是模具中的成型部分，是一个比产品略大的材料块。图12-12所示为成型镶件定义对话框，主要是选择成型镶件的类型并输入其尺寸，MoldWizard会自动识别产品尺寸并给出成型镶件的推荐尺寸。本实例主要采用系统的推荐值，但需要编辑其中的X_length、Y_length、Z_down和Z_up的值，使其与待选的标准模架相匹配。

(5) 制品修补、分型与型芯、型腔生成　选择分型，系统打开分型功能对话框，如图12-13所示。左侧一列按钮的功能分别是：“Design Regions”选项用于设置分模对象设计区域；“Extract Regions and Parting Lines”选项用于提取分模区域和分型线；“Create/Delete Patch Surfaces”选项用于创建或删除补面曲面；“Edit Parting Lines”选项用于创建编辑分型线；“Define/Edit Parting Segments”选项用于定义编辑分段处；“Create/Edit Parting Surfaces”选项用于创建编辑分型面；“Create Cavity and Core”选项用于创建型腔和型芯；“Suppress

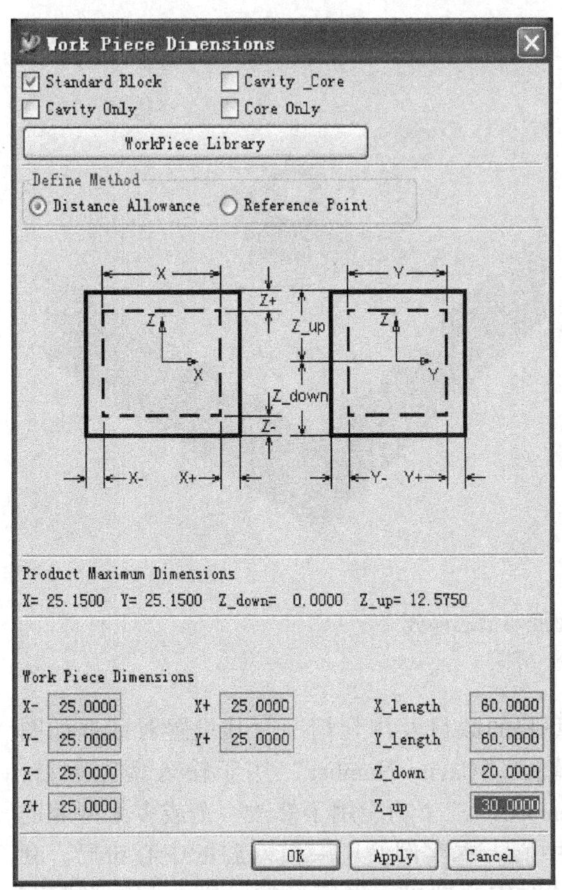

图12-12　成型镶件定义对话框

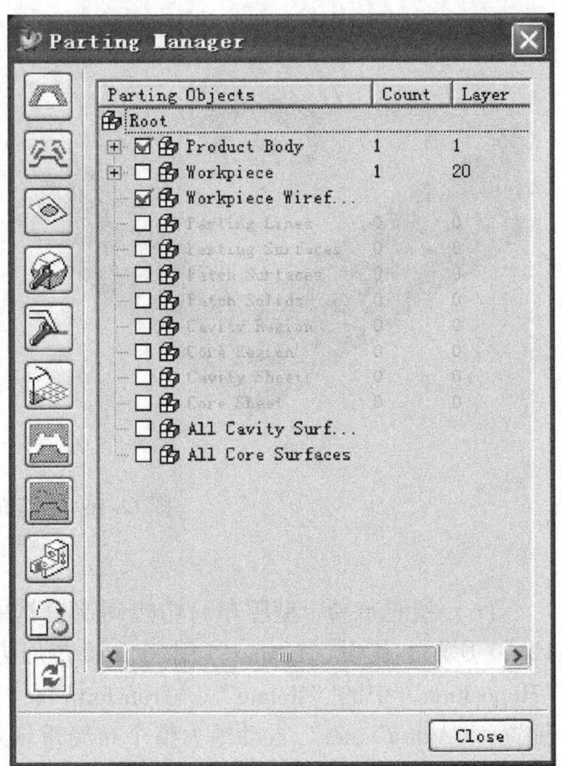

图12-13　分型功能对话框

Parting” 用于抑制分型；“Model Compare” 用于分型产品比较；“Swap Model” 用于交换分型模型；“Update Parting Manager Tree List” 用于更新分型对象列表。本实例通过编辑分型线功能选择产品最大外形边界，系统提取的分型线如图 12-14 所示。通过创建单一分型面，系统产生的分型面如图 12-15 所示。通过选择提取区域（Extract Regions）并接受系统定义的型芯和型腔区域，选择分型中的型腔型芯功能，分别创建型腔与型芯部分，如图 12-16 所示。

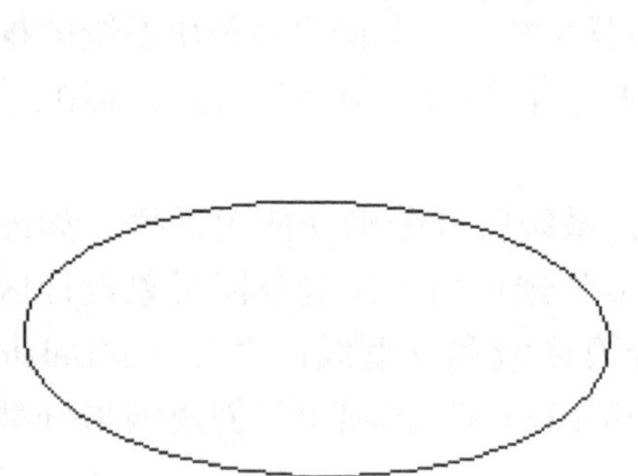

图 12-14 系统建立的分型线

图 12-15 系统产生的分型面

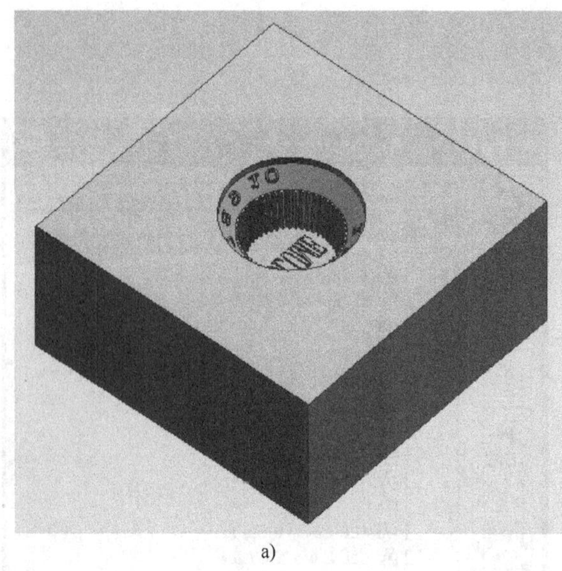

a)

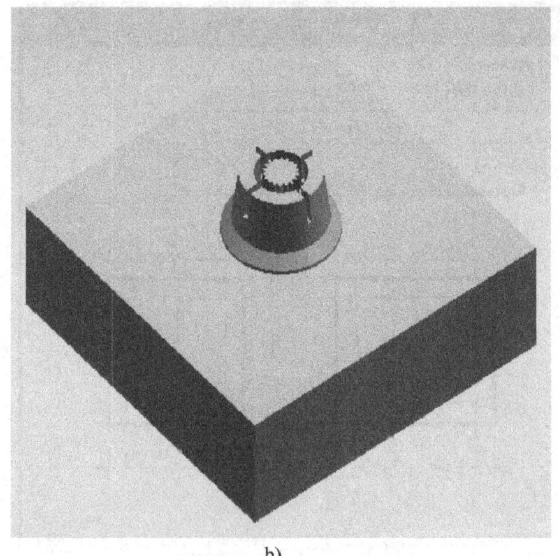

b)

图 12-16 创建的型腔与型芯部分

a）型腔 b）型芯

（6）型腔布局 型腔布局功能确定模具中型腔的数目及排列情况，其设置对话框如图 12-17 所示，其中 “Layout” 用于设置布局方式；“Cavity Number” 用于输入型腔数目；“Reposition” 中的 “Rotate”、“Transform”、“Remove” 三个功能用于修改一个或多个型腔的位置，“Auto Center” 自动地为整个布局重新对中心。本实例使用一模八腔的中心布局，利用 “Transform” 和 “Auto Center” 排布型腔自动对中心即可。确定后的一模八腔的型腔布置如图 12-18 所示。

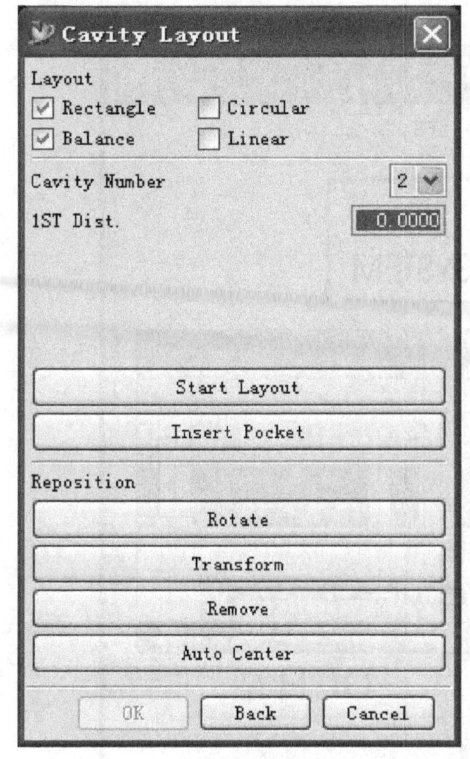

图 12-17　型腔布置对话框

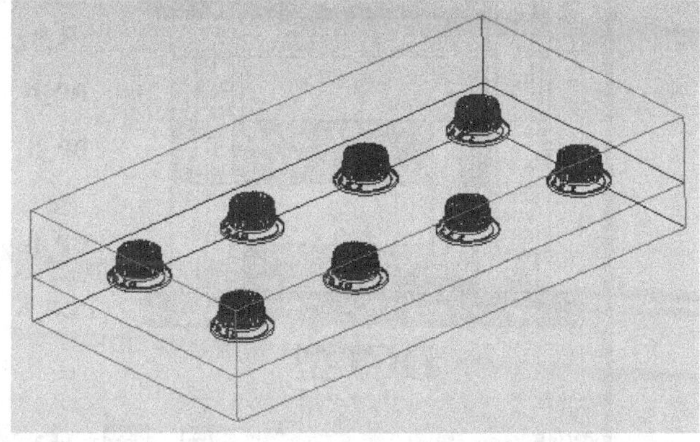

图 12-18　确定后的一模八腔的型腔布置

（7）加入标准模架　启动选择模架功能，系统打开模架管理对话框，如图 12-19 所示，其中“Catalog”用于选择模架标准；“TYPE”用于选择模架类型，尺寸列表用于选择模架的尺寸系列。本实例选用 LKM_PP、DC 类型，3535 系列，并将上下模板的厚度调整到与成型镶件一致，MoldWizard 便产生所设定的模架，如图 12-20 所示。

（8）浇注系统设计　一套完整的浇注系统包括流道、浇口以及和浇注系统相关的标准件。下面首先加入一个标准定位圈，单击标准件图标，MoldWizard 启动如图 12-21 所示的标准件管理对话框，其中“Catalog”用于选择标准件供应商；“Classification”用于选择标准件类型；“Parent”用于为所添加的标准件指定装配父节点的位置；“Position”用于选择标准件的定位方式，“True”、“False”、“Both”用于选择标准件调入后的参考集。本实例选择FUTABA_MM系列中的 Locating Ring 标准件，按图 12-21 所示设置好定位圈的参数后，系统将定位圈自动加入模具装配体。用同样的方式再为该模架添加一个主流道衬套，选择 MISUMI 系列的 Sprue Bushing标准件，设置好衬套的长度后系统将主流道衬套也加入到模具装配体中。添加了标准件的模架如图 12-22 所示。

浇注系统中流道的设计利用如图 12-23 所示的流道设计工具进行，其中“Design Steps”是设计步骤，MoldWizard 中流道设计是采取先定义中心线再创建流道实体的设计步骤；“Available Patterns”用于定义流道样式（和型腔布局相关），参数表用于设置流道中心线的尺寸参数。在创建流道实体时可以根据流道截面的不同设置相关的截面尺寸。该实例采用直径为 5mm 的圆形流道，系统按照设置自动创建流道。浇口的设计利用如图 12-24 所示的浇口设计工具进行，其中“Balance”用于平衡流动；

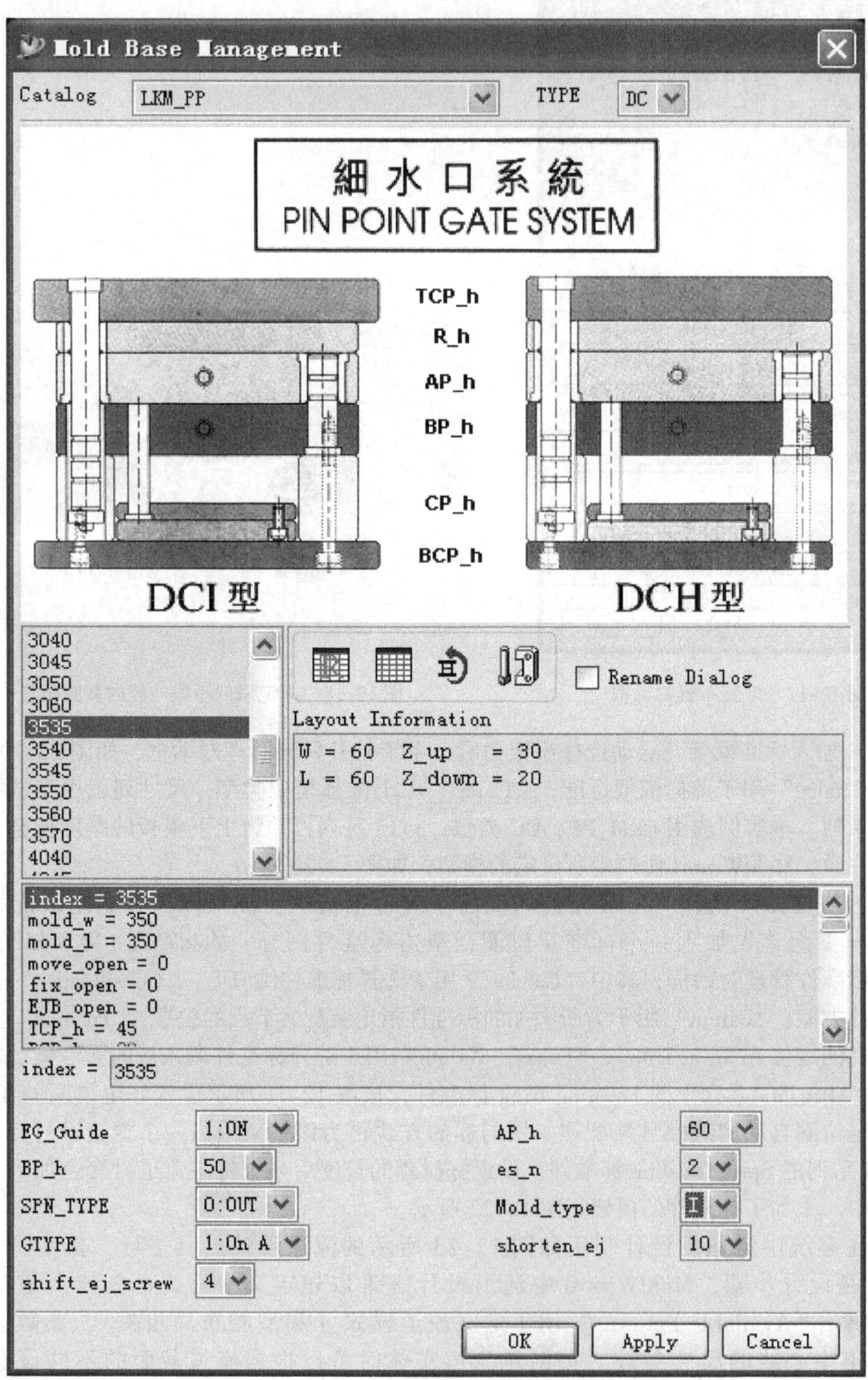

图 12-19 模架管理对话框

"Position"用于确定浇口的位置；"Method"用于指定添加或修改浇口；"Type"用于选择浇口的类型。MoldWizard提供了圆形浇口、扇形浇口、矩形浇口、点浇口、潜伏浇口等7种浇口类型，该实例中选择点浇口类型，浇口参数表用于确定浇口的尺寸参数；"Reposition Gate"用于重新定位浇口；"Delete Gate"用于删除选择的浇口。根据用户输入的浇口坐标，系统创建出相应的浇口。创建完毕的一模八腔的浇注系统如图12-25所示。

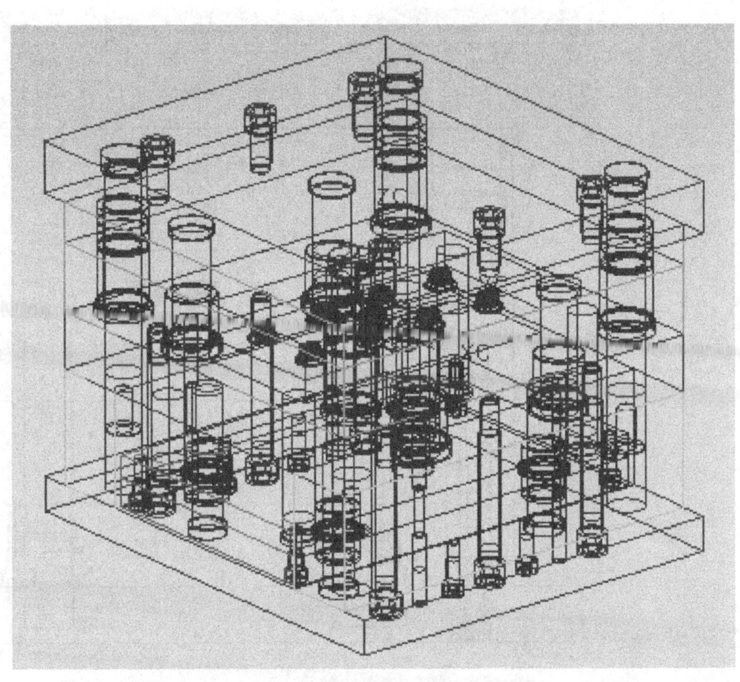
图12-20　所选模架的线框图

(9)顶出机构设计　制品的顶出需要顶出机构。常见的顶出机构有推杆、推管、推板等。顶出标准件的调用和前面定位圈的调用类似。该实例中采用推杆顶出制品，在标准件管理对话框（图12-21）中的"Catalog"下拉列表中选择FUTABA_MM，在"Classification"下拉列表中选择Ejector Pin，然后按图12-26所示设置推杆直径、长度等参数后，输入推杆的坐标位置后，系统便将推杆调入到模架装配中。图12-27所示为添加了推杆后的模架。

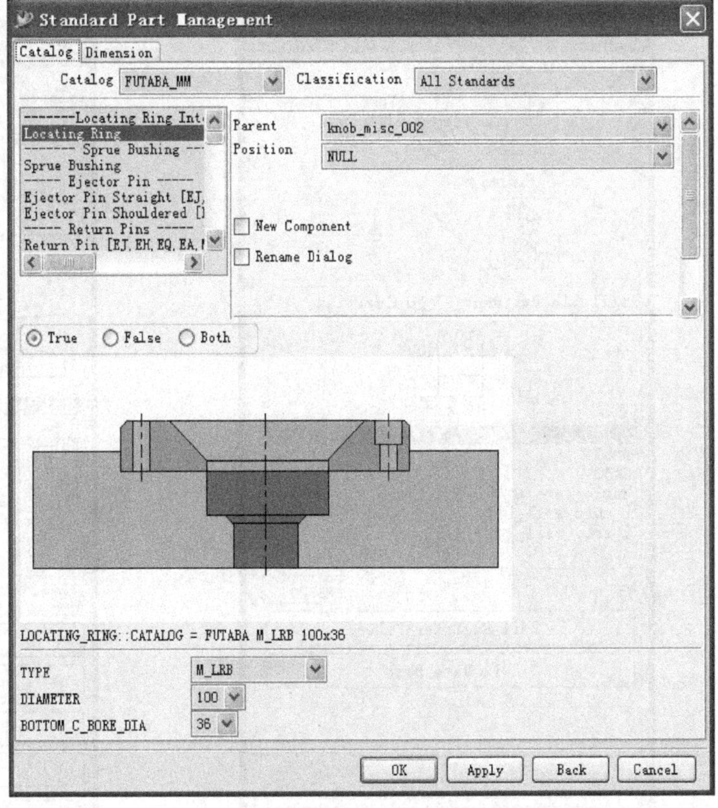

图12-21　标准件管理对话框

通常，添加的推杆长度往往会高出制品的表面，所以还需要对添加的推杆进行后处理。选择推杆，系统打开推杆后处理对话框，如图

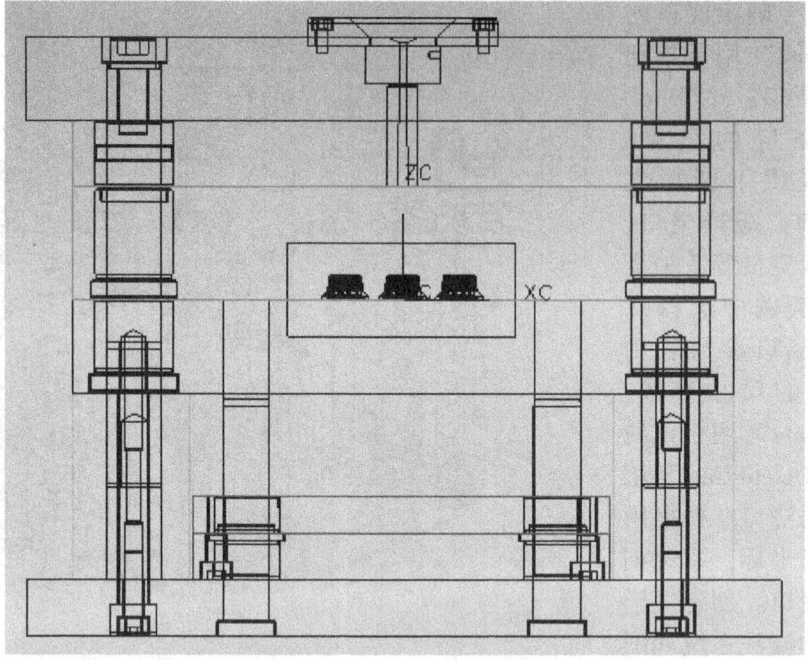

图 12-22 添加了标准件的模架

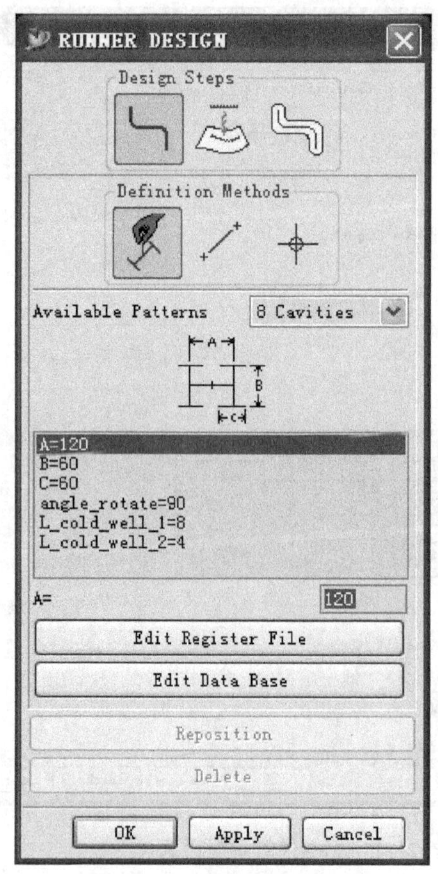

图 12-23 流道设计对话框

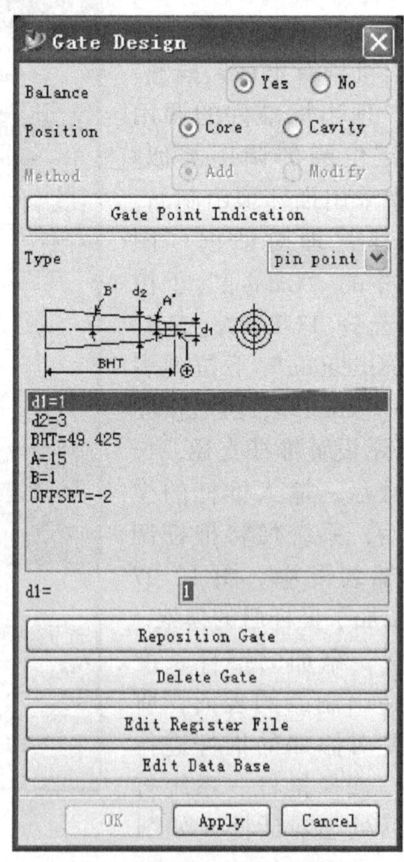

图 12-24 浇口设计对话框

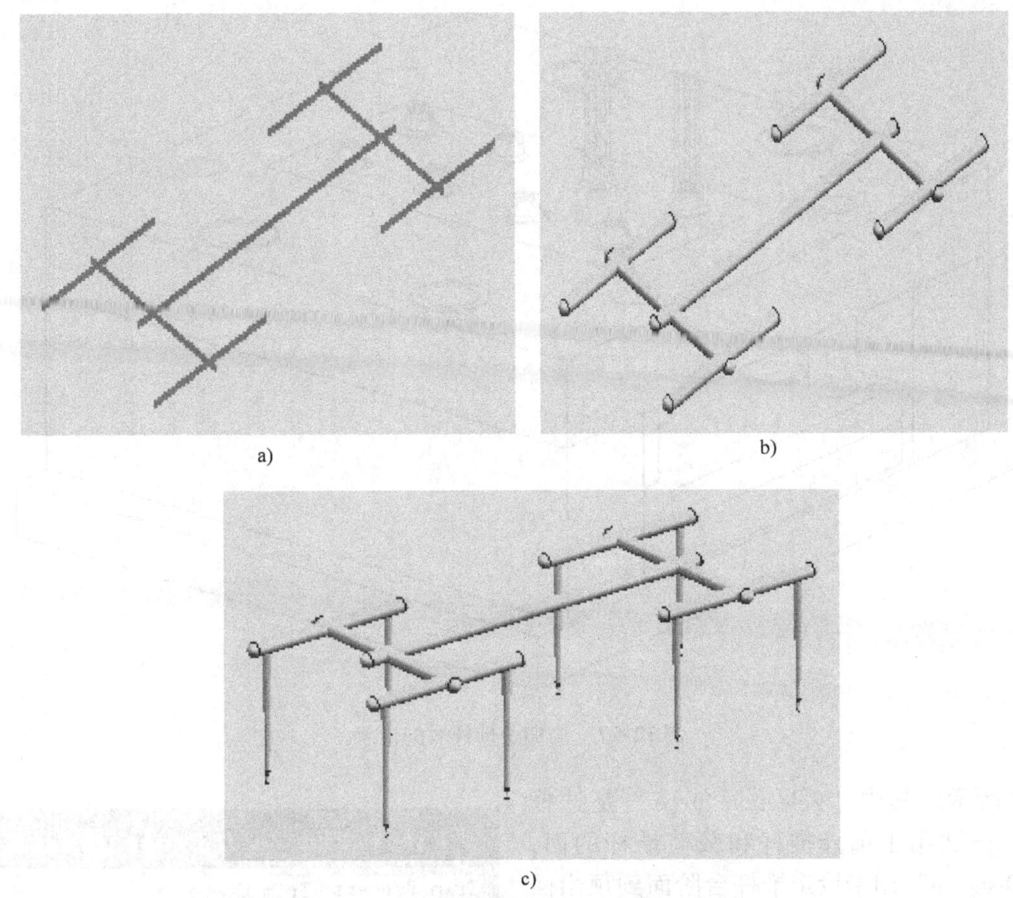

图 12-25　创建完毕的一模八腔的浇注系统

a）流道中心线　b）流道实体　c）浇口和流道

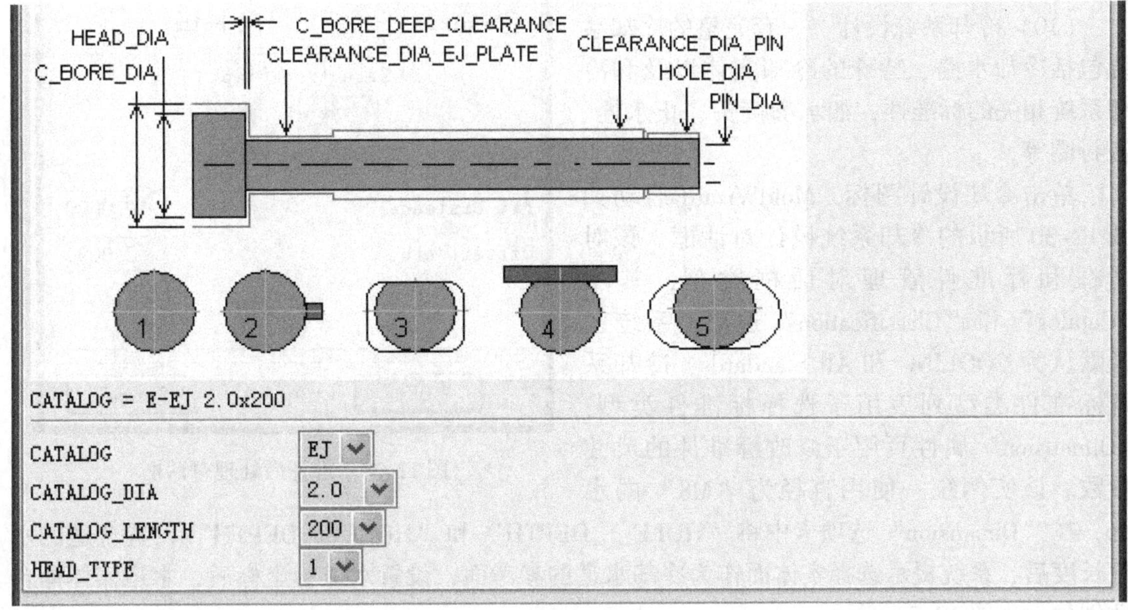

图 12-26　标准件管理对话框（调用推杆）

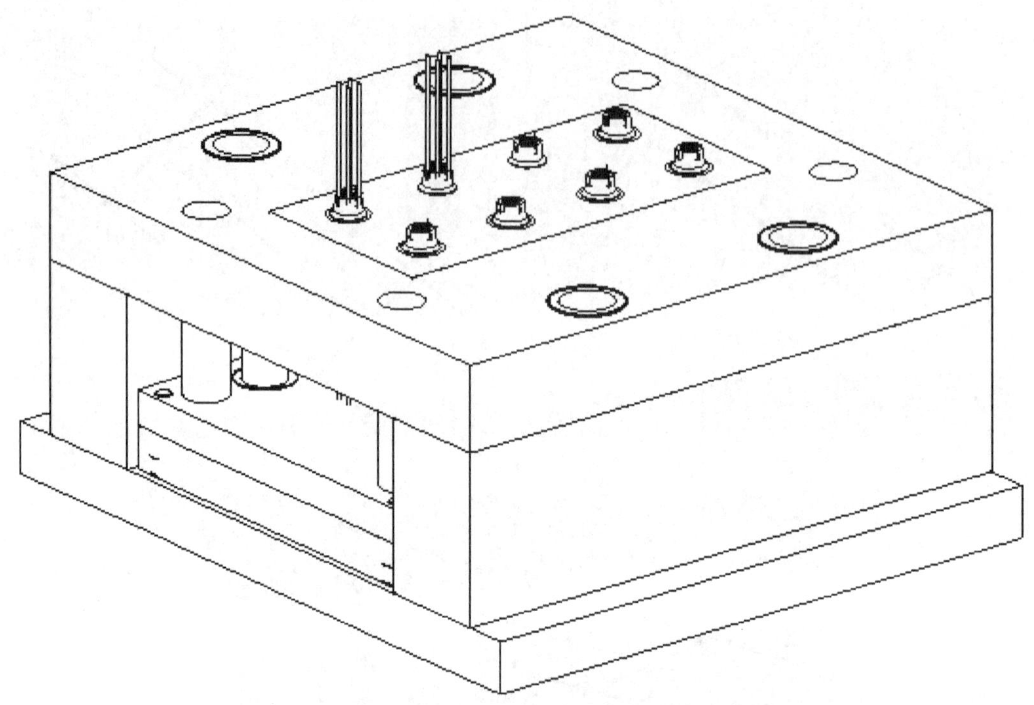

图 12-27 添加了推杆后的模架

12-28 所示。其中“Selection Steps”是选择步骤，分别用于选择推杆和裁剪推杆的面，“Fit Distance”用于设定推杆台阶面到顶出面的距离，“Offset Value”用于设定偏置的距离。裁剪后的推杆如图 12-29 所示。

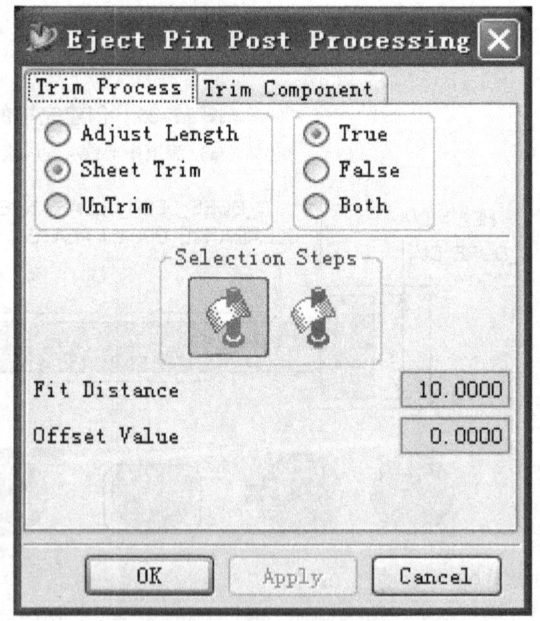

图 12-28 推杆后处理对话框

（10）冷却系统设计 一套完整的冷却系统包括冷却水路、特殊的冷却实体以及和冷却系统相关的标准件，如水嘴接头、止水栓、密封圈等。

单击冷却设计图标，MoldWizard 启动如图 12-30 所示的冷却系统设计对话框。该对话框和标准件管理对话框类似，其中“Catalog”和“Classification”选项，系统已经默认为 COOLING 和 All Standards，冷却系统标准件类型列表用于选择标准件类型，“Dimension”属性页用于修改标准件的尺寸参数。该实例统一使用直径为“M8”的水道，在“Dimension”选项卡中将“HOLE_1_DEPTH”和“HOLE_2_DEPTH”设置合适的水道长度后，系统提示选择实体面作为冷却水道的参考面，设置水道的坐标后，水道实体即自动创建，如图 12-31 所示。

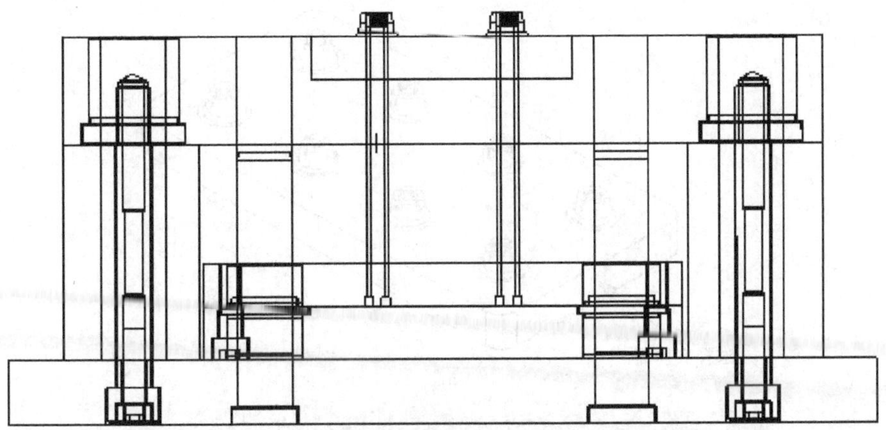

图 12-29　裁剪后的推杆

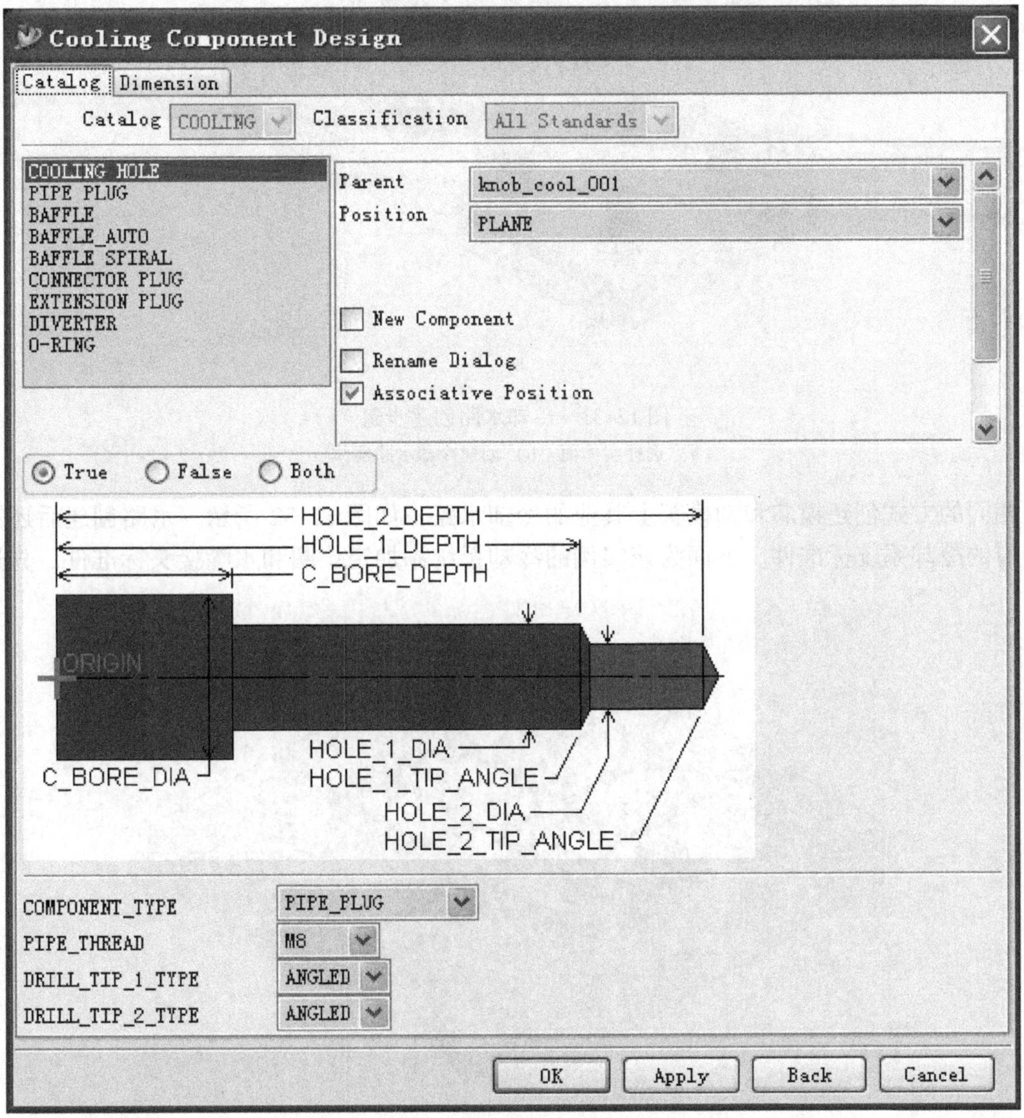

Cooling Component Design

Catalog　Dimension

Catalog　COOLING　Classification　All Standards

COOLING_HOLE
PIPE_PLUG
BAFFLE
BAFFLE_AUTO
BAFFLE_SPIRAL
CONNECTOR_PLUG
EXTENSION_PLUG
DIVERTER
O-RING

Parent　knob_cool_001
Position　PLANE

New Component
Rename Dialog
Associative Position

True　False　Both

HOLE_2_DEPTH
HOLE_1_DEPTH
C_BORE_DEPTH
ORIGIN
C_BORE_DIA
HOLE_1_DIA
HOLE_1_TIP_ANGLE
HOLE_2_DIA
HOLE_2_TIP_ANGLE

COMPONENT_TYPE	PIPE_PLUG
PIPE_THREAD	M8
DRILL_TIP_1_TYPE	ANGLED
DRILL_TIP_2_TYPE	ANGLED

OK　Apply　Back　Cancel

图 12-30　冷却系统设计对话框

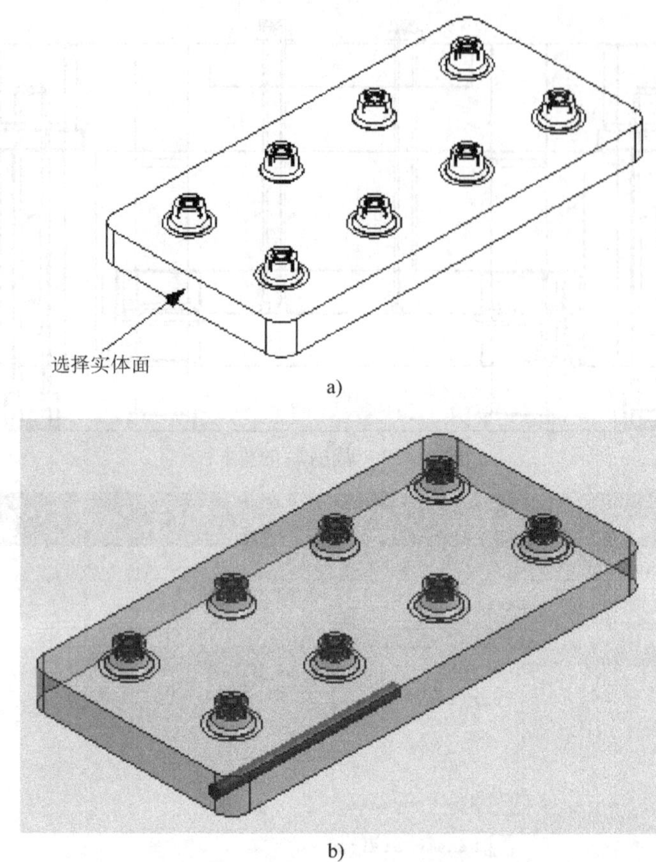

图 12-31 冷却水路创建步骤
a）选择实体面 b）创建冷却水路实体

采用相同的方式创建模芯和动模板上其他的冷却水路，如图 12-32 所示。水路创建后还需添加相应的冷却系统标准件。下面为该实例的冷却系统添加定位圈和水嘴接头标准件。先选择

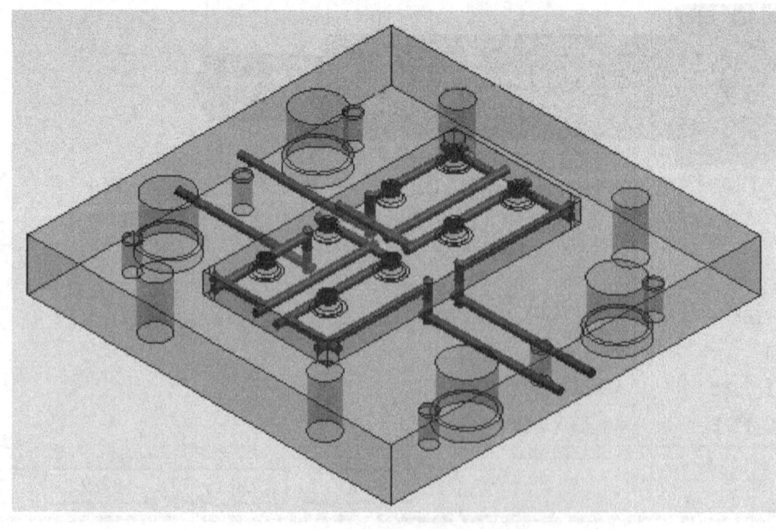

图 12-32 动模板上的冷却水路

穿越模芯和动模板的水路，再在冷却系统设计对话框中选择 O-RING 选项，“ID” 下拉列表中选择 10，应用后系统会在模芯和动模板的贴合面上自动创建密封圈。接下来选择延伸出动模板的水路，再在冷却系统设计对话框中选择 CONNECTOR PLUG 选项，“PIPE_THREAD” 下拉列表中选择 M10，应用后系统会自动创建水嘴接头，如图 12-33 所示。

按照前面的做法，创建定模板上的冷却水路，如图 12-34 所示。

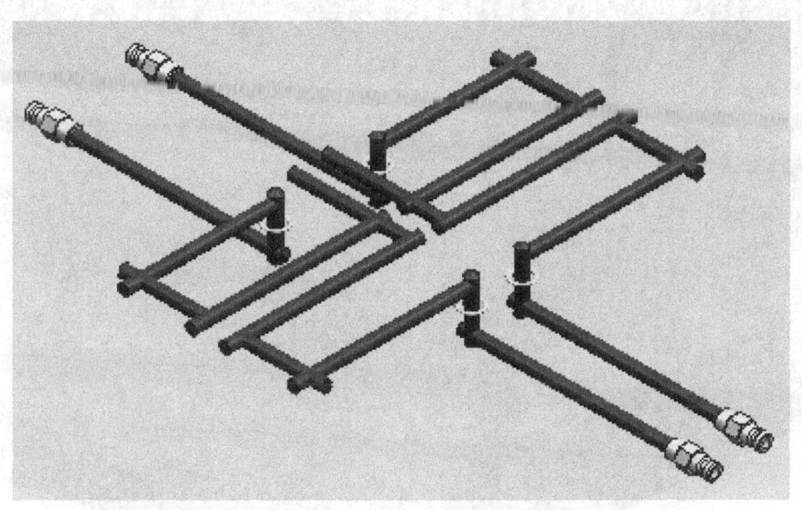

图 12-33　添加了标准件后动模板上的冷却水路

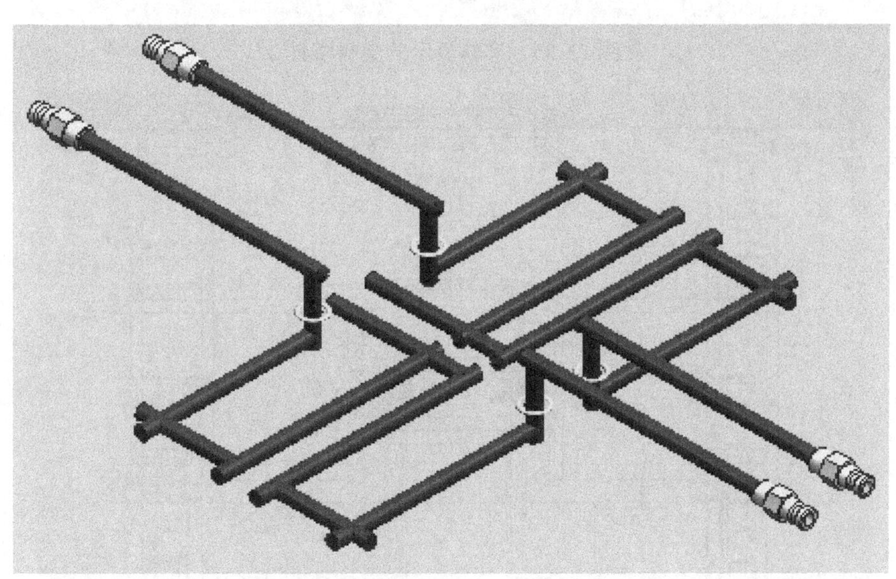

图 12-34　定模板上的冷却水路

至此，一套完整的塑料模具就设计出来了，如图 12-35、图 12-36 所示。

图 12-35 实体显示的塑料模具

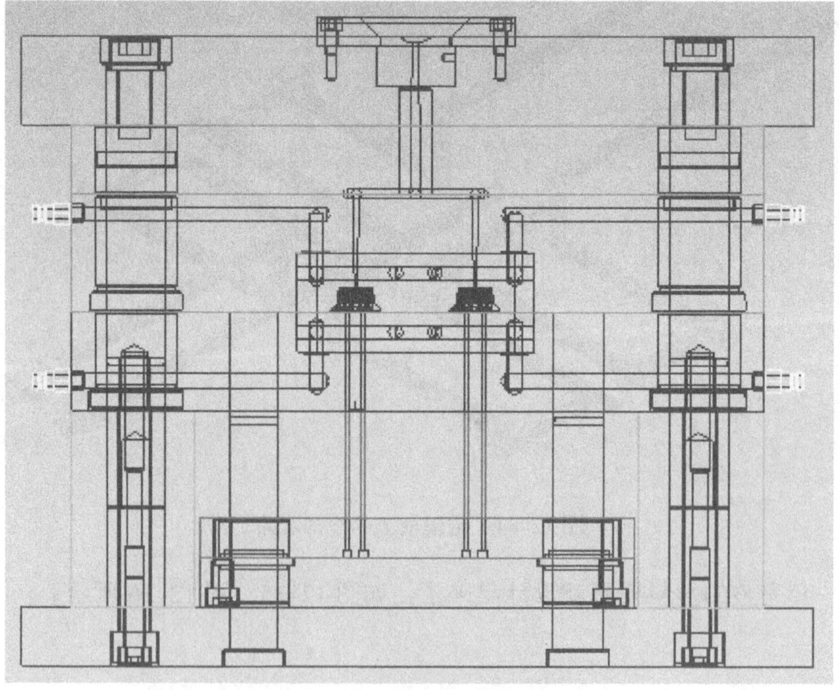

图 12-36 线框显示的塑料模具

第三节　注射模结构实例

一、方罩壳注射模

图 12-37 所示为方罩壳塑料容器，材料为 ABS。该塑件为 50mm × 30mm 的方形件，高 30mm。底部外侧有外径 12mm、内径 7mm、高 10mm 的凸起接水嘴，接水嘴的外侧边缘是横截面为梯形的凸环，高度 1mm。塑件要求内外表面光滑，无顶出痕迹及明显的浇口痕迹。

图 12-37　方罩壳塑料容器

根据塑件的成型要求，塑件在模具内采取底部向下的摆放方式，模具设计成三板式，一模两件，如图 12-38 所示。

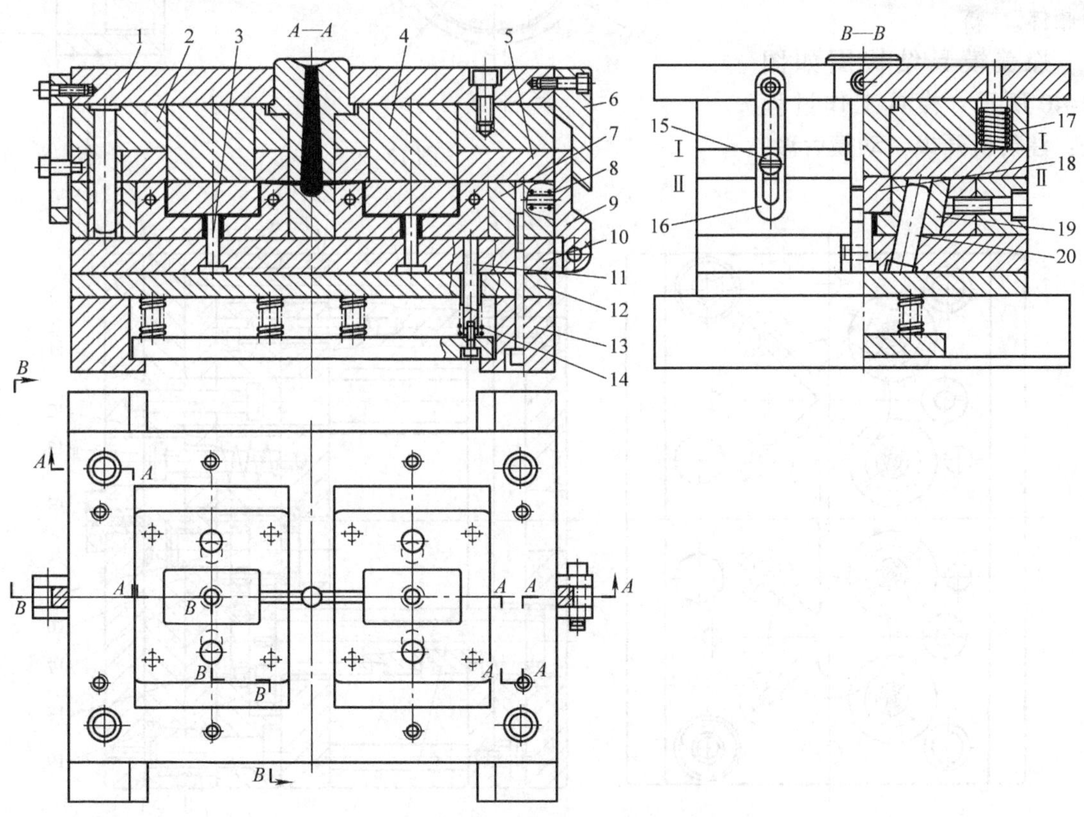

图 12-38　方罩壳塑料容器模具结构图

1—定模板　2、10—型芯固定板　3—型芯Ⅰ　4—型芯Ⅱ　5—定模推板　6—挡板　7—动模　8、14、17—弹簧　9—摆钩　11—推杆　12—动模板　13—支座　15—限位螺钉　16—限位板　18—型芯Ⅲ　19—斜滑块　20—斜导柱

模具工作过程是：合模时，在合模力的作用下斜滑块 19 与型芯固定板 10 贴合到位，型芯 I3 伸入动模型腔，摆钩 9 位于型芯固定板 2 和定模推板 5 间的凹槽内，弹簧 8 和弹簧 17 处于被压缩状态。注射成型后，先在Ⅰ—Ⅰ分型面启模，在摆钩 9 和弹簧 17 的作用下，定模推板 5 向下运动，推动塑件脱离型芯Ⅲ18。摆钩 9 脱离挡板 6 后，在弹簧 8 回复力的作用下离开定模推板 5 的凹槽。限位螺钉 15 和限位板 16 起作用后，Ⅱ—Ⅱ分型面启模，此时侧浇口处自动拉断，塑件滞留在动模型腔内和动模一起退回。动模退到位后，由注射机的顶出系统通过推杆 11 推动斜滑块 19 沿斜导柱 20 运动，推动塑件脱离型腔。复位时，依靠弹簧 14 的回复力，完成复位动作。

二、瓶盖注射模

图 12-39 所示为某药检用瓶盖，材料为聚苯乙烯（PS），瓶盖成型的关键在于长 5mm 的 M18 内螺纹（右旋）和高 5mm 壁厚 1mm 的环形凸起，环形凸起径向尺寸精度较高，使用时用于封闭瓶体。

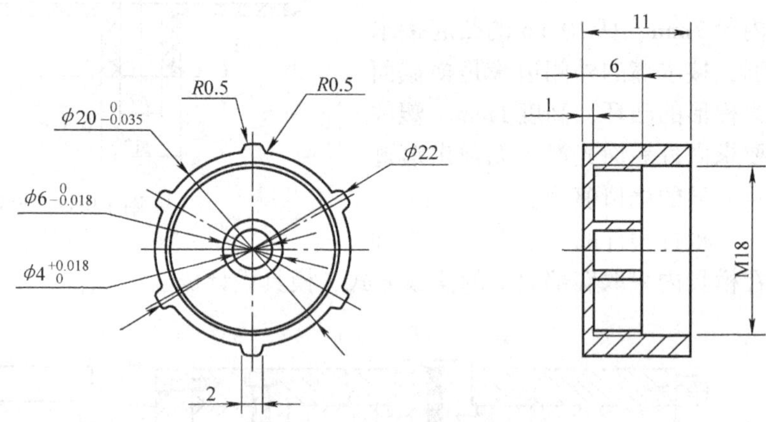

图 12-39 瓶盖

瓶盖模具结构图如图 12-40 所示。模具工作过程是：注射机开模，动模后移，

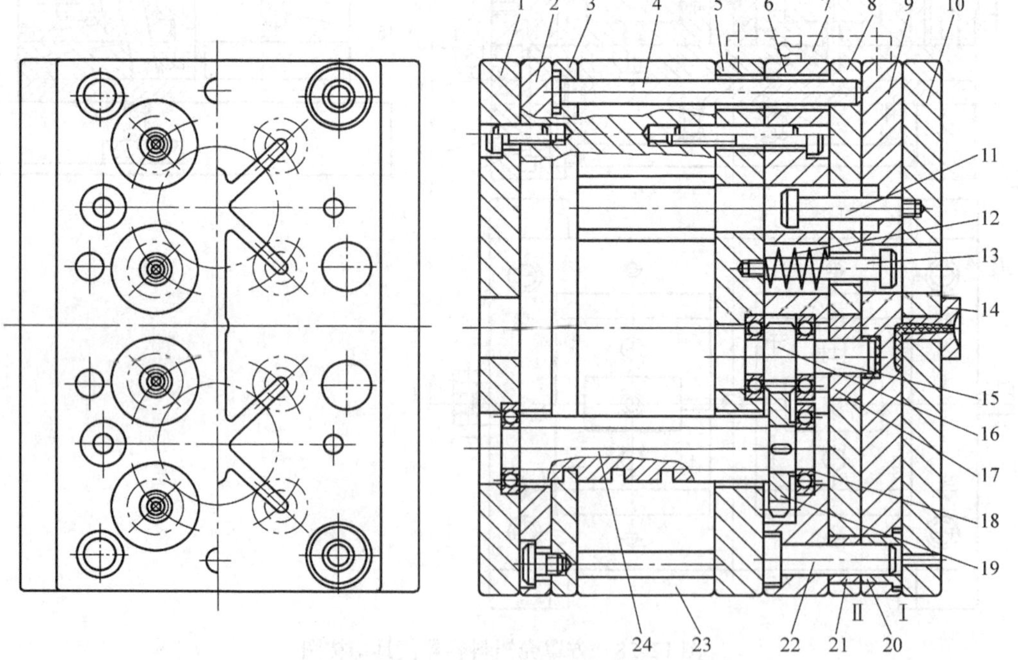

图 12-40 瓶盖模具结构图

1—动模座板 2—推板 3—推杆固定板 4—复位杆 5—支承板 6—型芯固定板 7—锁扣 8—脱模板 9—型腔板 10—定模座板 11—定距拉杆 12—压缩弹簧 13—限位螺钉 14—浇口套 15—螺纹型芯 16—行星齿轮 17—镶件 18—球轴承 19—大齿轮 20、21—导套 22—导柱 23—支承块 24—螺杆

在处于锁紧状态的锁扣7作用下，模具首先在Ⅰ处分型，之后定距拉杆11发挥作用，锁扣7脱开，模具在Ⅱ处分型，塑件留在螺纹型芯15上。开模过程完成后，注射机顶杆顶出，推板2和推杆固定板3向前移动，由于推杆固定板3与螺杆24的啮合运动，螺杆24原位转动，经大齿轮19和行星齿轮16的传动，带动螺纹型芯15原位转动，塑件在止转工艺孔作用下不发生转动（在塑件底部设有止转工艺孔），同时压缩弹簧12和脱模板8向外推出，使塑件脱开螺纹并完全脱离螺纹型芯15，此后脱模板8在限位螺钉13处停止，完成脱模动作。合模时，在动、定模完全闭合的同时，锁扣7锁紧，型腔板9压住复位杆4，带动推板2和推杆固定板3复位。合模完成，注射开始，进入下一个工作循环。

三、塑料盒热流道注射模

图12-41所示食品包装盒，材料为聚苯乙烯（PS），质量为47g。该产品生产批量较大，如果采用普通流道多型腔模具成型，势必产生大量流道废料，因此采用热流道注射模。虽然塑件形状比较简单，但深度较大，脱模阻力较大，如果单独采用推杆顶出机构容易顶穿塑件；如果采用推件板顶出机构，由于安装边脱模后仍留在推件板内，难以实现自动脱模，为此，决定采用推件板和推杆联合顶出的二级脱模机构实现塑件的自动脱模。

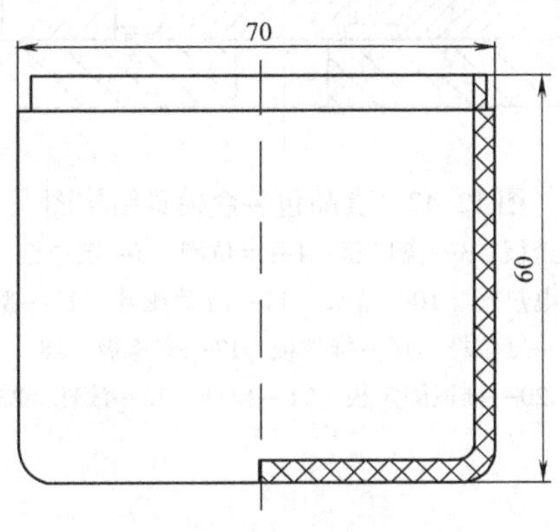

图12-41 食品包装盒

模具结构如图12-42所示，采用一模四腔平衡式热流道，流道板采用电热管外加热方式，流道板表面安装铝盖板，以减小流道板热辐射损失。开模时塑件从型腔板12中脱出，包紧在主型芯13上。当注射机推杆碰到二级推板19时，一级推板18因拉杆21被滚珠22卡住而随二级推板19一起移动，即推件板16和中心推杆14同时动作将塑件从主型芯13上脱下，完成一级脱模动作，此时塑件仍卡在推件板16上。当推板固定板20碰到支承板17时，一级推板停止运动，推件板16不再移动，二级推板19在注射机推杆作用下使滚珠22克服弹簧23的作用力从拉杆21凹槽内滑出继续向前移动，带动中心推杆14将塑件从推件板中顶出，完成二级脱模动作，实现塑件的自动脱模。

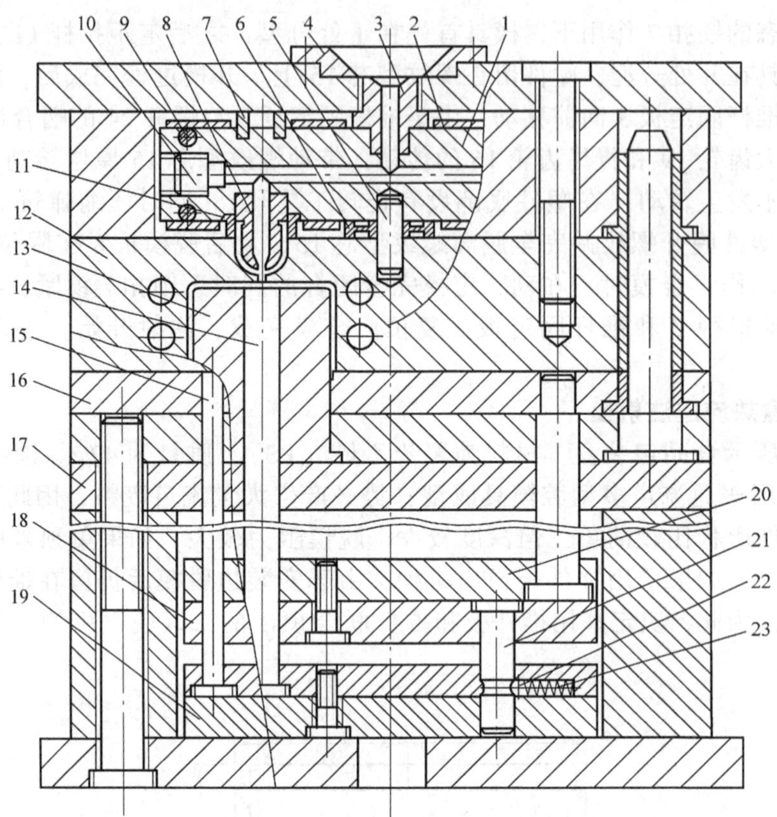

图 12-42 食品包装盒模具结构图

1—热流道板 2—铝盖板 3—浇口套 4—定位圈 5—定位销 6—支承圈 7—支承环 8—喷嘴 9—电热管 10—堵头 11—滑动压环 12—型腔板 13—主型芯 14—中心推杆 15—复位杆 16—推件板 17—支承板 18—一级推板 19—二级推板 20—推板固定板 21—拉杆 22—滚珠 23—弹簧

第十三章　其他注射成型技术

随着塑料工业的发展和进步，人们对注射制品的要求越来越高。如何缩短成型周期、降低生产成本、提高尺寸精度并扩大使用范围，一直是塑料行业孜孜以求的目标。近20年来注射成型工艺及模具技术发展很快，特殊工艺和特殊结构层出不穷，下面介绍应用越来越广泛的气体辅助注射成型（Gas Assisted Injection Molding，GAIM）、共注射成型（Co-Injection Molding，CIM），以及低发泡塑料注射成型。最后简单介绍目前注射成型的一些新技术。

第一节　气体辅助注射成型

气体辅助注射成型（简称气体辅助成型）技术最早可追溯到1971年，美国人尝试用加气注射成型方法制造厚的中空鞋跟，但以失败告终。后来在1983年，英国人采用结构发泡成型方法制造机房装修材料时衍生出称为“Cinpres”的控制内部压力的成型过程，即气体辅助成型过程。该过程在1986年德国国际塑料机械展览会上展出后很快被人们作为新工艺加以接受，并称之为塑料加工业的未来技术。气体辅助成型技术在20世纪80年代末的几年内得到不断完善和发展并被商品化，从20世纪90年代开始作为一项成功的技术开始进入实用阶段，在美、日以及欧洲等发达国家和地区日益得到推广应用，并在我国的家电和汽车行业获得了成功的应用。迄今为止，欧洲和美国等地有10余家公司拥有关于气体辅助设备和工艺的多项专利，主要供应商有英国的Gas Injection、Cinpres公司，德国的Battenfeld、Bayer公司，奥地利的Engel公司，美国的Nitrojection、Hettinga公司等。

一、气体辅助注射成型过程

气体辅助注射成型过程是先往模具型腔中注入经准确计量的塑料熔体（图13-1a），再通过气孔、浇口、流道或直接注入压缩气体，气体在型腔中塑料熔体的包围下沿阻力最小的方向扩散前进，对塑料熔体进行穿透和排空，作为动力推动塑料熔体充满模具型腔并对塑料熔体进行保压（图13-1b），待塑料熔体冷却凝固后开模顶出（图13-1c）。这一过程与传统注射成型相比多了一个气体注射阶段，且由气体而非塑料熔体的注射压力完成保压过程。制

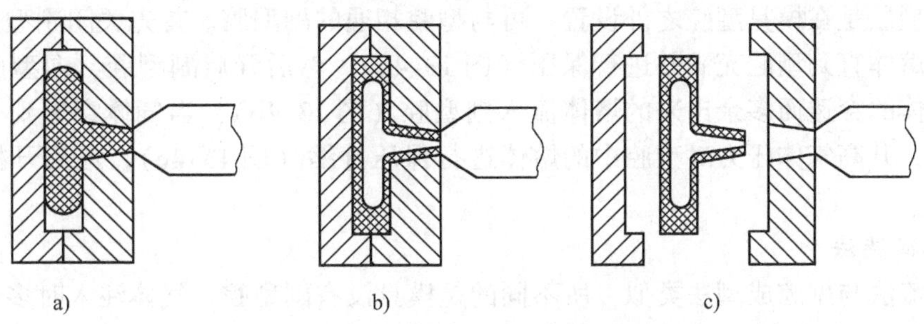

图13-1　气体辅助注射成型过程示意图

a）注入塑料熔体　b）注入气体及保压冷却　c）开模顶出制件

品中用于引导气体穿透的加强肋或成型后由气体形成的中空部分称为气道。压缩气体一般选用氮气，因为其价廉、易得且不与塑料熔体发生反应。因工艺的不同，成型过程有压力控制和体积控制两种方式。前者是按一定的压力规则（如等压、分级、等变率等方式）注射气体；后者是先将一定量的气体放入压力容器中，再由活塞的移动控制气体的注射。

气体辅助注射成型周期可细分为六个阶段，如图 13-2 所示。

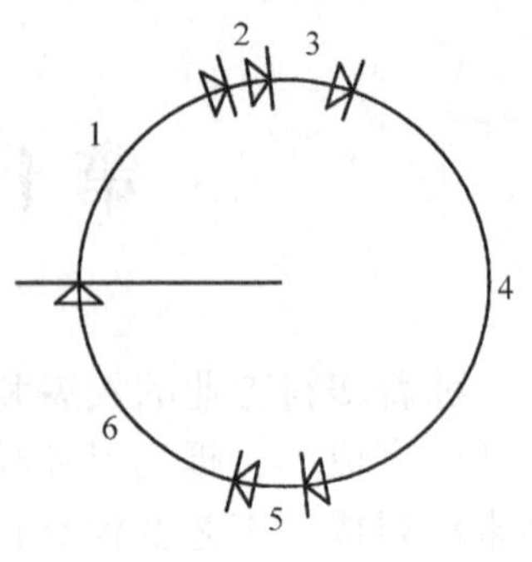

图 13-2 成型周期示意图

（1）塑料充填阶段 这一阶段与传统注射成型相同，区别在传统注射成型时塑料熔体充满整个型腔，而气体辅助成型时熔体只充满局部型腔，其余部分要靠气体补充。

（2）切换延迟时间 是塑料熔体注射结束到气体注射开始的延迟时间，这一过程非常短暂。

（3）气体注射阶段 是从气体开始注射到整个型腔充满的时间。这一阶段相对于整个成型周期来说是很短的，但对制品的质量却非常重要，控制不当会产生许多成型缺陷，如气穴、吹穿、注射不足或气体向较薄部分渗透等。

（4）保压阶段 气体压力保持不变或略有升高，使气体在塑料熔体内部继续穿透（称为二次穿透）以补偿塑料冷却引起的材料收缩。由于气体由内向外施压，可以保证制品外表面紧贴模壁。

（5）气体释放阶段 气体入口压力降为零。

（6）顶出阶段 当制品冷却到具有一定的刚度、强度后开模顶出。

二、气体辅助注射成型工艺分类

根据具体工艺过程的不同，气体辅助注射成型可分为标准成型法、副腔成型法、熔体回流法和活动型芯法四种。

1. 标准成型法

标准成型法是先往模具型腔中注入经准确计量的塑料熔体（图 13-3a），再通过浇口和流道注入压缩气体，气体在型腔中塑料熔体的包围下沿阻力最小的方向扩散前进，对塑料熔体进行穿透和排空（图 13-3b），最后推动塑料熔体充满整个模具型腔并进行保压冷却（图 13-3c），待塑料制品冷却到具有一定刚度、强度后开模顶出（图 13-3d）。

2. 副腔成型法

副腔成型法是在模具型腔之外设置一可与型腔相通的副型腔。首先关闭副型腔。向型腔中注射塑料熔体直到型腔充满并进行保压（图 13-4a），然后开启副型腔，向型腔内注入气体。由于气体的穿透而多余出来的熔体流入副型腔（图 13-4b），当气体穿透到一定程度时关闭副型腔，升高气体压力对型腔中的熔体进行保压补缩（图 13-4c），最后开模顶出制品（图 13-4d）。

3. 熔体回流法

熔体回流法与副腔成型法类似，所不同的是模具没有副型腔，气体注入时多余的熔体不是流入副型腔，而是流回注射机的料筒，过程如图 13-5 所示。

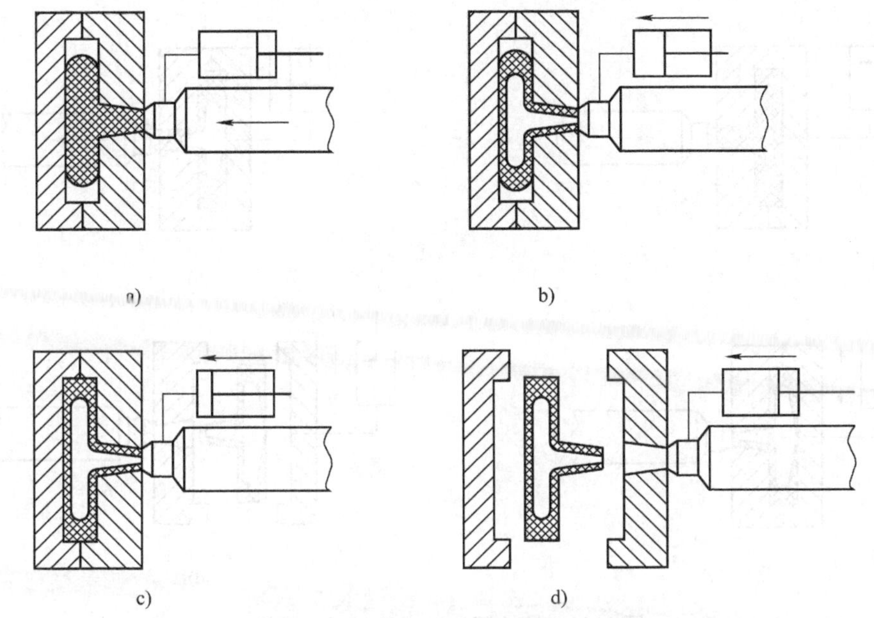

图 13-3　标准成型法成型过程示意图
a）注入塑料熔体　b）气体穿透
c）保压冷却　d）制品脱模

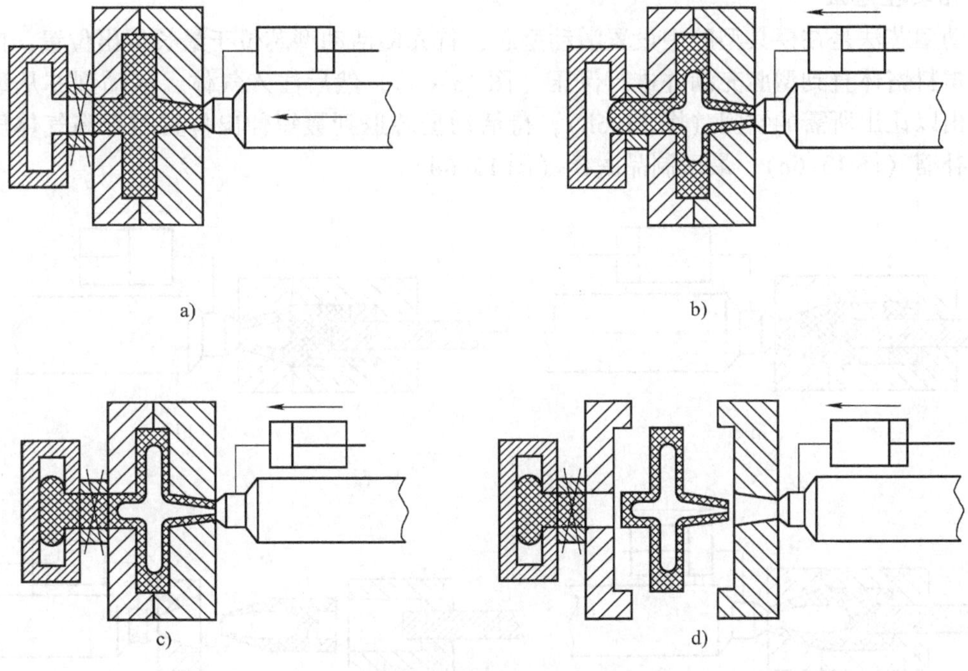

图 13-4　副腔成型法成型过程示意图
a）关闭副型腔，塑料熔体充模并保压　b）打开副型腔，注入气体
c）关闭副型腔，保压冷却　d）制品脱模

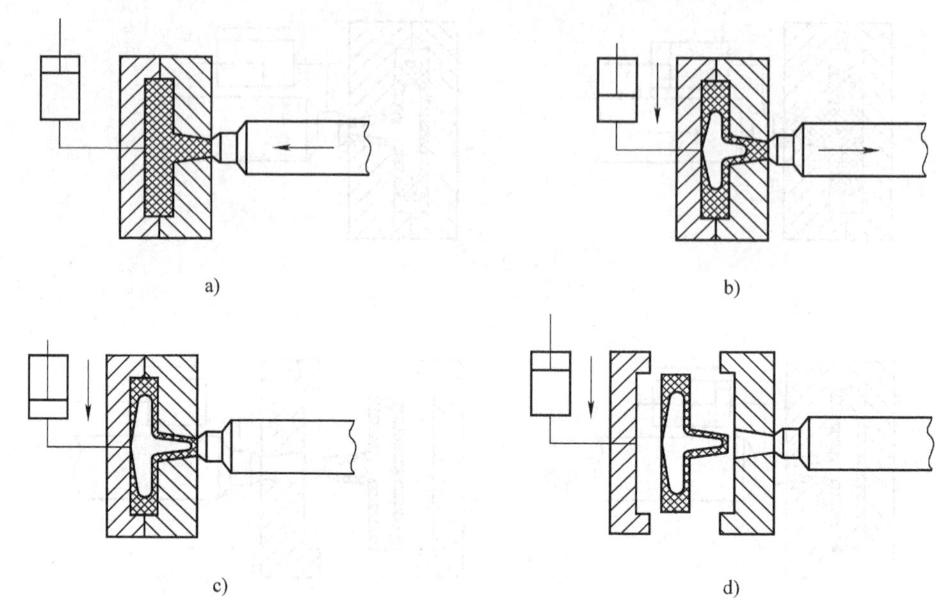

图 13-5 熔体回流法成型过程示意图

a）塑料熔体充模并保压 b）注入气体，塑料熔体向料筒回流

c）保压冷却 d）制品脱模

4. 活动型芯法

活动型芯法是在模具型腔中设置活动型芯，首先使活动型芯位于最长伸出位置，向型腔中注射塑料熔体直到型腔充满并进行保压（图 13-6a），然后注入气体，活动型芯从型腔中逐渐退出以让出所需的空间（图 13-6b），待活动型芯退到最短伸出位置时升高气体压力实现保压补缩（图 13-6c），最后制品脱模（图 13-6d）。

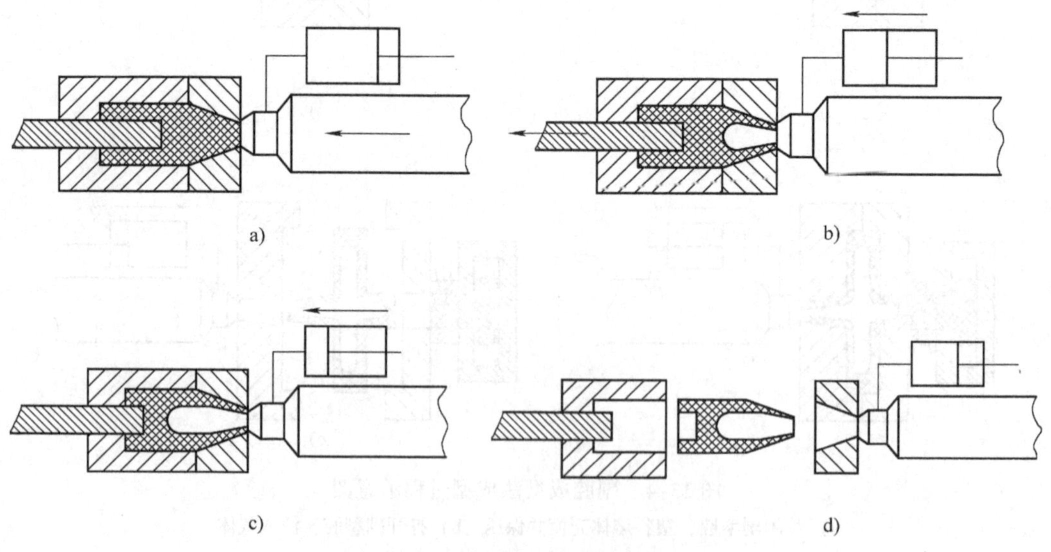

图 13-6 活动型芯法成型过程示意图

a）塑料熔体充模并保压 b）注入气体，型芯后退

c）保压冷却 d）制品脱模

三、气体辅助注射成型技术的特点

气体辅助成型技术的优点主要体现如下：

（1）所需注射压力小 由于塑料熔体的流动速度与压力梯度的数值和熔体的流动性成正比，因此当熔体的流长增加而又要求流动速度不变时，入口压力应增加以保持一定的压力梯度，这就是采用传统注射成型时入口压力不断增加的原因，如图 13-7a 所示。在气体辅助注射成型时，由于气体是非粘性的，可以有效地把入口压力传递到气体与熔体的交界面而不产生明显的压力降，因此当气体推动熔体前进时，由于有效流长缩短，保持熔体前沿按一定速度前进所需的入口压力减小，如图 13-7b 所示。由于所需注射压力减小，所需锁模力也减小，可以大幅度降低对注射机吨位的要求，使注射机投资成本降低，电力消耗下降，操作成本减少，而且模腔内压力降低还可以减少模具损伤并降低对模具壁厚的要求，从而降低模具成本。

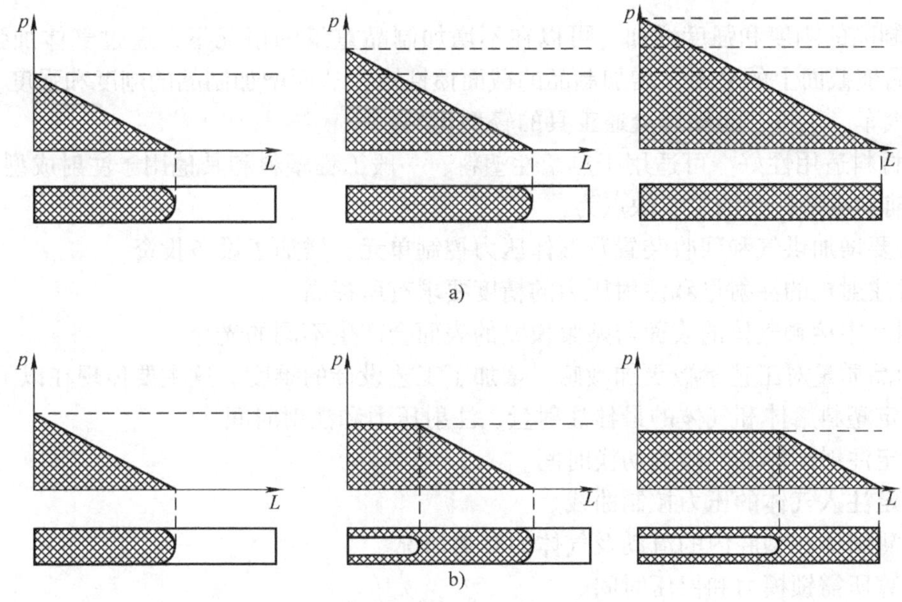

图 13-7 型腔内压力分布示意图

a）传统注射成型 b）气体辅助注射成型

（2）制品翘曲变形小 由于注射压力小且塑料熔体内部的气体各处等压，因此型腔内压力分布比传统注射成型均匀，保压冷却过程中产生的残余应力较小，制品出模后的翘曲倾向减小。

（3）可消除缩痕，提高表面质量，降低产品报废率 气体辅助注射成型保压过程中，塑料的收缩可由气体的二次穿透予以补偿，且气体的压力可以使制品外表面贴紧模具型腔，所以制品表面不会出现凹陷；此外，采用气体辅助注射成型可将制品的较厚部分掏空以减小甚至消除缩痕。表 13-1 显示了在相同条件下，采用传统注射成型与采用气体辅助注射成型时制品表面精度的对比。

（4）可以用于成型壁厚差异较大的制品 采用气体辅助注射成型可以将制品较厚的部分掏空形成气道从而保证制品的质量，因此采用这种方法生产的制品在设计上的自由度较大，

表 13-1 采用传统注射成型与采用气体辅助注射成型时制品表面精度的对比

成型方式	保压力/MPa	冷却时间/s	制件重量/g	平面度/μm
传统注射成型	35.3	45	2462	35.6
	35.3	60	2462	26.0
	35.3	90	2462	13.2
气体辅助注射成型	10（气体）	45	2425	11.6
	10（气体）	60	2427	11.3
	10（气体）	90	2424	10.2
	15（气体）	45	2418	9.5
	20（气体）	45	2429	5.3

可以将采用传统注射成型时因厚薄不均必须分为几个部分单独成型的制品合并起来，实现一次成型。

（5）制品的刚度和强度增加　可以在不增加制品重量的情况下，通过气体加强肋改变材料在制品横截面上的分布，增加制品的截面惯性矩，从而增加制品的刚度和强度。这一优点可用于汽车、飞机、船舶等交通工具的轻型化。

（6）材料适用性好　可适用于热塑性塑料、一般工程塑料和其他用于注射成型的材料。

气体辅助成型存在的主要缺点为：

1）需要增加供气和回收装置及气体压力控制单元，增加了设备投资。

2）对注射机的注射量和注射压力的精度要求有所提高。

3）制品中接触气体的表面与贴紧模壁的表面会产生不同的光泽。

4）制品质量对工艺参数更加敏感，增加了工艺设计的难度。这主要体现在以下几点：

① 确定塑料熔体和气体的最佳注射量、注射压力和注射时间。

② 确定注射熔体和气体的切换时间。

③ 确定注入气体的压力控制曲线。

④ 预测熔体在型腔内的流动及气体的穿透情况。

⑤ 计算所需锁模力和保压时间。

模具设计人员可借助气体辅助注射成型过程模拟软件，如 Moldflow 公司的 MF/GAS，或华中科技大学模具技术国家重点实验室的华塑 CAE 对气体辅助过程的工艺参数进行预测。

第二节　共注射成型

使用具有两个或两个以上注射系统的注射机，将不同品种或不同色泽的塑料同时或先后注射进入同一模具内的成型方法称为共注射成型。共注射成型所采用的注射机叫做多色注射机。目前国内使用的多为双色注射机。

采用共注射成型方法生产塑料制品时，最重要的工艺参数是注射量、注射速度和模具温度，这是因为改变注射量和模具温度可使制品的混料程度或各层的厚度发生变化，而注射速度的恰当与否，会直接影响熔体在流动过程中是否可能发生湍流或引起制品外层破裂等问题。因此，共注射成型的塑化和喷嘴系统结构较复杂，设备及模具费用也都比较昂贵。

当使用两个品种的塑料进行注射成型时，常用双色注射和双层注射两种工艺方法，下面分别予以简述。

一、双色注射成型

双色注射成型原理如图 13-8 所示。成型时两个注射系统和两副模具共有一个合模系统。模具固定在模具回转板 6 上，当其中一个注射系统 4 向模内注入一定数量的 A 种塑料之后（未充满型腔），模具回转板动作，将此模具送至另外一个注射系统 2 的工作位置，该系统立即向模内注入 B 种塑料，直至充满整个型腔为止，然后制品经过保压和冷却定型后脱模。这种方法可以得到明显分色和混合塑料制品。

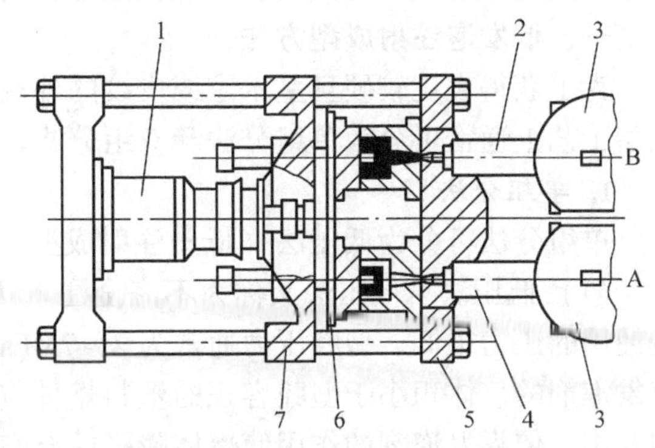

图 13-8 双色注射成型原理

1—合模液压缸 2、4—注射系统 3—料斗 5—定模固定板 6—模具回转板 7—动模固定板

采用双色注射时，也可以使用由两个机筒共用一个喷嘴的注射系统。通过液压装置来调整两个螺杆（或柱塞）对模具的注射顺序和注射量，以便成型出混色的塑料制品。

二、双层注射成型

双层注射成型原理如图 13-9 所示。图示注射系统由两个螺杆组成，但装有交叉喷嘴。模具为普通结构。注射时先由一个螺杆将第一种塑料注入型腔，当此种塑料与型腔表壁接触的部分开始固化，而内部仍处于熔融状态时，另一个螺杆将第二种塑料注入型腔，第二种塑料不断地将前一种塑料朝着型腔表壁推压，而自己占据型腔的中间部位。当制品成型后，第一种塑料将形成制品的外壳，而第二种塑料则成为制品的内层。

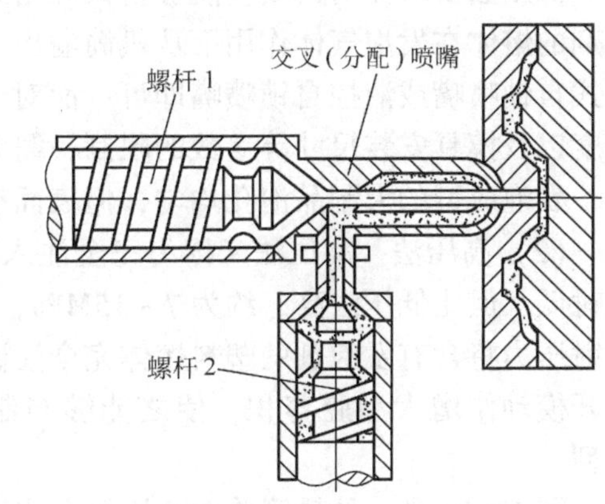

图 13-9 双层注射成型原理

双层注射成型最初是为了生产能够封闭电磁波的导电塑料制品开发的。这种制品外层采用普通塑料，起封闭电磁波作用，内层采用导电塑料，起导电作用。但是，双层注射成型问世以后，立刻受到工业部门的重视，近年来双层和双色塑料制品的品种和数量的需求不断扩大。

第三节 低发泡塑料注射成型

低发泡塑料又称硬质发泡体、结构发泡泡沫塑料或合成木材。所谓低发泡，是指发泡倍数在 2 倍以下，且仅限于中心部分发泡，而表层为致密层的塑料。低发泡注射成型可用于多种塑料，如 PP、PE、PS、ABS、PVC、PA、EVA 以及 CA 等。

具有整体壳层及多孔芯层的低发泡塑料，由于具有较高的比强度、比刚度及较低的密度（仅为同种材质密度的 70% ~80%），已在电子电器、工业配件、汽车零件、仪器仪表、精细家具及环保产品等领域获得了广泛的应用。

以注射成型方式获得低发泡塑料制品是目前最主要的加工方法。当然，也可以采用挤出成型或反应注射成型的方法生产低发泡塑料制品。

一、低发泡注射成型方法

为了获得表皮较硬且呈木纹或皮纹的外观、内芯柔韧且具有一定弹性的低发泡塑料，在成型工艺上通常可分为单组分法和双组分法。

1. 单组分法

单组分法可分为低压法（低压注射成型）和高压法（高压注射成型）两种。

（1）低压法　低压法又称为不完全注入法，它与普通注射成型方法的一个主要区别就是使用的压力很低。型腔压力通常为2～7MPa，由此而称之为低压法。低压法的特点是将含有发泡剂的、体积小于型腔容积的塑料熔体（一般为型腔容积的75%～85%）注射到模具型腔中，依靠发泡剂的作用使熔体膨胀后充满型腔并成型为制品。低压法通常采用化学发泡剂（如偶氮二甲酰胺等）。配有发泡剂的物料在注射机机筒内塑化时，发泡剂会均匀扩散和渗入到熔体之中，然后便能开始分解并释放气体。但因为螺杆对熔体施加有一定的注射压力，该压力大于发泡剂产生气体的压力，再加上注射速度很快，所以发泡剂一般只能在熔体进入型腔后才能发挥作用。

低压法要求注射机喷嘴能够自锁和密封，以免熔体倒流或者在注射动作间歇时，含有发泡剂的熔体在发泡气体作用下从机筒溢出。对于小型低发泡制品，在普通注射机上安装一个阀式自锁喷嘴或液控自锁喷嘴即可；而对于大型低发泡制品，因受普通注射机注射量、注射速度以及模具安装尺寸等参数的限制，需要使用专门的大型低发泡注射机。

发泡成型的大制品泡孔均匀，但表面粗糙。

（2）高压法　高压法又称为完全注入法、二次开模法等，其型腔压力虽然远比普通注射时低，但比低压法高，约为7～15MPa，因此称之为高压法。高压法的特点是使用较高的注射压力将含有发泡剂的塑料熔体完全注满容积小于制品体积的闭合型腔，接着通过一次辅助开模动作增大型腔容积，使之能够与制品要求的体积相符，以便熔体能在模内发泡和成型。

图13-10是一种最简单的高压低发泡注射成型示意图。模具由动、定模组成，动模随注射机移动一段距离使制品发泡。由于动模的移动，在制品的侧面将形成线状条纹，影响了制品侧表面的质量。图13-11所示的结构增加了一块辅助开模板，发泡时使分型面不分开，从而避免了辅助开模运动在制品侧面形成的线纹。

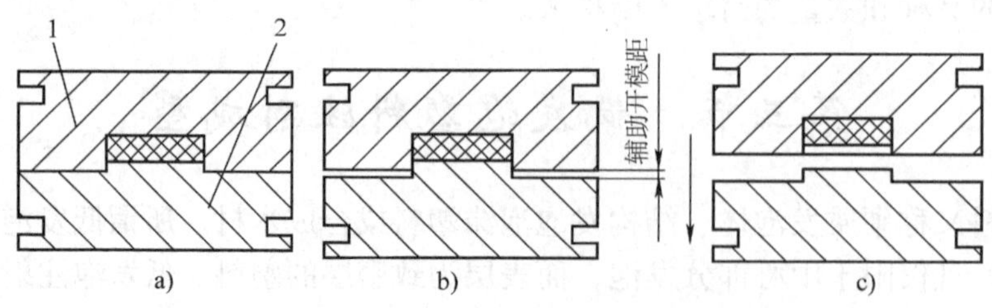

图13-10　简单的高压低发泡注射成型示意图

a）充模结束　b）发泡成型　c）开模

1—定模　2—动模

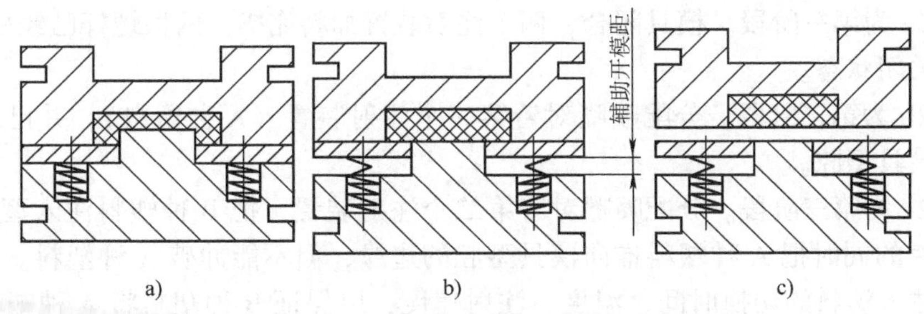

图 13-11 带有辅助开模板的高压低发泡成型示意图

a）充模结束 b）发泡成型 c）开模

采用高压法时，熔体的发泡膨胀受辅助开模时间的影响，因此可以控制制品致密表层的厚度。与低压法相比，用高压法成型的制品表面平整度较高、表观质量较好、发泡孔隙均匀。高压法的缺点是模具结构复杂，在辅助开模时对注射机有保压要求，一般都必须使用专用的注射机。

2. 双组分注射法

这种方法的工艺特点是，采用两种不同配方的物料，通过两个注射装置，先后将两种物料注入同一个型腔中，以获得发泡的复合型塑料制品。由于其内芯可掺用下角料和填料等，此法可显著降低生产成本。

双组分注射法以夹芯层注射法最为典型。两种不同配方的物料，先将其中一种注入模具型腔，然后再通过同一浇口注入第二种物料。第二种物料完全被第一种物料包围。如果需要发泡的内芯，当塑料充满型腔后，再将模具开启一定的距离，使内芯层发泡，形成内芯发泡的复合型塑料制品。其工艺过程如图 13-12 所示。

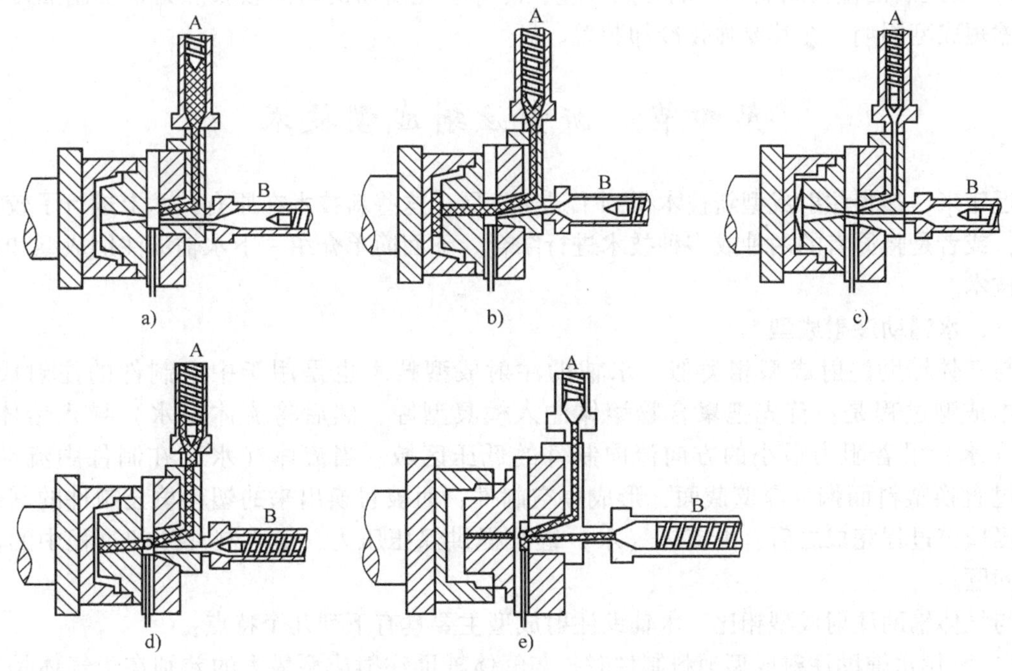

图 13-12 双组分注射成型工艺过程

图 13-12a 为第一阶段。模具闭合，两个注射装置加料完毕，两根螺杆已经后退和供料，分配喷嘴呈关闭状态。

图 13-12b 为第二阶段。分配喷嘴对着第一个注射装置（A 种塑料），并已经将部分 A 种塑料注入模具型腔。

图 13-12c 为第三阶段。分配喷嘴对着第二个注射装置，把 B 种塑料注入型腔。B 种塑料在注入型腔的同时把 A 种塑料推向模具型腔的边缘，但不能冲破 A 种塑料。因此，必须控制好两次注入塑料的切换时间、温度、注射速度，以保证 B 种塑料将 A 种塑料向前推进时，在型腔的边缘形成均匀的 A 种塑料的薄层，而不会将此薄层冲破。

图 13-12d 为第四阶段。在保压下再次往型腔注入一定量的 A 种塑料，以清洗浇口处的发泡塑料 B。如果不注入附加的 A 种塑料，当浇口与制品切断时，在浇口处就会暴露出发泡结构。此外，残余的发泡材料还会滞留在分配喷嘴内，在下一次注射时，这些残料就会在制品的表皮暴露出来。

图 13-12e 为第五阶段。当型腔充满后，关闭分配喷嘴，保压几分钟后将模具开启一定距离，B 种塑料发泡。

二、低发泡注射模的特点

1）由于注射压力小，所以模具的机械强度不需要很高，可以用铝合金、锌合金等易加工的金属材料制造。

2）因为注入型腔内的塑料熔体要发泡膨胀，所以应严格控制每次注入的塑料量，而且注射机喷嘴必须要自锁和密封，以防止塑料熔体的倒流或者从机筒中溢出。

3）塑料在发泡过程中，所产生的气体有很大一部分是多余的，必须使其顺利排出。由于注射压力低，型腔的排气比较困难，模具必须开设排气槽。

4）发泡后的塑料制品芯层的导热性差，冷却硬化所需的时间较长。为了使制品冷却均匀并缩短成型周期，尤其要强化冷却装置。

第四节　新型注射成型技术

近年来，塑料注射成型新技术得到了迅速发展，这些新技术在原有技术上进行了较大的改变，或者是将原有的两种或多种技术进行结合。下面简单介绍一下水辅助注射成型和模内装饰技术。

一、水辅助注射成型

与气体辅助注射成型相类似，水辅助注射成型技术也是用于中空制件的注射成型。其基本成型过程是：首先把聚合物熔体注入模具型腔，然后将流体（水）导入熔体中，流体（水）沿着阻力最小的方向流向制件的低压区域；当流体（水）在制件中流动时，它通过置换塑料而掏空厚壁截面，形成中空制件，而被置换出来的塑料填充制件的其余部分；当填充过程完成之后，由流体（水）继续提供保压压力，解决制件冷却过程中的体积收缩问题。

与气体辅助注射成型相比，水辅助注射成型主要具有下列几个特点：

1）利用水辅助注射成型塑料制件时，与气体辅助注射成型最大的差别在于气体是可压缩的，而水不可压缩。当水被注入熔体之后，在水的流动前沿形成一层均匀的高粘性隔膜，由于其具有高粘性和不可压缩性，使得这层高粘性隔膜就像活塞一样可以推动聚合物熔体向前流动。因此采用水辅助注射成型技术能够生产厚的、壁厚均匀的制件以及薄壁、带加强肋等类型的制品。

2）气体在聚合物熔体内流动时容易分叉，会产生一些不可预料的结果，如指状效应等，这使得气体辅助注射成型过程往往很难控制，制件质量不稳定，壁厚均匀性差。而水辅助注射成型则可克服这一缺点，得到壁厚均匀、尺寸稳定性好的制件，而且具有可重复性，从而简化了制品的设计。

3）与气体辅助注射成型相比，水辅助注射成型的另一个优点是水很难渗入或溶解于聚合物熔体中而气体则很容易。由于气体的渗入或溶解使得用气体辅助注射成型的制件内表面比较粗糙，如果注射压力过大或注射时间过长，往往会使得制件内表面布满气泡，像“发泡”成型那样；而用水辅助注射成型则不然，可以制得内表面光滑的制件。因此水辅助注射成型往往用来生产大、长型中空制件。

4）由于水对制件内表面的直接冷却作用，加之水的热导率是气体的40倍，比热容为气体的4倍，通常情况下水辅助注射成型技术成型的制件仅仅是气体辅助注射成型周期的1/3～1/2，也有文献指出仅为气体辅助注射成型周期的1/4。例如，生产一个直径为76.2mm的车门把手，用气体辅助注射成型需要50s，而用水辅助注射成型只需要28s。

5）在水辅助注射成型过程中，对模具并不需要用太大的夹紧力，利用该技术即使在低压成型设备上也可用来生产大型制件。与成型实体零件相比，水辅助注射成型可以消除制品熔接痕，缩短生产周期。

6）水辅助注射成型是以水为介质，来源较气体辅助注射成型的氮气易得，而且可循环利用，从而大大降低生产成本。

当然，任何一种成型方法都会有其自身的缺点和不足，水辅助注射成型也不例外，主要表现为：①不适于多型腔注射成型，一般情况下型腔数目不应超过4～6个；②不适于高温注射成型，需要采用加压水，另外可能产生气泡等；③模具密封性要好；④注射水道要比气体辅助注射成型所开的气道大；⑤模具材料的耐蚀性要好。

二、模内装饰

模内装饰（In-Mold Decoration，IMD）是一种新型的表面装饰技术，该工艺通常需经过薄膜印刷、热压成型、裁边、与基材通过注射或模压成型等工序。首先根据产品的木纹或给定的图形在薄膜表面进行丝网印刷或胶印，然后将薄膜放入注射机的模腔内，与可相容的塑料熔体一起注射成型。也可将片状和卷状的薄膜经过热成型加工先生成片材预制品，再将预制好的片材放入注射模腔内，注入塑料熔体与片材粘合在一起形成一个整体结构。图13-13

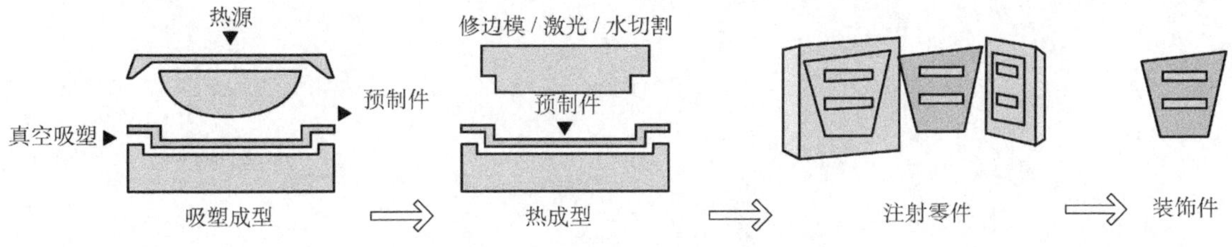

图13-13 典型的模内装饰工艺流程

为典型的模内装饰工艺流程。首先将薄膜进行烘干、加热，然后通过吸塑工艺成型薄膜的形状；之后对成型的薄膜进行裁边处理；再将薄膜置于模具内，进行塑料注射，塑料与薄膜会紧紧粘合在一起，形成最终的产品。

与其他工艺相比，模内装饰具有更多的优势，具体包括：产品设计上更自由、灵活；生产效率更高；通过更换薄膜就可变换产品颜色和特性，可生产具有复杂表层图像的产品；与传统的加工方法相比，此方法可降低成本 30% 以上。

第十四章　塑料制品的常见缺陷与解决办法

注射成型过程是一个多因素、多变量交叉影响的复杂过程。注射制品的质量与所用塑料原料的质量、注射机的类别、模具的设计与制造、工艺参数的设定与控制以及生产环境和操作者的状况等有关，其中任何一项出现问题，都将影响制品的质量，使制品产生缺陷。解决塑料制品的常见缺陷没有固定的步骤，本章将从模具设计、注射工艺、注射设备和原料几个方面分析塑料制品常见缺陷的产生原因及其解决办法。

一、短射

短射（Short Shot）又称欠注、充填不足、制件不满、走胶不齐等，是指型腔未完全充满，使得制件不饱满，外形残缺不完整。存在短射缺陷的制品如图14-1所示。

图14-1　存在短射缺陷的制品

短射产生的主要原因是注射压力或注射速度太低，熔体在流向流长最末端的过程中冷却，通常在低熔料温度和模具温度的条件下注射高粘度原料时会碰到这种情况，它也会在保压设置过低的情况下发生。具体分析如下：

1. 注射模

与注射模有关的原因与解决办法见表14-1。

表14-1　与注射模有关的原因与解决办法

原　因	解决办法
模具排气结构欠佳	修正或改善排气结构
浇口或流道截面积较小而长，熔体压力在流动过程中损失太大	修正或改善浇注系统
薄壁处的厚度不够	增加截面厚度
没有冷料穴或冷料穴设计不合理，熔体进入型腔并快速冷凝，使得熔体流动不畅	合理设计冷料穴

2. 注射工艺

与注射工艺有关的原因与解决办法见表14-2。

表14-2　与注射工艺有关的原因与解决办法

原　因	解决办法
模具温度太低	调整模具温度使之处于正常范围
注射压力太低	适当加大注射压力
保压时间太短	合理控制保压时间
熔体温度过低	提高熔体温度
注射速度太慢	适当提高注射速度

3. 注射设备

与注射设备有关的原因与解决办法见表14-3。

表14-3 与注射设备有关的原因与解决办法

原　因	解决办法
设备选型不当，最大注射量小于制品重量	更换符合注射量要求的注射机
喷嘴孔太小，熔体的注射速度降低	更换直径较大的喷嘴
止逆阀出现故障，使熔体倒流	检修止逆阀
喷嘴被异物所阻塞，造成熔体流动不畅	疏通喷嘴

4. 原料

与原料有关的原因与解决办法见表14-4。

表14-4 与原料有关的原因与解决办法

原　因	解决办法
原料的流动性太差	选用流动性好的原料
原料含水量过多，加重了排气系统的负担	预先干燥原料
原料中添加的再生料过多，影响了熔体的流动性	严格控制再生料的加入量
原料中所含杂质过多，易堵塞流道或喷嘴	尽量清除原料中的难熔固体杂质

二、熔合纹

熔合纹（Weld Line）又称熔接痕、熔接不良、熔合缝、缝合线等，是指各塑料流体前端相遇时在制品表面形成的一条线状痕迹。熔合纹不仅影响制品的外观形象，而且影响制品的力学性能。存在熔合纹缺陷的制品如图14-2所示。

图14-2 存在熔合纹缺陷的制品

熔合纹产生的主要原因是若干熔体在型腔中汇合在一起时，在其交汇处彼此不能熔合为一体。其具体分析如下：

1. 注射模

与注射模有关的原因与解决办法见表14-5。

表14-5 与注射模有关的原因与解决办法

原　因	解决办法
浇注系统设计不合理导致熔料的分流汇合	采用分流少的浇口形式，合理选择浇口位置，在可能的条件下，应选用单一点浇口
嵌件太多，熔体流经嵌件时，其流速、流线和温度都会发生变化	尽量减少嵌件数量
冷料穴不够大或位置不正确，使冷料进入型腔	重新考虑冷料穴的位置和大小
浇注系统的主流道进口部位或分流道的截面积太小，导致流料阻力太大	扩大主流道及分流道截面积
冷却系统设计欠佳，熔体在型腔中冷却太快且不均匀	重新审视冷却系统的设计

2. 注射工艺

与注射工艺有关的原因与解决办法见表 14-6。

表 14-6　与注射工艺有关的原因与解决办法

原　因	解决办法
注射压力过低	适当提高注射压力
熔体温度过低	适当提高熔体温度

3. 注射设备

与注射设备有关的原因与解决办法见表 14-7。

表 14-7　与注射设备有关的原因与解决办法

原　因	解决办法
注射机塑化能力不够，塑料不能充分塑化	检查注射机的塑化能力
喷嘴孔直径过小，使得注射速度较慢	换用较大直径喷嘴

4. 原料

与原料有关的原因与解决办法见表 14-8。

表 14-8　与原料有关的原因与解决办法

原　因	解决办法
润滑剂太少，熔体的流动性差	适当增加润滑剂的添加量
含湿量大或易挥发物含量高	干燥原材料或清除易挥发物质

三、喷射流

喷射流（Jetting）是指当熔体高速流过喷嘴、流道或浇口等狭窄的区域后，进入开放或较宽厚的区域，并且没有与模壁接触的情况下形成的喷射。蛇状发展的喷射流使熔体折叠而互相接触，造成小规模的熔合纹。喷射流会降低制品强度，造成表面缺陷及内部多重瑕疵。存在喷射流缺陷的制品如图 14-3 所示。

图 14-3　存在喷射流缺陷的制品

喷射流产生的主要原因是由于熔体进模时注射速度过快，粘在模壁上的很快冷却，而后来的熔体再与冷料熔合在制品表面上形成蚯蚓状纹。其具体分析如下：

1. 注射模

与注射模有关的原因与解决办法见表 14-9。

表 14-9　与注射模有关的原因与解决办法

原　因	解决办法
浇口设计不当	重新布置或改变浇口设计，引导熔体与侧壁金属模面接触
浇口或流道截面积较小	加大浇口与流道尺寸
冷料穴设置不合理	加大冷料穴

2. **注射工艺**

与注射工艺有关的原因与解决办法见表14-10。

表14-10 与注射工艺有关的原因与解决办法

原因	解决办法
注射速度设置不合理	调整注射速度曲线，使熔体以低速通过浇口，等到熔体流出浇口外再提高速度
熔体温度过低	提高注射温度

四、凹陷

凹陷（Shrinkage）又称缩痕、收缩等，是指制品表面不平整，向内产生浅坑或陷窝。存在凹陷缺陷的制品如图14-4所示。

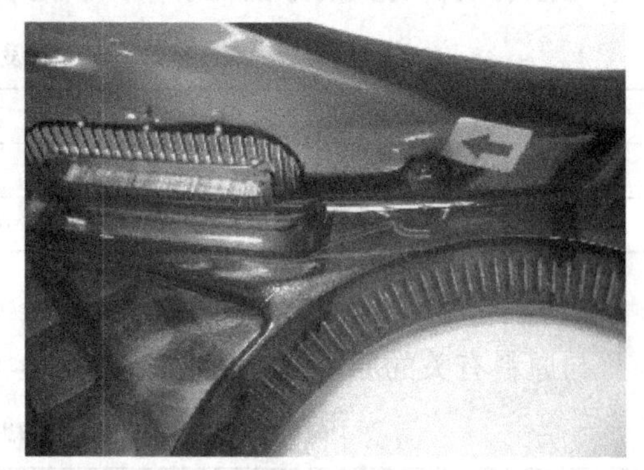

图14-4 存在凹陷缺陷的制品

制品在冷却过程中，由于外层紧靠型腔的地方先行冷却固化，而其内部后冷却固化，制品在固化过程中，内外的收缩不一致，导致制品外层发生变形，即外层内陷形成凹陷。就宏观讲，凹陷多发生在制品壁厚最厚的地方或壁厚急剧改变的地方。其具体分析如下：

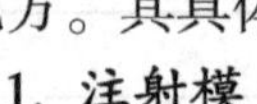

1. **注射模**

与注射模有关的原因与解决办法见表14-11。

表14-11 与注射模有关的原因与解决办法

原因	解决办法
模具的浇口及流道截面积过小	扩大相应位置的截面积
排气不良	改善排气系统
浇口位置不对称，熔体进入各型腔的速度不同，各型腔中的制品冷却不均衡	浇口尽量设置在对称处
冷却系统设计不合理，冷却不均衡或冷却不足	改善冷却系统

2. **注射工艺**

与注射工艺有关的原因与解决办法见表14-12。

表14-12 与注射工艺有关的原因与解决办法

原因	解决办法
熔体温度太高	降低熔体温度
模具温度太高	适当加大冷却水量或降低冷却水温度
注射时间和保压时间太短	适当延长注射时间和保压时间
保压压力太低	适当提高保压压力

3. 注射设备

与注射设备有关的原因与解决办法见表14-13。

表14-13　与注射设备有关的原因与解决办法

原　因	解决办法
加料系统工作不稳定，使供料不稳定	保证供料系统充分供料
注射机的喷嘴孔太小或局部堵塞	更换大直径的喷嘴或对喷嘴进行清理疏通

4. 原料

与原料有关的原因与解决办法见表14-14。

表14-14　与原料有关的原因与解决办法

原　因	解决办法
原料中水分或可挥发成分含量过多	对原料进行充分干燥，或少用含挥发成分过多的原料
加入的润滑剂太少，熔体的流动性不好	适当增加润滑剂用量
树脂的收缩率较大	尽量选用低收缩率的树脂为原料

五、翘曲

翘曲（Warpage）是指制品产生旋转或扭曲现象，平坦的地方有起伏，直边朝里或朝外弯曲或扭曲。存在翘曲缺陷的制品如图14-5所示。

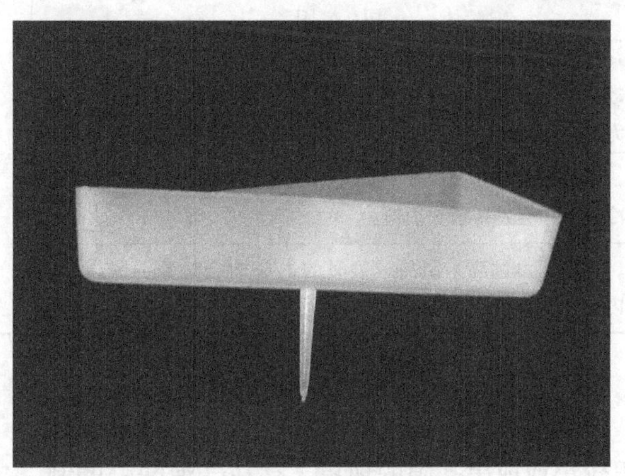

图14-5　存在翘曲缺陷的制品

翘曲产生的主要原因是高分子键在应力作用下发生内部位移，在脱模时，按不同的制品形状，内应力的存在往往造成不同程度的变形。结晶型树脂，如PE、POM、PP、PA等，比非结晶型树脂，如PS、ABS、PC、PMMA等更易发生翘曲。其具体分析如下：

1. 注射模

与注射模有关的原因与解决办法见表14-15。

表14-15　与注射模有关的原因与解决办法

原　因	解决办法
冷却系统设计不合理，制品冷却不均匀、不充分	合理设计冷却系统
熔体进入型腔时直接冲击型芯，使型芯两侧受力不均匀	避免熔体直接对型芯的冲击
对于环形制品，采用侧浇口或点浇口，使熔体流动不均匀	优先采用盘形浇口或轮辐浇口
对于面积较大的矩形扁平制品，采用直浇口和处于同一直线上的点浇口	尽量采用薄膜式浇口或多点式侧浇口

（续）

原　因	解决办法
对于圆片形制品，采用侧浇口	采用多点式直浇口或直接式中心浇口
对于壳形制品，采用侧浇口	采用直浇口
模具的脱模斜度不够，顶出制品时需要很大的力，这种力会导致内应力过大且不均匀	修改模具，应有合适的脱模斜度
顶杆的顶出面积太小或顶杆分布不均匀，脱模时制品受力不均匀	重新审视顶出机构
模具的抽芯装置或嵌件设置不当，脱模时制品受力不均匀	重新审视抽芯装置或嵌件设置
模具强度不够，在成型时发生变形，使得制品产生附加应力而变形	加强模具刚性或降低注射压力

2. 注射工艺

与注射工艺有关的原因与解决办法见表 14-16。

表 14-16　与注射工艺有关的原因与解决办法

原　因	解决办法
注射压力过高，沿熔体流动方向上的分子取向与垂直流动方向上的分子取向相差较大，这种差异使得制品的内应力分布不均匀	适当降低注射压力
熔体温度过高，在成型固化时的温度降较大，制品在急冷过程中会残留较大内应力	适当降低熔体温度
保压压力过高，制品成型时的内应力会过高，脱模后，内应力的不均衡释放	适当降低保压压力

六、气泡

气泡（Gas Bubble）是指制品内部形成体积较小或成串孔隙的现象。存在气泡缺陷的制品如图 14-6 所示。

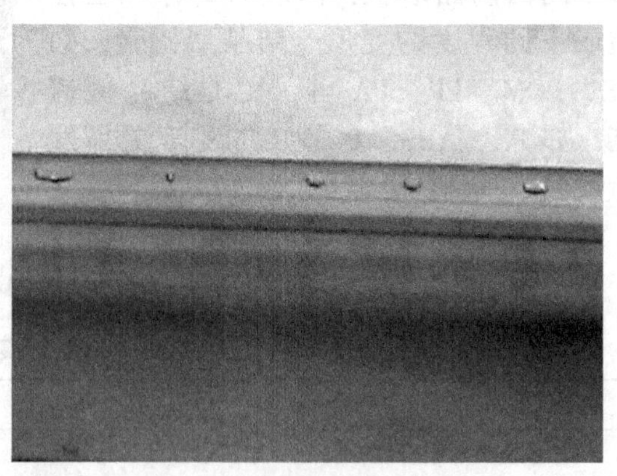

图 14-6　存在气泡缺陷的制品

气泡产生的主要原因是大量气体混入熔体中，随熔体一起冷却成型而得。其具体分析如下：

1. 注射模

与注射模有关的原因与解决办法见表 14-17。

表 14-17　与注射模有关的原因与解决办法

原　因	解决办法
排气系统排气不良或堵塞	检查并完善排气系统
冷却系统设置不合理，使熔体冷却不均匀或冷却不足	改善冷却系统

2. 注射工艺

与注射工艺有关的原因与解决办法见表14-18。

表14-18　与注射工艺有关的原因与解决办法

原　因	解决办法
注射速度过快	适当降低注射速度
熔体温度过高，引起熔体降解，产生大量气体	降低熔体温度
熔体温度过低，流动性差，造成充填不够	提高熔体温度
保压压力不够或保压时间不足	控制好保压参数

3. 原料

与原料有关的原因与解决办法见表14-19。

表14-19　与原料有关的原因与解决办法

原　因	解决办法
含水分较多，受热后产生大量气体	对原料进行充分干燥
再生料加入过多	控制再生料的加入量
含挥发性物质较多	更换原材料

七、飞边

飞边（Flash）又称溢料、溢边、毛边、披锋等，是指在模具的不连续处（通常是分型面、排气孔、排气顶针、滑动机构等）过量充填造成塑料外溢的瑕疵。存在飞边缺陷的制品如图14-7所示。

图14-7　存在飞边缺陷的制品

飞边产生的主要原因是在注射和保压过程中的锁模力不够，或是无法沿分型面将模具锁紧并密封，而使熔料外溢所致。其具体分析如下：

1. 注射模

与注射模有关的原因与解决办法见表14-20。

表14-20　与注射模有关的原因与解决办法

原　因	解决办法
模具加工粗糙，合模时不能完全密合	提高模具的制造精度
型腔和型芯间的滑动件磨损过大	修复过度磨损的零件
分型面上有异物粘附，使得模板不能密合	擦净分型面上的异物
动、定模合模时发生偏斜或错位	检查导向机构是否正常

2. 注射工艺

与注射工艺有关的原因与解决办法见表14-21。

表14-21　与注射工艺有关的原因与解决办法

原　因	解决办法
熔体温度太高	降低料筒及喷嘴处温度
注射压力过大	适当降低注射压力
注射量过大	控制熔体注射量

3. 注射设备

与注射设备有关的原因与解决办法见表 14-22。

表 14-22 与注射设备有关的原因与解决办法

原因	解决办法
注射机拉杆变形，使得动、定模板合模不严	修复拉杆
注射机锁模力不够	更换锁模吨位大的注射机

4. 原料

与原料有关的原因与解决办法见表 14-23。

表 14-23 与原料有关的原因与解决办法

原因	解决办法
原料的流动性极佳	适当降低温度，降低其流动性
润滑剂使用过多	控制润滑剂的加入量

八、烧焦

烧焦（Burn Mark）又称糊斑、黑斑、黑纹等，是指在制品表面出现的暗色点或暗色条纹。黑斑与黑纹是相同类型的瑕疵，只是烧焦的严重程度不同而已。存在烧焦缺陷的制品如图 14-8 所示。

图 14-8 存在烧焦缺陷的制品

烧焦产生的主要原因是塑料有杂质污染、干燥不当，或是塑料在高温高压条件下，因过热分解而碳化，碳化后的焦料混在熔料中而形成烧焦。其具体分析如下：

1. 注射模

与注射模有关的原因与解决办法见表 14-24。

表 14-24 与注射模有关的原因与解决办法

原因	解决办法
排气不良，型腔内残存气体由于绝热压缩产生高温	改善排气系统
型腔表面不够光滑，易于粘附少量塑料，这些积料极易被高温所焦化，然后混入熔体中	提高型腔的加工精度，或抛光镀铬

2. 注射工艺

与注射工艺有关的原因与解决办法见表 14-25。

表 14-25 与注射工艺有关的原因与解决办法

原因	解决办法
熔体温度太高	降低熔体温度
注射压力太高	适当降低注射压力
注射速度过快	控制注射速度
塑化速度太快	降低螺杆转速
背压太大	控制背压

3. 注射设备

与注射设备有关的原因与解决办法见表14-26。

表14-26　与注射设备有关的原因与解决办法

原　因	解决办法
机筒、喷嘴处有积料	清除积料
机筒排气不良	改进机筒的排气结构
注射机的容量太大	换用容量合适的注射机

4. 原料

与原料有关的原因与解决办法见表14-27。

表14-27　与原料有关的原因与解决办法

原　因	解决办法
含有的粉末料过多	筛除粉末料
再生料加入过多，因再生料中含杂质较多，易被焦化	严格控制再生料的加入量
树脂的熔融指数太大	更换树脂
原料中的水分和易挥发物含量过多，产生的大量气体又不能及时排出	将原料进行预干燥处理

九、流痕

流痕（Flow Mark）是指在制品表面产生以浇口为中心的年轮状、螺旋状或云雾状的波形凹凸不平的现象。存在流痕缺陷的制品如图14-9所示。

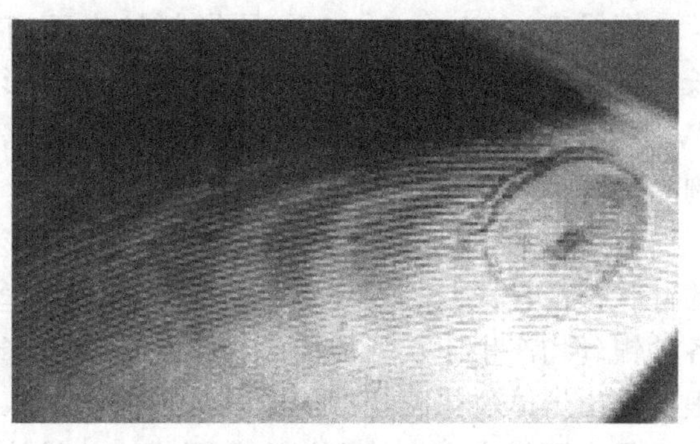

图14-9　存在流痕缺陷的制品

流痕产生的主要原因是熔体粘度过大，当熔体以滞流形式充模时，前端的料一接触到冷的模具表面，便很快冷凝收缩起来，而后来的料又胀开已收缩的冷料继续前进，过程的交替使料流在前进中形成表面波纹。其具体分析如下：

1. 注射模

与注射模有关的原因与解决办法见表14-28。

表14-28　与注射模有关的原因与解决办法

原　因	解决办法
浇口及流道的截面积过小，熔体在其中流速缓慢	适当扩大浇口及流道的截面积
冷料穴设置不合理，冷料进入型腔	在模具主流道及流道末端设置较大的冷料穴
冷却系统设计不良，使得冷却不均匀	合理设计冷却系统
浇口的位置和形状设置不当，熔体从流道狭小的截面进入较大截面的型腔时易产生湍流	浇口位置设置在壁厚部位或直接设在壁侧，其形状最好用扇形或膜片式

2. 注射工艺

与注射工艺有关的原因与解决办法见表14-29。

表14-29 与注射工艺有关的原因与解决办法

原因	解决办法
熔体温度太低	适当增大熔体温度
保压时间过短	适当延长保压时间
模具温度过低	减少冷却水的进入量，检查模具加热系统工作是否正常
注射速度过快，在型腔中形成湍流	适当降低注射速度
注射速度过慢，在型腔中流动缓慢	适当提高注射速度

3. 原料

与原料有关的原因与解决办法见表14-30。

表14-30 与原料有关的原因与解决办法

原因	解决办法
流动性能较差	选用流动性能好的原料
润滑剂使用过少，熔体流动性差	适当增加润滑剂加入量

十、银线痕

银线痕（Silver Streak）是指制品表面有很长的针状白色如霜一般的细纹，这些细纹常形成“V”字形，尖端背向浇口。存在银线痕缺陷的制品如图14-10所示。

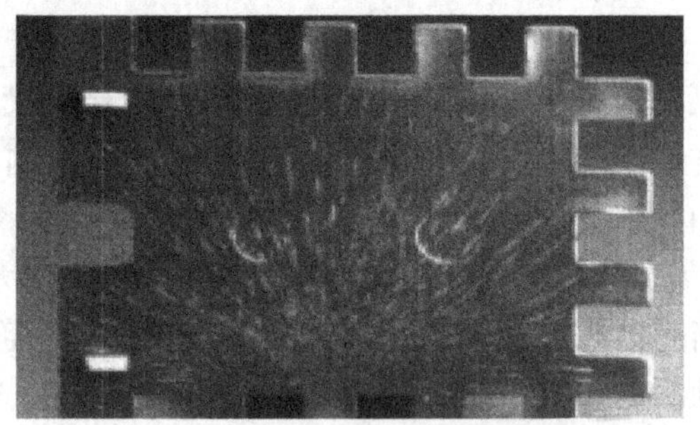
图14-10 存在银线痕缺陷的制品

银线痕的常见形式是被拉长的空气气泡形成的针状银白色条纹，又分降解银丝和水气银丝，各种银丝均产生于从料流前端析出的气体。降解银丝是由熔体过热降解产生的气体形成，而水气银丝是由原料中含有的水气汽化形成。其具体分析如下：

1. 注射模

与注射模有关的原因与解决办法见表14-31。

表14-31 与注射模有关的原因与解决办法

原因	解决办法
冷却水道发生渗漏，冷却水渗入型腔	严防型腔渗漏
排气系统设计不合理	改善排气系统

2. 注射工艺

与注射工艺有关的原因与解决办法见表14-32。

表 14-32　与注射工艺有关的原因与解决办法

原　因	解决办法
熔体温度过高，促使塑料降解产生气体	降低熔体温度
保压时间过长，所产生的气体积聚	缩短保压时间
注射速度过快，熔体局部温度将急剧升高，使得熔体降解加速产生较多的气体	适当降低注射速度

3. 原料

与原料有关的原因与解决办法见表 14-33。

表 14-33　与原料有关的原因与解决办法

原　因	解决办法
含水量过大	将原料进行充分的预干燥
脱模剂也会产生少量挥发性气体	减少脱模剂的用量

十一、裂纹

裂纹（Crack）又称开裂、破裂等，是指制品的内外表面出现有空隙的裂缝以及由此形成的破损。存在裂纹缺陷的制品如图 14-11 所示。

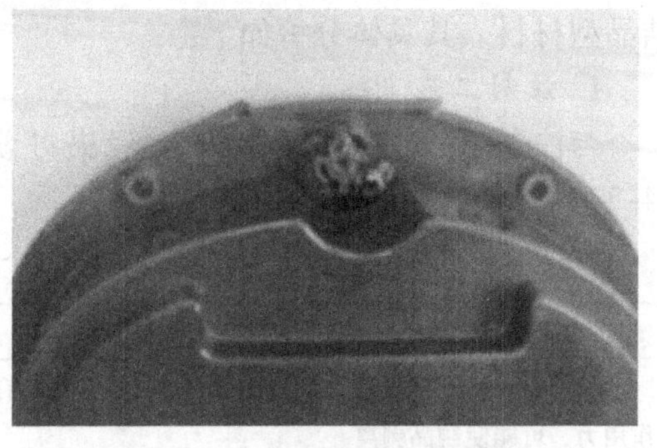

图 14-11　存在裂纹缺陷的制品

裂纹产生的主要原因是制品所受应力太大或者应力集中。其具体分析如下：

1. 注射模

与注射模有关的原因与解决办法见表 14-34。

表 14-34　与注射模有关的原因与解决办法

原　因	解决办法
脱模斜度太小，脱模阻力增大，在强制脱模时，制品受到过大的顶出力	适当加大脱模斜度，以利脱模
顶出装置的顶杆截面积太小	适当加大顶杆截面积
顶出装置顶出位置不合理	脱模位置在脱模阻力最大的位置
型腔内有锐角、棱边等急剧变化之处	修复型腔，进行镀铬抛光处理

2. 注射工艺

与注射工艺有关的原因与解决办法见表 14-35。

表 14-35　与注射工艺有关的原因与解决办法

原　因	解决办法
保压时间过长	适当缩短保压时间
注射压力过大	适当降低注射压力

3. 原料

与原料有关的原因与解决办法见表14-36。

表14-36 与原料有关的原因与解决办法

原　因	解决办法
再生料加入过多，再生料的杂质和易挥发物含量较多，制得的制品强度较低	严格控制再生料的加入量
含水量较多，加热后易分解脆化	对原料进行充分干燥

十二、表面剥离

表面剥离（Delamination）是指制品像云母片那样发生层状剥离的现象。存在表面剥离缺陷的制品如图14-12所示。

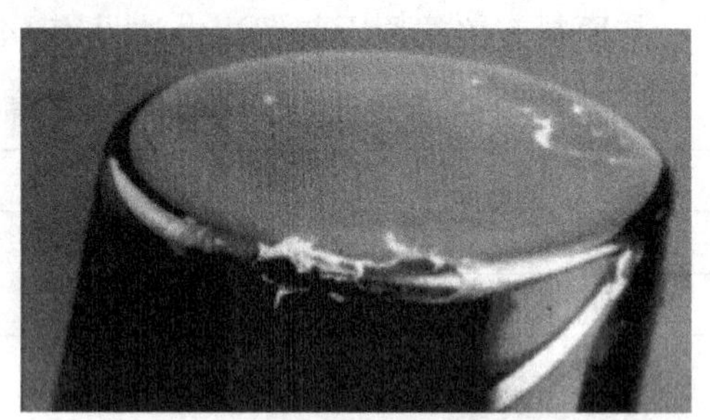

图14-12 存在表面剥离缺陷的制品

表面剥离的主要产生原因是不同原料尤其是收缩率相差太大的原料混在一起，如结晶型与非结晶型材料。其具体分析如下：

1. 注射工艺

与注射工艺有关的原因与解决办法见表14-37。

表14-37 与注射工艺有关的原因与解决办法

原　因	解决办法
熔体温度太低，制品层之间可能无法复合，受到顶出的作用力，可能使制品剥离	尝试提高料筒温度和模具温度
背压太低	提高背压

2. 原料

与原料有关的原因与解决办法见表14-38。

表14-38 与原料有关的原因与解决办法

原　因	解决办法
相容性差的原料混用	避免采用不同牌号塑料的混用
含水量过大	将原料进行充分的预干燥
再生料加入过多，因再生料中含杂质较多	严格控制再生料的加入量

附　　录

附录A　常用热塑性塑料的成型条件

塑料名称	注射机	预热		料筒温度/℃			模具温度/℃	注射压力/MPa	成型时间/s			
		时间/h	温度/℃	后段	中段	前段			注射	保压	冷却	总周期
低压聚乙烯	螺杆式、柱塞式均可	1~2	70~80	140~160	–	170~200	60~70	60~100	15~60	0~3	15~60	40~130
高压聚乙烯	螺杆式、柱塞式均可	1~2	70~80	140~160	–	170~200	35~55	60~100	15~60	0~3	15~60	40~130
硬聚氯乙烯	螺杆式	4~6	70~90	160~170	165~180	170~190	30~60	80~130	15~60	0~5	15~60	40~130
聚丙烯	螺杆式、柱塞式均可	1~2	80~100	160~180	180~200	200~220	80~90	70~100	20~60	0~3	20~90	50~160
聚碳酸酯	螺杆式较好	8~12	110~120	210~240	230~280	240~285	90~110	80~130	20~90	0~5	20~90	40~190
聚甲醛	螺杆式	3~5	80~100	160~170	170~180	180~190	90~120	80~130	20~90	0~5	20~60	50~160
聚苯乙烯	螺杆式、柱塞式均可	2	60~75	140~160	–	170~190	32~65	60~110	15~45	0~3	15~16	40~120
ABS	螺杆式、柱塞式均可	2~3	80~85	150~170	165~180	180~200	50~80	60~100	20~90	0~5	20~120	50~220
有机玻璃	螺杆式、柱塞式均可	4	70~80	160~180	–	–	40~60	80~130	20~60	0~5	20~90	50~150
聚砜	螺杆式	>4	120~140	250~270	280~300	310~330	130~150	80~200	30~90	0~5	30~60	65~160
尼龙1010	螺杆式	12~16	100~110	190~210	200~220	210~230	40~80	40~100	20~90	0~5	20~120	45~220
聚苯酚	螺杆式	4	130	230~240	250~280	260~290	110~150	80~200	30~90	0~5	30~60	70~160
醋酸纤维素	宜用螺杆式	4	70~75	150~170	–	170~190	20~80	60~130	15~45	0~3	15~45	40~100

附录B 模具零件常用材料及热处理

模具零件种类	主要性能要求	材料名称或牌号	热处理
导柱、导套等	表面耐磨，心部有一定韧性	1）20、20Mn2B 2）T8A、T10A 3）45	渗碳淬火，硬度≥55HRC 表面淬火，硬度≥55HRC 调质、表面淬火，硬度≥55HRC
凹模、型芯等	强度大、表面耐磨，有时还需耐腐蚀，淬火变形小	1）9Mn2V、CrWMn、9SiCr、Cr12 2）3Cr2W8V 3）T8A、T10A（主要用于小零件） 4）45、45MnVB、40MnB、40MnVB 5）球墨铸铁 6）铸造铝合金 7）10、15、20 8）锻造铝合金	淬火加低温回火，硬度≥55HRC 淬火加中温回火，硬度≥46HRC 淬火加低温回火，硬度≥55HRC 调质，硬度≤240HBW 正火，硬度≥220HBW 正火或退火 退火，硬度≥160HBW 采用冷挤压工艺 采用冷挤压工艺 采用冷挤压工艺
浇口套	表面耐磨，有时还需耐腐蚀和热硬性	1）T8A、T10A 2）45	淬火加低温回火，硬度≥55HRC 淬火加低温回火，硬度≥55HRC
推杆、拉料杆等	有一定的强度及耐磨性	1）T8A、T10A 2）45	端部淬火，硬度≥55HRC 端部淬火，硬度≥55HRC
各种模板、推件板、固定板、模脚等	有一定的强度	1）45、45Mn2、40MnB、40MnVB 2）Q235～Q304 3）球墨铸铁 4）HT200（只用于模脚）	调质，硬度≥200HBW 正火 正火 正火
螺钉等	有一般的强度	1）45 2）Q235～Q275	

附录C 热塑性塑料的某些性能

塑料名称		拉伸弹性模量/MPa	压缩比	成型收缩率（%）	与钢的摩擦因数	泊松比
聚乙烯	HDPE	840～950	1.73～1.9	1.5～3.0	0.11	0.38
	LDPE		1.8～2.3	1.5～3.6	0.23	

（续）

塑料名称		拉伸弹性模量/MPa	压缩比	成型收缩率（%）	与钢的摩擦因数	泊松比
聚丙烯	PP	1100～1600	1.92～1.96	1.0～3.0	0.15	0.32
	GFR			0.4～0.8	0.34	
有机玻璃	PMMA	3160		0.5～0.7		0.35
	与苯乙烯共聚	3500				
聚氯乙烯	硬 PVC	2400～4200	2.3	0.2～0.4		
	软 PVC		2.3	1.5～3.0		
聚苯乙烯	GPS	2800～3500	1.9～2.2	0.2～0.8	0.12	0.32
	HIPS	1400～3100		0.2～0.8	0.45	
	GFR（20%～30%）	3200		0.3～0.6		
ABS	抗冲型	2900	1.8～2.0	0.5～0.7	0.21	
	耐热型	1800		0.4～0.5		
	GFR（30%）	1800		0.1～0.15		
聚甲醛	POM	2800	1.8～2.0	2.0～3.5	0.1～0.2	
	F-4 填充			2.0～2.5		
聚碳酸酯	PC	1540	1.75	0.5～0.7	0.35	0.38
	GFR（20%～30%）	3120～4000			0.37	0.38
尼龙 1010	PA1010	1800	2.0～2.1	1.0～2.5	0.31	
	GFR（30%）	8700		0.3～0.6		
尼龙 6	PA6	2600	2.0～2.1	0.7～1.5	0.26	
	GFR（30%）			0.35～0.45		
尼龙 66	PA66	1250～2880	2.0～2.1	1.0～2.5		
	GFR（30%）	6020～1260		0.4～0.55		

附录 D　部分优质碳素钢牌号及力学性能

牌号	正火状态				布氏硬度	
	σ_s/MPa	σ_b/MPa	δ（%）	a_K/（J/cm^2）	正火 HBW	退火 HBW
08	200	330	33	–	131	–
10	210	340	31	–	137	–
15	230	380	27	–	143	–
20	250	420	25	90	156	–
25	280	460	23	90	170	–
35	320	540	20	70	187	–
40	340	580	19	60	217	187
45	360	610	16	50	241	197

（续）

牌号	正火状态				布氏硬度	
	σ_s/MPa	σ_b/MPa	δ（%）	a_K/(J/cm^2)	正火 HBW	退火 HBW
50	380	640	14	40	241	207
55	390	660	13	–	255	217
60	410	690	12	–	255	229
65	420	710	10	–	265	229
70	430	730	9	–	269	229
75	900	1100	7	–	285	241
80	950	1100	6	–	285	241
85	1000	1150	6	–	302	255

附录E 常用渗碳钢、调质钢牌号、热处理及力学性能

牌号	热处理/℃			力学性能				
	渗碳	淬火	回火	σ_b/MPa	σ_s/MPa	δ（%）	ψ（%）	a_K/(J/cm^2)
渗碳钢 20Cr	910~950	770~820 油或水冷	180~200	800	600	10	40	≥60
渗碳钢 20CrMnTi	910~950	800~820 油或水冷	200	1100	850	10	45	≥70
渗碳钢 20Mn2B	910~950	880 油冷	200	1000	800	10	40	≥70
渗碳钢 20MnVB	910~950	860 油冷	200	1100	900	10	45	≥70
调质钢 40Cr		850 油冷	550 油或水冷	1000	800	9	45	≥60
调质钢 45Mn2		840 油冷	550 油或水冷	900	750	8	45	≥60
调质钢 40MnB		850 油冷	550 油或水冷	1000	800	10	45	≥60
调质钢 40MnVB		850 油冷	550 油或水冷	1000	800	10	45	≥60

附录F　常用塑料的连续耐热温度和热变形温度

塑料名称		连续耐热温度/℃	热变形温度/℃（ASTMD648 法）	
			载荷 1.85MPa	载荷 0.46MPa
ABS	高抗冲	60～99	93～103	99～107
	高耐热	88～110	102～118	107～122
	20%～40%玻璃纤维	93～110	99～116	104～121
聚苯乙烯	耐热耐化学级	77～104	82～113	91～116
	20%～30%玻璃纤维	82～104	91～104	97～111
聚乙烯	低密度	82～100	32～41	38～49
	中密度	104～121	41～49	49～74
	高密度	121	43～54	60～88
聚丙烯	未改性	107～127	52～60	93～121
	共聚	88～116	46～60	85～113
	玻璃纤维	121～138	110～149	152～154
尼龙	66	82～121	75	190
	6	82～121	68	185
聚砜		149～174	174	181
聚氯乙烯	硬质	54～79	60～77	82
	软质	66～79	–	–
聚甲醛	均聚物	91	124	170
	共聚物	104	110	158
聚碳酸酯	无填料	121	129～141	132～143
	10%玻璃纤维	135	142	146
酚醛	无填料	121	116～127	–
	木粉	149～177	149～188	–
	石棉	177～260	149～260	–
	玻璃纤维	177～288	149～316	–

参考文献

[1] 李德群. 塑料成型工艺及模具设计［M］. 北京：机械工业出版社，1994.
[2] 成都科技大学，等. 塑料成型模具［M］. 北京：中国轻工业出版社，1982.
[3] 唐志玉. 大型注塑模设计基础［M］. 成都：成都科技大学出版社，1987.
[4] 李德群，等. 塑料成型模具设计［M］. 武汉：华中理工大学出版社，1990.
[5] 王贵恒. 高分子材料成型加工原理［M］. 北京：化学工业出版社，1982.
[6] 丁浩. 塑料加工基础［M］. 上海：上海科学技术出版社，1981.
[7] 金日光. 高聚物流变学及其在加工中的应用［M］. 北京：化学工业出版社，1986.
[8] 李秦蕊. 塑料模具设计［M］. 西安：西北工业大学出版社，1988.
[9] 北京模具厂. 塑料模设计手册［M］. 北京：机械工业出版社，1982.
[10] 邹立谦. 塑料制品设计［M］. 北京：机械工业出版社，1991.
[11] 白石顺一郎. 注塑成型模具［M］. 许鹤峰，译. 北京：中国石化出版社，1989.
[12] 王兴天. 注塑成型技术［M］. 北京：化学工业出版社，1989.
[13] 马金骏. 塑料模具设计［M］. 北京：中国轻工业出版社，1984.
[14] 郭杰克. 塑料注射模具设计基础［M］. 香港：万里书店，1984.
[15] 上海材料研究所. 工程塑料［M］. 北京：机械工业出版社，1978.
[16] 成都科技大学. 塑料成型工艺学［M］. 北京：中国轻工业出版社，1985.
[17] 盖斯特罗. 注塑模设计 102 例［M］. 王文展，等译. 北京：国防工业出版社，1990.
[18] 戴姆. 注射模具与注射成型实用手册［M］. 沈金堂，译. 北京：化学工业出版社，1987.
[19] 李志刚，等. 模具计算机辅助设计［M］. 武汉：华中理工大学出版社，1990.
[20] 唐志玉. 塑料模流变学设计［M］. 北京：国防工业出版社，1991.
[21] 李德群，唐志玉. 中国模具工程大典：第三卷塑料与橡胶模具设计［M］. 北京：电子工业出版社，2007.
[22] 奥斯瓦德 T A，特恩格 L，格尔曼 P L. 注射成形手册［M］. 吴其晔，等译. 北京：化学工业出版社，2005.
[23] 邓万国. "香蕉型"潜伏式浇口在注塑模中的应用［J］. 模具技术，2005（5）：21-22，37.
[24] 丹尼尔·弗伦克勒，亨里克·扎维斯托夫斯基. 注射模具的热流道［M］. 徐佩弦，译，北京：化学工业出版社，2005.
[25] 王建华，徐佩弦. 注射模的热流道技术［M］. 北京：机械工业出版社，2006.
[26] 李德群. 现代塑料注射成形的原理、方法与应用［M］. 上海：上海交通大学出版社，2005.
[27] 村上宗雄. 注塑用无流道模具［M］. 付光光，译. 北京：化学工业出版社，1988.
[28] 张华. 气体辅助注射成形充填模拟的研究［D］. 武汉：华中理工大学，1998.
[29] 杜智敏. 模具设计—UG NX4 实例详解［M］. 北京：人民邮电出版社，2008.
[30] 杨俊杰，桂质勋. 推板螺杆式自动脱内螺纹注射模设计［J］. 模具工业，2006，32（1）：49-51.
[31] 贺斌，田福祥，熊艳. 方罩壳注塑模设计［J］. 工程塑料应用，2004，32（6）：53-54.
[32] 刘保臣，张晓黎，翟震. 塑料盒热流道注射模设计［J］. 模具工业，2007，33（2）：33-35.
[33] 孙玲，刘东雷. 水辅注射成形技术综论［J］. 工程塑料应用，2006（9）：78-81.
[34] 朱海霞. 模内装饰技术在汽车中的应用［J］. 汽车与配件，2007（17）：38-40.
[35] 瞿金平，黄汉雄，吴舜英. 塑料工业手册：注射、模压工艺与设备［M］. 北京：化学工业出

版社，2001.

[36] 王加龙. 热塑性塑料注射生产技术［M］. 北京：化学工业出版社，2004.

[37] 李基洪，李轩. 注射成形技术问答［M］. 北京：机械工业出版社，2004.

[38] 郭广思. 注射成形技术［M］. 北京：机械工业出版社，2002.

[39] 饶启琛，黄建军. 注射成形异常分析与处理（一）［J］. 橡塑技术与装备，2006，32（1）：56-62.

[40] 饶启琛，黄建军. 注射成形异常分析与处理（二）［J］. 橡塑技术与装备，2006，32（2）：53-60.

[41] 饶启琛，黄建军. 注射成形异常分析与处理（三）［J］. 橡塑技术与装备，2006，32（3）：56-60.

[42] 饶启琛，黄建军. 注射成形异常分析与处理（四）［J］. 橡塑技术与装备，2006，32（4）：54-61.

[43] 刘法谦，等. 注射成形缺陷及解决方法［J］. 橡塑技术与装备，2002，28（8）：11-17.

社，2001.
[36] [illegible]. 北京：[illegible]出版社，2004.
[37] [illegible][M]. 北京：机械工业出版社，2004.
[38] [illegible][M]. 北京：机械工业出版社，2003.
[39] [illegible][J]. [illegible]，2006，32(11)：56-62.
[40] [illegible][J]. [illegible]，2006，32(20)：58-60.
[41] [illegible][J]. [illegible]，2006，32([illegible])：[illegible]63.
[42] [illegible][J]. [illegible]，2007，[illegible]46.
[43] [illegible][J]. [illegible]，2007，28(8)：17-17.